"十三五"国家重点出版物出版规划项目

面向可持续发展的土建类工程教育丛书

普通高等教育"十一五"国家级规划教材

21世纪高等教育建筑环境与能源应用工程系列教材

建筑环境与能源测试技术

第 3 版

U0239521

主　编　陈　刚

副主编　赵运超

参　编　李惠敏　李端茹　邹志军

　　　　吴会军　付峥嵘　蒋丹凤

主　审　王汉青　王海桥

机械工业出版社

本书是在第 2 版的基础上,结合新规范、新标准、新技术以及使用者反馈的意见等修订而成。书中主要介绍了供暖、通风、空调、制冷与能源等领域相关参数的测试技术。全书共 10 章,内容包括:测量及测量仪表的基本知识、测量误差分析与数据处理、建筑热湿环境参数测量、流体参数测量、空气环境中有害物质测量、建筑声环境参数测量、建筑光环境参数测量、燃气参数测量、建筑节能检测、建筑环境综合测试技术及应用。每章后附有思考题,方便学生复习掌握所学知识。

本书是普通高等院校建筑环境与能源应用工程专业“建筑环境测试技术”课程教材,同时也可供从事暖通空调等相关专业设计、施工和运行管理的技术人员,从事建筑节能研究和技术运用推广的技术人员以及开展相关专业实验研究的研究生参考。

本书配有 ppt 电子课件等教学资源,免费提供给选用本书作为教材的授课教师。授课教师可登录机械工业出版社教育服务网(www.cmpedu.com)注册后下载。

图书在版编目(CIP)数据

建筑环境与能源测试技术/陈刚主编. —3 版. —北京:机械工业出版社,2019.6(2024.7 重印)

21 世纪高等教育建筑环境与能源应用工程系列教材 “十三五”国家重点出版物出版规划项目 面向可持续发展的土建类工程教育丛书 普通高等教育“十一五”国家级规划教材

ISBN 978-7-111-62595-7

Ⅰ.①建… Ⅱ.①陈… Ⅲ.①建筑物-环境管理-测试技术-高等学校-教材 Ⅳ.①TU-856

中国版本图书馆 CIP 数据核字(2019)第 079170 号

机械工业出版社(北京市百万庄大街 22 号 邮政编码 100037)
策划编辑:刘 涛 责任编辑:刘 涛 于伟蓉
责任校对:张晓蓉 封面设计:陈 沛
责任印制:常天培
固安县铭成印刷有限公司印刷
2024 年 7 月第 3 版第 4 次印刷
184mm×260mm · 22.25 印张 · 579 千字
标准书号:ISBN 978-7-111-62595-7
定价:58.00 元

电话服务 网络服务
客服电话:010-88361066 机 工 官 网:www.cmpbook.com
010-88379833 机 工 官 博:weibo.com/cmp1952
010-68326294 金 书 网:www.golden-book.com
封底无防伪标均为盗版 机工教育服务网:www.cmpedu.com

序

建筑环境与设备工程（2012年更名为建筑环境与能源应用工程）专业是教育部在1998年颁布的全国普通高等学校本科专业目录中将原"供热通风与空调工程"专业和"城市燃气供应"专业进行调整、拓宽而组建的新专业。专业的调整不是简单的名称的变化，而是学科科研与技术发展，以及随着经济的发展和人民生活水平的提高，赋予了这个专业新的内涵和新的元素，创造健康、舒适、安全、方便的人居环境是21世纪本专业的重要任务。同时，节约能源、保护环境是这个专业及相关产业可持续发展的基本条件。它们和建筑环境与设备工程（建筑环境与能源应用工程）专业的学科科研与技术发展总是密切相关，不可忽视。

新专业的组建及其内涵的定位，首先是由社会需求决定的，也是和社会经济状况及科学技术的发展水平相关的。我国的经济持续高速发展和大规模建设需要大批高素质的本专业人才，专业的发展和重新定位必然导致培养目标的调整和整个课程体系的改革。培养"厚基础、宽口径、富有创新能力"符合注册公用设备工程师执业资格要求，并能与国际接轨的多规格的专业人才是本专业教学改革的目的。

机械工业出版社本着为教学服务，为国家建设事业培养专业技术人才，特别是为培养工程应用型和技术管理型人才做贡献的愿望，积极探索本专业调整和过渡期的教材建设，组织有关院校具有丰富教学经验的教师编写了这套建筑环境与设备工程（建筑环境与能源应用工程）专业系列教材。

这套系列教材的编写以"概念准确、基础扎实、突出应用、淡化过程"为基本原则，突出特点是既照顾学科体系的完整，保证学生有坚实的数理科学基础，又重视工程教育，加强工程实践的训练环节，培养学生正确判断和解决工程实际问题的能力，同时注重加强学生综合能力和素质的培养，以满足21世纪我国建设事业对专业人才的要求。

我深信，这套系列教材的出版，将对我国建筑环境与设备工程（建筑环境与能源应用工程）专业人才的培养发挥积极的作用，会为我国建设事业做出一定的贡献。

陈在康

第3版前言

本书由《建筑环境测量》第2版修订、更名而来。本书继被评为"普通高等教育'十一五'国家级规划教材"后，又被选入"'十三五'国家重点出版物出版规划项目"。

为做好本次修订工作，特邀了部分"建筑环境测试技术"课程的主讲教师加入编写组。编写组成员广泛吸取了授课教师的意见，结合近年来国家出台的与本书内容有关的新规范和新标准，对本书的结构进行了较大幅度的调整，对内容进行了全面修订，以期更好地满足广大师生的需要。

本书由南华大学陈刚主编，并编写、修订了绪论、第1章和第2章部分内容以及第6章、第7章、第10章和3.1节、4.2节、8.4节；江西理工大学赵运超编写、修订了1.1节、1.4节、2.4节、3.3节、4.1节、10.1.3节、10.7节；南华大学李惠敏编写、修订了第8章、第9章和7.4节；湖南工业大学李端茹编写、修订了2.6.1节、2.6.7节、3.1.7节、10.2节；上海理工大学邹志军编写、修订了第1~4章的思考题；广州大学吴会军、湖南工业大学付峥嵘编写修订了第5章；蒋丹凤编写、修订了1.3节。

本次修订得到南华大学王汉青教授、湖南科技大学王海桥教授的指导和帮助；西安工程大学黄翔教授、上海理工大学黄晨教授在本书更名方面提供了悉心指导；湖南大学陈友明教授和张泉教授、湖南科技大学邹声华教授、武汉科技大学李玉云教授、广州大学丁云飞教授、江西理工大学王习元副教授等对本次修订提出了宝贵意见并提供了热心帮助，硕士生李建东、任雪妍、杨芬等在资料收集和整理编排、图表绘制等方面做了大量工作，在此一并表示衷心感谢！

在修订本书过程中，参考了许多教材、专著、规范、标准、科技论文及有关文献资料（数据、图表、例题、习题等），谨向相关作者表示衷心的感谢和崇高的敬意。

本次修订是在第2版的基础上进行的，在此感谢原编写组成员所做的基础工作和付出的辛勤劳动，感谢所有师生对本书提出的宝贵意见和建议。

本书虽经修订，但难免还会有错误和不妥之处，欢迎广大同行、专家、任课教师不吝赐教，您的宝贵意见将会使本书不断得到完善。

编者联系方式：陈刚，湖南省衡阳市常胜西路28号，南华大学土木工程学院，邮编421001，E-mail：171548726@163.com。

赵运超，江西省赣州市红旗大道86号，江西理工大学建筑与测绘工程学院，邮编341000，E-mail：zhaoyunchao168@163.com。

编　者

第2版前言

《建筑环境测量》第1版于2005年出版，2006年被评为教育部"普通高等教育'十一五'国家级规划教材"。六年多来，本教材已陆续被60余所高校选为专业课程"建筑环境测试技术"（或建筑环境测量）教材；与本教材配套的电子课件被数十所院校教师下载使用，学生和专业教师反映良好。在此，特向广大使用者和对教材提出宝贵意见的教师与学生表示崇高的敬意和衷心的感谢。

经过六年多的应用实践，编写组成员对课程体系、课程内容的认识有了进一步的提高。本次修订在第1版基础上，吸收了近年来国内外建筑环境测量的最新技术和建筑节能方面的成果，并注重与国家现行的规范、标准、技术措施接轨，以实际操作为主，理论指导为辅，突出实际应用。本次修订工作主要体现在以下几点：

1）国家建筑节能工作已全面推行，许多节能措施在设计规范中被列为强制性条文。为配合建筑节能工作的全面开展，教材增加了第8章"建筑节能检测"。该章从介绍建筑能耗的国内外现状、建筑节能材料、建筑节能构件等基础内容入手，阐述了建筑节能检测的主要参数和基本内容、从事建筑节能检测机构的具体要求、对建筑材料和构件进行节能检测的方法和步骤、建筑物节能效果现场检测及节能效果的判别原则等，最后还简要介绍了建筑节能技术的应用与节能效果的综合评价。

2）将原教材的第8章调整为第9章，并结合近年来建筑环境测试技术的发展成果，补充、完善了原有的一些参数测试的内容，增加了"气相色谱分析测试技术"的内容。

3）对原教材中一些参数测量的内容有不同程度的修改。

4）对原教材中的个别疏漏之处进行了更正。

全书共9章，其中绪论、第1章、第3章、第6章由南华大学陈刚修订，第4章、第9章由南华大学李惠敏修订，第2章、第7章由上海应用技术学院冯劲梅修订，第5章由湖南工业大学付峥嵘、杨景华修订，第8章由陈刚、李惠敏合作编写。

本次修订得到了湖南工业大学王汉青教授的指点和大力帮助；湖南科技大学王海桥教授和邹声华教授、武汉科技大学李玉云教授、湖南工业大学寇广孝教授等对本次修订提出了宝贵意见；南华大学供热、供燃气通风与空调工程硕士研究生万丽霞、孙丁、谢吉平等在资料收集和整理、图表绘制等方面做了大量的工作，在此一并表示衷心感谢！

本教材在修订过程中，参考了许多教材、专著、规范、标准、科技论文及有关文献资料（数据、图表、例题、习题等），谨向有关文献的作者表示衷心感谢。

教材编写组的全体同志十分感谢教师们在使用本教材中所付出的辛勤劳动和努力，也感谢各位对教材所提的宝贵意见和建议。

教材虽经修订，书中仍会有许多不尽如人意之处，欢迎广大同行、专家、任课教师不吝赐教，批评指正，以便不断改进。

主编联系方式：湖南省衡阳市常胜西路 28 号　南华大学城市建设学院　邮编 421001　E-mail：cg9019@ 163. com

编　者

第1版前言

"建筑环境测量"是建筑环境与设备专业主要的专业基础课之一，内容包括温度、压力、湿度、流速、流量、液位、气体成分、环境噪声、光的强度、环境中的有害物质等参数的基本测量方法和测试仪表的原理及应用。这些都是从事工程设计、安装调试、运行管理与科学研究必不可少的重要知识和技能。

本书在编写过程中在注重基本原理的基础上引入了工程测量中常用的测量方法和测量仪表的相关知识，并加强了针对每个被测量如何设计测量系统，确定测量原理、测量方法，选择测量仪表，采取相应的测量步骤等内容的介绍。

随着科学技术的迅速发展，尤其是非电量电测技术的迅猛发展，以及计算机和电信号处理技术的普遍应用，丰富了测量的方法和手段。因此，本书在注重基本原理、方法及实际应用的基础上，加强了对近期国内外测量技术的新成就、新发展和新趋向等方面内容的介绍，以便于扩展读者的知识面，开阔思路，提高解决实际技术问题的能力。

本书可作为普通高等院校建筑环境与设备工程专业"建筑环境测量"（建筑环境测试技术）课程的教材，亦可供函授、夜大同类专业使用。同时，也可作为相关专业工程技术人员设计、施工、运行管理时的参考用书。

本书按38学时编写，各校在使用时，可视实际的教学时数及各地区应用情况取舍。

本书由南华大学陈刚（绪论、第1章、第6章）和李惠敏（第8章）、上海应用技术学院冯劲梅（第2章、第7章）、河南城建学院程广振（第3章、第4章）、湖南工业大学付峥嵘（第5章）及上海理工大学邹志军（部分思考题）编写。陈刚任主编，冯劲梅任副主编，湖南工业大学王汉青教授、湖南科技大学王海桥教授主审。

本书参考了许多资料（数据、图表等），谨向有关文献的作者表示衷心感谢。此外，本书在编写的过程中，先后得到了南华大学的周剑良教授（博导）、湖南大学的龚光彩教授、中南大学的屈高林教授、武汉科技大学的李玉云教授、安徽建筑工程学院的宣玲娟副教授的指点和帮助，并提出了宝贵意见。在此，一并表示诚挚的谢意。

由于时间仓促和编者水平有限，错误和不妥之处在所难免，敬请读者不吝指教，并提出建议，以期再版时改正和提高。

编　者

目　录

绪　　论

早在远古时代，人们就开始在自己的居留地上建造遮蔽物来抵御风霜雪雨和其他外来的对生命的威胁。开始，原始人类使用自然遮蔽物（如山洞），然后开始利用一些适用的材料（如皮革、兽骨、稻草或者是木头），人类的活动没有影响自然环境。然而，自从工业革命以来，人类在不断地向自然环境索取物质能量的同时，又不停地向自然环境排放废弃物和无序的能量。最近数十年来由于这种交换超出了自然环境允许的范围，破坏了人与环境的和谐与平衡，从而使得生态环境问题被越来越多的人所关注和重视。

建筑环境指的是在自然环境中，由人类建造的建筑物及与之有关的构筑物所在地的物理环境。主要包括建筑热湿环境、建筑声环境、建筑光环境及建筑空气环境等。

建筑环境与能源测试技术是针对建筑物所处环境中的有关参数获得具体数据的一项技术活动。建筑物是为了满足人们的生产、生活需要而修建的，活动的主体是人类。因此，建筑环境中的各项参数应以满足人们的工作、生活需要及保障人们的生命财产安全为前提。而环境中的参数是否能满足这些条件呢？这就需要通过测量来获得具体数据，将这些数据与职能部门颁布的标准进行比较就可得到结论。

测量是人类对自然界的客观事物从数量上取得认识的一个过程，在这一过程中，人们借助于专门的测量工具，通过实验的方法和对实验数据的分析计算，求出用标准的测量单位来表示的未知量的数值。换句话说，测量就是为取得某一未知参数而做的全部工作，其中包括测量的误差分析和数据处理等计算工作在内。

在所有的自然科学和工程技术领域中所进行的一切研究活动，就其目的而言，无非是探求客观事物质与量的变化关系，而在这些研究活动中都离不开测量。测量也是判断事物质量指标的重要手段，任何质量指标都要通过一定的数量来表示，如制冷机组的制冷量、蒸汽消耗量、空调精度等。人们往往通过测量所得的各种参数来评判事物质量的优劣，比如：一项暖通空调工程的设计是否满足要求，施工安装是否满足设计要求等都需要在现场进行温度、湿度、流速、噪声等参数测量，将测量所得的数据与规范要求相比照就可以得到客观的结论。

大量的历史事实证明：在科学技术领域内，许多新的发现、新的发明往往是以测量技术的发展为基础的，测量技术的发展推动着科学技术的前进。在生产活动中，新的工艺、新的设备的产生，也依赖于测量技术的发展水平，而且，可靠的测量技术对于生产过程自动化、设备的安全以及经济运行都是不可缺少的先决条件。无论是在科学实验中还是在生产过程中，一旦离开了测量，必然会给工作带来巨大的盲目性。只有通过可靠的测量技术进行测量，然后正确地判断测量结果的意义，才有可能进一步解决自然科学和工程技术上提出的问题。

测量技术对自然科学、工程技术的重要作用越来越为人们所重视，它已逐步形成了一门完整、独立的学科。这门学科研究的主要内容是测量原理、测量方法、测量工具和测量数据处理。根据被测对象的不同，测量技术可分为若干分支，例如力学测量、光学测量、声学测量、热工测量等。测量技术的各个分支既有共同需要研究的问题，如测量系统分析、测量误差分析与数据处理理论；又有各自不同的特点，如各种不同物理参数的测量原理、测量方法与测量工具。本书将在介绍测量基本知识的基础上重点讨论声、光、气、热等有关参数的测量。

对从事建筑环境与能源应用工程专业工作的人员来说，无论是设计、施工、安装调试，还是设备制造、系统运行、各种形式的能源管理，每一道工序、每一个环节都与具体的数据有着千丝万缕的联系。为了制造出优良的暖通空调设备、营造出满足人们的舒适性要求及生产工艺性要求的人工环境，就必须掌握和严格控制一系列的参数，而这些参数的获得就必须通过测量途径。因此，"建筑环境测试技术"课程是建筑环境与能源应用工程专业的学生必修的一门专业基础课程，测量也是学生以后走上工作岗位必须具备的一项技术本领。

第 1 章
测量及测量仪表的基本知识

1.1 测量的定义及测量方法

1.1.1 测量的定义

所谓测量，就是用实验的方法，把被测量（参数）与同性质的标准量进行比较，确定两者的比值，从而得到被测量的值。欲使测量结果有意义，测量必须满足以下要求：

1）用来进行比较的标准量应该是国际上或国家所公认的，且性能稳定。

2）进行比较所用的方法和仪器必须经过验证。

根据上述测量的概念，被测量的值可表达为

$$X = aU \tag{1-1}$$

式中　X——被测量；

　　　U——标准量（即选用的测量单位）；

　　　a——被测量与标准量的数字比值。

式（1-1）称为测量的基本方程式。

在测量的过程当中，通常把需要检测的物理量称为被测参数或被测量。在建筑环境与能源测试技术中，经常碰到的被测参数有温度、压力、湿度、噪声、有害物浓度等。

按照被测量随时间变化的关系，可将被测量分为静态参数（常量）和动态参数。

1. 静态参数（常量）

某些被测参数在整个测量过程中数值的大小始终保持"不变"，即参数值不随时间的改变而变化。例如，周围环境的大气压力，制冷压缩机稳定工况下的转速等均不随时间变化，这类参数通称为静态参数或常量。当然严格地讲，这些参数的数值也并非绝对恒定不变，只是随时间变化得非常缓慢而已，因而在进行测量的时间间隔内由于其数值大小变化甚微而可以忽略不计。

2. 动态参数

随时间不断改变数值的被测量称为动态参数，例如空调设备刚刚开启时，空调房间内的温度、湿度等都属于动态参数。这些参数随时间变化的函数可以是周期函数、随机函数等。

1.1.2 测量过程与测量变换

以天平称重（图 1-1）为例来分析测量的整个过程。

测量开始时应先调节天平至平衡状态，称为调零；接着将被测重物和标准砝码分别放到两侧称盘中，这一动作称为对比。然后借助于天平中间指针的偏转方向，判别天平两侧砝码和物体的轻重，指针偏离中间位置所显示的数据大小称为示差。如存在差值就需调整砝码的大小，直到重物与砝码平衡为止，这个调节动作称为调平衡。上述动作完成后即可根据砝码的大小读出物重的数字值，这称为读数。整个测量过程包括调零、对比、示差、调平衡和读数五个动作，它贯穿于整个测量过程。在生产过程中常希望能自动实现上述测量过程，这种自动测量过程称为自动检测。

图 1-1　称重天平

整个测量过程的关键在于被测量和标准量的比较，但是能直接将被测量与标准量进行比较的物理量并不多，大多数的被测量和标准量都要变换到双方都便于比较的某个中间量，才能进行直接比较，这种变换称为测量变换。

例如，用水银温度计（图 1-2）测量温度时，温度值被变换成毛细玻璃管内水银柱热膨胀后的直线长度，而温度的标准量变换为玻璃管上的直线刻度，这样，被测量和标准量都变换到直线长度这样的一个中间量，再进行比较并得到其比较值的大小（即测量结果）。

可见，通过测量变换可以实现测量，或者使测量变得更为方便。因此说，变换是测量的核心。综上所述，测量变换是指把被测量按一定规律变换成另一种物理量的过程，实现这种变换过程的元件称为变换元件。

图 1-2　水银温度计

变换元件以一定的物理定律为基础，通过各参数之间内在的函数关系，完成一个特定的信号变换任务，多个变换元件的有机组合可构成变换器或测量仪表。

要想知道被测参数的大小，就需要使用测量仪表来检测它的数值。尽管测量仪表种类繁多，被测量和仪表的结构原理也各不相同，但从仪表对被测量的测量过程的本身而言，它们都有共同之处。例如，弹簧压力表对压力的测量，是根据被测压力作用于弹簧管使其受压变形，把压力信号转换成弹簧管变形的位移（机械能），然后再通过杠杆传动机构的传递和放大，变成压力表指针的偏转，最后与压力刻度标尺上的测压单位相比较而显示出被测压力的数值。又如，用热电偶来测量温度，它是利用热电偶的热电效应，把被测温度转换成热电势信号（电能），然后把热电势信号转换成毫伏表上的指针偏转（机械能），并与温度标尺相比较而显示出被测温度的数值。由此可见，不管各种测量仪表其测量原理如何不同，它们的共同之处在于被测参数都要经过一次或多次的信号与能量的转换，获得便于测量的信号或能量形式，最后由指针或数字形式显示出测量结果。因此，各种测量仪表的测量过程，就是被测参数以信号或能量形式进行一次或多次不断转换和传递的过程，以及与相应的测量单位进行比较的过程。

1.1.3　测量方法

拥有先进精密的测量仪器设备，不一定就能获得准确的测量结果。在测量过程中，只有根据不同的测量对象、具体的测量条件，选择正确的测量方法、合适的测量仪器及测量系统，进行正确、细心的操作，才有可能得到较为理想的测量结果。

测量方法就是实现被测量与标准量比较的方法。对一个物理量进行测量，可以通过不同的测量方法来实现。测量方法的选择是否合理，关系到测量结果的可靠性，也关系到测量工作的经济性，不当或错误的测量方法，既得不到正确的测量结果，甚至还会损坏测量仪器或设备。

工程中常用的测量方法有以下几类：

1. 按测量结果产生的方式分类

按测量结果产生的方式来分类，测量方法可分为直接测量法、间接测量法和组合测量法。

（1）直接测量法 使被测量直接与选用的标准量进行比较，或者用预先标定好的测量仪器进行测量，从而直接求得被测量数值的测量方法，称为直接测量法。它又可分为直读法和比较法。

1）直读法。直读法就是能直接从测量仪器上读取被测量的结果的方法。例如用直尺测量某物体的长度、用电流表直接测量电路中的电流等，都属于直读法。这种方法的优点是使用方便，但一般精度较差。

2）比较法。这种测量方法一般不能从测量仪表直接读得测量结果，往往需要使用标准测量仪器，测量过程略显复杂。但测量仪表本身的误差以及其他某些误差在测量过程中往往可以被相互抵消，因此，其测量精度一般比直读法高。根据不同的比较方法又可以区分为：

① 零值法（又称零示法）。在测量时，使被测量所产生的效果与已知量（往往是测量仪器）产生的效果相互抵消，使得总的效果为零，这样就可以确定被测量等于该已知量，例如，利用天平来测量某一物体的质量、利用电位差计来测量热电偶测温时产生的热电势的大小等。

② 差值法。通过测量被测量与一个已知量的差值来求得被测量的方法，称为差值法。例如，已知某建筑物的高度 H 和某人所处楼层的高度 h，要测量该人从所处楼层爬到屋顶的垂直距离 h_1，只需将建筑物的高度 H 减去所处楼层的高度 h 即可

$$h_1 = H - h$$

③ 代替法。在一定的测量条件下，选择一个大小适当的已知量（通常是可调的标准量具），使它在测量装置中取代被测量而不至于引起仪表指示值的变化，那么，被测量的数值就等于这个已知量。由于在代替法中的两次测量，仪表的状态及其指示值都相同，所以仪表的准确度对测量结果基本上没有什么影响，从而消除了测量结果中的仪表误差，这样就可以在测量过程中选择准确度较差的测量仪表而获得较高的测量精度。比如用电位差计测量电路中滑动变阻器阻值与已知电流的乘积来替代热电偶所测的热电势的大小。

（2）间接测量法 通过直接测量与被测量有某种确定函数关系的其他各个变量，然后将所测得的数值代入函数关系式进行计算，从而求得被测量数值的方法，称为间接测量法。函数关系式表达为 $y = f(x_1, x_2, \cdots, x_n)$。间接测量法所需测量的参数较多，测量和计算的工作量较大，引起测量误差的因素较多，但在较理想的测量条件下，可以获得较高的精确度。例如，要测量电阻 R 消耗的功率 P，其函数关系式为

$$P = UI$$

可通过直接测量电压 U 和电流 I，然后代入关系式中，经计算，获得功率 P 的值。

又如，测量管道内不可压缩流体的流速 v 时，采用函数关系式

$$v = \sqrt{\frac{2\Delta p}{\rho}}$$

通过直接测量管道内某一截面流体的动压值 Δp 和流体的密度 ρ，然后将测得的数值代入上式，可以求得流速 v。

（3）组合测量法 测量中使各个未知量以不同的组合形式出现（或改变测量条件以获得这种不同组合），根据直接测量或间接测量所获得的数据，通过解联立方程组以求得未知量的数值，这类测量称为组合测量。函数关系式表达为

$$\begin{cases} f_1(y_1, y_2, \cdots, y_m, x_{11}, x_{21}, \cdots, x_{n1}) = 0 \\ f_2(y_1, y_2, \cdots, y_m, x_{12}, x_{22}, \cdots, x_{n2}) = 0 \\ f_m(y_1, y_2, \cdots, y_m, x_{1m}, x_{2m}, \cdots, x_{nm}) = 0 \end{cases}$$

例如，用铂电阻温度计测量介质温度时，其电阻值 R 与温度 t 的关系为

$$R_t = R_0(1 + at + bt^2)$$

为了确定常系数 a、b，首先需要测得铂电阻在不同温度下的电阻值 R_t，然后再建立联立方程求解，得到 a、b 的数值。其联立方程组为

$$\begin{cases} R_{t_1} = R_0(1 + at_1 + bt_1^2) \\ R_{t_2} = R_0(1 + at_2 + bt_2^2) \end{cases}$$

2. 按测量条件分类

根据测量条件的不同，测量方法分为等精度测量和非等精度测量两类。

（1）等精度测量 在测量过程中，使影响测量误差的各因素（环境条件、仪器仪表、测量人员、测量方法等）保持不变，对同一被测量值进行多次相同的重复测量，称为等精度测量。等精度测量所获得的测量结果，其可靠程度是相同的。

（2）非等精度测量 在测量过程中，测量环境条件有部分不相同或全部不相同，如测量仪器精度、重复测量次数、测量环境、测量人员熟练程度等有变化，所得测量结果的可靠程度不同。

在工程技术中，通常采用的是等精度测量。科学研究及重要的精密测量或检定工作中，或受仪器条件限制无法实现等精度测量时，才采用非等精度测量。

3. 按敏感元件是否与被测介质接触分类

根据敏感元件是否与被测介质接触，可分为接触测量和非接触测量。接触测量是指仪表的某一部分（一般为传感器部分）必须接触被测对象，例如，用玻璃水银温度计测量液体的温度（图 1-3a）、用转子流量计测量管道中流体的流量等；非接触测量仪表的任何部分都不与被测对象接触，例如，用红外线测温仪测量食物（图1-3b）、电子元器件的温度等。

常见的过程检测多采用接触测量法。

4. 按被测量变化快慢分类

根据被测量在测量过程中变化的快慢，可分为静态测量与动态测量。

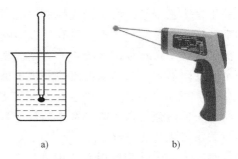

a) b)

图 1-3 接触测量和非接触测量

a）接触测量 b）非接触测量

在测量过程中，被测量不随时间变化的测量，称为静态测量。实际上，绝对不随时间变化的量是不存在的，通常把那些变化速度相对于测量速度十分缓慢的被测量的测量，按静态测量来处理。例如，用激光干涉技术对建筑物的缓慢沉降做长期监测就属于静态测量。

被测量随时间变化而变化，测量此类参数的方法称为动态测量。动态测量往往是一个复杂的过程，这不仅在于参数本身的变化可能很复杂，而且测量系统的动态特性对测量的影响也很复杂。例如，室内空调开启的起始阶段，对房间内的温度测量可以看成是动态测量。

5. 按测量数据是否需要实时处理分类

根据测量数据是否需要实时处理，可分为在线测量和离线测量。

测量系统状态数据的目的是为了应用。一类应用要求测量数据必须是实时的，即测量、数据存储、数据处理及数据应用是在同一个采样周期内完成，例如，锅炉的炉膛负压控制中的负压测量数据，空调房间温湿度控制系统中的温度、湿度测量数据，集中供暖调节系统中的压力、压差、温度、流量等测量数据，这些数据如果失去实时性，将没有任何意义，因此应采用在线测量方法。另一类应用则对测量数据没有实时应用的要求，一般情况下是在每一个采样周期内进行测量及存储数据，数据处理及数据应用在今后的某一时间进行。例如，对建筑物供暖效果评价中的温度测量数据，节能墙体测试中的温度、热流量测量数据，这些数据只是用于事后分析，不需要实时处理，因此可采用离线测量方法。

1.2　测量系统的结构及基本功能

1.2.1　测量系统组成

在测量技术中，为了测得某一被测量的值，总要使用若干个测量设备，并把它们按一定的方式组合起来。例如，测量水的流量，常采用标准孔板流量计来获得与流量有关的差压信号，然后将差压信号输入差压变送器，经过转换、运算，变成电信号，再通过连接导线将电信号传送到显示仪表，显示出被测流量值。为实现一定的测量目的而将测量设备进行有效组合所形成的测量体系就称为测量系统。任何一次有意义的测量，都必须由测量系统来实现。测量系统中的测量设备一般由传感器、变换器或变送器、传输通道和显示装置组成。测量系统的组成框图如图 1-4 所示。

图 1-4　测量系统组成框图

由于被测参数的不同，测量的原理会不一样，测量精度要求也不同，测量系统的构成也会有悬殊的差别。它可能是仅有一只测量仪表的简单测量系统，也可能是一套价格昂贵、高度自动化的复杂测量系统。如果离开具体的物理系统，任何一个测量系统都是由有限个具有一定基本功能的测量环节组成的。所谓测量环节是指建立输入和输出两种物理量之间某种函数关系的一个基本部件。从这种意义上说，整个测量系统实际上是若干个测量环节的组合，并可看成是由许多测量环节连接成的测量链。

1.2.2　测量环节及其功能

一般测量系统由四个基本环节组成：传感器、变换器或变送器、显示装置和传输通道。

1. 传感器

传感器又称敏感元件，因它是与被测对象直接发生联系的部分，故又称一次仪表。它接收来自被测量（包括物理量、化学量、生物量等）的信号后，把这些信号按一定的规律转换成便于处理和传输的另外一种量的输出信号。它是实现测量的首要环节。其功能是将被测量以单值函数关系，稳定而准确地转换成另一种物理量，给后面环节的变换、比较、运算及显示、记录被测量提供便捷。例如温度传感器中的热电偶、热电阻等。

敏感元件能否精确、快速地产生与被测量相应的信号，对测量系统的测量质量有着决定性的影响。因此，一个理想的敏感元件应该满足如下几方面的要求：

1) 敏感元件输入与输出之间应该有稳定的单值函数关系。

2) 敏感元件应该只对被测量的变化敏感，而对其他一切可能的输入信号（包括噪声信号）不敏感。

3) 在测量过程中，敏感元件应该不干扰或尽量少干扰被测介质的状态。

实际上，一个完善、理想的敏感元件是十分难得的。首先，要找到一个选择性很好的敏感元件并非易事，因此只能限制无用信号在全部信号中所占的比例，并用试验的方法或理论计算的方法把它消除。其次，敏感元件总要从被测介质中取得能量。在绝大多数情况下，被测介质也总要被测量作用所干扰，一个良好的敏感元件只能是尽量减少这种干扰。

2. 变换器或变送器

它是传感器与显示装置中间的部分，它将传感器输出的信号变换成显示装置易于接收的信号。传感器输出的信号一般是某种物理变量，例如位移、压差、电阻、电压等。在大多数情况下，它们在性质上、强弱程度上总是与显示装置所能接收的信号有所差异。测量系统为了实现某种预定的功能，必须通过变换器或变送器对传感器输出的信号进行变换，包括信号物理性质的变换（如通过测量电桥将电阻信号变成电压信号）和信号数值上的变换（如通过放大器将微小的信号放大，以促动测量、控制仪表动作）。

现代的自动指示、记录与调节仪表，除了直接接收传感器信号外，为了标准化，有的仪表只接收标准信号（如 $0\sim10mA\cdot DC$、$4\sim20mA\cdot DC$ 等）。为此，需要将传感器转换来的信号变换到标准信号。将传感器输出信号变换到标准信号的器件称为变送器，它在自动检测与自动控制中广泛应用。

对于变换器或变送器，不仅要求它的性能稳定、精确度高，而且应使信息损失最小。

3. 显示装置

显示装置是测量系统直接与观测者发生联系的部分，如果被测量信号需要通知观测者，那么这种信息必须变成能为人们的感官所识别的形式。实现这种"翻译"功能的设备称为显示装置，又称显示仪表，其作用是向观测者指出被测参数的数值。显示装置可以对被测量进行指示、记录，有时还带有调节功能以控制生产过程。显示仪表主要分为模拟式、数字式和屏幕式三种。

(1) 模拟式显示仪表　最常见的结构是以指示器与标尺的相对位置来连续指示被测参数的值，也称指针式仪表。其结构简单、价格低廉，但容易产生视差。记录时，以曲线形式给出数据。该类仪表目前尚在普遍使用。

(2) 数字式显示仪表　直接以数字形式给出被测参数的值，不会产生视差。但直观性差，且有量化误差。记录时，可以打印输出数据。

(3) 屏幕式显示仪表　既可按模拟方式给出指示器与标尺的相对位置、参数变化的曲线，也可直接以数字形式给出被测参数的值，或者两者同时显示，是目前最先进的显示方式。屏幕显示具有形象性和显示大量数据的优点，便于比较判断。

4. 传输通道

如果测量系统各环节是分离的，那么就需要把信号从一个环节送到另一个环节。实现这种功能的环节称为传输通道。传输通道是各环节间输入、输出信号的连接部分，它分为电线、光导纤维和管路等。传输通道一般较为简单，容易被忽视。在实际的测量系统中，应按规定进行选择和布置，否则会造成信息损失、信号失真或引入干扰。

1.3　智能化测量系统概述

1.3.1　智能化测量系统的发展历程

在信息化发展迅猛的当今社会，检测技术仍然是信息技术的核心之一。20 世纪 70 年代微型计算机问世后不久，就被用到检测技术领域。随着科技水平的提高，原本神秘昂贵的微型计算机价格趋于常态，功能越来越完善，并且解决了许多传统检测系统的难题，已然成为检测技术不可缺少的部分。带微处理器的测量仪表，称为智能仪表，由智能仪表组成的测量系统称为智能化测量系统。

20 世纪 50 年代后期运用的指针式仪表，基于电磁测量原理，用指针来显示最终的测量值，如万用表、电压表等。60 年代中期运用的数字式仪表，基于模拟信号的测量转化为数字信号测量，以数字显示或打印最终结果。70 年代初期，智能仪器仪表得到了广泛应用。智能仪表是计算机技术与测量仪器相结合的产物，作为含有微处理器的测量控制一体化系统，其不仅可以对数据进行存储、运算、逻辑判断及自动化操作等，还具有一定智能的作用（表现为智能的延伸或加强等）。

1984 年，我国仪器学会成立"自动测试与智能仪器专业学组"。

1986 年，IMEKO（国际计量测试联合会）以"智能仪器"为主题召开了专门的讨论会。

1988 年，IFAC（国际自动控制联合会）理事会正式确定"智能元件及仪器"为其系列学术委员会之一。

近年来，智能仪表已开始从较为成熟的数据处理向知识处理发展。模糊判断、故障诊断、容错技术、传感器融合、机件寿命预测等，使智能仪器的功能向更高的层次发展。概括地说，智能化测量系统与传统测量系统相比，有以下特点：

1）可编程性。

2）可记忆性。

3）数据处理功能。

4）其他特点，如多功能化、灵活性强。可自动记录测量数据，维修、控制等可追溯。

智能化测量系统中的微处理器，不再是简单的发布命令和完成测量数据运算的工具，而是与测量系统融为一体，可以改变测量的原理及方法，创造出新的一代测量系统。

1.3.2　智能化测量系统的分类及基本组成

随着科技高速发展，测量系统已从以往单一参数的测量发展到现在整个系统的多参数连续测量、不同工况下的测量等。构建一个智能化测量系统，应考虑的因素包括连续采样、模-数转换、软件分析、计算机处理、自动监控、人机界面、通信网络等。

1. 分类及特点

根据系统组成不同，可分为集中式智能化测量系统和分布式智能化测量系统。集中式智能化测量系统由主机、智能仪表、数据采集器、各类传感器等组成。整个系统中一个主机，只使用一份数据。分布式智能化系统则由主机、智能仪表及通信系统组成。

（1）集中式智能化测量系统　集中式智能化测量系统的核心是微处理器，在机内扩展一定数量的模-数接口板与现场测量仪表进行匹配连接。集中式智能化测量系统结构如图 1-5

所示。其特点有：

1) 在监控中心可实时地观察到系统的全部测量数据。

2) 以微型计算机为核心，具有强大的数值计算、逻辑判断、信息存储等功能。

3) 只适用于规模较小的工业过程，测量点数应在100点以内，传输距离一般在百米以内。

4) 当系统的规模较大时，主机的负担较重，实时性变差。

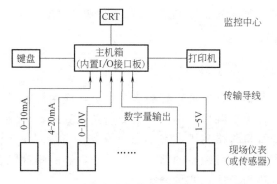

图1-5　集中式智能化测量系统结构图

测量点数较多，测量的地理范围较大时，应采用分布式智能化测量系统。

（2）分布式智能化测量系统　分布式智能化测量系统结构如图1-6所示，其自动测量系统的特点如下：

1) 灵活性：负载、危险、功能、地域分散和不确定等使分布式智能化测量系统的应用十分灵活。

2) 远程性：测量的作用半径大。

3) 实时性：大部分的数据处理工作由分机完成，提高了数据测量的实时性。

4) 可靠性：某一台分机出现故障不影响整个系统的运行。

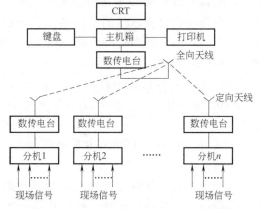

图1-6　分布式智能化测量系统结构图

2. 智能仪表和数据采集器

（1）智能仪表　从智能仪器发展的状况来看，其基本结构有微机内嵌式、微机扩展式。微机内嵌式是将单片或多片的微机芯片与仪器有机结合在一起形成的单机，其形态是仪器。微处理器在其中起控制及数据处理等作用。微机内嵌式的特点是高性能、专用或多功能、小型化、便携或手持、干电池供电。

微机扩展式是以个人计算机（PC）为核心的应用扩展型仪器，其形态可以是计算机。

（2）数据采集器　数据采集器是通过电池进行供电、便携式、具有海量存储器、具有与PC机接口的数据采集分时记录智能仪表。其类型可分为一体式数据采集器和组合式数据采集器。

一体式数据采集器，即数据采集器自带传感器；组合式数据采集器，即传感器和数据采集器是分离的。组合式数据采集器可以分为单通道和多通道的。多通道的可以一次同时从多个输入端采集数据。

1.3.3　智能化测量系统的特点

智能化测量系统的特点如下：

1) 能够自动完成某些测量任务或在程序指导下完成预定动作，测量精度高。

2) 具有自动校准、自检、自诊断功能。

3) 具有进行各种复杂计算和修正误差的数据处理能力。

4）便于通过标准总线组成一个多种仪表的复杂测量系统，能够实现复杂的控制，并能灵活地改变和扩展仪表的功能。

1.3.4　智能化测量系统的发展趋势

智能化测量系统将主要从以下几个方面实现其发展：

1）在性能方面，向高精度、高效率、高性能、智能化的方向发展。随着专用集成电路特别是超大规模集成电路的发展，测量系统将越来越向高性能、高智能化方向发展。

2）在功能方面，向小型化、轻型化、多功能方向发展。为了适应自动化控制规模的不断扩大和高新技术的发展，不仅要求测量系统具有数据采集、监测、记忆、监控、执行、反馈、自适应等多种功能，甚至还要具有神经系统功能，以便能实现整个生产系统的最佳化和智能化。

3）在层次方面，向系统化、复合集成化的方向发展。测量系统既包含各种技术的相互渗透、相互融合和各种产品的优化与复合，又包含在生产过程中同时处理加工、装配、监测、管理等多种工序。

1.3.5　智能化测量系统的功能及影响因素

实现测量系统和仪表的智能化，建立具有智能化功能的测量系统和仪器，是克服测量系统自身不足，获得高稳定性、高可靠性、高精度以及提高分辨率与适应性的必然趋势。

1. 功能

通过以微型计算机、微处理器为核心的数据采集系统与传感器相结合的测量系统、仪表，可以在最少硬件条件基础上，采用强大的软件优势，"赋予"测量系统、仪器智能化功能。其最常用的智能化功能有：非线性自校正、自校零与自校准、量程自动切换、自补偿等。

（1）非线性自校正　测量系统非线性误差是影响系统精度的重要因素。通常都希望测量仪表的输出量与输入量（被测量）呈线性关系，即在满量程测量范围内灵敏系数为常数，这样既有利于读数和分析，又便于处理测量结果。但是，在实际测量系统中，通过传感器将被测物理量转换成电量，其输出电量与被测物理量的关系并不是线性的。为了保证测量仪表的输出与输入具有线性关系，除了对传感器本身在设计和制造工艺上采取一定的措施外，还必须对输入参量的非线性进行补偿，或称线性化处理。目前，常用的线性化处理方法有模拟线性化和数字线性化。

（2）自校零与自校准　测量仪器、系统在输入为零时其输出往往不为零，即存在零点误差，这属于固有系统误差。如果在某些干扰因素如温度、电源电压波动作用下，测量系统的增益、零点发生漂移，将引入可变系统误差。

具有自校零与自校准智能功能的测量仪器、系统，在程序的控制下进行三步测量法，自动校正零点，自动消除因零点漂移、增益漂移（又称灵敏度漂移）而引入的误差，从而提高了整个系统的精度与稳定性。根据测量系统的输入-输出特性是理想线性还是非线性特性，自校准可分为标准值实时自校法与多标准值实时自校法。

（3）量程自动切换　量程的自动切换即自动选择增益，须提前综合考虑被测量的范围，以及对测量精度、分辨率的要求等因素来确定增益（含衰减）挡数的设定和确定切换挡的准则，可根据具体问题而定。

（4）自补偿　当自校零与自校准环节不包含传感器时，传感器的零点以及各种干扰因素（如温度）引起的零点漂移、灵敏度漂移等固定系统误差与可变系统误差都将引入系统，影响测量系统的稳定性与精度。在要求测量精度较高的情况下，采用以监测法为基础的软件自补偿智能化技术，消除干扰因素影响，改善测量系统稳定性，增强抗干扰能力。采用软件实现智能化频率自补偿技术还可以改善测量系统的动态特性，展宽测量系统的频带。

2. 温度对智能化测量系统的影响及补偿方式

在智能化测量系统中，温度变化对智能化测量系统的影响如下：

1）传感器材料具有线胀系数。

2）智能化测量系统的电子电路中大量采用的半导体器件，其工作点、增益会随温度的变化发生改变。

3）电阻、电容的性能随温度的变化发生改变。

当硬件电路调整不便，补偿精度不高时，可采用软件补偿来提高测量系统的温度稳定性，减小温度变化带来的温度附加误差。温度补偿就是利用检测系统自身的几个环节受温度影响产生的变化相反而相互抵消的作用，或在检测系统中附加一个环节、一个电路或一段程序，用它去控制检测系统的输出值，使之不随环境温度的变化而变化或控制在测量误差允许的范围之内。具体的补偿方式有：自身补偿式温度补偿方式、并联式温度补偿方式、反馈式温度补偿方式、检测系统中温度漂移的软件补偿方式。

例如，利用热电偶进行温度测量，计算机自动采集系统多采用冷端温度实时测量计算修正法。

1）自动采集两个输入量。一个是热电偶回路的温差电势 $E_{AB}(T, T_0)$，另一个是冷端温度 T_0 值。

2）求取修正量（计算补偿值）。计算机根据已测得的 T_0 值，自动查找内存中的热电偶分度表，得到 $E_{AB}(T_0, 0)$ 值。

3）修正温差电势 $E_{AB}(T, T_0)$。根据中间温度定律计算两结点温度分别为 T、T_0 时的总温差电势 $E_{AB}(T, 0)$，即

$$E_{AB}(T,0) = E_{AB}(T,T_0) + E_{AB}(T_0,0)$$

即完成了对温差电势 $E_{AB}(T, T_0)$ 的修正。

4）查表求热端温度 T。根据已求得回路总温差电势 $E_{AB}(T, 0)$ 查内存中的热电偶分度表，即可得到热端温度值 T（被测温度）。

1.4　测量误差与测量精度的基本内容

1.4.1　真值、测量值、测量误差和测量不确定度

1. 真值 X_0

需要进行测量的物理量，在一定条件下所呈现的客观大小或真实数值称为真值，用 X_0 表示。要想得到真值，必须利用"理想"的量具或测量仪器进行无误差的测量。"理想"量具或测量仪器属于理论追求的目标，现阶段无法获取；另外，在测量过程中由于各种客观、主观因素的影响，做到无误差的测量是不可能的，所以物理量的真值 X_0 实际上是无法测得的。

但在实际测量中，常用高精度的测量值或平均值代表真值。常用的平均值有以下几种：

（1）算数平均值　算数平均值是最常用的一种平均值，当观测值呈正态分布时，最近

似真值。

$$\overline{X} = \frac{X_1 + X_2 + \cdots + X_n}{n} = \frac{1}{n}\sum_{i=1}^{n} X_i \tag{1-2}$$

（2）均方根平均值

$$\overline{X} = \sqrt{\frac{X_1^2 + X_2^2 + \cdots + X_n^2}{n}} = \sqrt{\frac{1}{n}\sum_{i=1}^{n} X_i^2} \tag{1-3}$$

（3）加权平均值　若对同一参量用不同方法去测定，或者由不同的人测定，计算平均值时常采用加权平均值。

$$\overline{X} = \frac{\omega_1 X_1 + \omega_2 X_2 + \cdots + \omega_n X_n}{\omega_1 + \omega_2 + \cdots + \omega_n} = \frac{\sum_{i=1}^{n} \omega_i X_i}{\sum_{i=1}^{n} \omega_i} \tag{1-4}$$

权值 ω_i（$i=1$，2，$\cdots$，n）可以是观测值的重复次数在观测总次数中所占的比例。

（4）几何平均值　如果一组观测值是非正态分布，当对这组数据取对数后，所得图形的分布曲线对称时，常采用几何平均值。

$$\overline{X} = \sqrt[n]{X_1 X_2 \cdots X_n} \tag{1-5}$$

式（1-2）至式（1-5）中的 X_i（$i=1$，2，$\cdots$，n）为有效测量值。

2. 测量值 X

通过测量仪表检测得到的结果称为测量值，或称示值，用 X 表示，它包括数值和单位。

3. 测量误差

在实际测量中，由于测量仪器不准确、测量手段不完善，环境影响，测量操作不熟练以及工作的疏忽等因素，都会导致测量结果与被测量真值之间存在一定的差值，这个差值称为测量误差，其表达式为 $\Delta X = X - X_0$。

测量误差的存在具有必然性和普遍性。在测量过程中，无论测量仪器多么精密，观测者多么仔细，对于同一个量进行多次观测，其结果总存在着误差。也就是说没有误差的测量是不存在的，这就是所谓的误差公理。人们只能根据需要和可能，将其限制在一定范围内，而不能完全将其消除。

对测量误差的控制已经成为衡量测量技术水平以至科技水平的重要标志之一。研究误差的目的，就是要根据误差产生的原因、性质及规律，在一定条件下尽量减小误差，将其控制在允许的范围之内。

4. 测量不确定度

测量误差是指测量结果减去被测量的真值，其大小反映测量结果偏离真值的程度。该定义虽然严格准确，但由于真值是未知的理想概念，使得误差在实际应用中难以确切求得。

测量不确定度是表征合理地赋予被测量之值的分散性，与测量结果相联系的参数。

测量误差与测量不确定度分别是经典误差理论和现代误差理论的核心，二者既有区别，又有联系。

测量不确定度分为 A 类与 B 类两种。A 类评定要求对被测量进行重复观测，通过计算其实验标准差来进行评定，A 类评定的自由度由重复测量次数和实验标准差的计算方法求得。B 类评定不需要重复观测值，只是利用与被测量有关的其他先验信息来进行评定，B 类评定按其不可靠程度计算。

测量不确定度的评定包括以下步骤：

1）明确被测量的定义及其测量条件。

2）明确测量原理、测量方法、被测量的数学模型、所用的测量标准、测量仪器或测量系统。

3）分析并列出对测量结果有明显影响的不确定度来源，每个来源为一个标准不确定度分量。

4）定量评定各标准不确定度分量。

5）计算合成标准不确定度。

6）确定扩展不确定度。

7）报告测量结果及其测量不确定度。

1.4.2 测量误差的分类

1. 按误差数值的表示方法分类

（1）示值绝对误差 Δx　测量仪表的指示值（示值或测量值）X 与被测量的真值（一般在测量中用最优概值来代替）X_0 之间的代数差值称为示值绝对误差，用 Δx 表示，即

$$\Delta x = X - X_0 \tag{1-6}$$

绝对误差 Δx 具有与被测量相同的量纲，其值可大可小、可正可负。若已知测量值和绝对误差，可由上式求得被测量真值。

对于绝对误差，应注意下面几个特点：

1）绝对误差是有单位的量，其单位与测得值和实际值相同。

2）误差是有符号的量，其符号表示测量值与实际值的大小关系，若测量值较实际值大，则绝对误差为正值，反之为负值。

3）测量值与被测量实际值间的偏离程度和方向是通过绝对误差来体现的，但仅用绝对误差通常不能说明测量的质量。例如，人体体温在 37℃ 左右，若测量绝对误差 $\Delta x = \pm 2℃$，这样的测量质量是不会令人满意的，而如果测量 1400℃ 左右炉窑的炉温，绝对误差 $\Delta x = \pm 2℃$，这样的测量精度就非常令人满意了。因此，为了表明测量结果的准确度，一种方法是将测得值与绝对误差一起列出，如上面的例子可写成（37±2）℃ 和（1400±2）℃，另一种方法就是用相对误差来表示。

（2）示值相对误差 δ　示值的绝对误差与被测量的真值之比，称为示值的相对误差 δ，常用百分数表示，即

$$\delta = \frac{\Delta x}{X_0} \times 100\% = \frac{X - X_0}{X_0} \times 100\% \tag{1-7}$$

（3）引用误差和基本误差　示值的绝对误差与该仪表的量程范围 l_m 之比称为示值的引用误差 δ_y，即

$$\delta_y = \frac{\Delta x}{l_m} \times 100\% = \frac{X - X_0}{l_m} \times 100\% \tag{1-8}$$

示值的最大绝对误差值与该仪表的量程范围 l_m 之比称为示值的基本误差 δ_j，即

$$\delta_j = \frac{|\Delta x_m|}{l_m} \times 100\% = \frac{|X - X_0|_m}{l_m} \times 100\% \tag{1-9}$$

基本误差去掉%后的数值即为测量仪表的精度等级。

由于被测量的真值 X_0 实际上是无法得到的，因此，绝对误差 Δx 和相对误差 δ 也无法求

得，所以在实际计算中往往把最优概值作为真值 X_0 的近似值来计算。

一般来说，测量仪器在同一量程不同示值处的绝对误差实际上未必处处相等，但对使用者来讲，在没有修正值可利用的情况下，只能按最坏情况来处理，即认为仪器在同一量程各处的绝对误差是个常数且等于 Δx_m，人们把这种处理叫作误差的整量化。由式（1-8）和式（1-9）可以看出，为了减小测量中的示值误差，在进行量程选择时应尽可能使示值能接近满量程值，一般以示值不小于满量程值的 2/3 为宜。

【例 1-1】　对某精度等级为 1.0 级、量程范围为 0~1.00MPa 的压力表，求测量值分别为 $X_1 = 1.00\mathrm{MPa}$，$X_2 = 0.80\mathrm{MPa}$，$X_3 = 0.20\mathrm{MPa}$ 时的绝对误差和示值相对误差。

【解】　由式（1-9）得绝对误差为

$$\Delta x_\mathrm{m} = \delta_\mathrm{j} l_\mathrm{m} = \pm \frac{1}{100} \times 1.00\mathrm{MPa} = \pm 0.01\mathrm{MPa}$$

而测量值分别为 1.00MPa、0.80MPa、0.20MPa，其示值的相对误差分别为

$$\delta_{X_1} = \frac{\Delta x_\mathrm{m}}{X_1} \times 100\% = \frac{\pm 0.01\mathrm{MPa}}{1.00\mathrm{MPa}} \times 100\% = \pm 1\%$$

$$\delta_{X_2} = \frac{\Delta x_\mathrm{m}}{X_2} \times 100\% = \frac{\pm 0.01\mathrm{MPa}}{0.80\mathrm{MPa}} \times 100\% = \pm 1.25\%$$

$$\delta_{X_3} = \frac{\Delta x_\mathrm{m}}{X_3} \times 100\% = \frac{\pm 0.01\mathrm{MPa}}{0.20\mathrm{MPa}} \times 100\% = \pm 5\%$$

可见在同一量程内，测量值越小，示值相对误差越大。由此可知，测量中所用仪表的准确度并不是测量结果的准确度，只有在示值与量程相同时，两者才相等（不考虑其他因素造成的误差，仅考虑仪器误差）。否则测得值的准确度数值将低于仪表的准确度等级。

【例 1-2】　要测量 100℃ 的温度，现有精度等级为 0.5 级，测量范围为 0~300℃ 和精度等级为 1.0 级，测量范围为 0~100℃ 的两种温度计，试分析各自产生的示值误差。

【解】　对 0.5 级温度计，可能产生的最大绝对误差为

$$\Delta x_\mathrm{m1} = \delta_\mathrm{j1} l_\mathrm{m1} = \pm \frac{0.5}{100} \times 300℃ = \pm 1.5℃$$

按照误差整量化原则，认为该量程内绝对误差 $\Delta x_1 = \Delta x_\mathrm{m1} = \pm 1.5℃$，因此示值相对误差为

$$\delta_1 = \frac{\Delta x_\mathrm{m1}}{X} \times 100\% = \frac{\pm 1.5℃}{100℃} \times 100\% = \pm 1.5\%$$

同样可以算出用 1.0 级温度计可能产生的绝对误差和示值相对误差，即

$$\Delta x_\mathrm{m2} = \delta_\mathrm{j2} l_\mathrm{m2} = \pm \frac{1.0}{100} \times 100℃ = \pm 1.0℃$$

$$\delta_2 = \frac{\Delta x_\mathrm{m2}}{X} \times 100\% = \frac{\pm 1.0℃}{100℃} \times 100\% = \pm 1.0\%$$

可见用 1.0 级低量程温度计测量所产生的示值相对误差反而小一些，因此选用 1.0 级温度计较为合适。

2. 按测量误差的特性分类

（1）系统误差 ε　在相同的测量条件下，对同一被测量进行多次测量时，误差的大小和

符号或者保持恒定，或者按一定的规律变化，这类误差称为系统误差。前者称为恒值系统误差，后者称为变值系统误差。在变值系统误差中，又可按误差变化规律的不同分为累进系统误差、周期性系统误差和按复杂规律变化的系统误差。例如，仪表指针零点偏移将产生恒值系统误差，电子电位差计中滑动变阻器的磨损将导致累进性的系统误差，而测量现场电磁场的干扰，往往会引入周期性的系统误差。

系统误差的主要特点是：只要测量条件不变，误差即为确切的数值，用多次测量平均值的办法不能改变或消除系统误差；而当条件改变时，误差也随之遵循某种确定的规律而变化，具有可重复性。归纳起来，产生系统误差的主要原因有：

1）测量仪器设计原理及制作上的缺陷。例如刻度偏差，刻度盘或指针安装偏心，使用过程中零点漂移，安装位置不当等。

2）测量时的环境条件。例如温度、湿度及电源电压等与其使用要求不一致。

3）采用近似的测量方法或近似的计算公式。

4）测量过程中估计读数时习惯偏于某一方向。

系统误差体现了测量的准确度，系统误差小，表明测量的准确度高。系统误差就个体而言是有规律的，其产生的原因往往是可知的或者是能够掌握的。因此，系统误差的处理多属测量技术上的问题，可以通过实验的方法加以消除，也可以通过引入更正值的方法加以修正。更正值的大小与系统误差的大小相等，但符号相反。

（2）随机误差（又称偶然误差）x　在相同条件下，多次测量同一量时，误差的绝对值和符号时大时小、时正时负，没有确定的规律，也不可能预知，这类误差称为随机误差。这种误差常常是由于测量中偶然原因引起的，故又常称偶然误差。

随机误差的产生取决于测量过程中一系列随机因素的影响。产生随机误差的主要原因有：

1）仪器元器件产生噪声，零部件配合的不稳定、摩擦、接触不良等。

2）温度及电源电压的无规则波动，电磁干扰，气压、温度、湿度干扰，地基振动等。

3）测量人员感觉器官的无规则变化而造成的读数不稳定等。

随机误差的存在是不可避免的，而且在相同的测量条件下进行多次测量时，误差值的大小和符号都没有确切的规律，不能通过实验的方法来消除。但是在等精度测量条件下，当测量次数足够多时，将各个随机误差出现的概率绘制在坐标图上，就会发现随机误差服从一定的统计规律即正态分布规律。

随机误差与系统误差既有区别又有联系，二者之间并无绝对的界限，在一定的条件下可以相互转化。对某一具体误差，在某一条件下为系统误差，而在另一条件下可为随机误差，反之亦然。在进行数据处理的过程中，有些视为随机误差的测量误差，有可能分离出来作为系统误差处理；而有一些变化规律复杂、难以消除或没有必要花费很大代价消除的系统误差，也常当作随机误差处理。

随机误差体现了多次测量的精密度，随机误差小，则精密度高。

（3）粗大误差（又称过失误差、疏忽误差或粗差）　在一定的测量条件下，测量值明显地偏离实际值所形成的误差称为粗大误差，也称为粗差，它是明显歪曲了测量结果的误差。这类误差主要是由于测量者在测量过程中粗心大意造成的，例如，读数错误、记录或运算错误、测量过程中的失误等。粗大误差也无规律可循，但却可以通过主观的努力加以克服。对待这类误差的原则是随时发现，随时剔除。

含有粗大误差的测量值一般又被称为坏值，在对实验结果进行数据处理之前应当先行剔除坏值，因为坏值不能反映被测量的真实数值。

产生粗差的主要原因包括：

1）测量方法不当或错误。例如用大量程的流量计测量小流量。

2）测量操作疏忽和失误。例如未按规程操作，读错测量数值或单位，记录及计算错误等。

3）测量条件的突然变化。例如电源电压突然增高或降低、雷电干扰、机械冲击等因素引起测量仪器示值的剧烈变化。这类变化虽然也带有随机性，但由于造成的示值明显偏离实际值，因此将其列入粗大误差范畴。

根据误差的分类方法，测量误差可表示为

$$\Delta x = \varepsilon + x \tag{1-10}$$

3. 按测量误差产生的来源分类

（1）仪表误差　仪表误差又称设备误差，它是由测量仪表本身在测量过程中所造成的误差，是由于设计、制造、装配、检定及本身结构等的不完善以及仪器使用过程中元器件老化、机械部件磨损、疲劳等因素而使测量仪器设备本身带有的误差。仪器误差还可细分为：读数误差，包括出厂校准定度不准确产生的校准误差、刻度误差，读数分辨力有限而造成的读数误差及数字式仪表的量化误差（±1 个字误差）；仪器内部噪声引起的内部噪声误差；元器件疲劳、老化及周围环境变化造成的稳定误差；仪器响应的滞后现象造成的动态误差；探头等辅助设备带来的其他方面的误差。不管选用的仪表准确度多高，仪表本身的基本误差总是存在的，只能根据测量误差的允许范围，选择适当准确度的测量仪表使其误差满足测量提出的要求。

减小仪器误差的主要途径是根据具体测量任务，正确地选择测量方法和使用测量仪器，包括要检查所使用的仪器是否具备出厂合格证及检定合格证，在额定工作条件下按使用要求进行操作等。量化误差是数字仪器特有的一种误差，减小由它带给测量结果准确度的影响的办法是设法使显示器显示尽可能多的有效数字。

（2）人为误差（也称操作误差）　人为误差主要指由于测量者感官的分辨能力、视觉疲劳、固有习惯等而对测量实验中的现象与结果判断不准确而造成的误差，或由于测量人员的技术水平不高而造成的误差。例如温度计刻度值的读取。

减小人为误差的主要途径有：提高测量者的操作技能和工作责任心；采用更合适的测量方法；采用数字式显示仪表以避免指针式仪表的读数视差等。

（3）环境误差　由于测量环境不符合仪表的使用条件而产生的附加误差。最主要的影响因素是环境温度、电源电压和电磁干扰等。当环境条件符合要求时，环境所造成的误差对数值的影响通常可不予考虑。但在精密测量及计量中，需根据测量现场的温度、湿度、电源电压等影响数值求出各项影响误差，以便根据需要做进一步的数据处理。

（4）方法误差　方法误差也称为理论误差。方法误差通常以系统误差（主要是恒值系统误差）形式表现出来。它是由于所使用的测量方法不完善、测量所依据的理论不完善、对测量设备操作使用不当、对测量计算公式不适当简化等原因而造成的误差。因此，在掌握了具体原因及有关量值后，原则上都可以通过理论分析和计算或改变测量方法来加以消除或修正。对于内部带有微处理器的智能仪器，要做到这一点并不难。

（5）装置误差　由于测量设备和电路的安装、布置以及调整不当而造成的误差。测量时应该严格按照说明书的要求进行安装和调试，以便把装置误差降低到最低限度。

（6）校验误差　在校验测量仪表时，由于所使用的标准表本身有附加误差（除仪表基本误差外）而形成被校验表的附加误差。

1.4.3　测量精度

测量精度表示被测量的测量值偏离其真值的程度，精度越高，测量值越接近于真值，绝对误差值就越小，反之亦然。测量精度分为以下三方面。

1. 准确度

反映系统误差对测量值的影响程度。系统误差小，准确度高；系统误差大，准确度低。很显然，准确度是反映对同一被测量进行多次测量时，测量值偏离真值的程度。

2. 精密度

反映随机误差对测量值的影响程度。随机误差小，精密度高。精密度是反映对同一被测量进行多次测量时，测量值的重复一致程度，或者说测量值分布密集的程度。

3. 精确度

反映系统误差和随机误差对测量值综合影响的程度，又称精度。

在具体的测量实践中，可能会有这样的情况：准确度较高而精密度较低，或者精密度高但欠准确。当然理想的情况是既准确，又精密，即测量结果精确度高。要获得理想的结果，应满足三个方面的条件：性能优良的测量仪表、正确的测量方法和正确细心的测量操作。为了加深对准确度、精密度和精确度三个概念的理解，可以以射击打靶为例来加以说明，如图 1-7 所示。以靶心作为被测量的真值，以靶纸上的子弹着点表示测量结果。其中图 1-7a 上的子弹着点分散而又偏斜，说明该测量所得结果既不精密，也不准确，即精确度很低；图 1-7b 上的子弹着点仍然比较分散，但总体而言，大致都围绕靶心，说明测量结果准确但欠精密；图 1-7c 上子弹着点密集在一定的区域内，但明显偏向一方，说明测量结果精密度高但准确度差；图 1-7d 子弹着点相互接近且都围绕靶心，说明测量结果既精密且准确度很高。

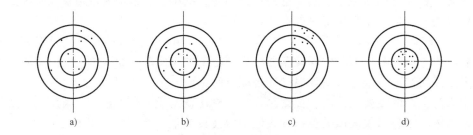

图 1-7　精密度、准确度、精确度的关系示意图

1.5　测量仪表的分类及其基本性能

1.5.1　测量仪表的分类

测量仪表常常根据用途、原理、结构的不同，有以下几种分类方法。

1. 按显示记录形式及功能分类

有模拟式仪表与数字式仪表两大类。按显示功能不同又可分为指示仪表与记录仪表两大类。指示仪表有指针指示仪表、数字显示仪表与屏幕显示仪表等。记录仪表有模拟式图示记录仪表与数字式打印记录仪表等。一个仪表也可同时具有多种显示功能，例如指示记录仪同时具有指示与记录两种功能。

2. 按工作原理分类

有机械式、电子式、气动式、液动式仪表等。

3. 其他分类

按用途分有标准仪表、实验室用仪表和工程用仪表等；按使用方法分有固定式和便携式仪表等。

工程用仪表是在工业生产中广泛采用的测量仪表，它的结构简单、牢固、抗振动、工作可靠，但精度比较低。实验室用仪表通常用于科研测量工作，也常用来校验工程用仪表，其精度比较高。标准仪表则精度更高，常用来校验和标定其他仪表。

1.5.2　测量仪表的基本性能

测量始终离不开测量仪表，要使得测量结果的精度高，应选择合适的测量仪表。在选择测量仪表时，需要了解仪表的基本性能指标，主要包括测量范围、精度、稳定性、静态特性和动态特性等。

1. 仪表的测量范围（量程）

仪表能够测量的最大输入量与最小输入量之间的范围称为仪表的测量范围或量程；在数值上等于仪表上的最大值减去最小值，用 l_m 表示。

选用仪表时，首先应对被测量的大小进行初步估计，务必使被测量的值都落在仪表的量程之内，否则，当被测量的值超过仪表的量程时，容易导致仪表的损坏，或者不能测得被测量的准确结果。当被测量的值难以估计时，应先选用较大量程的仪表，再逐步减小量程直到合适为止。理想的仪表量程是使被测量的值落在其满量程值的 2/3 左右，这样能有效地提高测量精度。

2. 仪表的精度

用任何仪表进行测量时其结果均存在误差，因此在测量时，不仅需要知道仪表的示值，而且需要知道该测量仪表的精度，即测量值接近真值的程度，以便估计出测量误差的大小。

仪表的精度常用 s 来表示，它是基本误差去掉%的数值。根据式（1-9）有

$$s=\frac{|\Delta x_m|}{l_m}\times 100=\frac{|X-X_0|_m}{l_m}\times 100 \qquad (1\text{-}11)$$

任何仪表在测量时要求其基本误差不超过一定的规定值，故常常又将基本误差称为允许误差。

仪表的精度规定了仪表的等级范围，是衡量仪表质量好坏的主要指标之一。目前市场上仪表的精度等级序列有 0.005、0.01、0.02、0.04、0.05、0.1、0.2、0.5、1.0、1.5、2.5、4.0、5.0 等。

在使用仪表时，应明确：

1）在测量中使用同一精度、量程也相同的仪表，则所引起的仪表绝对误差与被测量的数值无关，是固定不变的，因此它是系统误差的一种。这也就是希望被测量在满刻度的 2/3 左右，而不低于 1/3 的原因，这样可以避免测量中过大的相对误差。此处的相对误差指仪表绝对误差与被测量值的百分误差。

2）对同一精度的仪表，如果量程不同，则在测量中可能产生的绝对误差是不同的，这从式（1-11）可以看出。同一精度的窄量程仪表的绝对误差小于同一精度的宽量程仪表的绝对误差。所以在选用仪表时，在满足被测量的数值范围的前提下，尽可能选择窄量程的仪

表，并尽量使测量值在满刻度的 2/3 左右，这样就可以达到既满足测量误差的要求，又可选择精度等级低的测量仪表，从而降低仪表的价格。例如，被测温度在 40℃ 左右变化，绝对误差（系统误差）要求不超过 ±0.5℃，则选用 0~50℃ 的量程仪表，其精度等级为 1.0 级就可以满足 ±0.5℃ 精度的要求，如果选用 0~100℃ 的量程仪表，为了满足 ±0.5℃ 精度的要求，则必须选用 0.5 级的仪表，后者价格要高于前者。

3. 仪表的稳定性

仪表的稳定性可以由两个指标来表示：一是稳定度，二是各环境影响系数。

当仪表在稳定的测量状态下，对某一标准量进行测量，间隔一定时间后，再对同一标准量进行测量所得两次测量的示值差，反映了该仪表的稳定度。它是由于仪表中的元件或测量环节的性能参数的随机性变动、周期性变动和随时间漂移等因素造成的。一般稳定度以示值差与其时间间隔的数值一起表示。例如某毫伏表在开始测量时为某示值，当 8h 后在同样状态下测量时示值增大了 1.3mV，则此仪表的稳定度可表示为 $\delta_W = 1.3mV/8h$。示值差越小，说明稳定度越高。

室温、大气压、振动以及电源电压与频率等仪表外部状态及工作条件变化对其示值的影响，统称为环境影响，用各环境影响系数来表示。周围环境温度变化引起仪表的示值变化，可用温度系数 β_θ（示值变化值/温度变化值）来表示。电源电压变化引起仪表的示值变化，可用电源电压系数 β_U（示值变化值/电压变化值）来表示。例如，对某毫伏表，当温度变化 10℃ 引起示值变化为 0.1mV 时，可写成 $\beta_\theta = 0.1mV/10℃$。

4. 仪表的静态特性

在稳定状态下，仪表的输出量（如显示值）与输入量之间的函数关系，称为仪表的静态特性。其性能指标主要有灵敏度、灵敏限、线性度、变差四个。

（1）灵敏度 灵敏度反映的是测量仪表对被测量变化的灵敏程度。在稳定的情况下，仪表输出量的变化量与引起此变化的输入量的变化量之比称为灵敏度，常用 S 表示，即

$$S = \frac{\Delta y}{\Delta x} \tag{1-12}$$

式中 Δy——输出量的变化量；

Δx——引起输出量变化的输入量的变化量。

例如，有一弹簧管式压力表，当输入的压力信号从 20Pa 变化到 50Pa 时，压力表的指针划过的弧线长为 3cm，则此压力表的灵敏度为

$$S = \frac{\Delta y}{\Delta x} = \frac{3cm}{(50-20)Pa} = 0.1cm/Pa$$

可见，灵敏度是仪表的静态参数。对一台线性仪表而言，它的灵敏度是常数。一般灵敏度高的仪表其精度也相应比较高。但必须指出仪表的精度要取决于仪表本身的基本误差，而不能单纯地靠提高灵敏度来达到提高精度的目的。例如，把一个毫伏表的指针接得很长，虽然可把直线位移的灵敏度提高，但其读数精度不一定提高，相反，可能由于平衡状况容易遭到破坏，其精度反而下降。为了防止这种虚假灵敏度，常规定仪表读数标尺的分格值不能小于仪表允许误差的绝对值。

（2）灵敏限 仪表的灵敏限是指能引起仪表输出量变化（如指针发生动作）的被测量

的最小（极限）变化量，又称分辨率。一般情况下灵敏限的数值应不大于仪表测量值中最大示值绝对误差的绝对值的一半。它的单位与测量值的单位相同。

（3）线性度　线性度表示的是输出量与输入量的实际特性曲线偏离理想特性曲线的程度。无论是模拟式仪表，还是数字式仪表，都希望输出量与输入量是线性关系。这样模拟式仪表的刻度就可做成均匀刻度，而数字式仪表就可以不必采用线性化环节。但线性刻度的测量仪表往往会由于各种因素的影响，使其实际特性曲线偏离其理论上的线性，这种非线性现象如图 1-8 所示，图中曲线 a 为仪表输入输出实际特性曲线，b 为理论特性直线。

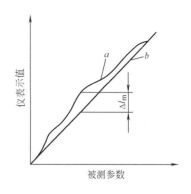

图 1-8　仪表的线性示意图

线性度是衡量偏离线性程度的指标，用 E 表示，它以实际特性曲线偏离理论特性曲线的最大值 Δl_{m} 和仪表量程 l_{m} 之比的百分数来表示，即

$$E = \frac{\Delta l_{\mathrm{m}}}{l_{\mathrm{m}}} \times 100\% \tag{1-13}$$

（4）变差　在外界条件不变的情况下，使用同一仪表对某被测量进行正反行程（即逐渐由小到大和逐渐由大到小）测量时发现：同一个被测量所得到的仪表指示值却不相等，两者之间存在差值，如图 1-9 所示。为了描述这种现象，就引入了变差的概念，它指的是在同一被测量值下正反行程间仪表指示值的差值的最大值 ΔL_{m} 与仪表量程 l_{m} 之比的百分数，用 ε 表示，即

$$\varepsilon = \frac{\Delta L_{\mathrm{m}}}{l_{\mathrm{m}}} \times 100\% \tag{1-14}$$

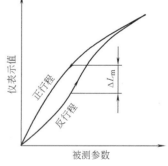

图 1-9　仪表的变差示意图

5. 仪表的动态特性

仪表除具有静态特性外，还具有一定的动态特性。动态特性是指当被测量发生变化时，仪表的显示值随时间变化的特性曲线。动态特性好的仪表，其输出量随时间变化的曲线与被测量随同一时间变化的曲线一致或者相近。然而，实际被测量随时间变化的形式可能是各种各样的。

对于任一仪表，只要输入量是时间的函数，则其输出量也应是时间的函数。仪表在动态下输出量（读数）和它在同一瞬间的相应的输入量之间的差值称为仪表的动态误差。对于测量仪表来说，动态误差愈小，其动态特性愈好。目前，衡量仪表动态特性的性能指标是时间常数 T。时间常数 T 的物理意义为：以刚刚开始发生变化时的变化速度，示值从一个稳定状态变化到另一个新的稳定状态所需要的时间。在测量工程中，原则上是希望时间常数越小越好。

在对被测量进行动态测量时，为了取得准确的测量结果，首先要求传感器在设计上应力求减少惯性，同时显示仪表也应具有良好的动态特性。因此，显示仪表大都采用电子仪器。

综上所述，为了提高动态测量的精度，传感器和显示仪表等的惯性越小越好，而对于静态测量来说，准确度与传感器等的惯性大小无关。

思 考 题

1. 测量的数学表达式是什么？试说明表达式各符号的含义。

2. 按测量产生结果的方式，可以将测量分为几类？其各自的特点是什么？

3. 接触法测量的特点是什么？

4. 测量系统由哪些环节组成？各有何功能？

5. 集中式和分布式智能测量系统主要特点是什么？

6. 测量中真值和测量值的区别是什么？

7. 随机误差、系统误差和粗大误差的定义是什么？

8. 简述各种误差的来源及其相应的处理方法。

9. 解释绝对误差、相对误差、示值误差、引用误差和精度的基本概念。

10. 根据《通风与空调工程施工质量验收规范》（GB 50423—2016）规定，风管系统的工作压力大于 500Pa 且小于 1500Pa 时为中压系统。现有一中压（1000Pa）风管系统，为了监控此系统工作压力的情况，需要配置测压仪表，要求测量的绝对误差为 ±10Pa。根据本章所学的知识按测量要求选择合适量程和精度的压力传感器。

11. 某工厂的蒸汽系统要求蒸汽压力为 1.5MPa，要求测量时的误差不大于 ±0.05MPa。现有一只刻度范围为 0~2.5MPa、精度等级为 2.5 级的压力表，试分析该压力表是否满足使用要求，并说明应如何选择压力表。

12. 某压力表量程为 0~100kPa，在 50kPa 处计量检定值为 49.5kPa，求在 50kPa 处仪表的绝对误差、示值相对误差和示值引用误差。

13. 按误差出现的规律，误差可以分为哪几类？各自有何特点？

14. 测量仪表的静态特性有哪些？

15. 现有精度等级为 2.5 级、2.0 级和 1.5 级三块测量仪器，对应的测量范围分别为：-100~+500℃、-50~+550℃、0~1000℃。现要测量 500℃ 的温度，其测量值的相对误差不超过 2.5%。则选用哪块仪表更合适？

16. 对一量程范围为 $(0~100)\times10^5Pa$，精度等级为 1.5 级的压力表进行检定，测得数据如下：（单位：10^5Pa）

标准表：	0	20	40	60	80	100
被检表：（正）	0.1	20.1	40.5	60.8	82	102
被检表：（反）	0.1	19.6	39.8	60	81	101

试计算被检表的变差并判断该表是否合格。

第 2 章
测量误差分析与数据处理

在实际测量过程中，测量误差的存在是不可避免的，任何测量值都只能近似地反映被测量值的真值。这首先是因为测量过程中无数随机因素的影响，使得即使在同一条件下，对同一被测量进行反复测量也不会得到完全相同的测定值；其次，传感器总要从被测介质中吸取能量，这就意味着测量值不能完全准确地反映被测量的真值。因此，无论所采用的测量方法多么完善、测量仪器多么精准、测量者多么精心认真，测量误差是必然存在的，所以，真值往往是不可能得到的。但是，并不能因为得不到真值就不进行测量，科学研究及现代生产必须开展，测量是必须进行的，因此，关注的重点是测量结果偏离真值的程度（即误差）有多少。在科学研究中，只有当测量结果的误差已知，或者测量误差的可能范围已知时，科学试验所提供的数据才是有意义的。错误的测量结果有时会使研究工作误入歧途甚至带来灾难性的后果。这就需要对测量数据进行一定的处理，并认真对待测量误差，研究误差产生的原因、误差的性质及减小误差的方法。

依据测量误差的性质，测量误差可分为随机误差、系统误差和粗大误差。对待存在粗大误差的测量数据，测量时随时发现、随时剔除。所以本章重点对随机误差和系统误差进行分析，并详细阐述数据处理的相关内容。

2.1　随机误差

2.1.1　随机误差的性质

在测量中，对某一被测量只进行一次测量往往是不够的，需要对它进行多次重复的测量，所得到的数据称为测量列。将各测量数据的随机误差绘制在坐标图上就得到如图 2-1 所示的一条曲线。从图上可以看出，该曲线是符合正态分布规律的，用数学式可表示为

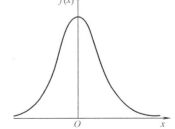

$$y = f(x) = \frac{h}{\sqrt{\pi}} e^{-h^2 x^2} \qquad (2\text{-}1)$$

式中　$f(x)$——随机误差 x 的概率密度函数；

　　　h——表示误差分布的精密度指数。

图 2-1　随机误差正态分布曲线

该表达式也称为误差方程。

从式（2-1）和图 2-1 可以发现，随机误差服从统计规律（如正态分布、均匀分布、离散双值分布、辛普松分布等），也可得出随机误差的几个性质：

1）随机误差正负值的分布具有对称性。

2）随机误差数值分布的规律性，即绝对值小的误差出现的概率大，绝对值大的误差出

现的概率小。

3）随机误差绝对值的有限性。因为曲线向 x 轴迅速收敛，所以大误差出现的可能性很小，即随机误差的出现有一定的范围。

4）随机误差的总和有一定的补偿性。用公式表示为

$$\frac{1}{n} \lim_{n \to \infty} \sum_{i=1}^{n} x_i = 0 \text{。}$$

2.1.2 剩余误差

在对测量数据进行测量的过程中，因真值永远得不到而采用最优概值来代替真值。由于真值的不可知，随机误差也难以得到。为此，引进剩余误差来代替随机误差。剩余误差的定义为：当进行有限次测量时，各测得值 X_i 与最优概值 X_0 之差，称为剩余误差或残差，用 v 表示，即

$$v_i = X_i - X_0 \tag{2-2}$$

式中　v_i——X_i 的剩余误差；

　　　X_i——第 i 个测量值，$i = 1, 2, \cdots, n$。

对式（2-2）两边分别求和，有

$$\sum_{i=1}^{n} v_i = \sum_{i=1}^{n} X_i - nX_0 = \sum_{i=1}^{n} X_i - n \times \frac{1}{n} \sum_{i=1}^{n} X_i = 0 \tag{2-3}$$

式（2-3）表明，当 n 足够大时，剩余误差的代数和等于零，这一性质可用来检验计算的算术平均值和剩余误差是否正确。当 $n \to \infty$ 时，X_0 趋近于测量值的最优概值（即被测量的真值），此时剩余误差即等于随机误差 x_i。

2.1.3 方差与标准差

随机误差反映了实际测量的精密度即测量值的分散程度。由于随机误差的抵偿性，因此不能用算术平均值来估计测量的精密度，应使用方差进行描述。方差的定义为：当 $n \to \infty$ 时测量值与最优概值之差的平方的统计平均值，即

$$\sigma^2 = \lim_{n \to \infty} \frac{1}{n} \sum_{i=1}^{n} (X_i - X_0)^2 = \lim_{n \to \infty} \frac{1}{n} \sum_{i=1}^{n} x_i^2 \tag{2-4}$$

式中，σ^2 称为测量值的样本方差，简称方差。式中 x_i 取平方的目的是：无论 x_i 是正是负，其平方总是正的，相加的和不会等于零，从而可以用来描述随机误差的分散程度。这样在计算过程中不必考虑 x_i 的符号，给数据处理带来方便。但求和再平均后，使个别较大的误差在式中占的比例也较大，使得方差对较大的随机误差反应较灵敏。

由于实际测量中 x_i 都带有单位，因而方差 σ^2 是相应单位的平方，使用时不够方便，为了与随机误差 x_i 单位一致，将式（2-4）两边开方，取正方根，得

$$\sigma = \sqrt{\lim_{n \to \infty} \frac{1}{n} \sum_{i=1}^{n} x_i^2}$$

式中，σ 定义为测量值的标准误差或均方根误差，也称标准偏差，简称标准差。它反映了测量的精密度，σ 小表示精密度高，测得值集中；σ 大表示精密度低，测得值分散。

2.1.4 随机误差的分布概率

设测量值 X_i 在 X 到 $X+dX$ 范围内出现的概率为 p，它正比于 dX，并与 X 值有关，即

$$p\{X < X_i < X + dX\} = \varphi(X)\,dX$$

式中，$\varphi(X)$ 定义为测量值 X_i 的分布密度函数或概率分布函数，显然有

$$p\{-\infty < X_i < \infty\} = \int_{-\infty}^{\infty} \varphi(X)\,dX = 1$$

对于正态分布的随机误差 x_i，其概率密度函数为

$$\varphi(x) = \frac{1}{\sigma\sqrt{2\pi}}e^{-\frac{x^2}{2\sigma^2}} \tag{2-5}$$

由图 2-2 所示的 x_i 的正态分布曲线可以看到正态分布的特征如下：

1）σ 越小，$\varphi(x)$ 越大，说明绝对值小的随机误差出现的概率大；相反，绝对值大的随机误差出现的概率小，随着 σ 的加大 $\varphi(x)$ 很快趋于零，即超过一定界限的随机误差实际上几乎不出现（随机误差的有界性）。

2）大小相等符号相反的误差出现的概率相等（随机误差的对称性和抵偿性）。

3）σ 越小，正态分布曲线越尖锐，表明测量值越集中，精密度高，反之 σ 越大，曲线越平坦，表明测量值分散，精密度越低。

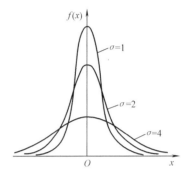

图 2-2 随机误差的概率分布

在大多数情况下，测量值在其最优概值上出现的概率最大，随着对期望值偏离的增大，出现的概率急剧减小。表现在随机误差上，等于零的随机误差出现的概率最大，随着随机误差绝对值的增加，出现的概率急剧减小。

2.2 系统误差

当进行多次等精度测量同一恒定量值时，其误差的绝对值和符号保持不变，或当条件改变时，其误差按某种规律变化，称之为系统误差。

2.2.1 系统误差的性质

测量数据排除了粗大误差后，测量误差等于随机误差和系统误差的代数和。

$$\Delta x_i = x_i + \varepsilon_i$$

假设进行 n 次等精度测量，并设系统误差为恒值系统误差或变化非常缓慢，即 $\varepsilon_i = \varepsilon$，则 Δx_i 的算术平均值为

$$\frac{1}{n}\sum_{i=1}^{n}\Delta x_i = \varepsilon + \frac{1}{n}\sum_{i=1}^{n}x_i \tag{2-6}$$

当 n 足够大时，由于随机误差的抵偿性，x_i 的算术平均值趋于零，由式（2-6）可得

$$\varepsilon = \frac{1}{n}\sum_{i=1}^{n}\Delta x_i$$

可见，当系统误差与随机误差同时存在时，若测量次数足够多，则各次测量绝对误差的算术平均值等于系统误差。这说明测量结果的准确度不仅与随机误差有关，更与系统误差有

关，由于系统误差不易被发现，所以更须重视。由于系统误差不具备抵偿性，所以取平均值对其无效，又由于系统误差产生的原因复杂，因此处理起来比随机误差还要困难。削弱或消除系统误差的影响，必须仔细分析其产生的原因，根据所研究问题的特殊规律，依赖测量者的学识、经验，采取不同的处理方法。

2.2.2 系统误差的判别

实际测量中产生系统误差的原因多种多样，系统误差的表现形式也不尽相同，但仍有一些办法可用来发现和判断系统误差。

1. 理论分析法

凡由测量方法或测量原理引入的系统误差，不难通过对测量方法的定性、定量分析发现系统误差，甚至计算出系统误差的大小。

2. 校准和比对法

当怀疑测量结果可能会有系统误差时，可用准确度更高的测量仪器进行重复测量以发现系统误差。测量仪器定期进行校准或标定并在标定证书中给出修正值，目的就是发现和减小使用被检仪器进行测量时的系统误差。

也可以采用多台同型号仪器进行比对，观察比对结果以发现系统误差，但这种方法通常不能察觉和衡量理论误差。

3. 改变测量条件法

系统误差通常与测量条件有关，如果能改变测量条件，比如更换测量人员、测量环境、测量方法等，根据对分组测量数据的比较，有可能发现系统误差。

上述 2、3 两种方法都属于实验比对法，一般用来发现恒值系统误差。

4. 剩余误差观察法

剩余误差观察法是通过观察测量所得的一系列数据中各个剩余误差的大小、符号的变化规律，以判断有无系统误差及系统误差类型。

通常将剩余误差制成曲线，如图 2-3 所示。其中，图 2-3a 显示剩余误差 v_i 大体上正负相同，无明显变化规律，可以认为不存在系统误差；图 2-3b 中 v_i 呈线性递增规律，可认为存在累进性系统误差；图 2-3c 中 v_i 大小和符号大体呈周期性，可认为存在周期性系统误差；图 2-3d 中 v_i 变化规律复杂，大体上可认为同时存在线性递增的累进性系统误差和周期性系统误差。剩余误差法主要用来发现变值系统误差。

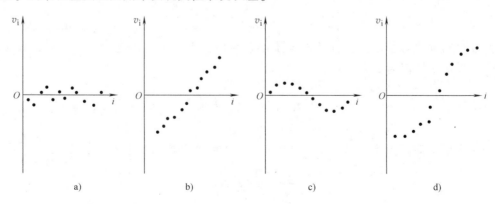

图 2-3 系统误差的判别曲线图

2.2.3　系统误差产生的根源

产生误差的原因很多，如果能找出并消除产生系统误差的根源或采取措施防止其影响，那将是解决问题最根本的办法，要减小系统误差需注意以下几个方面：

1）采用正确的测量方法和测量原理。后面将专门讨论能有效削弱系统误差的测量技术与方法。

2）选用的仪器仪表类型要正确，准确度要满足测量要求。

3）测量仪器应定期标定、校准，测量前要正确调节零点，应按操作规程正确使用仪器。尤其对于精密测量，测量环境的影响不能忽视，必要时应采取稳压、恒温、电磁屏蔽等措施。

4）条件许可时，可尽量采用数字显示仪器代替指针式仪器，以减小由于刻度不准及分辨力不高等因素带来的系统误差。

5）提高测量人员的学识水平、操作技能，去除一些不良习惯，尽量消除带来系统误差的主观原因。

2.2.4　处理系统误差的一般原则

在实验测量工作中，往往在实验测量的设计和安装时，就应尽量减少产生系统误差的可能；其次，测量结果处理时，还需针对系统误差的不同规律，恰当地进行数据处理，以最大限度地消除系统误差对测量结果的影响。一般性处理的原则是：

1）对所使用的仪器应按期严格检定，并在规定的使用条件下，按操作规程正确使用。

2）对于确知存在而又无法消除的系统误差，须正确地进行数据处理：

恒定系统误差，其方向和大小均已确定不变，故应采用对测量值修正的办法消除。

变化系统误差，一般先估计在测量过程中的变化区间 $[a，b]$，$a<b$，取 $(a+b)/2$ 作为恒定系统误差加以修正，取区间的半宽度 $(a+b)/2=e$，作为随机误差的误差限 $[-e，e]$，近似按随机误差处理。

3）尽可能排除实验装置中可能产生系统误差的因素。如利用风洞实验时，风机运转的稳定性十分重要，为此，应使用稳压电源。

2.2.5　削弱系统误差的典型测量技术

1. 零示法

零示法是在测量中，把被测量与已知标准量相比较，当两者的效应互相抵消时，零示器示值为零，此时已知标准量的数值就是被测量的数值。零示法原理如图 2-4 所示，图中 X 为被测量，S 为同类可调节已知标准量，P 为零示器。零示器的种类有光电检流计、电流表、电压表等，只要零示器的灵敏度足够高，测量的准确度基本上等于标准量的准确度，而与零示器的准确度无关，从而可消除由于零示器不准所带来的系统误差。

电位差计是采用零示法的典型例子，图 2-5 所示是电位差计的原理图，其中 E_s 为标准电压源，R_s 为标准电阻，U_x 为待测电压，P 为零示器，一般用检流计作为零示器。

调节 R_s 使 $I_p=0$，则被测电压 $U_x=U_s$，即

$$U_x = \frac{R_2}{R_1}E_s \tag{2-7}$$

由式 (2-7) 可知，被测量 U_x 的数值仅与标准电压源 E_s 及标准电阻 R_1、R_2 有关，只要标准量的准确度很高，被测量的测量准确度也就很高。

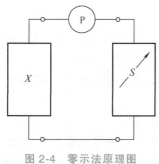

图 2-4 零示法原理图

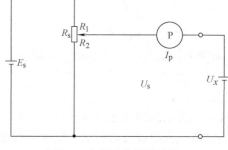

图 2-5 电位差计原理图

零示法广泛用于电阻测量（各类电桥）、电压测量（电位差计及数字电压表）及其他参数的测量中。

2. 替代法

替代法又称置换法。它是在测量条件不变的情况下，用一标准已知量去替代被测量，通过调整标准量而使仪器的示值不变，于是标准量的值即等于被测量值；当标准量不可变时，可以测出被测量与标准量之间的差值。那么，被测量则等于标准量加上差值。由于替代前后整个测量系统及仪器示值均未改变，因此测量中的恒定系统误差对测量结果不产生影响，测量准确度主要取决于标准已知量的准确度及指示器灵敏度。

上面介绍的两种测试技术，主要用来削弱恒定系统误差。关于累进性系统误差和周期性系统误差的消除技术，可参考有关资料。

3. 利用修正值或修正因数加以消除

根据测量仪器检定书中给出的校正曲线、校正数据或利用说明书中的校正公式对测得值进行修正，是实际测量中常用的办法，这种方法原则上适用于任何形式的系统误差。

4. 随机化处理

所谓随机化处理，是指利用同一类型测试仪器的系统误差具有随机特性的特点，对同一被测量用多台仪器进行测量，取各台仪器测量值的平均值作为测量结果。通常这种方法并不多用，首先费时较多，其次需要多台同类型仪器，这在实际测量中往往是做不到的。

5. 智能仪器中系统误差的消除

在智能仪器中，可利用微处理器的计算控制功能，削弱或消除仪器的系统误差。利用微处理器削弱系统误差的方法很多，下面介绍两种常用的方法。

（1）直流零位校准 这种方法的原理和实现都比较简单，首先测量输入端短路时的直流零电压（输入端直流短路时的输出电压），并将测得的数据存贮到校准数据存储器中，而后进行实际测量，并将测得值与存储的直流零电压数值相减，从而得到测量结果。这种方法在数字仪表中得到广泛应用。

（2）自动校准 测量仪器中模拟电路部分的漂移、增益变化、放大器的失调电压和失调电流等都会给测量结果带来系统误差，可以利用微处理器实现自动校准或修正。

2.3 测量误差的评价指标及其定义

2.3.1 测量列的标准误差 σ 和极限误差 Δ_{max}

测量列的标准误差 σ 由下式定义

$$\sigma = \sqrt{\frac{x_1^2 + x_2^2 + \cdots + x_n^2}{n}} = \sqrt{\frac{\sum_{i=1}^{n} x_i^2}{n}} \tag{2-8}$$

因被测量的真值不能得到，x_i 不能计算，因此用剩余误差 $v_i = X_i - X_0$ 来表示标准误差，可以证明

$$\sigma = \sqrt{\frac{1}{n-1}\sum_{i=1}^{n} v_i^2} \tag{2-9}$$

此式称为贝塞尔公式。式中 $n>1$ 时，通过剩余误差来求测量列的标准误差，但应注意以下事项：

当 $n=1$ 时，$X=X_0$，故有

$$\sigma = \sqrt{\frac{(X-X_0)^2}{1-1}} = \frac{0}{0}$$

上式无实际意义。说明对某一被测量仅测量一次，其标准误差是无法用贝塞尔公式来确定的。这也说明贝塞尔公式只有 $n>1$ 才有意义。但若测量前，已知测量仪器的标准误差 σ，且这次测量条件和确定测量仪器标准误差时的测量条件相近，则使用该仪器做一次测量也就知道其标准误差为 σ。如测量之前 σ 未知，就必须用统计的方法定出 σ。初定时，测量次数最好不小于 6 次。

标准误差 σ 的数值小，测量的可靠性就大，则测量精度高；反之，测量精度就低。σ 也称为正态曲线的拐点。因此测量列的标准差 σ 可以看作在给定条件下，所有测量值随机误差的一个代表，它明确地、单值地表征着测量列的精密度。测量过程是由一个测量列来体现的，测量列标准误差 σ 就具体地从数量上表示了测量过程的可靠程度，它取决于测量方法、仪器设备质量、环境条件的优劣和测量者的技术水平等因素。

从概率论中得知，对于正态分布的随机误差，根据式 (2-5)，可计算出起落在 $[-\sigma, +\sigma]$ 区间的概率为

$$p\{|x_i| \leqslant \sigma\} = \int_{-\sigma}^{\sigma} \frac{1}{\sigma\sqrt{2\pi}} e^{-\frac{\delta^2}{2\sigma^2}} d\sigma = 0.683$$

该结果的含义可理解为，在进行大量等精度测量时，随机误差 x_i 落在 $[-\sigma, +\sigma]$ 区间的测量值的数目占测量总数目的 68.3%，或者说，测量值落在区间 $[X_0-\sigma, X_0+\sigma]$（该区间在概率论中称为置信区间）内的概率（在概率论中称为置信概率）为 0.683。

同样可以求出随机误差落在 $[-2\sigma, +2\sigma]$ 和 $[-3\sigma, +3\sigma]$ 区间的概率为

$$p\{|x_i| \leqslant 2\sigma\} = \int_{-2\sigma}^{2\sigma} \frac{1}{\sigma\sqrt{2\pi}} e^{-\frac{\delta^2}{2\sigma^2}} d\sigma = 0.955$$

$$p\{|x_i| \leqslant 3\sigma\} = \int_{-3\sigma}^{3\sigma} \frac{1}{\sigma\sqrt{2\pi}} e^{-\frac{\delta^2}{2\sigma^2}} d\sigma = 0.997$$

由上式可知，$[-3\sigma, +3\sigma]$ 区间内概率为 99.7%，而落在外面的只有 0.3%，即每测得 1000 次其误差绝对值大于 3σ 的次数仅有 3 次。因此，在有限次的测量中，就认为不出现大于 3σ 的误差，故把 3σ 定义为极限误差 $\Delta_{\max}$，或称为最大误差，也称为随机不确定度。

$$\Delta_{\max} = 3\sigma$$

当在多次等精度测量值中出现绝对值大于 3σ 的误差，即 $|v_i| \approx |x_i| > 3\sigma$ 时，就认为该测量值属粗大误差而予以剔除。另外，按照 $|v_i| > 3\sigma$ 来判断坏值，是在进行大量等精度

测量且测量数据属于正态分布的前提下提出的，通常将这个原则称为莱特准则。

2.3.2 最优概值的标准误差 σ_{X_0} 和极限误差 $\Delta_{X_{0max}}$

测量列的标准误差 σ 不能用来评定最优概值 X_0 的误差情况，因为最优概值要比每个测量值都更接近于真值。当然最优概值的标准误差应和测量列的标准误差有关，因为最优概值可以从测量值算得。对直接测量来说，可以证明它的最优概值即为测量值的算术平均值，也就是它的最优概值 X_0 是测量列 $\{X_i\}$ 的线性函数。因为 $\{X_i\}$ 满足正态分布，由概率论可知，X_0 的随机误差也服从正态分布。由此可推得最优概值的标准误差为

$$\sigma_{X_0} = \frac{\sigma}{\sqrt{n}} \tag{2-10}$$

用剩余误差来表示则为

$$\sigma_{X_0} = \sqrt{\frac{1}{n(n-1)} \sum_{i=1}^{n} v_i^2} \tag{2-11}$$

而最优概值的极限误差可用类似于测量列的极限误差的求取方法，推得最优概值的极限误差为

$$\sigma_{X_{0max}} = 3\sigma_{X_0} = \frac{3\sigma}{\sqrt{n}} \tag{2-12}$$

2.4 测量误差的合成

实际测量中，测量的准确度是由总误差来度量的，当剔除粗大误差后，决定测量精确度的就是系统误差和随机误差。误差合成就是在正确地分析和综合由多个不同类型的单项误差因素的基础上，来正确地表述这些误差的综合影响。

2.4.1 随机误差的合成

随机误差的合成，经常采用标准差合成。

若测量结果中有 n 个彼此独立的随机误差，各单次测量误差的标准误差分别为 σ_1，σ_2，$\cdots$，σ_n，则 n 个独立随机误差的综合效应即是它们的标准差，综合后的标准差 σ 为

$$\sigma = \sqrt{\sum_{i=1}^{n} \sigma_i^2} \tag{2-13}$$

在计算综合误差时，经常采用极限误差合成。极限误差 $l_i = 3\sigma_i$，合成后的极限误差为

$$l = \sqrt{\sum_{i=1}^{n} l_i^2} \tag{2-14}$$

2.4.2 系统误差的合成

1. 确定系统误差的合成

（1）代数合成法 已知各系统误差的分量 ε_1，ε_2，$\cdots$，ε_m 的大小和符号，则总系统误差 ε 为

$$\varepsilon = \varepsilon_1 + \varepsilon_2 + \cdots + \varepsilon_m = \sum_{i=1}^{m} \varepsilon_i \tag{2-15}$$

（2）绝对值合成法　在测量中只能估计出各系统误差分量 ε_1，ε_2，$\cdots$，ε_m 的数值大小，但不能确定其符号时，可采用最保守的合成方法，绝对值合成法，即

$$\varepsilon = \pm \left(|\varepsilon_1| + |\varepsilon_2| + \cdots + |\varepsilon_m| \right) = \pm \sum_{i=1}^{m} |\varepsilon_i| \qquad (2\text{-}16)$$

（3）标准差合成法　在测量中只能估计出各系统误差分量 ε_1，ε_2，$\cdots$，ε_m 的数值大小，不能确定其符号，且系统误差分量较多（$m>10$）时，采用标准差合成法，即

$$\varepsilon = \pm \sqrt{\varepsilon_1^2 + \varepsilon_2^2 + \cdots + \varepsilon_m^2} = \pm \sum_{i=1}^{m} \varepsilon_i^2 \qquad (2\text{-}17)$$

2. 不确定系统误差的合成

1）各系统不确定度 e_i 线性相加，得到总的不确定度，即

$$e = \pm \sum_{i=1}^{n} e_i \qquad (2\text{-}18)$$

此方法误差估计偏大，在 $n \leq 9$ 时，才能应用此法。

2）标准差合成法：当 $n>10$ 时，可采用标准差合成法，即

$$e = \pm \sqrt{\sum_{i=1}^{n} e_i^2} \qquad (2\text{-}19)$$

3）由系统不确定度 e_i 算出标准差 σ_i，再取标准差合成，即

$$e = \pm \sqrt{\sum_{i=1}^{n} \sigma_i^2} = \pm \sqrt{\sum_{i=1}^{n} \left(\frac{e_i}{k_i} \right)^2} \qquad (2\text{-}20)$$

式中　k_i——置信系数。

3. 随机误差与系统误差的合成

在测量结果中，一般既有随机误差，又有系统误差，其综合误差为

$$\Delta = \varepsilon \pm (e+l)$$

式中　ε——确定的系统误差；

e——不确定的系统误差；

l——随机误差的极限误差。

2.5　测量误差的传递与分配

在科学实验中，有许多量只能通过直接测量后，再进行间接的函数计算才能确定。由于直接测量存在误差，因此由计算得到的间接测量值也必然存在误差，这就是误差传递。在间接测量中，函数误差计算就是研究函数中误差的传递与分配问题。

2.5.1　系统误差的传递公式

设 x_1，x_2，$\cdots$，x_n 为独立的测量量，y 为待测物理量，其函数关系为

$$y = f(x_1, x_2, \cdots, x_n)$$

按泰勒公式展开，略去高阶项，得到间接测量绝对、相对误差的基本传递公式

$$\Delta y = \frac{\partial f}{\partial x_1} \Delta x_1 + \frac{\partial f}{\partial x_2} \Delta x_2 + \cdots + \frac{\partial f}{\partial x_n} \Delta x_n = \sum_{i=1}^{n} \frac{\partial f}{\partial x_i} \Delta x_i \qquad (2\text{-}21)$$

$$\frac{\Delta y}{y} = \frac{\partial f}{\partial x_1}\frac{\Delta x_1}{y} + \frac{\partial f}{\partial x_2}\frac{\Delta x_2}{y} + \cdots + \frac{\partial f}{\partial x_n}\frac{\Delta x_n}{y} = \sum_{i=1}^{n}\frac{\partial f}{\partial x_i}\frac{\Delta x_i}{y} \qquad (2\text{-}22)$$

式中　　Δy——函数误差；

Δx_i——各直接测量值的误差；

$\dfrac{\partial f}{\partial x_i}$——各个误差的传递系数。

当系统误差为已定系统误差时，将各直接测量的系统误差代入式（2-21）、式（2-22）计算即可。

当系统误差为未定系统误差时，当各分项数小于 10 时可采用绝对值求和法，当各分项数大于 10 时可采用标准差法。

绝对值求和法：

$$\Delta y = \pm \sum_{i=1}^{n}\left|\frac{\partial f}{\partial x_i}\Delta x_i\right|$$

标准差法：

$$\Delta y = \sqrt{\sum_{i=1}^{n}\left(\frac{\partial f}{\partial x_i}\right)^2 \Delta x_i^2}$$

1. 和差函数的误差传递

设 $y = x_1 \pm x_2$，则绝对误差为

$$\Delta y = \frac{\partial f}{\partial x_1}\Delta x_1 + \frac{\partial f}{\partial x_2}\Delta x_2 = \Delta x_1 + \Delta x_2$$

若误差符号不确定，则为

$$\Delta y = \pm(|\Delta x_1| + |\Delta x_2|)$$

相对误差为

$$\delta_y = \frac{\Delta y}{y} = \frac{\Delta x_1 \pm \Delta x_2}{x_1 \pm x_2} = \frac{\Delta x_1 x_1}{(x_1 \pm x_2)x_1} \pm \frac{\Delta x_2 x_2}{(x_1 \pm x_2)x_2} = \frac{x_1}{x_1 \pm x_2}\delta_{x_1} \pm \frac{x_2}{x_1 \pm x_2}\delta_{x_2}$$

2. 积函数误差传递

设 $y = x_1 x_2$，则绝对误差为

$$\Delta y = \frac{\partial f}{\partial x_1}\Delta x_1 + \frac{\partial f}{\partial x_2}\Delta x_2 = x_2\Delta x_1 + x_1\Delta x_2$$

相对误差为

$$\delta_y = \frac{\Delta y}{y} = \frac{x_2\Delta x_1 + x_1\Delta x_2}{x_1 x_2} = \delta_{x_1} + \delta_{x_2}$$

若误差符号不确定，则为

$$\delta_y = \pm(|\delta_{x_1}| + |\delta_{x_2}|)$$

3. 商函数误差传递

设 $y = \dfrac{x_1}{x_2}$，则绝对误差为

$$\Delta y = \frac{\partial f}{\partial x_1}\Delta x_1 + \frac{\partial f}{\partial x_2}\Delta x_2 = \frac{1}{x_2}\Delta x_1 - \frac{x_1}{x_2^2}\Delta x_2$$

相对误差为

$$\delta_y = \frac{\Delta y}{y} = \delta_{x_1} - \delta_{x_2}$$

若误差符号不确定，则为

$$\delta_y = \pm(\,|\,\delta_{x_1}\,| + |\,\delta_{x_2}\,|)$$

4. 幂函数误差传递

设 $y = kx_1^m x_2^n$，则绝对误差为

$$\Delta y = kmx_1^{m-1}x_2^n\Delta x_1 + knx_1^m x_2^{n-1}\Delta x_2$$

相对误差为

$$\delta_y = \frac{\Delta y}{y} = m\delta_{x_1} + n\delta_{x_2}$$

若误差符号不确定，则为

$$\delta_y = \pm(m\,|\,\delta_{x_1}\,| + n\,|\,\delta_{x_2}\,|)$$

2.5.2　随机误差的传递公式

设函数的一般形式为 $y = f(x_1, x_2, \cdots, x_n)$，已知各直接测量的标准误差 σ_{x_1}，σ_{x_2}，$\cdots$，σ_{x_n}，则绝对误差为

$$\sigma_y = \sqrt{\left(\frac{\partial f}{\partial x_1}\right)^2\sigma_{x_1}^2 + \left(\frac{\partial f}{\partial x_2}\right)^2\sigma_{x_2}^2 + \cdots + \left(\frac{\partial f}{\partial x_n}\right)^2\sigma_{x_n}^2} = \sqrt{\sum_{i=1}^n\left(\frac{\partial f}{\partial x_i}\right)^2\sigma_{x_i}^2} = \sqrt{\sum_1^n D_i^2}$$

$$(2\text{-}23)$$

式中，$D_i = \dfrac{\partial f}{\partial x_i}\sigma_{x_i}$，称为某个自变量的部分误差。

相对误差为

$$\frac{\sigma_y}{y} = \sqrt{\left(\frac{\partial f}{\partial x_1}\right)^2\left(\frac{\sigma_{x_1}}{y}\right)^2 + \left(\frac{\partial f}{\partial x_2}\right)^2\left(\frac{\sigma_{x_2}}{y}\right)^2 + \cdots + \left(\frac{\partial f}{\partial x_n}\right)^2\left(\frac{\sigma_{x_n}}{y}\right)^2} = \sqrt{\sum_{i=1}^n\left(\frac{\partial f}{\partial x_i}\right)^2\left(\frac{\sigma_{x_i}}{y}\right)^2} \quad (2\text{-}24)$$

【例 2-1】　已知某电阻 $R = R_1 + R_2$，其中 $R_1 = 1\text{k}\Omega$，相对误差 $\delta_{R_1} = \pm 5\%$；$R_2 = 2\text{k}\Omega$，相对误差 $\delta_{R_2} = \pm 5\%$。求电阻 R 的相对误差 δ_R。

【解】　根据误差传递公式，可以得到 R 的绝对误差的表达式为

$$\Delta R = \frac{\partial R}{\partial R_1}\Delta R_1 + \frac{\partial R}{\partial R_2}\Delta R_2 = \Delta R_1 + \Delta R_2$$

由于符号不确定，故

$$\Delta R = \pm(\,|\,\Delta R_1\,| + |\,\Delta R_2\,|)$$

将上式等号两边同时除以 R 可得

$$\frac{\Delta R}{R} = \pm\left(\frac{|\,\Delta R_1\,|}{R_1 + R_2} + \frac{|\,\Delta R_2\,|}{R_1 + R_2}\right)$$

经变换，可得 R 的相对误差为

$$\delta_R = \pm\left(\frac{R_1}{R_1 + R_2}\,|\,\delta_{R_1}\,| + \frac{R_2}{R_1 + R_2}\,|\,\delta_{R_2}\,|\right) = \pm 5\%$$

结论：相对误差相同的电阻串联后总电阻的相对误差保持不变。

【例 2-2】　用一温度计来测量某温差，已知温度计量程为 100℃，精度等级 1.0 级，测量得到 $t_1 = 65\text{℃}$，$t_2 = 60\text{℃}$，计算温差的相对误差。

【解】 设温差的表达式为

$$\Delta t = t_1 - t_2$$

根据题意，结合精度等级的概念，可以得到该温度表的最大绝对误差为 $\Delta t_m = \pm 100℃ \times 1\% = \pm 1℃$，则可以计算出 t_1、t_2 的相对误差分别为

$$\delta_{t_1} = \pm \frac{1℃}{65℃} \times 100\% \approx \pm 1.5\% \qquad \delta_{t_2} = \pm \frac{1℃}{60℃} \times 100\% \approx \pm 1.7\%$$

根据和差函数的误差传递公式，可以直接求得温差 Δt 的相对误差为

$$\delta_{\Delta t} = \pm \left(\frac{65℃}{65℃ - 60℃} \mid \delta_{t_1} \mid + \frac{60℃}{65℃ - 60℃} \mid \delta_{t_2} \mid \right) = \pm 39.9\%$$

【例 2-3】 已知电流流经电阻后产生的热量 $Q = I^2 R t$，现已测得电流、电阻和使用时间的相对误差分别为 $\delta_I = \pm 2\%$、$\delta_R = \pm 1\%$、$\delta_t = \pm 0.5\%$，求热量的相对误差 δ_Q。

【解】 根据误差传递公式，可以得到 Q 的绝对误差的表达式为

$$\Delta Q = \frac{\partial Q}{\partial I} \Delta I + \frac{\partial Q}{\partial R} \Delta R + \frac{\partial Q}{\partial t} \Delta t = \pm \left(2IRt \mid \Delta I \mid + I^2 t \mid \Delta R \mid + I^2 R \mid \Delta t \mid \right)$$

将上式等号两边同时除以 Q 可得

$$\frac{\Delta Q}{Q} = \pm \left(\frac{2IRt \mid \Delta I \mid}{I^2 Rt} + \frac{I^2 t \mid \Delta R \mid}{I^2 Rt} + \frac{I^2 R \mid \Delta t \mid}{I^2 Rt} \right)$$

经变换，可得 Q 的相对误差为

$$\delta_Q = \pm \left(\mid 2\delta_I \mid + \mid \delta_R \mid + \mid \delta_t \mid \right) = \pm \left(2 \times 2\% + 1\% + 0.5\% \right) = \pm 5.5\%$$

【例 2-4】 测量电流 I 流过电阻 R 时，在电阻上消耗的功率 P。已知直接测量的相对误差均为 1%。因为间接测量功率的方法有三种：测量电流 I 和电阻上的电压 U，通过 $P = UI$ 计算；测量电流 I 和电阻 R，计算 $P = I^2 R$；测量电阻上的电压 U 和电阻 R，计算 $P = U^2/R$。试按三种方法分别测量，然后再比较讨论。

【解】 (1) 测量电流 I 和电压 U 如果测量结果分别为 $I = 10.0 \times (1 \pm 1\%)$A，$U = 100.0 \times (1 \pm 1\%)$V。因 $P = UI$，则

$$\frac{\Delta P}{P} = \frac{\partial P \Delta I}{\partial I \ P} + \frac{\partial P \Delta U}{\partial U \ P} = U \frac{\Delta I}{UI} + I \frac{\Delta U}{UI} = \frac{\Delta I}{I} + \frac{\Delta U}{U}$$

代入 I、U 的相对误差，即可得到 P 的相对误差为

$$\frac{\Delta P}{P} = 1\% + 1\% = 2\%$$

电功率的绝对误差为

$$\Delta P = P \times 2\% = IU \times 2\% = 10.0\text{A} \times 100.0\text{V} \times 2\% = 20\text{W}$$

(2) 测量电流 I 和电阻 R 测量结果分别为 $R = 10.0 \times (1 \pm 1\%)\Omega$，$I = 10.0 \times (1 \pm 1\%)$A。因 $P = I^2 R$，则

$$\frac{\Delta P}{P} = \frac{\partial P \Delta I}{\partial I \ P} + \frac{\partial P \Delta R}{\partial R \ P} = 2IR \frac{\Delta I}{I^2 R} + I^2 \frac{\Delta R}{I^2 R} = 2 \frac{\Delta I}{I} + \frac{\Delta R}{R}$$

代入 I、R 的相对误差，即可得到 P 的相对误差为

$$\frac{\Delta P}{P} = 2 \times 1\% + 1\% = 3\%$$

电功率的绝对误差为

$$\Delta P = P \times 3\% = I^2 R \times 3\% = (10.0\text{A})^2 \times 10.0\Omega \times 3\% = 30\text{W}$$

（3）测量电阻上的电压 U 和电阻 R　　测量结果分别为 $R = 10.0 \times (1 \pm 1\%)\Omega$，$U = 10.0 \times (1 \pm 1\%)\text{V}$。因 $P = U^2/R$，代入公式并计算可得：$\Delta P/P = 1\%$，$\Delta P = 10\text{W}$。

通过以上分析可知，由于使用的测量方法不同，尽管各直接测量的相对误差相同，可是最终形成被测量的误差却不相同。因此，在选用测量方法时应注意选择最终误差小的测量方法。如此可以在满足允许误差的条件下，选择精度等级低的仪表，从而提高经济性，因此称最佳测量方案的选择。

从上例中可以看到，函数关系式中各个直接测量量的误差对间接测量量的最终误差的影响程度是不相同的。例 2-4 方法 2 中的 I 是影响最大的参数；而方法 3 中的 U 影响大。因此就应该把注意力主要集中在降低对测量的最终误差影响大的那个直接测量量的误差上。

2.5.3　误差的分配

在间接测量中，当给定了函数 y 的误差 σ_y 再反过来求各个自变量的部分误差的允许值，以保证达到对已知函数的误差要求，这就是函数误差分配。在设计测量系统时常常要根据技术要求中规定的允许误差来选择方案和分析，既要做误差分析又要做误差分配，以便对各个元件及仪表提出适当的要求，从而保证整个测量系统满足设计要求。

误差分配是在已知要求的总误差的前提下，合理分配各误差分量的问题。当规定了间接测量结果的误差不能超过某一规定值时，可利用误差传递公式求出各直接测量量的误差允许值，从而满足间接测量量的误差的要求。同时，可根据各直接测量量的允许误差的大小来选择合适的测量仪表。

误差分配一般可按下列方法进行。

1. 按等作用原则分配误差

等作用原则就是对同性质的物理量，认为其部分误差对函数误差的影响相等，也就是可将总允许误差平均分配给各分项误差，即

$$D_1 = D_2 = \cdots = D_n = \frac{\sigma_y}{\sqrt{n}}$$

由此可得

$$\sigma_{xi} = \frac{\sigma_y}{\sqrt{n}} \cdot \frac{1}{\dfrac{\partial f}{\partial x_i}} \tag{2-25}$$

如果各个直接测量值误差满足式（2-25），则所得的函数间接误差不会超过允许误差的给定值。

2. 按微小误差准则处理误差

在误差传递公式（2-23）中，若有某一部分误差 D_k 可以忽略不计，则令

$$\sigma_y \approx \sigma'_y = \sqrt{\sum_{i=1}^{m} D_i^2 - D_k^2} \tag{2-26}$$

这里的 σ'_y 与 σ_y 的第一位有效数字一样（因为误差一般只取二位有效数字，而第一位是可靠数字），只是第二位有效数字有差别，则称 D_k 为微小误差，据此可得

$$\sigma_y - \sigma'_y \leqslant 0.05\sigma_y$$

从而得

$$0.95\sigma_y \leqslant \sigma'_y$$

将上述不等式两边平方，则有

$$0.9025\sigma_y^2 \leqslant \sigma'^2_y$$

而 $$\sigma'^2_y = \sum_{i=1}^{m} D_i^2 - D_k^2 = \sigma_y^2 - D_k^2$$

因此有 $$0.9025\sigma_y^2 \leq \sigma_y^2 - D_k^2$$

$$D_k^2 \leq 0.0975\sigma_y^2$$

开方得 $$D_k \leq 0.312\sigma_y$$

或 $$D_k < \frac{1}{3}\sigma_y$$

这就是微小误差的条件。所以"微小误差准则"就是：当某个自变量的部分误差小于函数（间接测量值）标准误差的 1/3 时，这个部分误差即可忽略不计。

显然对于所有的数学、物理常数总可以取得它的近似值到足够精度而使微小误差的条件得以满足，即由此引起的部分误差小于 1/3 的函数的标准误差，从而把它忽略掉。

3. 按可能性调整误差

按等作用原则分配误差虽然计算简单，但可能会出现不合理情况。这是因为计算出来的各个部分误差都相等，这对于其中的测量值，要保证它的测量误差不超过允许范围较为容易实现，而对其中有的测量值则难以满足要求——要保证它的测量精度，势必采用昂贵的高精度仪表，或者要付出较大的劳动，或者技术上很难实现。

由于存在上述情况，对等作用原则分配的误差，必须根据具体情况进行调整，对于测量中难以保证的误差项适当扩大允许的误差值，对于测量中容易保证的误差项尽可能减小误差值，而对其余各项不予调整。

4. 验算调整后的总误差

将误差进行相应处理后，若超出了给定的允许误差范围，应选择可能缩小误差的方法进行补偿。若发现实际总误差较小，还可适当扩大难以实现的误差项。

按上述原则分配误差时，应注意当有的误差已经确定而不能改变时，就先从给定的误差指标中扣除，再对其余误差进行误差分配，如有 k 项误差已确定，则对 $n-k$ 项进行误差分配。

2.6 测量数据处理

测量数据的处理，就是从测量所得到的原始数据中求出被测量的最优概值，并计算其精确度。必要时还要把测量数据绘制成曲线或归纳成经验公式进行回归分析，以便得出正确结论。

数据处理的过程大体上分为三步：第一步，在给定条件下找出误差的分布规律。第二步，求出最优概值。第三步，对最优概值的测量精度做出估计。

而在对测量所得的数据进行处理时，有两个前提条件：一是测量数据中的全部坏值（粗大误差）已经剔除；二是系统误差 ε 处理到最小，达到可以归纳到随机误差 x 中去的地步，而近似认为系统误差 ε 等于 0，即

$$\varepsilon = 0, \quad \Delta = \varepsilon + x = x$$

即测量数据中的绝对误差近似等于随机误差。

2.6.1 最小二乘法原理

最小二乘法是为了满足土木、测量工程需要而发展起来的一种古老的方法，它是科研或

生产中，对实测数据进行处理的一种最基本的数据处理方法。

最小二乘法原理是一个统计学原理，用来解决从一组测定值中决定最佳值或最可信赖值的问题，它在工程实际中有着广泛的应用。

假定某一元独立变量 x 的函数表示为

$$y = f(x; \alpha, \beta, \cdots) \tag{2-27}$$

式中，α，β，$\cdots$ 是常数参量，而且是测量求解值。测量时，改变 x 数值，相继取 x_1，x_2，$\cdots$，x_n，测量出对应值 y_1，y_2，$\cdots$，y_n，若测量无误差，则把 n 次测量结果 y_i 及其对应值 x_i 代入式（2-27）中，就可以得到 n 个方程式，联立求解该 n 个方程，就能得到 α，β，$\cdots$ 共 n 个参数值。

然而 y_i 的测量不可避免地含有误差 ξ_i，因而解出的 α，β，$\cdots$ 也必然包含有误差，为了简化讨论，绝对误差 ξ_i 可表示为

$$\xi_i = y_i - f(x_i; \alpha, \beta, \cdots) \tag{2-28}$$

设在等精度测量中，各测定量的出现是彼此独立的，互不相关，ξ_i 为正态分布且满足误差方程，故所有误差同时出现的概率为

$$P = \prod_{i=1}^{n} \frac{1}{\sqrt{2\pi}\sigma} \exp\left[-\frac{\xi_i^2}{2\sigma^2}\right] \mathrm{d}\xi_i = \left(\frac{1}{\sqrt{2\pi}\sigma}\right)^n \exp\left[-\frac{\sum \xi_i^2}{2\sigma^2}\right] (\mathrm{d}\xi_i)^n \tag{2-29}$$

根据正态分布的特性，在一组测量中，测量结果的最优概值应是概率 P 为最大时所求出的计算值。为使 P 最大，显然应该令

$$\sum_{i=1}^{n}\left(-\frac{\xi_i^2}{2\sigma^2}\right) = \max \quad \text{或} \quad \sum_{i=1}^{n}\left(\frac{\xi_i^2}{2\sigma^2}\right) = \min \tag{2-30}$$

实际上，测定值的真值不可知，常用算术平均值 $\bar{x}$ 代替数学期望值（即最优概值），以剩余误差 v_i 代替绝对误差 ξ_i，并以估值 $\hat{\sigma}$ 代替标准偏差 σ，则上式可以换写成

$$\sum_{i=1}^{n}\left(\frac{v_i^2}{2\hat{\sigma}^2}\right) = \min \quad \text{或} \quad \sum_{i=1}^{n} v_i^2 = \min \tag{2-31}$$

式（2-31）说明，测量结果中最优概值出现的条件是剩余误差平方和为最小，即在等精度测量中，为了求未知量的最优概值就要使各测量值的残差平方和为最小，这就是最小二乘法，也就是说，在 y_i 有误差的情况下，α，β，$\cdots$ 各参数的最优概值，是在将各估值 $\hat{\alpha}$，$\hat{\beta}$，$\cdots$ 代入式（2-27）之后，所得到的剩余误差的平方之和为最小的条件下产生的，或者说，最优概值将是能使各测定值的误差的平方和最小的那些值，即

$$\sum_{i=1}^{n}\left[y_i - f(x_i; \hat{\alpha}, \hat{\beta}, \cdots)\right]^2 = \min \tag{2-32}$$

要求估计值能满足最小二乘条件式（2-32），就是要求

$$\begin{cases} \dfrac{\partial}{\partial \alpha} \sum v_i^2 = 0 \\[2mm] \dfrac{\partial}{\partial \beta} \sum v_i^2 = 0 \\[1mm] \quad\vdots \end{cases} \tag{2-33}$$

亦即要求解下列联立方程组：

$$\begin{cases} \sum \left[y_i - f(x_i; \alpha, \beta, \cdots) \right] \left(\dfrac{\partial f}{\partial \alpha} \right)_i = 0 \\ \sum \left[y_i - f(x_i; \alpha, \beta, \cdots) \right] \left(\dfrac{\partial f}{\partial \beta} \right)_i = 0 \\ \qquad\qquad\qquad \vdots \end{cases} \qquad (2\text{-}34)$$

式中，$\left(\dfrac{\partial f}{\partial \alpha} \right)_i$ 表示函数 $f(x; \alpha, \beta, \cdots)$ 对 α 的偏导数在 $x = x_i$ 点上所取的值，式 (2-34) 称为正规方程或法方程，这是一个线性方程组，利用线性代数知识或矩阵方法，可以求出 $\hat{\alpha}, \hat{\beta}, \cdots$ 等参数。由于解出的各参数满足式 (2-32) 所示的最小二乘原理，因而就是各参数的最优概值 $\hat{\alpha}, \hat{\beta}, \cdots$。

在测定处理值等精度、无系统误差和干扰作用相互独立的测量条件下，最小二乘法的解具有唯一性、无偏性和最有效性。正是由于最小二乘法的解为最优概值，最小二乘法称为实验科学的最重要的数学方法之一，并被广泛应用。

2.6.2 有效数字的处理

1. 有效数字

由于含有误差，所以测量数据及由测量数据计算出来的算术平均值都是近似值。通常就从误差的观点来定义近似值的有效数字。若末位数字是个位，则包含的绝对误差值不大于 0.5，若末位数字是十位，则包含的绝对误差值不大于 5，对于其绝对误差不大于末位数字一半的数，从左边第一个不为零的数数起，到右边最后一个数（包括零）止，都称为有效数字。

3.1416　　　　　五位有效数字，极限误差 $\leqslant 0.00005$

6900　　　　　　四位有效数字，极限误差 $\leqslant 0.5$

69×10^2　　　　　二位有效数字，极限误差 $\leqslant 0.5 \times 10^2$

0.069　　　　　　二位有效数字，极限误差 $\leqslant 0.0005$

0.609　　　　　　三位有效数字，极限误差 $\leqslant 0.0005$

由上述例子可以看出，位于数字中间和末尾的 0 都是有效数字，而位于第一个非零数字前面的 0，都不是有效数字。

数字的最末一位是欠准确的估计值，称为欠准数字。数字末尾的 0 很重要，如果写成 20.80 表示测量结果准确到百分位，最大绝对误差不大于 0.005，而若写成 20.8，则表示测量结果准确到十分位，最大绝对误差不大于 0.05，因此上面两个测量值范围分别位于 20.80 ± 0.005 和 20.8 ± 0.05。决定有效数字位数的标准是误差，多写则夸大了测量准确度，少写则带来附加误差。例如，如果将某压力的测量结果写成 1000kPa，四位有效数字，则表示测量准确度或绝对误差 $\leqslant 0.5$kPa；而如果将其写成 1MPa，则为一位有效数字，表示绝对误差 $\leqslant 0.5$MPa，显然后面的写法和前者含义不同，但如果写成 1.000MPa，仍为四位有效数字，绝对误差 $\leqslant 0.0005$MPa $= 0.5$kPa，含义与第一种写法相同。

2. 多余数字的舍入规则

对测量结果中的多余有效数字，应按下面的舍入规则进行：

保留数字的末位为单位，后面的数字若大于 0.5 个单位，末位进 1；小于 0.5 个单位，末位不变。恰为 0.5 个单位，则末位为奇数时加 1，末位为偶数时不变，将末位凑成偶数。简单概括为："小于 5 舍，大于 5 入，等于 5 时采取偶数法则。"

【例 2-5】 将下列数字保留到小数点后一位：45.14，45.16，45.15，45.25。

【解】 45.14→45.1　　　　（4<5，舍去）

45.16→45.2　　　　　　（6>5，入位）

45.15→45.2　　　　　　（1 是奇数，5 入）

45.25→45.2　　　　　　（2 是偶数，5 舍）

采用这样的舍入法则，是出于减小计算误差的考虑。由例 2-5 可见，每个数字经舍入后，末位是欠准数字，末位之前是准确数字，最大舍入误差是末位的一半。因此当测量结果未注明误差时，就认为最末一位数字有 "0.5" 的误差，称为 "0.5 误差法则"。

3. 有效数字的运算法则

当需要对几个测量数据进行运算时，要考虑有效数字保留多少位的问题，以便不使运算过于麻烦而又能正确反映测量的精确度。保留的位数原则上取决于各数中精度最差的那一项。

（1）加法运算　以小数点后位数最少的为准（各项无小数点则以有效位数最少者为准），其余各数可多取一位。

例如：

$$
\begin{array}{ll}
18.2838 & 18.28 \\
10.03 & \longrightarrow \quad 10.03 \\
+\,7.69547 & +\,7.70 \\
\hline
35.00927 \approx 35.01 & 36.01
\end{array}
$$

（2）减法运算　当相减两数相差甚远时，原则同加法运算；当两数很接近时，有可能造成很大的相对误差，因此，第一要尽量避免导致相近两数相减的测量方法，第二要在运算中多一些有效数字。

（3）乘除法运算　以有效位数最少的数为准，其余参与运算的数字及结果中的有效数字位数与之相等。

例如：

$$\frac{517.43 \times 0.28}{4.08} = \frac{144.8804}{4.08} \approx 35.5$$

$$\longrightarrow \quad \frac{517.43 \times 0.28}{4.08} \approx \frac{52 \times 10 \times 0.28}{4.1} \approx 35.51 \approx 35.5 \approx 36$$

为了保证必要的精度，参与乘除法运算的各数及最终运算结果也可以比有效数字最少者多保留一位有效数字。例如上面例子中的 517.43 和 35.51 各保留至 52×10 和 35.5。

（4）乘方开方运算　运算结果比原数多保留一位有效数字。

例如：

$$(27.8)^2 \approx 772.8 \qquad (115)^2 \approx 1.322 \times 10^4 \qquad \sqrt{9.4} \approx 3.07 \qquad \sqrt{265} \approx 16.28$$

2.6.3　直接测量数据的处理

在测量中，使被测量与标准量直接比较而得到测量值，称为直接测量。用压力表测量容器内的压力、用电流表测量电路中的电流等均属直接测量，这是最常见也是最基本的测量方法。

对被测量重复测量 n 次，则得测量列 $\{X_i\}$，通过测量列可以求得最优概值，即算术平均值 X_0，并可给出其估计误差。

1. 直接测量值的最优概值

根据式 (2-31)，要使得 $\sum_{i=1}^{n} v_i^2 = \sum_{i=1}^{n} (X_i - X_0)^2 = $ 最小，则其一阶导数为 0。对其求导得

$$\frac{\mathrm{d}\sum_{i=1}^{n} (X_i - X_0)^2}{\mathrm{d}X_0} = -2\sum_{i=1}^{n} (X_i - X_0) = 0$$

即

$$(X_1 - X_0) + (X_2 - X_0) + \cdots + (X_n - X_0) = 0$$

$$X_0 = \frac{X_1 + X_2 + \cdots + X_n}{n} = \frac{1}{n}\sum_{i=1}^{n} X_i \tag{2-35}$$

式 (2-35) 表明：直接测量值的最优概值为其算术平均值。

2. 计算标准误差

根据贝塞尔公式，可计算测量列标准误差为

$$\sigma = \sqrt{\frac{\sum_{i=1}^{n} v_i^2}{n - 1}} \tag{2-36}$$

最优概值的标准误差为

$$\sigma_{X_0} = \frac{\sigma}{\sqrt{n}} \tag{2-37}$$

3. 直接测量值的误差分析

从式 (2-37) 可以看出，为了提高最优概值的精度，减少随机误差的影响，途径之一是增加重复测量的次数 n。考虑其他因素，n 的取值一般为 4~16。

还需强调，应注意 σ 与 σ_{X_0} 的区别。对测量列而言，标准差 σ 是测量手段精密度的指标，一套测量装置、仪表和仪器、测量方法和条件，就对应了一个确定的 σ 值。从根本上说，提高测量精密度，应从改善仪器仪表和测量条件入手，以减少 σ 值。在评价仪表精度时，常采用 σ 或 σ 的倍数值表示。在实际测量中，只有利用这个仪表进行 n 次重复测量时，为评价最优概值的精密度，才使用 σ_{X_0}，用 σ_{X_0} 或 σ_{X_0} 的倍数估计置信区间。σ 与 σ_{X_0} 表征不同的内涵，使用时务必注意。当被测对象稳定时，合理地增加测量次数，才可以提高测量结果的精度，这时，σ 表示仪表的精密度。当被测对象变化很大而仪表及其条件正常稳定工作时，σ 则可看作是被测对象稳定性的指标，是随机变化的指标；在这种情况下，n 次测量只是对 n 个不同量的测量结果，计算 σ_{X_0} 则无意义，这时，应利用随机过程的理论和处理方法来描述对象。

4. 处理结果的表达形式

由于实际上只能做到有限次等精度测量，因此分别用式 (2-36) 和式 (2-37) 来计算测量列的标准误差和最优概值的标准误差。由式 (2-37) 可以看到，最优概值的标准误差随测量次数 n 的增大而减小，但减小速度要比 n 的增长慢得多，即仅靠单纯增加测量次数来减小标准差收益不大，同时由于测量次数越多，也越难保证测量条件的恒定，从而带来新的误差，因而实际测量中的 n 取值并不很大，一般在 10~20 之间。

对于精密测量，常需进行多次等精度测量，在基本消除系统误差并从测量结果中剔除坏

值后，测量结果的处理可按下述步骤进行：

1）列出测量数据表。

2）计算最优概值 X_0，残差 v_i 及 v_i^2。

3）按式（2-36）和式（2-37）计算 σ 和 σ_{X_0}。

4）给出最终测量结果表达式，即

$$X = X_0 \pm \sigma_{X_0}\,(\text{置信度 68.3\%})$$

$$X = X_0 \pm 2\sigma_{X_0}\,(\text{置信度 95.5\%})$$

$$X = X_0 \pm 3\sigma_{X_0}\,(\text{置信度 99.7\%})$$

【例 2-6】　用温度表对某一温度测量，假定已对测量数据消除了系统误差及粗大误差，测得数据及有关计算值见表 2-1，试给出最终结果表达式。

表 2-1　测量数据及数据处理表

n	$X_i/℃$	$v_i = X_i - X_0/℃$	$v_i^2/(℃)^2$
1	75.01	-0.035	0.001225
2	75.04	-0.005	0.000025
3	75.07	+0.025	0.00625
4	75.00	-0.045	0.002025
5	75.03	-0.015	0.00225
6	75.09	+0.045	0.002025
7	75.06	+0.015	0.00225
8	75.02	-0.025	0.00625
9	75.08	+0.035	0.01225
10	75.05	+0.005	0.00025
计算值	$X_0 = 75.04$	$\sum_{i=1}^{10} v_i = 0$	$\sum_{i=1}^{10} v_i^2 = 0.00825$

【解】　计算得到 $\sum v_i = 0$，表示 X_0 的计算正确。进一步计算得到

$$\sigma = \sqrt{\frac{1}{n-1}\sum_{i=1}^{n} v_i^2} = \sqrt{\frac{1}{10-1}\sum_{i=1}^{n} v_i^2} \approx 0.030$$

$$\sigma_{X_0} = \sigma/\sqrt{n} = 0.030/\sqrt{10} \approx 1 \times 10^{-2}$$

因此该温度的最终测量结果为 $X = (75.04 \pm 0.01)℃$ （置信度 68.3%）

最终测量结果表达式为 $X = (75.04 \pm 0.03)℃$ （置信度 99.7%）

2.6.4　间接测量值的处理

由于某些被测量不能进行直接测量，如散热器的传热系数、热物理中的特征数、空气中的焓值等，因而必须进行间接测量。即通过直接测量与被测量有一定函数关系的其他量，并根据函数关系计算出被测量。因此，间接测量的量就是直接测量得到的各个测量量的函数，假定间接被测量 Y 与直接测量的有关量 X_1，X_2，$\cdots$，X_m 有以下的函数关系

$$Y = f(X_1, X_2, \cdots, X_m) \tag{2-38}$$

式中，X_1，X_2，$\cdots$，X_m 为 m 个可直接测量的独自自变量。如果得到了 X_1，X_2，$\cdots$，X_m 的最优概值 X_{1_0}，X_{2_0}，$\cdots$，X_{m_0} 和标准误差 σ_1，σ_2，$\cdots$，σ_m，就可以得到间接测量值的最优概值及其标准误差。

1. 最优概值

间接测量值的最优概值 Y_0 可以把各直接测量量的最优概值代到式（2-38）中求得。即

$$Y_0 = f(X_{1_0}, X_{2_0}, \cdots, X_{m_0}) \tag{2-39}$$

式中，X_{1_0}，X_{2_0}，$\cdots$，X_{m_0} 为 m 个可直接测量的独自自变量 X_1，X_2，$\cdots$，X_m 的最优概值，即算术平均值。

2. 标准误差

在直接测量中，测量误差就是被测量的误差；但在间接测量中，测量误差是各个测量值的函数。因此，研究间接测量的误差也就是分析各直接测量的误差量是怎样通过已知的函数关系传递到间接测量结果中的、应该怎样估计间接测量值误差的问题。

研究函数误差，一般有下列三个基本内容：

1）已知函数关系和各个测量值的误差，求间接测量值的误差。

2）已知函数关系和规定的函数总误差，要求分配各个测量值的误差。

3）确定最佳的测量条件，即使函数误差达到最小值时的测量条件。

如果对间接被测量的测量列 $\{Y_i\}$ 同直接测量一样定义它的测量列标准误差为

$$\sigma_Y = \sqrt{\frac{\sum\limits_{i=1}^{n} u_i^2}{n-1}}$$

式中，$u_i = Y_i - Y_0$ 为间接测量值 Y_i 的剩余误差，则利用式（2-38）的泰勒级数展开式可以推得：

$$\sigma_Y = \sqrt{\sum_{i=1}^{m} \left(\frac{\partial f}{\partial X_i}\right)^2 \sigma_i^2} \tag{2-40}$$

式中，$\dfrac{\partial f}{\partial X_i}\sigma_i$ 称为自变量 X_i 的部分误差，记作 D_i，则式（2-40）就变为

$$\sigma_Y = \sqrt{D_1^2 + D_2^2 + \cdots + D_m^2} = \sqrt{\sum_{i=1}^{m} D_i^2} \tag{2-41}$$

如果用相对误差来表示，则为

$$\sigma_{0Y} = \frac{\sigma_Y}{Y_0} = \sqrt{\sum_{i=1}^{m} \left(\frac{D_i}{Y_0}\right)^2} = \sqrt{\sum_{i=1}^{m} D_{0i}^2} \tag{2-42}$$

式中，σ_{0Y} 为 Y 的相对标准误差；D_{0i} 为 X_i 的相对部分误差。

式（2-40）、式（2-41）和式（2-42）一起被称为误差累积定律或误差传播定律。

【例 2-7】 电流 I 流过电阻 R 后，会在电阻 R 上产生电功率 P。今需要测量电功率 P 并分析它的标准误差，已知直接测量值的结果为：$I = 10.0\text{A}$，$\sigma_I = 0.2\text{A}$；$R = 10.0\Omega$，$\sigma_R = 0.1\Omega$。

【解】 1）求电功率。电功率与电流、电阻的关系式为 $P = I^2 R$，根据定义，将电流、电阻的值代入关系式就有

$$P = I^2 R = 10.0^2\text{A}^2 \times 10.0\Omega = 1000\text{W}$$

2）分析误差。因该测量属于间接测量，那么其误差根据式（2-41）为

$$\sigma_P = \sqrt{D_I^2 + D_R^2}$$

而

$$D_I = \frac{\partial P}{\partial I}\sigma_I = 2IR\sigma_I = 2 \times 10.0\text{A} \times 10.0\Omega \times 0.2\text{A} = 40\text{W}$$

$$D_R = \frac{\partial P}{\partial R}\sigma_R = I^2 \times \sigma_R = (10.0\mathrm{A})^2 \times 0.1\Omega = 10\mathrm{W}$$

将其代入上式得

$$\sigma_P = \sqrt{D_I^2 + D_R^2} = \sqrt{40^2 + 10^2}\,\mathrm{W} = 41.23\mathrm{W}$$

2.6.5　等精度测量结果的处理

当对某一被测量进行等精度测量时，测量值中可能含有系统误差、随机误差和粗大误差，为了给出正确合理的结果，应按下述基本步骤对测得的数据进行处理。

1）利用修正值等办法，对测量值进行修正，将已削弱恒值系统误差影响的各数据 X_i 依次列成表格（见例 2-8 表 2-2）。

2）求出最优概值 $X_0 = \dfrac{1}{n}\sum\limits_{i=1}^{n} X_i$。

3）列出残差 $\nu_i = X_i - X_0$，并验证 $\sum\limits_{i=1}^{n}\nu_i = 0$。

4）列出 ν_i^2，按贝塞尔公式计算标准误差（实际上是标准误差 σ 的最佳估计值）

$$\sigma = \sqrt{\frac{1}{n-1}\sum_{i=1}^{n}\nu_i^2}$$

5）按 $|\nu_i| > 3\sigma$ 的原则，检查和剔除粗差。如果存在坏值，应当剔除不用，而后从第 2）步开始重新计算，直到所有 $|\nu_i| \le 3\sigma$ 为止。

6）判断有无系统误差，如有系统误差，应查明原因，修正或消除系统误差后重新测量。

7）算出最优概值的标准偏差（实际上是其最佳估计值）

$$\sigma_{X_0} = \frac{\sigma}{\sqrt{n}}$$

8）写出最后结果的表达式，即 $X = X_0 \pm \sigma_{X_0}$（置信度 68.3%）或 $X = X_0 \pm 3\sigma_{X_0}$（置信度 99.7%）

【例 2-8】　对某温度进行了 16 次等精密度测量；测量数据 X_i 中已计入修正值，列于表 2-2。要求给出包括误差（即不确定度）在内的测量结果表达式。

【解】　1）求出最优概值 $X_0 = 205.30\mathrm{℃}$。

2）计算 ν_i，并列于表 2-2 中。

表 2-2　测量结果及数据处理表

n	$X_i/\mathrm{℃}$	$\nu_i/\mathrm{℃}$	$\nu_i'/\mathrm{℃}$	$(\nu_i')^2/(\mathrm{℃})^2$
1	205.30	0.00	0.09	0.0081
2	204.94	−0.36	−0.27	0.0729
3	205.63	+0.33	+0.42	0.1764
4	205.24	−0.06	+0.03	0.0009
5	206.65	+1.35	—	—
6	204.97	−0.33	−0.24	0.0576
7	205.36	+0.06	+0.15	0.0025
8	205.16	−0.14	−0.05	0.0025
9	205.71	+0.41	+0.50	0.25
10	204.70	−0.60	−0.51	0.2601

（续）

n	$X_i/℃$	$\nu_i/℃$	$\nu_i'/℃$	$(\nu_i')^2/(℃)^2$
11	204.86	−0.44	−0.35	0.1225
12	205.35	+0.05	+0.14	0.0196
13	205.21	−0.09	0.00	0.0000
14	205.19	−0.11	−0.02	0.0004
15	205.21	−0.09	0.00	0.0000
16	205.32	+0.02	+0.11	0.0121
计算值		$\sum \nu_i = 0$	$\sum \nu_i' = 0$	

3）计算标准差（估计值）

$$\sigma = \sqrt{\frac{1}{n-1}\sum_{i=1}^{n}\nu_i^2} = 0.4434℃$$

4）按照 $\Delta = 3\sigma$ 判断有无 $|\nu_i| > 3\sigma = 1.3302℃$，查表中第5个数据 $\nu_5 = 1.35℃ > 3\sigma$，应该将此对应的 $X_5 = 206.65℃$ 视为坏值加以剔除，现剩下15个数据。

5）重新计算剩余15个数据的最优概值

$$X_0' = 205.21℃$$

6）重新计算各残差 ν_i' 列于表 2-2 中。

7）重新计算标准差

$$\sigma' = \sqrt{\frac{1}{14}\sum_{i=1}^{n}\nu_i'^2} = 0.27$$

8）按照 $\Delta' = 3\sigma'$ 再判断有无坏值，$3\sigma' = 0.81℃$，各 $|\nu_i'|$ 均小于 Δ'，则认为剩余15个数据中不再含有坏值。

9）计算算术平均值标准差（估计值）

$$\sigma_{X_0} = \sigma'/\sqrt{15} = 0.27℃/\sqrt{15} \approx 0.07℃$$

10）写出测量结果表达式

$$X = X_0' \pm 3\sigma_{X_0} = (205.21 \pm 0.21)℃（置信度99.7\%）$$

2.6.6 误差分析在数据处理中的应用举例

【例2-9】 设计一个简单的散热器热工性能试验装置，利用下式计算散热量

$$Q = L\rho c(t_1 - t_2)$$

式中 L——体积流量；

ρ——水的密度；

c——比热容；

t_1，t_2——散热器进出口水温。

设计工况：$t_1 - t_2 = 25℃$，$L = 50L/h$。

水温最高不超过100℃，要求散热器的测量误差不大于10%，需如何进行误差分配及选择测量仪表？

【解】 （1）根据标准误差传递公式，写出相对误差关系式 由散热器的计算公式可知，这是一个间接测量问题，直接测量的量为热水流量 L、进口水温 t_1 和出口水温 t_2。为简单起见，设 L、t_1 及 t_2 相互独立且为正态分布，ρ、c 均为常数且误差为0。

根据标准误差传递公式（2-40）可以写出

$$\sigma_y^2 = \left(\frac{\partial Q}{\partial L}\right)^2 \sigma_L^2 + \left(\frac{\partial Q}{\partial t_1}\right)^2 \sigma_{t_1}^2 + \left(\frac{\partial Q}{\partial t_2}\right)^2 \sigma_{t_2}^2$$

根据正态分布可写成误差限 ΔQ 的传递公式，两边同除以 Q^2，则为

$$\left(\frac{\Delta Q}{Q}\right)^2 = \left(\frac{\Delta L}{L}\right)^2 + \left(\frac{\Delta t_1}{t_1 - t_2}\right)^2 + \left(\frac{\Delta t_2}{t_1 - t_2}\right)^2 = \left(\frac{\Delta L}{L}\right)^2 + \frac{\Delta t_1^2 + \Delta t_2^2}{(t_1 - t_2)^2}$$

这就是相对误差的传递公式。

（2）按误差等作用原理进行误差分配 将题意给定的总误差分解，初步估计直接误差限。由题意已知，要求测量的总误差为

$$\left|\frac{\Delta Q}{Q}\right| \leqslant 10\%$$

故应满足

$$\sqrt{\left(\frac{\Delta L}{L}\right)^2 + \frac{\Delta t_1^2 + \Delta t_2^2}{(t_1 - t_2)^2}} \leqslant 10\%$$

显然，可能有无穷多个解。这里，按误差等作用原则，令

$$\left(\frac{\Delta L}{L}\right)^2 = \frac{\Delta t_1^2 + \Delta t_2^2}{(t_1 - t_2)^2} = D^2$$

$$\sqrt{D^2 + D^2} = \sqrt{2D^2} \leqslant 10\%$$

$$D \leqslant 7.1\%$$

以此作为初选仪表的依据。

（3）配置测量仪表 现有量程 0~400L/h，精度为 1.5 级的浮子流量计，可用于水流量的测量；还有 0~100℃，允许误差为 ±1℃ 的玻璃水银温度计，可用于水温测量。下面分析可能的测量误差。

1）流量测量。依所给条件，上述浮子流量计最大测量误差为

$$\Delta L_{max} = 400\text{L/h} \times 1.5\% = 6\text{L/h}$$

在设计工况下，流量为 50L/h 时，相对误差的最大值为

$$\frac{\Delta L_{max}}{L} = \frac{6\text{L/h}}{50\text{L/h}} \times 100\% = 12\%$$

可见，已经超出了按误差等作用原则给出的初选指标 $D \leqslant 7.1\%$，应重新选择精度更高的仪表。

2）温度测量。在设计工况规定的温差 $t_1 - t_2 = 25℃$ 时，温差测量的相对误差为

$$\sqrt{\frac{\Delta t_1^2 + \Delta t_2^2}{(t_1 - t_2)^2}} = \sqrt{\frac{(1℃)^2 + (1℃)^2}{(25℃)^2}} = 5.7\%$$

没有超出初选指标的要求。

如果按照上述两种仪表配置，总误差将为 13%，不能满足要求。为此，应重新选择流量测量仪表，选用量程为 0~400L/h，精度为 1.0 级的浮子流量计。计算如下：

流量测量的最大误差为

$$\Delta L_{max} = 400\text{L/h} \times 1.0\% = 4\text{L/h}$$

相对误差的最大值为

$$\frac{\Delta L_{max}}{L} = \frac{4\text{L/h}}{50\text{L/h}} \times 100\% = 8\%$$

虽然比初选指标略高，但考虑到温度测量精度的余量，也有可能满足总的测量要求。将上述结果复核，则

$$\frac{\Delta Q}{Q} = \sqrt{\left(\frac{\Delta L}{L}\right)^2 + \frac{\Delta t_1^2 + \Delta t_2^2}{(t_1 - t_2)^2}} = \sqrt{(0.08)^2 + (0.057)^2} = 0.098$$

符合设计要求，故所选仪表可用。

需要说明，这里只讨论在无系统误差情况下的间接测量问题，在例题中，还对某些实际的误差因素做了简化和省略，在处理实际工程问题时，则需要仔细而周密地分析与计算。

2.6.7 测量数据的回归分析

在工程实践和科学实验中，经常遇到要求 y 与 x_i（$i = 1, 2, \cdots, n$）之间的函数关系，即

$$y = f(x_1, x_2, \cdots, x_n, \beta_0, \beta_1, \cdots, \beta_n)$$

现在要根据一组实验数据，确定系数 β_0，β_1，$\cdots$，β_n 的数值，工程上把这种方法称为回归分析，它主要用于确定经验公式或决定理论公式的系数等。

当函数关系是线性关系时，称这种回归分析为线性回归分析。而当独立变量只有一个时，即函数关系是

$$y = \beta_0 + \beta_1 x \tag{2-43}$$

这种回归分析最简单，称为单回归分析或一元线性回归分析。

若一个量的变化会引起另一个量的变化，分别记作 x 与 y，当它们在某种稳定状态下，独立地测量这两个量的值，可得一对测量值 (x_1, y_1)，然后再稳定在另一种状态下重新测量，这样可以得到一系列成对的测量值，也称为一个测量列。

$$\{(x_1, y_1), (x_2, y_2), \cdots, (x_n, y_n)\}$$

虽然对某一对测量值 (x_1, y_1) 可以重复测量多次，对所得的两个独立测量列完全可以用前述方法来整理 x_1 与 y_1 的值，但就整个测量过程来说，x、y 是变化的，主要关心的显然已不是 x、y 的某个具体数值，而是两者之间的依赖关系，即函数关系。因为测量列中不可避免地含有误差，所以真正的函数关系在有限次测量中同样无法得到，那么就希望能从这个测量列出发，求得最好的近似关系。

经验公式可以准确地表达全部数据，对公式进行必要的数学运算，就能仔细地研究各自变量与函数之间的关系。

建立公式的方法与步骤大致可归纳如下：

1）绘制曲线，将测量数据以自变量为横坐标、函数为纵坐标，绘制在坐标纸上，并把数据点绘制成测量曲线。

2）对所绘制的曲线进行分析，确定公式的基本形式。如果数据点绘制的基本上是直线，则可用一元线性回归方法确定直线方程；如果数据点绘制的是曲线，则要根据曲线的特点初步确定公式的形式，或变换为直线方程，按一元线性回归分析方法进行处理。

3）确定公式中的常量。代表测量数据的直线方程或经曲线化直后的直线方程表达式为 $y = \beta_0 + \beta_1 x$，可按最小二乘法确定方程中的常量 β_0 及 β_1。

4）检验所确定公式的准确性，即用测量数据中自变量值代入公式计算函数值，将它与实际测量值进行比较，如果差别小，说明建立的公式合适；如果差别很大，说明所确定的公式的基本形式可能有错误，则应建立另外形式的公式。

【例 2-10】　设 (x_i, y_i) 的一组测量数据见表 2-3，试用回归分析方法求经验公式。

表 2-3　(x_i, y_i) 测量数据值

x_i	0	1	2	3	4	5
y_i	100	223	497	1104	2460	5490

【解】　1）用坐标纸绘出 y-x 曲线，如图 2-6a 所示。

2）根据图 2-6a 估计可能的函数形式，初步估计为

$$y = ax^2 + b$$

3）把上式进行线性变换，令 $y' = y$，$x' = x^2$，得

$$y' = ax' + b$$

4）求 x'、y' 的值，并列于表 2-4 中，同时绘成曲线，如图 2-6b 所示，检查线性处理可否。

表 2-4　回归分析各步骤的数据表

x	0	1	2	3	4	5
y	100	223	497	1104	2460	5490
$x' = x^2$	0	1	4	9	16	25
$y' = y$	100	223	497	1104	2460	5490
$x'' = x$	0	1	2	3	4	5
$y'' = \lg y$	2	2.3483	2.6963	3.0429	3.3909	3.7395
$y = 100e^{0.801x}$	100	222.7	496.2	1105.6	2463.1	5487.2

5）由分析可知，上述结果与直线相差太远。重新估计可能的函数式为

$$y = ae^{bx}$$

6）对上式进行线性变换，取对数得

$$\lg y = bx\lg e + \lg a = 0.4343bx + \lg a$$

令　　　　　　　　　　$y'' = \lg y$，$x'' = x$，$a' = 0.4343b$，$b' = \lg a$

得　　　　　　　　　　　　　　$y'' = a'x'' + b'$

7）求 x''、y'' 的值，并列于表 2-4 中，同时绘成曲线，如图 2-6c 所示，检查线性变换可否。分析可知，满足线性要求，可认为重新设定的函数式选择得当。在图 2-6 上求得 $b' = 2.0$，则

$$a = 10^{2.0} = 100, \quad a' = \frac{1.74}{5} = 0.348$$

$$b = \frac{0.348}{0.4343} = 0.801289 \approx 0.801$$

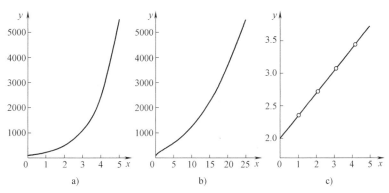

图 2-6　回归分析步骤图

最后求得经验公式为

$$y = 100e^{0.801x}$$

将表 2-4 中的数据代入式（2-43）进行检验，吻合度较高。

对于非线性函数关系的某些测量结果，只要对一些典型的函数曲线比较熟悉，合理搞好线性变换，再根据最小二乘法原理，便较为容易地完成回归分析，取得正确的经验公式。

思 考 题

1. 服从正态分布的随机误差具有哪些特性？

2. 为什么方差和标准差可以描述测量的重复性或被测量的稳定性？σ 与 $\sigma/\sqrt{n}$ 有何不同？

3. 使用热电偶对稳定的恒温液槽测温，取得测量值（mV）如下：

5.30	5.73	6.77	5.26	4.33
5.64	5.81	5.75	5.42	5.31

请判断其中是否有坏值，并计算最优概值及其标准差。

4. 正态分布随机误差在 $\pm\sigma$、$\pm2\sigma$、$\pm3\sigma$ 内的概率分别是多少？

5. 有一块在 20℃ 时标定的压力表，其精度 0.5 级，量程 0~600kPa，分度值 1kPa，安装位置离测试管道 $h = 0.08$m（图 2-7），此时压力表读数 300kPa，指针来回摆动 ±1 个格，环境温度 30℃，偏离 1℃ 的附加误差为基本误差的 5%，求压力表测量管道内压力引起的整个系统误差。

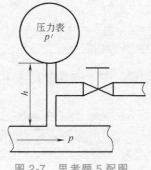

6. 一个球缺体其底直径 d 和高度 h 已经测得为

$d = (50.026 \pm 0.016)$mm（置信度 68.3%），$h = (10.000 \pm 0.060)$mm（置信度 99.7%）

试计算球缺的体积和相对误差。

7. 铜电阻与温度之间存在这样的函数关系：$R_t = R_0(1 + At)$。已知 t、R_t 的 4 次测量值（表 2-5），如何求 R_0 和 A？

图 2-7 思考题 5 配图

表 2-5 t、R_t 测量值

次数	1	2	3	4
$t/℃$	18.1	25.0	35.1	40.0
R_t/Ω	73.3	79.80	80.75	82.35

8. 采用喷嘴测量流量的计算公式为

$$Q_i = 3600CA\sqrt{\frac{2\Delta P}{\rho}}$$

式中　Q_i——通过单个喷嘴的流体流量（m³/h）；

　　　C——喷嘴流量系数；

　　　A——喷嘴喉部面积（m²）；

　　　ΔP——喷嘴前后的静压差（Pa）；

　　　ρ——喷嘴喉部的流体密度（kg/m³），$\rho = \dfrac{P_t + B}{287T}$；

　　　P_t——机组出口静压（Pa）；

　　　B——大气压力（Pa）；

　　　T——空气热力学温度（K）。

各测试参数误差和选用仪表加工精度见表 2-6。

表 2-6　测试参数误差和选用仪表加工精度

流量系数 C 产生误差	喷嘴喉部尺寸加工精度	喷嘴前后压差	机组出口静压	大气压力	空气温度
1.05%	直径:(100± 0.25)mm	范围:0~1000Pa 精度:±2.0Pa	范围:0~2000Pa 精度:±0.10%	精度为 0.5%	范围:-10~40℃ 精度:±0.2℃

试分析用直径 100mm 喷嘴测量流量产生的误差是否小于 5%。

9. 请指出下列量值的有效数字位数：4.8mA、4.80mA、2705kΩ、$2.705 \times 10^3 \Omega$ 、$1.36 \times 10^{-3} \Omega$ 、1.0kg/L、0.2W、$2500mmH_2O$ 、1.0332W、735.56mmHg

10. 根据有效数字的要求计算以下公式的结果：

（1）123.98−40.456+7.8

（2）lg10.00

（3）789.30×50÷0.100

（4）1.00^2

（5）$\sqrt{1.00}$

（6）100^2

（7）$\dfrac{100 \times 0.1}{17.3021 - 7.3021} + lg1000$

第 3 章
建筑热湿环境参数测量

3.1 温度测量

3.1.1 温度和温标

温度是表征物体或系统冷热程度的物理量。从微观上讲是物质分子运动平均动能大小的标志,它反映物质内部分子无规则运动的剧烈程度。

温标是用来衡量温度高低的标准尺度。它规定温度的读数起点和测量单位。各种测温仪表的刻度数值由温标确定。国际上常用温标有摄氏温标、华氏温标、国际实用温标等。国际实用温标是国际单位制中七个基本单位之一。

1. 摄氏温标

摄氏温标是把标准大气压下水的冰点定为 0 摄氏度,把水的沸点定为 100 摄氏度的一种温标。把 0 摄氏度到 100 摄氏度之间分成 100 等分,每一等分为一摄氏度。常用代号 t 表示,单位符号为℃。

2. 华氏温标

华氏温标规定标准大气压下纯水的冰点温度为 32 度,沸点温度为 212 度,中间划分180 等分。每一等分称为 1 华氏度。常用代号 F 表示,单位符号为°F。摄氏度与华氏度的换算关系为

$$t = \frac{5}{9}(F-32) \tag{3-1}$$

摄氏温标、华氏温标都是用水银作为温度计的测温介质,是依据液体受热膨胀的原理来建立温标和制造温度计的。由于不同物质的性质不同,它们受热膨胀的情况也不同,测得的温度数值就会不同,温标难以统一。

3. 热力学温标

热力学温标规定物质分子运动停止时的温度为绝对零度,是仅与热量有关而与测温物质无关的温标。因是开尔文总结出来的,故又称为开尔文温标,单位符号为 K。由于热力学中的卡诺热机是一种理想的机器,实际上能够实现卡诺循环的可逆热机是没有的。所以说,热力学温标是一种理想温标,是不可能实现的。

4. 国际实用温标

为了解决国际上温度标准的统一问题及使用方便,国际上协商决定,建立一种既能体现热力学温度,又使用方便、容易实现的温标,这就是国际实用温标,又称国际温标,用代号 T 表示,单位符号为 K。国际实用温标规定水三相点热力学温度为 273.16K,1K 定义为水

三相点热力学温度的 1/273.16。水的三相点是指纯水在固态、液态及气态三相平衡时的温度。现行国际实用温标是国际计量委员会（ITS）1990 年通过的，简称 ITS-1990。摄氏温度与国际实用温度的换算关系为

$$T = t + 273.15 \tag{3-2}$$

这里摄氏温度的分度值与开氏温度分度值相同，即温度间隔 1K 等于 1℃，在标准大气压下冰的融化温度为 273.15K。即水的三相点的温度比冰点高出 0.01℃，由于水的三相点温度易于复现，复现精度高，而且保存方便，是冰点不能比拟的，所以国际实用温标规定，建立温标的唯一基准点选用水的三相点。

5. 温度测量的主要方法及分类

温度测量方法一般可以分为两大类，即接触测量法和非接触测量法。接触测量法是测温敏感元件直接与被测介质接触，被测介质与测温敏感元件进行充分热交换，使两者具有同一温度，达到测量的目的。非接触测量法是利用物质的热辐射原理，测温敏感元件不与被测介质接触，通过辐射和对流实现热交换。达到测量的目的。每种温度测量方法均有自己的特点和测温范围，常用的测温方法、类型及特点见表 3-1。

表 3-1　常用测温方法、类型及特点

测温方式	温度计或传感器类型		测量范围/℃	精度（%）	特　　点
接触式	热膨胀式	水银	-50~650	0.1~1	简单方便；易损坏，感温部位尺寸大
		双金属	0~300	0.1~1	结构紧凑、牢固可靠
		压力 液体	-30~600	1	耐振、坚固、价廉；感温部位尺寸大
		压力 气体	-20~350		
	热电偶	铂铑-铂 其他	0~1600 -200~1100	0.2~0.5 0.4~1.0	种类多、适应性强、结构简单、经济方便、应用广泛；须注意寄生热电势及动圈式仪表电阻对测量结果的影响
	热电阻	铂 镍 铜	-260~600 -500~300 0~180	0.1~0.3 0.2~0.5 0.1~0.3	精度及灵敏度均较好；感温部位尺寸大，须注意环境温度的影响
		热敏电阻	-50~350	0.3~0.5	体积小，响应快，灵敏度高；线性差，须注意环境温度的影响
非接触式	辐射温度计 光学高温计		800~3500 700~3000	1 1	非接触测温，不干扰被测温度场，辐射率影响小，应用简便
	热探测器 热敏电阻探测器 光子探测器		200~2000 -50~3200 0~3500	1 1 1	非接触测温，不干扰被测温度场，响应快，测温范围大，适于测温度分布；易受外界干扰，标定困难
其他	示温涂料	碘化银，二碘化汞，氯化铁、液晶等	-35~2000	<1	测温范围大，经济方便，特别适于大面积连续运转零件上的测温；精度低，人为误差大

3.1.2　利用热膨胀效应的温度测量

利用液体、气体或固体热胀冷缩的性质，即测温敏感元件在受热后尺寸或体积将发生变化，然后直接测出尺寸或体积发生的变化，由此制成的温度计称为膨胀式温度计。膨胀式温度计分为液体膨胀式温度计、固体膨胀式温度计和压力式温度计三类。这里以固体膨胀式温度计中的双金属温度计和压力式温度计、玻璃液柱温度计为例进行介绍。

1. 双金属温度计

图 3-1 所示为双金属温度计敏感元件。它由两种热胀系数不同的金属片组合而成，将两

片金属片粘贴在一起，一端固定，另一端为自由端，自由端与指示系统相连接。当温度由 t_0 变化到 t 时，由于两种不同的金属片热膨胀程度不一致而发生弯曲，即双金属片由 t_0 时初始位置变化到 t 时的相应位置，最后导致自由端产生一定的角位移 α

$$\alpha = f(t - t_0) \tag{3-3}$$

即 α 的大小与温度差成一定的函数关系，通过标定

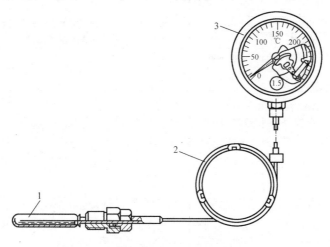

图 3-1　双金属温度计敏感元件

刻度，即可测量温度。双金属温度计一般应用在 $-80 \sim 600℃$ 范围，最好情况下，精度可达 $0.5 \sim 1.0$ 级，常被用作恒定温度的控制元件，如一般用途的恒温箱、加热炉等就是采用双金属片来控制和调节"恒温"的。双金属温度计的突出特点是：抗振性能好，结构简单，牢固可靠，读数方便，但它的精度不高，测量范围也不大。

2. 压力式温度计

压力式温度计虽然属于膨胀式温度计，但它不是靠物质受热膨胀后的体积变化或尺寸变化反映温度，而是靠在密闭容器中液体或气体受热后压力的升高反映被测温度，因此这种温度计的指示仪表实际上就是普通的压力表，如图 3-2 所示。

图 3-2　压力式温度计

1—感温包　2—毛细管　3—压力表

压力式温度计主要由感温包、毛细管和压力表（压力敏感元件，如弹簧管、膜盒、波纹管等）组成。感温包、毛细管和弹簧管三者的内腔共同构成一个封闭容器，其中充满工作物质。感温包直接与被测介质接触，它应把温度变化充分地传递给内部工作物质，所以，其材料应具有防腐能力，并有良好的导热系数。为了提高灵敏度，感温包本身的受热膨胀应远远小于其内部工作物质的膨胀，故材料的体胀系数要小。此外，还应有足够的机械强度，以便在较薄的容器壁上承受较大的内外压力差。通常用不锈钢或黄铜制造感温包，黄铜只能用在非腐蚀性介质里。感温包受热后将使内部工作物质温度升高而压力增大，此压力经毛细管传到弹簧管内，使弹簧管产生变形，并由传动系统带动指针，指示相应的温度值。

目前，生产的压力温度计根据充入密闭系统内工作物质的不同可分为充气体压力温度计和充蒸气压力温度计。

（1）充气体压力温度计　气体状态方程式 $pV = mRT$ 表明，对一定质量 m 的气体，如果

它的体积 V 一定，则它的温度 T 与压力 p 成正比。因此，在密封容器内充以气体，就构成充气体的压力温度计。工业上用的充气体的压力温度计通常充氮气，它能测量的最高温度可达 500~550℃，在低温下则充氢气，它的测温下限可达 −120℃。在过高的温度下，温包中充填的气体会较多地透过金属壁而扩散，这样会使仪表读数偏低。

（2）充蒸气压力温度计　充蒸气的压力温度计是根据低沸点液体的饱和蒸气压力只和气液分界面的温度有关这一原理制成的。其感温包中充入约占 2/3 容积的低沸点液体，其余容积则充满同一液体的饱和蒸气。当感温包温度变化时，蒸气的饱和蒸气压力发生相应变化，这一压力变化通过插入到感温包底部的毛细管进行传递，在毛细管和弹簧管中充满上述同种液体，或充满不溶于感温包中液体的、在常温下不蒸发的高沸点液体（称为辅助液体），以传递压力。常用作工质的低沸点液体有氯甲烷、氯乙烷和丙酮等。充蒸气的压力温度计的优点是感温包的尺寸比较小、灵敏度高。其缺点是测量范围小、标尺刻度不均匀，而且由于充入蒸气的原始压力与大气压力相差较小，其测量精度易受大气压力的影响。

压力温度计的主要特点是结构简单，强度较高，抗振性能较好。

3. 玻璃液柱温度计

（1）玻璃液柱膨胀式温度计的分类、结构形式和特点　玻璃液柱膨胀式温度计是利用液体体积随温度升高而膨胀，导致玻璃管内液柱长度增加的原理制成的。将测温液体封入带有感温包和毛细管的玻璃内，在毛细管旁加上刻度即构成玻璃液柱膨胀式温度计。其优点为结构简单，测量准确，价格低廉，读数和使用方便，因而得到广泛应用。其缺点为易损坏，热惯性大，具有一定的滞后性，信号不能远传和自动记录。玻璃液体膨胀式温度计类型如下：

按感温液体分类：水银玻璃温度计、有机液体玻璃温度计。

按用途精度分类：普通型玻璃温度计、精密型玻璃温度计、贝克曼玻璃温度计、电接点玻璃温度计。

按结构形式分类：棒式玻璃温度计、内标式玻璃温度计、可调电接点玻璃温度计、固定电接点玻璃温度计。

玻璃液体膨胀式温度计的玻璃管均采用优质玻璃，对测温上限超过 300℃ 的采用硅硼玻璃，超过 500℃ 的采用石英玻璃。常用测温液体及其性能见表 3-2。

表 3-2　常用测温液体及其性能

测温液体名称	使用温度/℃	体胀系数	视胀系数[①]
汞铊	−62~0	0.000177	0.000157
水银	−30~+600	0.00018	0.00016
甲苯	−80~+100	0.00109	0.00107
乙醇	−80~+80	0.00105	0.000103
煤油	0~300	0.00095	0.00093
石油醚	−120~0	0.00142	0.00140
戊烷	−200~20	0.00092	0.00090

① 视胀系数等于测温液体的体胀系数与玻璃体胀系数之差。

毛细管中未加压的水银玻璃温度计的测量上限一般为 300℃。如毛细管中充以 2MPa 的氮气，可将测量上限提高到 500℃。如充以 8MPa 的氮气，可将测量上限提高到 750℃。

1）棒式玻璃温度计。棒式玻璃温度计的结构如图 3-3a 所示，由玻璃感温包及与之相连的厚壁玻璃毛细管组成。标尺直接刻在毛细管外表面上。它一般用作为标准温度计，测温精确度较高。

2）内标式玻璃液体温度计。内标式玻璃液体温度计的结构如图 3-3b 所示。长方形的乳白色玻璃片标尺置于毛细管后面，两者均装在玻璃外壳内。玻璃外壳一端熔接于玻璃感温包上，外壳的另一端密封。这种温度计一般用来测量室温，读数方便、清晰，但因标尺板与毛细管易发生微量相对位移，会降低温度计准确性。

3）电接点玻璃温度计。电接点玻璃温度计不仅用于显示温度，还可用来控制温度和信号报警。图 3-4 所示的为一种固定电接点玻璃温度计的结构。两个金属接点熔封入毛细管中，再通过导线与终端接头相连，当工作液体水银上升到与两个接点接触时，电路接通，并输出信号进行温度调节或报警。电接点玻璃温度计也可制成可调的；在这种温度计中，下端接点制成固定的，上端接点制成可动的，这样可根据需要调节控制温度点。

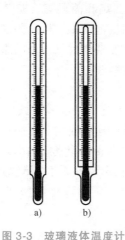

图 3-3　玻璃液体温度计

a）棒式温度计　b）内标式温度计

图 3-4　电接点温度计

4）贝克曼玻璃温度计。贝克曼玻璃温度计是一种高精度温度计，常用于微小温度变化的测量，其标尺的全部测量范围约为 5℃，其分度值为 0.01℃ 或更小。

（2）玻璃液体膨胀式温度计的使用

1）玻璃液体膨胀式温度计的允许误差。玻璃液体膨胀式温度计的示值误差表明其显示与真实值之间的偏差。普通型玻璃温度计与精密型玻璃温度计的允许示值误差见表 3-3。

表 3-3　玻璃温度计的允许示值误差

感温液体	温度测量范围/℃	精密温度计分度值/℃				普通温度计分度值/℃				
		0.1	0.2	0.5	1.0	0.5	1.0	2.0	5.0	10
		允许示值误差/±℃								
有机液体	−100~−60	1.0	1.0	—	—	1.5	2	—	—	—
	−60~−30	0.6	0.8	—	—	1.0	2	—	—	
	−30~0	0.4	0.6	—	—	1.0	1	—	—	
	0~100	—	—	—	—	1.0	1	—	—	
水银	−30~0	0.2	0.4	—	—	0.5	1	2	—	—
	0~100	0.2	0.3	—	—	0.5	1	2	—	
	100~200	0.4	0.5	—	—	1.0	1.5	3	—	
	200~300	0.6	0.7	—	—	1.0	2	3	—	
	300~400	—	1.0	1.5	3	—	—	4	10	
	400~500	—	1.2	2.0	3	—	—	4	10	
	500~600	—	—	—	—	—	—	6	10	10

2）玻璃液体膨胀式温度计的误差原因及处理。使用玻璃液体膨胀式温度计时会产生各种误差，因此在使用时应经常检查，以保证测温准确。这些误差一般是由于零点位移、标尺位移、液柱断裂、温度计惰性、浸没深度变动、读数方法不正确等因素造成的。对各种误差成因的处理方法见表 3-4。

表 3-4　玻璃液体温度计的误差成因及处理方法

误差成因名称	误差原因	处理方法
零点位移	由于玻璃的热后效应引起	如发现零点位移，应将位移值加到以后所有读数上
标尺位移	内标式温度计的标尺与毛细管之间会因热膨胀或标尺固定位置变化而引起相对位移	因热膨胀引起的位移数值小，可忽略不计；因标尺固定位置变化生成相对位移，且位移量较大，则应将温度计报废
液柱断裂	因工作液体夹有气泡或搬运不慎等原因引起	毛细管中液柱断裂会引起很大误差。可将温度计加热，使液柱连接起来。如不能使其连接，应将温度计报废。此外，还可采用冷却法、重力法和离心法使断裂液柱连接
温度计惰性	由于测温液体的黏附性和毛细管内壁不干净引起	读数前用带橡胶头的木棒沿温度计轻敲，可改善惰性
浸入深度	由于温度计未浸入到规定深度而引起	全浸式温度计（刻度时温度计液柱全部浸入介质的温度计）应将温度计尽量插入被测介质中；局部浸入式温度计则应浸没到规定深度（不得少于 60mm）
读数方法不正确	因错误的读数方法引起误差	应使视线与温度计标尺相垂直。对水银温度计，应按凸出弯月面的最高点读数，对酒精等有机液体，应按凹月面的最低点读数

3.1.3　利用热电效应的温度测量

1. 热电偶测温原理

热电偶是目前应用最广泛的、比较简单的温度传感器，热电偶测温是根据热电效应原理。在两种不同的导体（或半导体）A 和 B 组成的闭合回路中，如果它们两个接点的温度不同，则回路中产生一个电动势，通常称这种现象为热电效应，该电势被称为热电势，如图 3-5 所示。两种不同导体（或半导体）组成的闭合回路，称之为热电偶，导体 A 或 B 称之为热电偶的热电极。热电偶的两个接点中，置于温度为 T 的被测对象中的接点称为测量端，又称工作端或热端；而温度为参考温度 T_0 的另一接点称为参比端或参考端，又称自由端或冷端。热电偶产生的热电势由接触电势和温差电势两部分组成。

（1）接触电势　接触电势就是由于两种不同导体的自由电子密度不同而在接触处形成的电动势，又称帕尔贴（Peltier）电势。两种不同导体 A、B 接触时，由于材料不同，

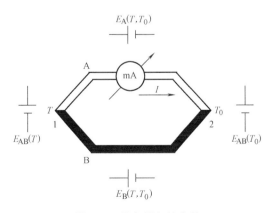

图 3-5　热电偶与热电势

两者有不同的电子密度，在单位时间内，从导体 A 扩散到导体 B 的自由电子数比相反方向的来得多，即自由电子主要从导体 A 扩散到导体 B，这时 A 导体因失去电子而带正电，B 导

体因得到电子而带负电，如图 3-6 所示，因而在接触面上形成了自 A 到 B 的内部静电场，产生了电位差，由电子扩散运动而建立的内部静电场将加速电子反方向的转移，使从 B 到 A 的电子转移加快，并阻止电子扩散运动的继续进行，最后达到动态平衡，即单位时间内从 A 扩散的电子数目等于反方向转移的电子数目，此时在一定温度 T 下的接触电势 $E_{AB}(T)$ 也就稳定在某值。其大小可表示为

$$E_{AB}(T) = \frac{kT}{e}\ln\frac{N_A}{N_B}$$

$$E_{AB}(T_0) = \frac{kT_0}{e}\ln\frac{N_A}{N_B}$$

(3-4)

式中　e——单位电荷，$e = 1.6 \times 10^{-19}$ C；

$\quad\quad k$——玻耳兹曼常量，$k = 1.38 \times 10^{-23}$ J/K；

$\quad\quad N_A$——材料 A 在温度为 T 时的自由电子密度；

$\quad\quad N_B$——材料 B 在温度为 T 时的自由电子密度。

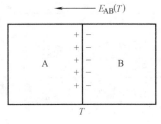

图 3-6　接触电势

由式（3-4）可知：接触电势的大小与温度高低及导体中的电子密度有关。温度越高，接触电势越大；两种导体电子密度的比值越大，接触电势也越大。

（2）温差电势　温差电势是在同一导体的两端因其温度不同而产生的一种热电势。又称汤姆孙（Thomson）电势。设导体两端的温度分别为 T 和 T_0（$T > T_0$），由于高温端 T 的电子能量比低温端 T_0 的电子能量大，因而从高温端扩散到低温端的电子数比从低温端转移到高温端的电子数要多，结果高温端失去电子而带正电荷，低温端得到电子而带负电荷，从而形成了一个从高温端指向低温端的静电场。此时，在导体的两端便产生一个相应的电势差，这就是温差电势，如图 3-7 所示。其值可根据物理学电磁场理论得到

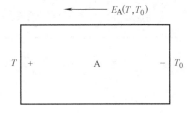

图 3-7　温差电势

$$E_A(T, T_0) = \int_{T_0}^{T} \sigma_A \mathrm{d}T$$

$$E_B(T, T_0) = \int_{T_0}^{T} \sigma_B \mathrm{d}T$$

(3-5)

式中　$E_A(T, T_0)$——导体 A 在两端温度分别为 T 和 T_0 时的温差电势；

$\quad\quad E_B(T, T_0)$——导体 B 在两端温度分别为 T 和 T_0 时的温差电势；

$\quad\quad \sigma_A$、σ_B——材料 A、B 的汤姆孙系数，与材料性质和两端温度有关。

（3）热电偶回路的热电势　金属导体 A、B 组成热电偶回路时，总的热电势包括两个接触电势和两个温差电势，即

$$E_{AB}(T, T_0) = E_{AB}(T) - E_{AB}(T_0) + E_B(T, T_0) - E_A(T, T_0)$$

$$= \frac{k}{e}(T - T_0)\ln\frac{N_A}{N_B} + \int_{T_0}^{T}(\sigma_A - \sigma_B)\mathrm{d}T$$

(3-6)

由于温差电势比接触电势小，又有 $T > T_0$，所以在总电势 $E_{AB}(T, T_0)$ 中，以导体 A、B 在 T 端的接触电势所占的比重最大，故总电势的方向取决于温差电势方向。由式（3-6）可知，热电偶总电势与电子密度 N_A、N_B 及两接点温度 T、T_0 有关。电子密度不仅取决于热

电偶材料的特性，且随温度的变化而变化，但在一定的温度范围内，当热电偶材料一定时，热电偶的总电势为温度 T 和 T_0 的函数差，即

$$E_{AB}(T, T_0) = f(T) - f(T_0) \qquad (3\text{-}7)$$

如果冷端温度 T_0 固定，则对一定材料的热电偶，其总电势就只与温度 T 成单值函数关系，即

$$E_{AB}(T, T_0) = f(T) - C \qquad (3\text{-}8)$$

式中　C——固定温度 T_0 决定的常数。

2. 热电偶基本定律

（1）均质导体定律　由一种均质导体或半导体组成的闭合回路，不论其截面、长度如何以及各处的温度如何分布，都不会产生热电势。即热电偶必须采用两种不同材料作为电极。

（2）中间导体定律　在热电偶回路中，接入第三种导体 C，如图 3-8 所示，只要这第三种导体两端温度相同，则热电偶所产生的热电势保持不变。即第三种导体 C 的引入对热电偶回路的总电势没有影响。由式（3-6）可推导出热电偶回路接入中间导体 C 后热电偶回路的总热电势为

$$E_{ABC}(T, T_0) = E_{AB}(T, T_0) \qquad (3\text{-}9)$$

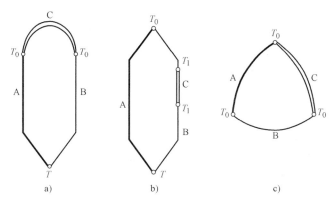

图 3-8　中间导体回路

同理，在热电偶回路中接入多种导体，只要保证接入的每种导体的两端温度相同，则对热电偶的热电势没有影响。根据热电偶的这一性质，可以在热电偶的回路中引入各种仪表和连接导线等。例如，在热电偶的自由端接入一块测量电势的仪表，并保证两个接点的温度相等，就可以对热电势进行测量，而且不影响热电势的输出。

【例 3-1】　已知在某特定条件下材料 A 与铂配对的热电动势为 13.967mV，材料 B 与铂配对的热电动势为 8.345mV，求出在此特定条件下材料 A 与材料 B 配对后的热电势。

【解】　根据中间导体定律结论公式，有

$$E_{AB}(T, T_0) = E_{AC}(T, T_0) + E_{CB}(T, T_0)$$

依题意可知：$E_{AC}(T, T_0) = 13.967\text{mV}$

$$E_{CB}(T, T_0) = -8.345\text{mV}$$

则　　　　　　　　$E_{AB}(T, T_0) = 13.967\text{mV} - 8.345\text{mV} = 5.622\text{mV}$

因此，在此特定条件下材料 A 与材料 B 配对后的热电势为 5.622mV。

（3）中间温度定律　如图 3-9 所示，在热电偶回路中，两接点温度为 t、t_0 时的热电势

等于该热电偶在接点温度为 t、t_n 和 t_n、t_0 时热电势的代数和，即

$$E_{AB}(t,t_0) = E_{AB}(t,t_n) + E_{AB}(t_n,t_0) \tag{3-10}$$

根据这一定律，只要给出自由端为 0℃ 时的热电势和温度的关系，就可以求出冷端为任意温度 t_n 的热电偶热电势。

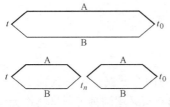

图 3-9　中间温度定律回路

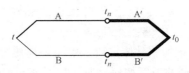

图 3-10　连接导体定律回路

（4）连接导体定律　如图 3-10 所示，在热电偶回路中，如果热电极 A、B 分别与连接导线 A′、B′相连，各接点温度为 t、t_n、t_0，则回路的总电势等于热电偶两端处于 t 和 t_n 条件下的热电势 $E_{AB}(t,t_n)$ 与连接导线 A′和 B′两端处于 t_n 和 t_0 条件下热电势 $E_{A'B'}(t_n,t_0)$ 的代数和，即

$$E_{ABB'A'}(t,t_n,t_0) = E_{AB}(t,t_n) + E_{A'B'}(t_n,t_0) \tag{3-11}$$

中间温度定律和连接导体定律是工业热电偶测温中应用补偿导线的理论基础。

【例 3-2】　用镍铬-镍硅热电偶测量加热炉温度，已知冷端温度 $t_0 = 30℃$，热电势 $E_{AB}(t, t_0) = 33.29\text{mV}$，求加热炉温度 t。

【解】　根据中间温度定律有　$E_{AB}(t,0) = E_{AB}(t,t_0) + E_{AB}(t_0,0)$

查附录 2 中镍铬-镍硅热电偶分度表，可得 $E_{AB}(30, 0) = 1.203\text{mV}$，带入上式，得到

$$E_{AB}(t,0) = E_{AB}(t,t_0) + E_{AB}(t_0,0) = 33.29\text{mV} + 1.203\text{mV} = 34.493\text{mV}$$

由附录 2 中镍铬-镍硅热电偶分度表，运用内插法列式得 $t = 830℃$。

3. 热电偶的材料、分类与构造

（1）热电偶的材料　理论上任意两种导体或半导体都可以组成热电偶，但实际上为了使热电偶稳定性好，具有足够的灵敏度、可互换性以及一定的机械强度等性能，热电极的材料一般应满足如下要求：

1）在测温范围内，热电性质稳定，不随时间和被测介质变化，物理化学性能稳定，不易氧化或腐蚀。

2）电导率要高，并且电阻温度系数要小。

3）它们组成的热电偶中的热电势随温度的变化率要大，并且希望该变化率在测温范围内接近常数（即其反应曲线呈线性）。

4）材料的机械强度要高，复制性要好，复制工艺要简单，价格便宜。

（2）热电偶的分类　按照标准化程度，热电偶分为标准热电偶和非标准热电偶。国际电工委员会（简称 IEC）对被公认性能较好的材料，制定了统一的标准，共有八种，我国使用的标准热电偶均采用 IEC 标准，附录 1 为常用热电偶简要技术数据。不同材料的热电偶的分度不一致，即在冷端温度为 0℃ 时，其热电势与热端温度的关系不一致。热电偶分度号是表示热电偶材料的标记符号，工程上常用分度号来区别不同的热电偶。附录 2 中的第 1 个表为铂铑 10-铂热电偶分度表（分度号为 S）。例如，表中的分度号 S 就表明采用铂铑 10-铂热电偶，即正极采用 90%Pt（铂），10%Rh（铑）制成，负极采用

100%Pt 制成，其他类推。非标准热电偶，适合于某些特殊场合使用，如在高温、低温、超低温等被测对象中应用。

（3）热电偶的结构　按照构造热电偶可分为普通型、铠装型和薄膜型等。普通型热电偶由热电极、绝缘管、保护套管和接线盒等组成，如图 3-11 所示。铠装型是由热电极、绝缘材料和金属套管三者组合经拉伸加工而成的坚实组合体。薄膜型热电偶是为快速测量壁面温度而设计的，尺寸小，反应快。

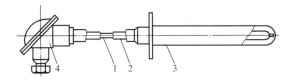

图 3-11　普通型热电偶的构造
1—热电极　2—绝缘管　3—保护套管　4—接线盒

普通型热电偶主要用于测量气体、蒸汽、液体等介质的温度。由于使用的条件基本相似，所以这类热电偶已做成标准型，其基本组成部分大致是一样的。通常都是由热电极、绝缘材料、保护套管和接线盒等组成。

1）热电极。热电偶常根据热电极材料的种类来命名，其直径大小是由价格、机械强度、电导率以及热电偶的用途和测量范围等因素来决定的。贵重金属热电极直径大多是 0.13~0.65mm，普通金属热电极直径为 0.5~3.2mm。热电极长度由使用、安装条件，特别是工作端在被测介质中插入深度来决定，通常为 350~2000mm。

2）绝缘管。又称绝缘子，用来防止两根热电极短路，其材料的选用要根据使用的温度范围和对绝缘性能的要求而定，常用的是氧化铝和耐火陶瓷。它一般制成圆形，中间有孔，长度为 20mm，使用时根据热电极的长度，可多个串起来使用。

3）保护套管。为使热电极与被测介质隔离，并使其免受化学侵蚀或机械损伤，热电极在套上绝缘管后再装入套管内。对保护套管的要求一方面是经久耐用，能耐温度急剧变化，耐腐蚀，不分解出对电极有害的气体，有良好的气密性及足够的机械强度；另一方面是传热良好，传导性能越好，热容量越小，能够改善电极对被测温度变化的响应速度。常用的材料有金属和非金属两类，使用时应根据热电偶类型、测温范围和使用条件等因素来选择保护套管材料。

4）接线盒。接线盒供热电偶与补偿导线连接用。接线盒固定在热电偶保护套管上，一般用铝合金制成，分普通式和防溅式（密封式）两类。为防止灰尘、水分及有害气体侵入保护套管内，接线端子上注明热电极的正、负极性。

铠装热电偶是由热电极、绝缘材料和金属套管经拉伸加工而成的组合体，分单芯和双芯两种。它可以做得很长、很细，在使用中可以随测量需要进行弯曲。套管材料为铜、不锈钢或镍基高温合金等。热电极和套管之间填满了绝缘材料的粉末，目前常用的绝缘材料有氧化镁、氧化铝等。目前生产的铠装热电偶外径一般为 0.25~12mm，有多种规格。它的长短根据需要确定，最长的可达 100m 以上。铠装热电偶的主要特点是，测量端热容量小，动态响应快，机械强度高，耐高压、耐振动和耐冲击，可安装在结构复杂的装置上，因此已被广泛应用在许多工业部门。

（4）热电偶的安装　热电偶的安装，应注意有利于测温准确、安全可靠及维修方便，而且不影响设备运行和生产操作。要满足以上要求，在选择对热电偶的安装部位和插入深度时要注意以下几点：

1）安装方向。安装热电偶时，应尽可能保持垂直，以防保护管在高温下产生变形。测量流体温度时，热电偶应与被测介质形成逆流，即迎着被测介质的流向插入。

2）安装位置。热电偶的测量端应处于能够真正代表被测介质温度的地方，如测量管道中流体的温度，热电偶工作端应处于管道中流速最大的地方，热电偶保护管的末端应越过管道中心线约 5~10mm；为了使热电偶的测量端与被测介质之间有充分的热交换，应尽量避免在阀门、弯头及管道和设备的死角附近装设热电偶。

3）插入深度。带有保护套管的热电偶有传热和散热损失，为了减少测量误差，热电偶应该有足够的插入深度：对金属保护管热电偶，插入深度应为直径的 15~20 倍，对非金属保护管热电偶，插入深度应为直径的 10~15 倍。此外，热电偶保护管露在设备外的部分应尽可能短，最好加保温层，以减少热损失；当热电偶插入深度超过 1m 时，应尽可能垂直安装，或加装支撑架和保护套管。

4）细管道内流体温度的测量。在细管道（直径小于 80mm）内测温，安装时应接扩大管。

5）含大量粉尘气体的温度测量。由于气体内含大量粉尘，对保护管的磨损严重，采用末端切开的保护筒。

6）负压管道中流体温度的测量。热电偶安装在负压管道中，必须保证其密封性，以防外界冷空气吸入，使测量值偏低。

7）对于高温高压和高速流体的温度测量。为了减小保护套对流体的阻力和防止保护套在流体作用下发生断裂，可采取保护管浅插方式或采用热套式热电偶。浅插式的热电偶保护套管，其插入高温流体管道的深度应不小于 75mm；热套式热电偶的标准插入深度为 100mm；假如需要测量烟道内烟气的温度，尽管烟道直径为 4m，热电偶插入深度 1m 即可。

（5）热电偶的串并联使用　热电偶的串并联有以下几种形式（图 3-12）：

1）热电偶的正向串联，就是 n 只同型号热电偶正负极相连接（图 3-12a），测量同一温度时，可使输出电势增加，提高仪表的灵敏度。缺点：当一只热电偶烧断时，整个仪表回路断路，不能正常工作。

2）热电偶反向串联，就是将两只同型号热电偶的同名极相串联（图 3-12b），这样组成的热电偶称为微差热电偶，可测量两点温差。

3）热电偶的并联，就是将 n 只热电偶的正极和负极分别连接在一起的线路（图3-12c），并联电路常用来测量温度差的平均温度。

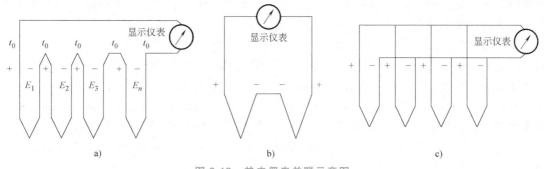

图 3-12　热电偶串并联示意图

4. 热电偶冷端温度补偿

由热电偶的作用原理可知，热电偶热电势的大小，不仅与测量端的温度有关，而且与冷端的温度有关，是测量端温度 t 和冷端温度 t_0 的函数差。为了保证输出电势是被测温度的单值函数，就必须使一个节点的温度保持恒定，而热电偶分度表中的热电势值，都是在冷端温度为 0℃ 时给出的。但在工业使用时，热电偶的冷端温度往往不是 0℃，而是其他某一数值，这样即使测得了热电势的值，仍不能直接应用分度表来准确得到测量端的温度，为此，通常采用如下一些温度补偿办法。

（1）补偿导线法　随着工业生产过程自动化程度的提高，要求把温度测量的信号从现场传送到集中控制室里，或者由于其他原因，显示仪表不能安装在被测对象的附近，而需要通过连接导线将热电偶延伸到温度恒定的场所。由于热电偶一般做得比较短（除铠装热电偶外），尤其是贵重金属热电偶更短，这样热电偶的冷端离被测对象很近，使冷端温度较高且波动较大。如用很长的热电偶使冷端延长到温度比较稳定的地方，则由于热电极线不便于敷设，且对贵金属来说很不经济，因此是不可行的。所以，一般用一种导线（称补偿导线）将热电偶的冷端延伸出来（图 3-13），这种导线常采用廉价金属，且在一定温度范围内（0~100℃）具有和所连接的热电偶相同的热电性能。常用热电偶的补偿导线见表 3-5。表中补偿导线型号的头一个字母与配用热电偶的型号相对应；第二个字母 "X" 表示延伸型补偿导线（补偿导线的材料与热电偶电极的材料相同）；字母 "C" 表示补偿型导线。

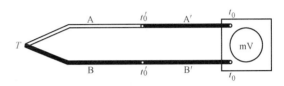

图 3-13　补偿导线法
A、B—热电偶电极　A′、B′—补偿导线
t_0'—原冷端温度　t_0—新冷端温度

表 3-5　常用热电偶的补偿导线

补偿导线型号	配用热电偶型号	补偿导线		绝缘层颜色	
		正极	负极	正极	负极
SC	S	SPC（铜）	SNC（铜镍）	红	绿
KC	K	KPC（铜）	KNC（康铜）	红	蓝
KX	K	KPX（镍铬）	KNX（镍硅）	红	黑
EX	E	KPX（镍铬）	ENX（铜镍）	红	棕

在使用补偿导线时必须注意以下问题：

1）补偿导线在规定的温度范围内（一般为 0~100℃）具有与热电偶相同的热电性能。

2）不同型号的热电偶有不同的补偿导线。

3）热电偶和补偿导线的两个接点处要保持同一温度。

4）补偿导线的作用只是延伸热电偶的自由端，当自由端 $t_0 \neq 0℃$ 时，还需进行其他补偿与修正。

（2）校正法　当热电偶冷端温度不是 0℃，而是 t_0 时，根据热电偶中间温度定律，可得热电势的计算校正公式为

$$E(t,0) = E(t,t_0) + E(t_0,0) \tag{3-12}$$

式中　$E(t,0)$——冷端为 0℃ 而热端为 t 时的热电势（mV）；

　　　$E(t,t_0)$——冷端为 t_0 而热端为 t 时的热电势，即实测值（mV）；

　　　$E(t_0,0)$——冷端为 0℃ 而热端为 t_0 时的热电势，即冷端温度不为 0℃ 时热电势校正值（mV）。

因此，只要知道了热电偶参考端的温度 t_0，就可以从分度表中查出对应于 t_0 的热电势 $E(t_0,0)$，然后将这个热电势值与显示仪表所测的读数值 $E(t,t_0)$ 相加，得出的结果就是热电偶的参考端温度为 0℃ 时，对应于测量端的温度为 t 时的热电势 $E(t,0)$，最后就可以根据分度表查得对应于 $E(t,0)$ 的温度，该温度值就是热电偶测量端的实际温度，即

$$E(t,0)=E(t,t_0)+U_{ab} \tag{3-13}$$

（3）补偿电桥法　补偿电桥法是利用不平衡电桥产生的电势来补偿热电偶因冷端温度变化而引起的热电势变化值。如图3-14所示，不平衡电桥（即补偿电桥）由电阻 R_1、R_2、R_3（锰铜丝绕制）、R_4（铜丝绕制）四个桥臂和桥路稳压电源所组成，串接在热电偶测量回路中。热电偶冷端与电阻 R_4 感受相同的温度，通常取20℃时电桥平衡（$R_1=R_2=R_3=R_4$），此时对角线 a、b 两点电位相等（即 $U_{ab}=0$），电桥对仪表的读数无影响。当环境温度高于20℃时，R_4 增加，平衡被破坏，a 点电位高于 b 点，产生一不平衡电压 U_{ab}，与热端电势相叠加，一起送入测量仪表。适当选择桥臂电阻和电流的数值，可使电桥产生的不平衡电压 U_{ab} 正好补偿由于冷端温度变化而引起的热电势变化值，仪表即可指示出正确的温度，由于电桥是在20℃时平衡，所以采用这种补偿电桥须把仪表的机械零位调整到20℃。

（4）冰浴法　冰浴法是在科学实验中经常采用的一种方法，为了测温准确，常常把热电偶的冷端置于冰水混合物的容器里，保证使 $t_0=0℃$。这种办法最为妥善，然而不够方便，所以仅限于科学实验中应用。为了避免冰水导电引起 t_0 处的连接点短路，必须把连接点分别置于两个玻璃试管里，浸入同一冰槽，使之互相绝缘，如图3-15所示。

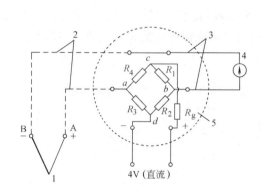

图3-14　补偿电桥法

1—热电偶　2—热电偶补偿导线　3—导线
4—毫伏表　5—冷端补偿器

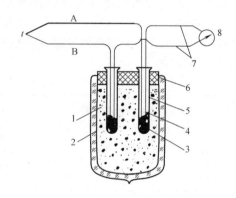

图3-15　冰浴法

1—冰水混合物　2—保温瓶　3—水银　4—蒸馏水
5—试管　6—瓶盖　7—导线　8—毫伏表

3.1.4　利用热电阻效应的温度测量

热电阻温度传感器是利用导体或半导体的电阻率随温度的变化而变化的原理制成的，它实现了将温度的变化转化为元件电阻的变化。用于测温的热电阻材料应满足下述要求：

1）在测温范围内化学和物理性能稳定。

2）复现性好。

3）电阻温度系数大，可以得到高灵敏度元件。

4）电阻率大，可以得到小体积元件。

5）电阻温度特性尽可能接近线性。

6）价格低廉。

已被采用的热电阻和半导体电阻温度计有如下特点：

1）在中、低温范围内其精度高于热电偶温度计。

2）灵敏度高。当温度升高1℃时，大多数金属材料热电阻的阻值增加0.4%~0.6%，半导体材料的阻值则降低 3% ~ 6%。

3）热电阻感温部分体积比热电偶的热接点大得多，因此不宜测量点温度和动态温度。而半导体热敏电阻体积虽小，但稳定性和复现性较差。

热电阻和半导体热敏电阻温度计主要用于测量温度及与温度有关的参数。若按其制造材料来分，有金属热电阻及半导体热敏电阻。

1. 金属热电阻传感器

金属热电阻主要有铂电阻、铜电阻和镍电阻等，其中铂电阻和铜电阻最为常见。

（1）铂热电阻　铂易于提纯、复制性好，在氧化性介质中甚至高温下，其物理化学性质极其稳定，但在还原性介质中，特别是在高温下很容易被从氧化物中还原出来的蒸汽所污染，以致铂丝变脆，并改变了其电阻与温度的关系。此外，铂是一种贵金属，价格较贵，尽管如此，从对热电阻的要求来衡量，铂在极大的程度上能满足上述要求，所以仍然是制造热电阻的好材料。至于它在还原性介质中不稳定的特点可用保护套管的方法避免或减轻。铂电阻温度计的使用范围是-200~850℃，铂热电阻和温度的关系如下：

在 -200~0℃ 的范围

$$R_t = R_0 \left[1 + At + Bt^2 + C(t-100)t^3 \right] \tag{3-14}$$

在 0~850℃ 的范围

$$R_t = R_0 (1 + At + Bt^2) \tag{3-15}$$

式中　$A = 3.908 \times 10^{-3}$（℃$^{-1}$）；

$B = 5.802 \times 10^{-7}$（℃$^{-2}$）；

$C = 4.274 \times 10^{-12}$（℃$^{-4}$）；

R_t——温度为 t℃ 时的电阻值（Ω）；

R_0——温度为 0℃ 时的电阻值（Ω）。

绕制铂电阻感温元件的铂丝纯度是决定温度计精度的关键。铂丝纯度越高其稳定性越高，复现性越好，测温精度也越高。铂丝纯度常用 R_{100}/R_0 表示，R_{100} 和 R_0 分别表示 100℃ 和 0℃ 条件下的电阻值。对于标准铂电阻温度计，规定 R_{100}/R_0 不小于 1.3925；对于工业用铂电阻温度计，R_{100}/R_0 为 1.391。标准铂电阻或实验室用的铂电阻 R_0 为 10Ω 或 30Ω 左右。国产工业铂电阻温度计主要有 3 种，分别为 Pt50、Pt100、Pt300，其技术指标见表 3-6，其分度表见附录 3。

表 3-6　工业用铂电阻温度计的技术指标

分度号	R_0/Ω	R_{100}/R_0	R_0的允许误差	精度等级	最大允许误差/℃
Pt50	50.00	1.3910±0.0007	±0.05%	I	I 级：
		1.3910±0.001	±0.1%	II	-200~0℃：±(0.15+4.5×10^{-3}t)
Pt100	100.00	1.3910±0.0007	±0.05%	I	0~500℃：±(0.15+3.0×10^{-3}t)
		1.3910±0.001	±0.1%	II	II 级：
Pt300	300.00	1.3910±0.001	±0.1%	II	-200~0℃：±(0.3+6.0×10^{-3}t)
					0~500℃：±(0.3+4.5×10^{-3}t)

（2）铜热电阻　工业上除了铂热电阻被广泛应用外，铜热电阻的使用也很普遍。因为铜热电阻的电阻值与温度的关系曲线接近于线性，电阻温度系数也较大，且价格便宜，所以在一些测量准确度要求不是很高的场合，常采用铜电阻。但其在高于 100℃ 的气体中易被氧化，故多用于测量 -50~150℃ 的温度范围。我国统一生产的铜热电阻温度计有两种：Cu50 和 Cu100，其技术指标见表 3-7 中。Cu100 铜热电阻分度表见附录 3 中的第 5 个表。

表 3-7 铜电阻温度计的技术指标

分度号	R_0/Ω	精度等级	R_0 的允许误差	R_{100}/R_0	最大允许误差/℃
Cu50	50	Ⅱ Ⅲ	±0.1%	Ⅱ级:1.425±0.001 Ⅲ级:1.425±0.002	Ⅱ级:±(0.3+3.5×10⁻³t)
Cu100	100	Ⅱ Ⅲ			Ⅲ级:±(0.3+6×10⁻³t)

铜热电阻的分度值是以下式所表示的电阻温度关系为依据的:

$$R_t = R_0(1+At+Bt^2+Ct^3) \tag{3-16}$$

式中 $A = 4.289×10^{-3}$ （℃$^{-1}$）;

$B = -2.133×10^{-7}$ （℃$^{-2}$）;

$C = 1.233×10^{-9}$ （℃$^{-3}$）。

在 $-50℃ \sim 150℃$ 范围内,其电阻温度特性非常接近线性,可表示为

$$R_t = R_0(1+\alpha t) \tag{3-17}$$

式中 α——铜电阻的电阻温度系数,$\alpha = (4.25 \sim 4.28)×10^{-3}$。

2. 半导体热敏电阻温度计

用半导体热敏电阻作为感温元件来测量温度的应用日趋广泛。半导体温度计最大的优点是具有大的负电阻温度系数-6%~-3%,灵敏度高。半导体材料电阻率远比金属材料大,故可做成体积小而电阻值大的电阻元件,这就使它具有热惯性小和可测量点温度或动态温度的优点。它的缺点是同种半导体热敏电阻的电阻温度特性分散性大,非线性严重,元件性能不稳定,因此互换性差,精度较低。这些缺点限制了半导体热敏电阻温度计的推广,目前还只用于一些测温要求较低的场合,但随着半导体材料和器件的发展,它将成为一种很有前途的测温元件。其阻值与热力学温度的关系为

$$R_T = R_{T_0}\exp B(T^{-1}-T_0^{-1}) \tag{3-18}$$

式中 R_T——热力学温度为 T （K） 时的电阻值 （Ω）;

R_{T_0}——热力学温度为 T_0 （K） 时的电阻值 （Ω）;

B——与半导体热敏电阻的材料有关的常数。

半导体热敏电阻的材料通常是铁、镍、锰、铂、钛、镁、铜等的氧化物,也可以是它们的碳酸盐、硝酸盐或氯化物等。测温范围约为 $-100 \sim 300℃$。由于元件的互换性差,所以每支半导体温度计需单独分度。其分度方法是在两个温度分别为 T 和 T_0 的恒温源 （一般规定 $T_0 = 298$K） 中测得电阻值 R_T 和 R_{T_0},再根据式 （3-18） 计算

$$B = \frac{\ln R_T - \ln R_{T_0}}{T^{-1}-T_0^{-1}} \tag{3-19}$$

通常 B 在 $1500 \sim 5000$K 范围内。

3.1.5 利用热辐射的温度测量

1. 辐射式温度测量

物体受热,激励了原子中的带电粒子,使一部分热能以电磁波的形式向空间传播,将热能传递给对方,这种能量的传播方式称为热辐射,传播的能量称为辐射能。辐射能量的大小与波长、温度有关,它们的关系被一系列辐射基本定律所描述,而辐射温度传感器就是以这些基本定律作为工作原理来实现辐射测温的。

辐射式测温是利用物体的辐射能随温度变化的原理制成的。在应用辐射式温度传感器检

测温度时，只需把传感器对准被测物体，而不必与被测物体直接接触。辐射式测温是一种非接触式测温方法，它可以用于检测运动物体的温度和小的被测对象的温度。辐射式测温时，传感器不与被测对象直接接触，不会破坏被测对象的温度场，故可测量运动物体的温度并可进行遥测；传感器不必达到与被测对象同样的温度，故仪表的测温上限不受传感器材料耐温性能的限制；检测过程中传感器不必和被测对象达到热平衡，故检测速度快，响应时间短，适用于快速测温。

2. 全辐射高温计

全辐射高温计的工作原理基于四次方定律。全辐射法是指被测对象投射到检测元件上的是对应全波长范围的辐射能量，而能量的大小与被测对象温度之间的关系可由斯忒藩-玻耳兹曼所描述的一种辐射测温方法得到。图 3-16 所示为辐射温度计的工作原理示意图。被测物体的辐射线由物镜聚焦在受热板上，受热板是一种人造黑体（全辐射体），通常为涂黑的铂片，其吸收辐射能以后温度升高，温度可由接在受热板上的热电偶或热电阻测定。通常被测物体是灰体，如果以黑体辐射作为基准标定刻度，那么知道了被测物体的黑度（反射率）值，则可求得被测物体的温度。即当灰体辐射的总能量全部被黑体所吸收时，它们的能量相等，但温度不同，即

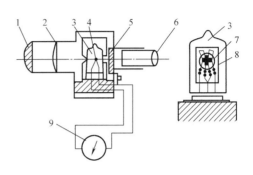

图 3-16　全辐射高温计工作原理

1—物镜　2—光缆　3—玻璃泡　4—热电偶
5—滤光片　6—目镜　7—铂片
8—云母片　9—毫伏表

$$\varepsilon \sigma T^4 = \sigma T_0^4$$

$$T = \frac{T_0}{\sqrt[4]{\varepsilon}} \tag{3-20}$$

式中　T——被测物体温度；

　　　T_0——传感器测得的温度。

3. 光学高温计

光学高温计是典型的亮度法测温传感器。光学高温计是利用物体在某一单色波长（我国规定为 $0.66\mu m$ 下）光的照射下，被测物体的辐射强度（这里是辐射亮度）与温度的函数关系进行测温的。被测物体的温度越高，单位时间内辐射的能量就越多，物体辐射的光谱亮度就越强。而能量的大小与被测对象温度之间的关系可由普朗克公式所描述的一种辐射测温方法得到，即比较被测物体与参考源在同一波长下的光谱亮度，并使两者的亮度相等，从而确定被测物体的温度。光学高温计主要由光学系统和电测系统两部分组成，其原理如图 3-17 所示。图 3-17 上半部为光学系统，物镜 1 和目镜 4 都可沿轴向移动。调节目镜的位置，可清晰地看到灯泡 3。调节物镜的位置，使被测物体清晰地成像在灯丝平面上，以便比较两

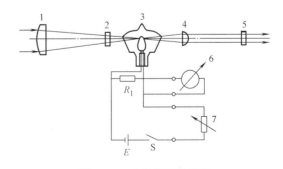

图 3-17　光学高温计原理

1—物镜　2—吸收玻璃　3—灯泡　4—目镜
5—滤光片　6—毫伏表　7—滑线电阻

者的亮度。在目镜与观察孔之间置有红色滤光片5，测量时移入视场，使所利用光谱的有效波长约为 $0.66\mu m$，以保证满足单色测温条件。图3-17下半部为电测系统。温度灯泡3和滑线电阻7，按钮开关S和电源正相串联。毫伏表6用来测量不同亮度时灯丝两端的电压降，但指示值则以温度刻度表示。调整滑线电阻7可以调整流过灯丝的电流，也就调整了灯丝的亮度。一定的电流对应灯丝一定的亮度，因而也就对应一定的温度。

测量时，在辐射热源（被测物体）的发光背景上可以看到弧形灯丝，如图3-18所示。假如灯丝亮度比辐射热源亮度低，灯丝就在这个背景上显现出暗的弧线，如图3-18a所示；反之如灯丝的亮度高，则灯丝就在暗的背景上显示出亮的弧线，如图3-18b所示。假如两者的亮度一样，则灯丝就隐灭在热源的发光背景里，如图3-18c所示，这时由毫伏表6读出的指示值就是被测物体的亮度温度。

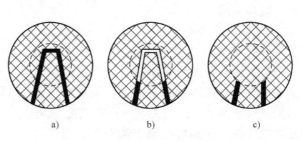

图 3-18 有灯泡灯丝亮度调整图
a）灯丝太暗 b）灯丝太亮 c）灯丝隐灭

4. 比色温度计

被测对象的两个不同波长的光谱辐射能量投射到一个检测元件上，或同时投射到两个检测元件上，根据它们的比值与被测对象温度之间的关系实现辐射测温，比值与温度之间的关系由两个不同波长下普朗克公式之比表示。图3-19所示为单通道比色温度计原理图。在某温度 T 下，被测对象的辐射能通过透镜组，成像于硅光电池7的平面上，当同步电机以 3000r/min 速度旋转时，调制器5上的滤光片以 200Hz 的频率交替使辐射通过，当一种滤光片透光时，硅光电池接受的能量为 $E_{\lambda 1}$，而当另一种滤光片透光时，则接收的为 $E_{\lambda 2}$，对应的从硅光电池输出的电压信号为 $U_{\lambda 1}$ 和 $U_{\lambda 2}$，利用测量电路将两电压等比例衰减，设衰减率为 K，基准电压和参比放大器保持 $KU_{\lambda 2}$ 为一常数 R，则

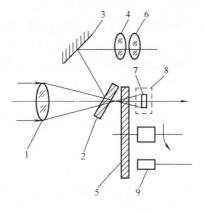

图 3-19 单通道比色温度计原理图
1—物镜 2—通孔光栏 3—反射镜
4—倒像镜 5—调制器 6—目镜
7—硅光电池 8—恒温盒 9—同步线圈

$$\frac{U_{\lambda 1}}{U_{\lambda 2}} = \frac{KU_{\lambda 1}}{KU_{\lambda 2}} = \frac{KU_{\lambda 1}}{R}$$

从而可得
$$KU_{\lambda 1} = R\frac{U_{\lambda 1}}{U_{\lambda 2}} \qquad (3\text{-}21)$$

测量 $KU_{\lambda 1}$，即可代替 $U_{\lambda 1}/U_{\lambda 2}$，从而得到 T。输出 T 单值对应的信号为 $0\sim10mA$。测温范围为 $900\sim2000℃$，误差在测量上限的 $\pm1\%$ 之内。

5. 红外测温仪

红外测温仪的原理和结构与辐射高温计、光电高温计相似，是根据普朗克定律进行温度测量的。其响应速度快，灵敏度高，空间分辨率高，测温范围从负几十摄氏度到几千摄氏度，测温准确度可达到 $0.1℃$ 以上，测温范围广泛，非常适合于高速运动物体、带电体、高

压、高温物体的温度测量。

常见的红外测温仪主要由光学系统、红外探测器、微处理机系统及显示器等组成。图 3-20 所示是目前常见的红外测温仪原理框图，其中光学系统和红外探测器是整个仪表的关键，而且它们具有特殊的性质。光学系统中的关键器件就是红外光学材料，它是对红外辐射透过率很高，而又对其他波长辐射不易透过的材料。红外探测器的作用是把接收到的红外辐射强度转换成电信号。按工作原理分类，它有光电型和热敏型两种类型。光电型探测器是利用光敏元件吸收红外辐射后其电子改变运动状况而使电气性质改变的原理工作的，常用的光电探测器有光电导型和光生伏特型两种；热敏型探测器是利用物体接收红外辐射后温度升高从而引起电阻值变化的性质测其温度的，根据测温元件的不同，又有热敏电阻型、热电偶型及热释电型等几种。在光电型和热敏型探测器中，前者用得较多。

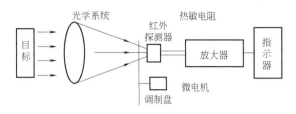

图 3-20　红外测温仪原理框图

6. 红外热像仪

（1）红外热像仪的工作原理　红外热像仪是利用红外扫描原理测量物体表面温度分布的。它可以摄取来自被测物体各部分射向仪器的红外辐射通量。利用红外探测器，按顺序直接测量物体各部分发射出的红外辐射通量，综合起来就得到物体发射红外辐射通量的分布图像，这种图像称为热像图。由于热像图本身包含了被测物体的温度信息，也有人称之为温度图。图 3-21 所示为扫描式热像仪原理示意图。它由光学会聚系统、扫描系统、探测器、视频信号处理器、显示器等几个主要部分组成。目标的辐射图形经光学系统会聚和滤光，聚焦在焦平面上。焦平面内安置一个探测元件。在光学会聚系统与探测器之间有一套光学机械扫描装置，它由两个扫描反射镜组成，一个用于垂直扫描，一个用于水平扫描。从目标入射到探测器上的红外辐射随着扫描镜的转动而移动，按次序扫过物空间的整个视场。在扫描过程中，入射红外辐射使探测器产生响应。一般来说，探测器的响应是电压信号，它与红外辐射的能量成正比，扫描过程使二维的物体辐射图形转换成一维的模拟电压信号序列。该信号经过放大、处理后，由电视屏或监测器显示红外热像图，实现热像显示和温度测量。

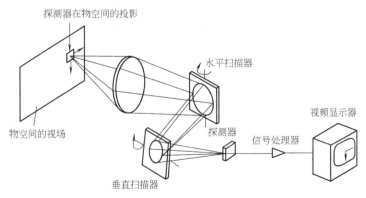

图 3-21　红外热像仪工作原理图

（2）热像仪的组成　不同的热像仪，其实施方法可以很不相同，最简单的热像仪只沿一个坐标轴方向扫描，另一维扫描由被测物体本身的移动来实现。这类热像仪只适用于测量运动着或转动着的物体红外辐射的分布。对一般物体，需要进行两维的扫描才能获得被测物体的热像图。最近发展起来的热像仪，功能更为全面，不仅可以摄取热像图，而且能够进行热像的分析、记录。可以满足许多热测量问题的需要。

基本热像仪系统框图如图3-22所示。

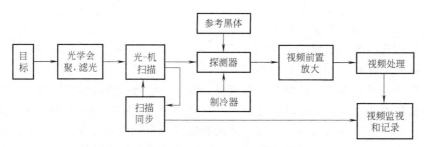

图 3-22　基本热像仪系统框图

1）成像系统。

① 光机扫描式红外成像仪是通过光机扫描使单元探测器依次扫过物体（对象）的各部分，形成物体的二维图像。光机扫描成像的红外探测器在某一瞬间只能看到目标很小的一部分，这一部分通常称为"瞬态视场"。光学系统能够在垂直和水平两个方向上转动。水平转动时，瞬时视场在水平方向上横扫目标区域的一条带。光学系统垂直转动和水平转动相配合，在瞬时视场水平扫过一条带后，与前一条带相衔接，经过多次水平扫描，完成整个视场扫描，机械运动又使其回到原来的位置，如果探测器的响应足够快，则它对任一瞬间视场都会产生一个与接收到的入射红外辐射强度成正比的输出信号。在整个扫描过程中，探测器的输出将是一个强弱随时间变化，且与各瞬时视场发出的红外辐射强度变化相应的序列电压信号。光机扫描的方式有两种：物扫描和像扫描。

物扫描的扫描机构置于聚焦的光学系统之前，直接对来自物体的辐射进行扫描。由于来自物体的辐射是平行光，所以这种扫描方式又称为平行光束扫描。物扫描有多种光路系统。像扫描机构置于聚焦光学系统和探测器之间，是对成像光束进行扫描。由于这种扫描机构是对汇聚光束进行，所以又称为汇聚光束扫描机构。

② 焦平面红外热像仪成像仪与光机扫描式红外成像仪的主要区别在于用数组式凝视成像的焦平面代替了原有的光机扫描系统。

凝视成像的焦平面红外热像仪关键技术是探测器由单片集成电路组成，被测目标的整个视野都聚焦在上面，使图像更加清晰，同时具有自动调焦图像冻结、连续放大，具备点温、线温、等温和语音注释图像等功能，仪器采用 PC 卡，存储容量可高达 500 幅图像。仪器小巧轻便、使用方便。在性能上大大优于光机扫描式红外热像仪。

③ 热释电红外热成像系统也属于非扫描型的热成像系统，它采用热释电材料作靶面，制成热释电摄像管，直接利用电子束扫描和相应的处理电路将被测物体的温度信号转换成电信号。热释电红外热成像系统的优点是：结构简单，不需要制冷，光谱响应范围可以覆盖整个红外波段，故可测量常温至3570℃的温度范围，其缺点是测温误差较大。

2）探测器。探测器是红外热成像系统的核心部分。物质所发出的总辐射能量是由某一波长范围的单色辐射组成的。在室温环境下，热辐射的中心波长为10μm，分布范围为5.5~23μm，200℃左右时，中心波长移至7μm附近。理论上，只要物体温度高于绝对零度，都可使探测器上产生信号。但实际上，由于材质限制，探测器主要接收 3~12μm 区间的红外线，由于

$5\sim8\mu m$ 是水的主要吸收波段，因此常采用 $3\sim5\mu m$ 或 $8\sim12\mu m$ 两种波段作为分析光源。

常见的红外线热像仪探测器种类有非室温和室温两种。非室温探测器包括 $3\sim5\mu m$ 波段的硅化铂、汞镉碲及 $8\sim12\mu m$ 波段的汞镉碲及量子井红外线光侦检器等。非室温探测器需在低温下工作，才能避免电子常温跃迁所造成的噪声。为此需用致冷器降温；同时，为避免探测器感应热辐射时因热传导造成热损失，热像仪探测器需置于真空容器内（杜瓦瓶），探测器、杜瓦瓶及致冷器所组成的感应组件称为热像仪的引擎或光电模块。室温探测器主要感应 $8\sim12\mu m$ 波段，以电阻式与压电感应式为主，探测器不需在低温下操作，不需致冷器。

一般商用热像仪最常用的探测器规格为 $320mm\times240mm$ 或 $256mm\times256mm$，可用总像素超过 70000 以上。非室温探测器的像素大小多为 $30\mu m$，室温探测器一般以 $50\mu m$ 为主。室温探测器的发展方向是在进一步减小像素面积的同时保持可接受解析温差。

（3）使用效果的影响因素

1）被测物体发射率对测温的影响。红外热像仪是通过测量在一定波长范围内物体表面的辐射能量，再换算成温度的。但是，物体表面的辐射能量不仅由表面温度决定，还受表面发射率影响。为了解决被测物体发射率对测温的影响，在红外热成像系统中都设置了发射率设定功能，只要事先知道被测物体的发射率，并在测温系统中予以设定，便可得到正确的温度测量结果。因此，为获得物体表面准确的真实温度，需要预先确定被测表面的发射率。

2）背景对测温的影响。红外热成像仪的探测器不仅接受被测物体表面发射的辐射能，还可能接受周围环境经被测物体表面反射和透过被测物体的辐射能。后两部分的辐射会直接影响测温的准确度。因此，当被测物体表面发射率低，背景温度高，而被测温度又和背景温度相差不大时，就会引起很大的测温误差。为了消除背景温度对测温的影响，红外热成像仪通常采取了两种背景温度补偿方法：

一是固定补偿。以背景温度不变为前提，只要知道背景温度，对背景温度的变化取平均值，通过系统软件的计算，即可得到正确的测量值。这种补偿只适于背景温度变化不大的情况。

二是实时补偿。当背景温度随时间变化很大、很快时，使用另外一个专门测量背景温度的传感器，再通过软件进行实时补偿。

3）大气对测温的影响。被测物体辐射的能量必须通过大气才能到达红外热成像仪。由于大气中某些成分对红外辐射的吸收作用，会减弱由被测物体到探测器的红外辐射，引起测温误差。另外大气本身的发射率也将对测量产生影响。为此，除了充分利用"大气窗口"以减少大气对辐射能的吸收外，还应根据辐射能在气体中的衰减规律，在热成像仪的计算软件中对大气的影响予以修正。

4）工作波长的选择。在用红外热成像仪测量物体表面温度时，选择工作波长是非常重要的。选择工作波长的依据是：测量的温度范围、被测物体的发射率、大气传输的影响。依据测温范围选择工作波长时，高温测量一般选用短波，低温测量选择长波，中温测量波长选择介于两者之间。对于发射率既随温度变化又随波长变化的物体，其工作波段的选择不能只依据温度范围，而主要依据发射率的波长温度的变化。例如高分子塑料在 $3.43\mu m$ 或 $7.9\mu m$ 处、玻璃在 $5\mu m$ 处、只含 CO_2 和 NO_x 的清洁火焰在 $4.5\mu m$ 处均有较大的发射率。为了测量这些对象的温度，就要选用这些具有大发射率的波段。为了减少辐射在大气中的衰减，工作波段应选择大气窗口，特别是对长距离的测量，如从卫星处探测地面辐射的遥感更是如此。当然对一些特殊场合，如测量现场含有大量的水蒸气，则工作波段应特别避开水蒸气的几个吸收波段。

以上6类仪表主要用于高温测量,均属非接触式测量仪表。它们的共同特点是:不破坏被测对象的温度场,也不受被测介质的腐蚀和毒化等影响;测量范围宽、准确度高;便于自动记录和遥测、遥控等。但是容易受周围物体辐射的影响,测量的结果不是物体的真实温度,需要进行物体的黑度校正。而这些黑度校正由于物体表面状况千差万别而往往造成较大的误差。

3.1.6 利用全息干涉技术的温度测量

激光全息摄影是一种记录被摄物体反射波的振幅和位相等全部信息的新型摄影技术,是一种非接触式测量技术。它是根据物理光学的原理,利用光波的干涉现象,在底片上同时记录下被测物体反射光波或透过被测物体光波的振幅和位相,即把被测物体光波的全部信息都记录下来。这个记录的过程称为拍摄全息图像的过程。再经显影和定影处理后成为可以保存的全息底片。然后根据光的衍射原理,用拍摄时的相干光去照射底片,就会再现出物体的空间立体图像,这个过程称为再现物像过程。因为全息摄影提供的图像,能够显示更多的信息和更大的景深,可以提供更大的视角和更大的观察范围,故在热工参数场(如流动场、温度场、浓度场等)的测量中有着重要应用前景。

1. 全息摄影术的基本原理

全息摄影包括两步:记录和再现。全息记录过程是:把激光束分成两束;一束激光直接投射在感光底片上,称为参考光束;另一束激光投射在物体上,经物体反射或者透射,就携带有物体的有关信息,称为物光束。物光束经过处理也投射在感光底片的同一区域上,在感光底片上,物光束与参考光束发生相干叠加,形成干涉条纹,这就完成了一张全息图。全息再现的方法是:用一束激光照射全息图,这束激光的频率和传输方向应该与参考光束完全一样,于是就可以再现物体的立体图像。人从不同角度看,可看到物体不同的侧面,就好像看到真实的物体一样。

如图3-23所示,激光光源1发出单色平行光,经分光镜2分成相等的两束,其中一束经反光镜3、扩束镜4、准直镜5作为物光透过被测物体6而达全息底片7,另一束经反射镜8、扩束镜9、准直镜10作为参考光抵达全息底片7。两束相干光在底片上产生干涉,形成干涉图样。于是记录了物光相对于参考光在底片处振幅和位相的变化。

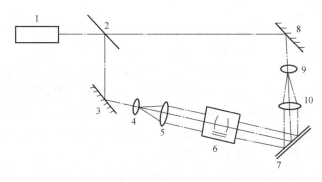

图3-23 拍摄全息图像的原理图

1—激光光源 2—分光镜 3—反光镜 4—扩束镜 5—准直镜
6—被拍摄物体 7—全息底片 8—反射镜 9—扩束镜 10—准直镜

全息照相过程的数学表达式如下:

物光复振幅

$$A_0 = a_0 e^{i\varphi_0}$$

参考光复振幅

$$A_R = a_R e^{i\varphi_R}$$

式中 a_0, a_R——物光波和参考光波的最大振幅;

φ_0, φ_R——物光波和参考光波的位相。

两列光在感光底片上的光强分布应为

$$
\begin{aligned}
I &= (A_0+A_R)(A_0+A_R)^* \\
&= A_0A_0^* + A_RA_R^* + A_0A_R^* + A_RA_0^* \\
&= a_0^2 + a_R^2 + a_0a_R\exp[i(\varphi_0-\varphi_R)] + a_0a_R\exp[-i(\varphi_0-\varphi_R)] \\
&= a_0^2 + a_R^2 + 2a_0a_R\cos(\varphi_0-\varphi_R)
\end{aligned}
\tag{3-22}
$$

式中　A_0^*，A_R^*——A_0 和 A_R 的共轭值。

由式（3-22）可见，感光底片上的光强分布由两部分组成，一部分为振幅项（$a_0^2+a_R^2$），是一个常量；另一部分为相位项 $2a_0a_R\cos(\varphi_0-\varphi_R)$，是一个周期性变化量。该位相项变量决定了底片上记录到的明暗相间变化的干涉条纹的特征。这些条纹就是被测对象的稳态或拍摄时瞬态的参数信息。

在拍摄的全息底片经显影和定影处理后，可以观察到，干涉条纹是一种条纹极细、间距不等、弯曲畸变的光栅条纹。把全息底片复位到原拍摄时的支架上，用原参考光作为再现光照射底片，底片上的条纹相当于一块透过率不均的障碍物，再现光经过时发生衍射，在全息底片的背面会出现原物体的空间像。

用再现光作为入射光照射全息底片时，一部分入射光透过底片而产生衍射。把透射光波的复振幅与入射光波的复振幅之比定义为全息底片的振幅透射率，并记以 T。在一定的曝光范围内可以假定振幅透射率与全息底片上条纹的光强 I 分布成正比，即

$$
T = \beta I
$$

式中　β——比例常数。

由于采用拍摄过程的参考光作为再现过程的再现光，所以有

$$
T = \frac{A_{RT}}{A_R}
\tag{3-23}
$$

式中　A_{RT}——再现光投射过底片部分的复振幅。

$$
\begin{aligned}
A_{RT} &= \beta A_R I \\
&= \beta A_R(A_0A_0^* + A_RA_R^* + A_0A_R^* + A_RA_0^*) \\
&= \beta[(A_0A_0^* + A_RA_R^*)A_R + (A_RA_R^*)A_0 + A_R^2A_0^*] \\
&= \beta[(a_0^2+a_R^2)a_Re^{i\varphi_R} + a_R^2a_0e^{i\varphi_0} + a_R^2e^{i2\varphi_R}a_0e^{-i\varphi_0}]
\end{aligned}
\tag{3-24}
$$

由式（3-24）可以看到，如果参考光是均匀的，a_R^2 在整个全息图上近似为常数，等号右边第一项就是入射光照射底片时沿入射光方向透射的光波，是入射光的衰减光波，其方向不变，称为零级光波。第二项为 $\beta a_R^2a_0e^{i\varphi_0}$，表明入射光沿原来物光方向传播，具有原物光所具有的性质。如果迎着这个光波观察，就会看到在原物体位置有一个物像，这就是原物体的再现。这个光波叫+1 级衍射光波，是发散波，成像为虚像。第三项亦含有物光光波的振幅和位相信息，但它与物光的前进方向不同，与原物光在位相上是共轭的，它是会聚波，成像为实像。这个光波叫-1 级衍射光波。

2. 全息干涉法测量介质的温度场

用激光全息干涉术测量流体的温度，实际上是确定被测介质的折射率场。因为在一定压力下，温度场决定了流体介质的密度场，而密度场又决定了折射率场。所以温度和介质的折射率有着确定的函数关系。如果测得气体的折射率场，再给定一个参考状态，就能比较方便地得知温度场得的分布。

用全息干涉法测量介质的温度场一般采用两次曝光法。第一次曝光是在测量对象不被加热条件下进行的，底片上记录无扰动状态下物光的振幅和位相。第二次曝光是在对原光路系统中被测对象加热的条件下进行的，底片上记录有测试扰动的物光振幅和位相。第二次曝光时因测量对象被加热而改变了物光光路中介质的密度，引起物光光程和位相的变化，它和第一次曝光的物光产生干涉，因此底片上记录了所测的干涉条纹。对干涉条纹进行一系列数学计算，可求得其温度场分布。若介质为混合气体（如燃烧产物），问题就更复杂，应根据混合气体的成分比求得混合气体的折射率。总折射率的变化包括了混合气体成分变化和温度变化的两重效果。具体可查阅有关文献。

3.1.7 其他测温方法

1. 黑球温度测量法

黑球测温法采用的仪表是黑球温度计，它是测量四周一切辐射源发出的、投射到某处的辐射强度的仪器。黑球温度计采用 0.5mm 厚铜皮制成直径为 150mm 的空心铜球（图 3-24），球面涂以烟炱胶水的混合物，使球面获得尽可能大的黑度。铜球上部或下部有孔，并插入温度计至球心，由于铜球的导热系数大，内壁薄，所以铜球表面温度和球中心点的空气几乎相等。

黑球温度计的测试原理：黑球温度计与四周围护结构进行的是辐射换热，与周围空气进行的是对流换热，在这两部分热量达到平衡时，温度计测出的数据即为黑球温度。

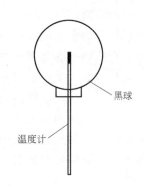
黑球

温度计

图 3-24 黑球温度计结构图

黑球温度计与四周围护结构的辐射换热量为

$$Q_F = \varepsilon_0 \delta_0 F \sum_{i=1}^{6} X_i (T_{pi}^4 - T_g^4) \tag{3-25}$$

式中　Q_F——黑球温度计与四周表面的辐射换热量（W）；

　　　ε_0——黑球表面的黑度；

　　　δ_0——辐射常数（斯忒藩-玻耳兹曼常量），数值为 $5.67 \times 10^{-8} W/(m^2 \cdot K^4)$；

　　　F——黑球表面面积（m^2）；

　　　X_i——黑球与四周表面的辐射角系数；

　　　T_{pi}——四周围护结构温度（K）；

　　　T_g——黑球的温度（K）。

黑球温度计与室内空气的对流换热量为

$$Q_D = hF(t_g - t_a) \tag{3-26}$$

式中　Q_D——黑球温度计和周围空气的对流换热量（W）；

　　　h——表面传热系数 $[W/(m^2 \cdot ℃)]$；

　　t_g、t_a——黑球温度和周围空气温度（℃）；$T_g = t_g + 273$。

当黑球温度计达到热平衡时，$Q_F = Q_D$，可得：$\varepsilon_0 \delta_0 F \sum_{i=1}^{6} X_i (T_{pi}^4 - T_g^4) = hF(t_g - t_a)$

由上式可以得出：黑球温度计要达到热量平衡，黑球温度值应为位于周围空气温度和四周围护结构温度之间，不可能比两者都大或都小，所以黑球温度计可用来测试密闭空间辐射热的大小。

用黑球温度测试房间围护结构的辐射热，来评价房间的热舒适性时，由于外窗的辐射热大，白天在室外太阳辐射热的作用下，外窗（特别是南窗）表面温度很高，夜间室外温度低时，外窗表面温度又比较低，所以不能用黑球温度直接作为评价房间热舒适性的指标参数。应该依据黑球温度与室内空气温度差，及与围护结构内表面温度差，来综合评价房间的热舒适性。

黑球温度计是间接测量平均辐射温度最早、最简单且普遍使用的仪器。平均辐射温度是在考虑周围物体表面温度对人体辐射散热强度的影响时用到的概念。为方便考虑人与周围环境的热交换，用一个假想的无限大球面来代替人周围的实际空间，如果两者与人体的辐射热交换效果相同，则此无限大球面的温度即为平均辐射温度。

使用黑球温度计时，应使其与周围环境达到热平衡，此时测得铜球内的气温为黑球温度 T_g，如也测得了空气温度和风速，则环境的平均辐射温度可由下式计算得到：

自然对流时的平均辐射温度

$$t_r = \left[4 \times (t_g + 273) + 0.4 \times 10^8 (t_g - t_a)^{1.25} \right]^{0.25} - 273 \tag{3-27}$$

强迫对流时的平均辐射温度

$$t_r = \left[4 \times (t_g + 273) + 2.5 \times 10^8 \times v^{0.6} (t_g - t_a) \right]^{0.25} - 273 \tag{3-28}$$

式中　　t_r——平均辐射温度（℃）；

t_a——测点气温（℃）；

v——测量时的平均风速（m/s）。

2. 光纤温度测量法

光纤（光导纤维）自 20 世纪 70 年代问世以来，发展迅速，目前已广泛应用于温度、压力、位移、应变等参数量值的测量，光纤测温是对传统测温方法的扩展和提高。

光纤温度测量法采用的仪表是光纤温度计，其基本原理是利用光在光纤中传播特性的变化来测量它所受环境的变化，像电路传输电信号一样，光导纤维可以传输光信号。用被测量的变化调制波导中的光波，使光纤中的光波参量随被测量而变化，从而得到被测信号大小。

光纤电缆的柔软性和它的长距离传输辐射的能力使光纤温度计克服了许多测量上的困难，其优点主要体现在以下几点：

1）电、磁绝缘性好。安全可靠，用于高压大电流、强磁场、强辐射等恶劣环境下也不易受干扰。

2）灵敏度高，精度高。

3）光纤传感器的结构简单，体积小，质量轻，耗电少，不破坏被测温度场。

4）强度高，耐高温高压，抗化学腐蚀，物理和化学性能稳定。

5）光纤柔软可挠曲，可进入设备内部，可在密闭狭窄空间等特殊环境下进行测温。

6）光纤结构灵活，可制成单根、成束、Y 形、阵列等结构形式，可以在一般温度计难以应用的场合实现测温。

（1）光纤（光导纤维）　光纤是用光透射率高的电介质（如石英、玻璃、塑料等）构成的光通路，它是由折射率 n_1 较大（光密介质）的纤芯和折射率 n_2 较小（光疏介质）的包层构成的双层同心圆柱结构，如图 3-25 所示。光纤传光原理的基础是光的全反射现象，其传光原理如图 3-26 所示。

根据几何光学原理，当一束光线以一定的入射角 θ_0 由光纤端面入射，入射后折射（折射角为 φ）到介质 1 与介质 2 的分界面上，一部分光线反射回原介质；另一部分光线则发生折射，透过分界面，在另一介质内继续传播，依据斯乃尔定律，有

$$n_0 \sin\theta_0 = n_1 \sin\varphi$$

$$n_1 \sin\theta_1 = n_2 \sin\theta_2$$

由上两式可求得
$$\sin\theta_0 = \frac{1}{n_0}\sqrt{n_1^2 - n_2^2\sin\theta_2}$$

式中，n_0 为入射光线所在空间介质的折射率，通常为空气，$n_0 = 1$。

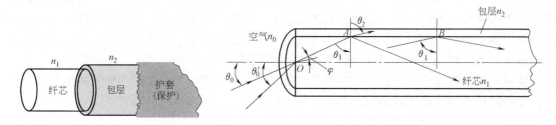

图 3-25   光纤结构图   图 3-26   光纤传光原理图

当入射角 θ_0 减小时，进入介质 2 的折射光与分界面的夹角将相应减小，当入射角达到某一极限值时，光线将不再折射入介质 2，而在介质（纤芯）内产生连续向前的全反射，直至由终端面射出。定义入射角 θ_0 的临界角为 θ_c，当入射角小于 θ_c 时，入射光线将发生全反射。临界状态时 $\theta_2 = 90°$，则有

$$\sin\theta_c = \sqrt{n_1^2 - n_2^2}$$

在纤维光学中将上式中的 $\sin\theta_c$ 定义为"数值孔径"，用 NA（Numerical Aperture）表示。它是光纤重要参数之一，其数值由 n_1 和 n_2 大小所决定。

当入射角 $\theta_0 < \theta_c$ 时，光线能在纤芯与包层的分界面上产生全反射，因而光线将沿光纤轴向传输，而不会泄漏出去。临界角 θ_c 越大，光纤可以接受的辐射能量越多，则光纤与探测器耦合后，接受来自物体表面的能量越多。但实践证明，NA 的数值不能无限增大，它受全反射条件的限制，NA 值增大将使光能在光纤中传输的衰减增大。如石英光纤，$\theta_c = 15°$，$2\theta_c = 30°$，称为光纤的接受角。这表明在 30°范围内入射的光线将沿光纤传输，大于这一角度的光线将穿越包层而被吸收，不能传输到远端。

根据传输光的模式，光纤可分为单模光纤与多模光纤。用于温度传感器的光纤，绝大部分为多模光纤，其特点是芯线径较粗，传输能量也大，包层厚度约为芯线径的 1/10。

（2）光纤温度计的分类   光纤温度计的主要特征是有一个带光纤的测温探头，光纤长度从几米到几百米不等，统称为光纤温度传感器，根据光纤在传感器中的作用，将其分为功能型和非功能型两大类。

非功能型光纤传感器是由光纤与其他敏感元件组合而成的传感器，光纤主要作为光的传输介质传输光信号，而利用其他敏感元件感受被测量的变化。

功能型光纤传感器是利用光纤本身的特性把光纤作为敏感元件，被测量对光纤内传输的光进行调制，使传输的光的强度、相位、频率或偏振等特性发生变化，再通过对被调制过的信号进行解调，从而得出被测信号。

（3）光纤辐射温度计   如图 3-27 所示，经探头收集的辐射能，由光纤传输给探测器，经光电转换、信息处理后显示出被测温度。可见，光纤辐射温度计与一般辐射温度计的区别是：用探头与光纤代替一般辐射温度计的透镜和光路。一般辐射温度计的透镜直径大，用于空间狭小或被遮挡难以接近的场合时较困难，但用直径小并可弯曲的光纤靠近就容易很多，

光纤辐射温度计可解决某些特殊情况温度测量问题。

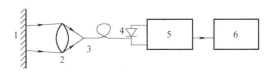

　　普通光纤辐射温度计由光耦合器、传输光纤和光电转换及信号处理等部分组成。光耦合器在测温时逼近被测目标，它是决定拾光量大小和温度计灵敏度的主要元件，耦合效率是它的重要参数。辐射面元 $\mathrm{d}F$ 入射到具有平端面的光导纤维时，其光耦合效率 η 为

图 3-27　光纤辐射温度计系统

1—被测目标　2—光学系统　3—光纤
4—探测器　5—信号处理系统　6—显示仪表

$$\eta = \frac{W}{W_A} = \frac{1}{n_0^2}(\mathrm{NA})^2 \tag{3-29}$$

式中　W_A——辐射面元 $\mathrm{d}F$ 沿半球空间的辐射能量；

　　　　W——经耦合进入光纤被传输的能量；

　　　　n_0——辐射面元所在介质的折射率。

　　由上式看出，耦合效率的大小直接与数值孔径有关。当辐射源处于空气介质中时，$n_0 = 1$，则

$$\eta = (\mathrm{NA})^2$$

　　为提高光纤辐射温度计的灵敏度，必须采用较大数值孔径的光纤，但 NA 数值的大小又直接影响距离系数的性能指标，要综合考虑。因距离系数 K 取决于光纤的数值孔径，K 可用下式表示

$$K = \frac{1}{2}\cot(\arcsin\mathrm{NA}) \tag{3-30}$$

　　由上式看出，增大 NA 虽然可以提高耦合效率 η 和仪表的灵敏度，但却要相应地减小 K。即在保持测量距离不变的情况下，要求有更大的被测靶径，这样便不能用于小目标测量。

　　综合考虑测量距离与被测目标大小问题，光纤辐射温度计探头设计有两大类结构，即直接耦合式与透镜耦合式两类，其结构如图 3-28 所示。直接耦合式探头结构简单，而且它的空间分辨率和温度分辨率都很高，但其距离系数很小，只能近距离使用。尽管接近目标将导致探头所处环境温度升高，但石英光纤耐高温，有的探头在 $600 \sim 700\,^\circ\mathrm{C}$ 下仍能正常工作。

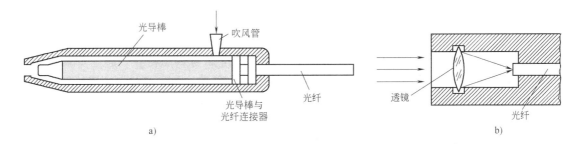

图 3-28　光耦合器结构
a）直接耦合式　b）透镜耦合式

　　采用小透镜的透镜耦合式探头可以实现远距离测量。其光路原理与一般辐射式温度计相同，只是以光纤端面代替原来光电元件的光敏面，因此，由透镜汇聚的辐射能量不是被探测器受光面接收，而是射入光纤内部，再经光纤传送至光纤辐射温度计的光电转换部分。

3. 谱线转换测温法

谱线转换法最常用的元素是钠，故又称钠谱线转换法。将钠置于火焰中，能发射出波长为 0.5896pm 及 0.5890pm 的两条黄色线。如果在火焰之后置一个明亮的背景光源并使其射出的光线通过钠蒸气火焰。当光源温度不等于火焰温度时，钠谱线将以明线或暗线出现在光谱中；当光源温度等于火焰温度时，钠谱线的亮度与背景相同而消失。这样改变背景的亮度直到钠谱线消失，然后用光学高温计测量背景温度，就可以测出火焰温度。这种方法称为钠谱线转换测量法，常用于火焰温度的测量。由于这种方法不会破坏火焰结构，所以更适于测量小型火焰的温度。需要指出的是，此法测得的温度，实际上是所用元素（钠）的有效电子激发温度，因此在整理数据时，要予以足够的重视。

这种测量方法，需要较精密的光学仪器，一般用于火焰的理论研究。

3.1.8 温度计的制作、校准与标定

在工业测量中，热电偶和热电阻在安装前必须进行校验，使用后也要定期校验。

1. 热电偶的制作与校验

（1）制作原理　两种不同成分的均质导体组成闭合回路，当接触点两端存在温度梯度时，回路中就会存在电动势，有电流通过，这就是所谓的塞贝克效应。两种不同成分的均质导体称为热电极，温度较高的一端为工作端或热端，温度较低的一端为自由端或冷端，工作端常常与需要测温的对象接触，自由端通常处于某个恒定的温度下。根据不同材质的热电偶产生热电动势与温度的函数关系，制成了热电偶分度表，分度表是自由端温度在 0℃ 时的条件下得到的，不同的热电偶具有不同的分度表。

（2）制作与校验需用的仪器、试剂或材料

1）热电偶制作设备：电烙铁或热电偶点焊机。

2）热电偶制作材料：0.2mm 或 0.5mm 热电偶用铜线、康铜线、镍铬、镍硅丝线，绝缘套管，焊接剂等。

工程应用中温度测量用的热电偶材料往往为相对廉价的金属材料，实验室内制作热电偶常用的廉价金属热电偶材料有：

铜-康铜（T 型）　　　　　（常用于 −200℃ 到 +200℃ 测温）

镍铬-康铜（E 型）　　　　（常用于 −200℃ 到 +600℃ 测温）

镍铬-镍硅或镍铝（K 型）　（常用于 0℃ 到 +1100℃ 测温）

3）校验设备：二等铂铑-铂标准热电偶、数据采集器、电位差计、管式电炉等。

4）其他设备、材料：墨镜、钳子、剪刀、细砂纸、米尺等。

（3）热电偶的制作　制作热电偶需要将两种不同的金属材料焊接在一起。实验室的焊接方法采用电弧焊法。电弧焊是利用高温电弧将热电偶测量端熔化成球状，常用的有交流电弧焊和直流电弧焊两种。操作方法：调节热电偶点焊机变压器使输出电压为 24～30V 的交流电源作为焊接电源。然后用金属夹子（铜板电极）夹住待焊端作为一个电极，当炭棒与被焊热电偶丝顶端接近时，产生的瞬间电弧将两根热电偶顶部熔接在一起而形成一个小圆球制作即完成。

判别制作的热电偶是否合格的标准是：焊接牢固、具有金属光泽，结点表面圆滑、无沾污变质和裂纹，焊点直径约为偶丝直径的两倍，电极不允许有折损、扭曲现象，合格的热电偶如图 3-29 所示。

本节以铜-康铜为例来介绍热电偶制作，步骤如下：

1）截取长为 1m 的铜和康铜金属丝一对，将两端 1cm 长处的漆包线刮干净，将两根导线的一端并行，用锡焊将端部焊接在一起。

2）将制作好的一对铜-康铜热电偶穿入一根长度 0.9m、直径 1.5mm 绝缘套管内。

3）用两根细铜芯导线分别焊在热电偶的自由端（铜和康铜另一端部）。

4）把热电偶的自由端的两个焊点进行绝缘分开。

（4）热电偶的校验　热电偶的检定周期一般为半年，特殊情况下可根据使用条件来确定。热电偶校检一般采用比较法，热电偶校验设备如图 3-30 所示，校验步骤如下：

图 3-29　合格的热电偶

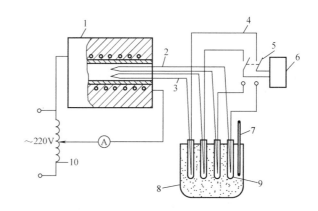

图 3-30　热电偶校验设备

1—管式电炉　2—被校热电偶　3—标准热电偶　4—导线　5—切换开关
6—电位差计　7—温度计　8—冰水槽　9—试管　10—调压器

1）热电偶校验前必须进行外观检查，检查焊接点是否光滑、牢固，热电极是否变脆、变色、发黑，严重腐蚀等。

2）校验时将热电偶的热端插入管式电炉内 150~300mm，该范围内温度均匀，一般读数时要求温度稳定（温度变化小于 0.2℃/min），电位差计 6 的精度等级为 0.05 级以上。将标准热电偶 3 和被校热电偶 2 的热端用镍铬丝绑扎在一起，也可以在炉内塞入一个圆形镍块，镍块上钻有不穿透的孔，将热电偶分别插入孔内，以保证受热均匀。电炉两端用绝热材料（石棉绳）堵严保温。各热电偶的冷端置于冰点槽 8 中以保持 0℃。

3）按照电位差计的使用说明将各导线接入系统后，首先需要对电位差计进行调零，调试完毕后才能依次进行测量。

4）依次改变管式电炉的温度设定值（100℃、200℃、300℃、400℃、500℃、600℃、700℃），并将标准热电偶和检定热电偶在同一温度下的电势值记录于表 3-8 中。

表 3-8　热电偶校验数据记录表

数据名称 温度/℃	标准热电偶 电势/mV	被校热电偶 电势/mV	标准热电偶 温度/℃	被校热电偶 温度/℃	标定误差 /℃
100					
200					
300					
400					
500					
600					
700					

5）依据测量数据，分析制作热电偶的误差。

比较两个热电偶，确定误差。要求各校验点的温度误差都不得超过表3-9中的允许值。当超过这个范围时，要更换热电偶或将原热电偶的热端剪去一段，重新焊接，并经校验合格后再使用。

表3-9　工业用热电偶的允许误差范围　　　　　　　　　　　（单位：℃）

热电偶	允许误差			
	温度	误差	温度	误差
铂铑10-铂	0~600	±2.4	>600	-4~0.4
镍铬-镍硅	0~400	±4	>400	±0.75
镍铬-考铜	0~300	±4	>300	±1.0

2. 热电阻的校验

用比较法对热电阻进行分度与纯度校验，其设备如图3-31所示。

（1）热电阻分度校验　将被校热电阻置于加热恒温器中，使恒温器达到各校验点温度，并保持恒定。用标准水银温度计测温，用电位差计测量并计算各校验点的电阻值。在同一温度点反复测量几次，然后进行数据处理，求其测量值。将各校验点的电阻值与相应热电阻分度表对照，求其误差，再与规定的最大允许误差相比，确定是否符合精度要求。

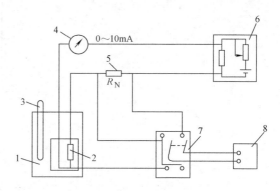

图3-31　热电阻校验设备
1—加热恒温器　2—被校热电阻　3—温度计　4—毫安计
5—标准电阻　6—调压电源　7—切换开关　8—电位差计

（2）热电阻纯度校验　利用冰点器和水沸点器分别造成准确的0℃和100℃的温度，将被校热电阻插入冰点器和沸点器中，用电位差计分别测量和计算 R_0 和 R_{100}，并计算 R_{100}/R_0 值，检查是否在允许误差之内，确定是否合格。

3.2　湿度测量

3.2.1　湿度的基本概念

湿度是表示空气干湿程度的物理量，是表示空气中水蒸气含量多少的尺度。如果生产和生活环境中的空气湿度过高或过低，就会使人体感到不适，以致影响身体健康，甚至会影响工业生产的正常进行。为了很好地控制空气的湿度，以满足生产和生活上的要求，应当对空气的湿度进行测量，并通过空气调节装置对房间的空气湿度进行有效控制。因此，在建筑环境与能源应用工程行业中，对空气湿度的检测是必不可少的，它和温度等参数一样都是衡量空气状态及质量的重要指标。

常用表示空气湿度的方法有：绝对湿度、相对湿度和含湿量三种。

1. 绝对湿度

绝对湿度定义为每立方米湿空气（或其他气体），在标准状态下（0℃，101.325kPa）所含水蒸气的质量，即湿空气中水蒸气的密度，以字符 ρ 表示，单位为 g/m³。根据 $\rho = \dfrac{1}{V_n}$，

再由气体状态方程式 $p_n V_n = R_n T$ 可得

$$\rho = \frac{p_n}{R_n T} = \frac{p_n}{461 T} \times 1000 = 2.169 \frac{p_n}{T} = 2.169 \frac{p_n}{273.15 + \theta_w} \tag{3-31}$$

式中　p_n——空气中水蒸气的分压力（Pa）；

T——空气的干球绝对温度（K）；

θ_w——空气的干球摄氏温度（℃）；

R_n——水蒸气的气体常数，$R_n = 461 \mathrm{J/(kg \cdot K)}$。

2. 相对湿度

空气相对湿度是指空气中水蒸气的分压力 p_n 与同温度下饱和水蒸气压力 p_b 之比，用符号 ϕ 表示，即

$$\phi = \frac{p_n}{p_b} \times 100\% \tag{3-32}$$

式中　p_b——在相同温度下饱和水蒸气的压力（Pa）。

通过对某一温度下的水蒸气分压力及相同温度下饱和水蒸气压力的分析可以得到：空气的相对湿度是干球温度、湿球温度、风速和大气压力的函数，即

$$\phi = f(\theta_w, \theta_s, v, B) \tag{3-33}$$

使用过程中，当大气压力和风速确定后，常常将相对湿度与干、湿球温度之间的关系绘制成图表，如 $h\text{-}d$ 图等，以便直接查用。

3. 含湿量

含湿量是指 1kg 干空气中的水蒸气含量，其数学表达式为

$$d = 1000 \frac{m_s}{m_w} \tag{3-34}$$

式中　d——含湿量 [（g/kg(干空气)]；

m_s——湿空气中水蒸气的质量（kg）；

m_w——湿空气中干空气的质量（kg）。

按理想气体的状态方程 $m = \dfrac{pV}{RT}$，可得

$$d = 622 \frac{p_n}{p_w} \tag{3-35}$$

式中　p_w——湿空气中干空气分压力（Pa）。

可见，当湿空气定压加热或冷却时，如含湿量 d 保持不变，则 p_n 不变，湿空气的露点不变。将 $p_w = B - p_n$ 和 $p_n = \phi p_b$ 代入式（3-35）可得

$$d = 622 \frac{p_n}{B - p_n} = 622 \frac{\phi p_b}{B - \phi p_b} \tag{3-36}$$

由式（3-36）可以看出：当大气压力 B 一定时，相应于每一个 p_n 有一确定的 d 值，即湿空气的含湿量与水蒸气的分压力互为函数。所以，d 和 p_n 是同一性质的参数，再加上干球温度或湿球温度参数，就可以确定湿空气的状态。

在一定温度下，空气中所能容纳的水蒸气含量是有限度的，超过这个限度时，多余的水蒸气就由气相变成液相，这就是结露。这时的水蒸气分压力称为此温度下的饱和水蒸气压力，对应于饱和水蒸气压力的温度，即空气沿等含湿线冷却，最终达到饱和时所对应的温度

称为露点温度。

空气的露点温度只与空气的含湿量有关，当含湿量不变时，露点温度亦为定值，也就是空气中水蒸气分压力高，使其饱和而结露所对应的温度就较高；反之，水蒸气分压力低，使其饱和而结露所对应的温度就较低。因此，空气露点温度可以作为空气中含水蒸气量多少的一个尺度，来表示空气的相对湿度。空气相对湿度又可写为

$$\phi = \frac{p_{bl}}{p_b} \times 100\% \tag{3-37}$$

式中　p_{bl}——空气在露点温度 T_1 时的饱和水蒸气压力；

　　p_b——空气在干球温度 T 时的饱和水蒸气压力。

干球温度 T 和露点温度 T_1 分别是 p_b 和 p_{bl} 的单值函数，因此测出干球温度 T 和露点温度 T_1 后，就可从有关手册中直接查得 p_b 和 p_{bl}，由式（3-37）求出 ϕ 值。

目前，气体湿度测量常用的方法有以下四种：干湿球法、电阻法、露点法和吸湿法。

3.2.2　干湿球法湿度测量

1. 干湿球湿度计测湿的基本原理

当液体挥发时，它需要吸收一部分热量，若没有外界热源供给，这些热量就从周围介质中吸取，于是周围介质的温度降低。液体挥发越快，则周围介质温度降低得越多。对液态水而言，挥发的速度与环境空气中的水蒸气含量有关，水蒸气含量越大，则水分挥发速度越慢。当环境空气中的水蒸气达到饱和状态时，水分就不再挥发。显然，当不饱和的空气流经一定量的水的表面时水就要汽化。当水分从水面汽化时，会使水的温度降低，此时，空气以对流方式把热量传到水中，当空气传到水中的热量恰好等于湿纱布水分蒸发时所需要的热量时，两者达到平衡状态，湿纱布上的水的温度就稳定在某一数值上，这个温度就称为湿球温度。干湿球湿度计由两支相同的温度计组成，如图3-32所示。一支温度计的球部包有潮湿的纱布，纱布的下端浸入盛有水的玻璃小杯中，用来测量空气的湿球温度 T_s，因此称它为湿球温度计；另一支温度计呈干燥状态，测量空气的温度，也就是干球温度 T，因此称它为干球温度计。

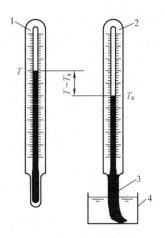

图 3-32　干湿球湿度计
1—干球温度计　2—湿球温度计
3—棉纱布吸水套　4—水杯

当空气的相对湿度 $\phi < 100\%$ 时，被测气体处于未饱和状态，即有饱和差，湿球温度计的球部所包围的潮湿纱布表面上有水分蒸发，其温度降低，当达到平衡状态时，湿球纱布上水分蒸发可认为是稳定的，因而水分蒸发所需要的热量也是一定的，这样湿球温度便停留在某一数值，它反映了湿纱布中水的温度，这可以看成是与水表面温度相等的饱和空气层的温度。若所测空气相对湿度较小，饱和差就大，湿球温度计表面水分蒸发就快，而蒸发所需要热量多，湿球纱布中的水温下降的也多，即湿球温度低，因而干湿球温度差就大。反之，若所测空气的相对湿度较大，湿球温度数值就稍高，干、湿球温度差就小。当空气的相对湿度为 $\phi = 100\%$ 时，水分不再蒸发，干球温度与湿球温度数值相同。因此，根据干球温度和湿球温度或两者的差值就可以确定被测空气的相对湿度大小。

当大气压力和风速不变时，测得干湿球温度值，利用被测空气对应干湿球温度下的饱和

水蒸气压力和干球温度下的水蒸气分压力之差，与干湿球温度之差之间存在的数量关系，确定空气湿度。其数量关系为

$$p_{bs}-p_n=AB(T-T_s) \tag{3-38}$$

式中　p_n——干球温度下空气的水蒸气分压力（Pa）；

　　　p_{bs}——温度为湿球温度时的饱和水蒸气压力（Pa）；

　　　A——与风速有关的系数；

　　　B——大气压力（Pa）；

　　　T——空气温度，即干球温度（℃）；

　　　T_s——空气的湿球温度（℃）。

由式（3-32）、式（3-38）可得空气相对湿度计算式为

$$\phi=\frac{p_{bs}-AB(T-T_s)}{p_b}\times100\% \tag{3-39}$$

显然，根据 T 和 T_s 分别对应有确定的 p_b 和 p_{bs} 数值，由干湿球温度计的读数差，即可由式（3-39）确定被测空气的相对湿度。干湿球湿度计的差值（$T-T_s$）越大，则空气相对湿度越小，反之，干湿球温度差值越小，则空气相对湿度越大。

2. 普通干湿球湿度传感器

干湿球湿度传感器的构造如图 3-33 所示。它由两支相同的微型套管式热电阻、微型轴流风机和塑料水杯等组成。一支热电阻上包有潮湿纱布作为湿球温度计，另一支热电阻为干球温度计，两者都垂直安装在湿度传感器的中间，并正对侧面空气入口。传感器的顶部有一个微型轴流通风机，以便在热电阻周围形成一股恒定风速的气流，此恒定气流的速度一般为 2.5m/s 以上。因为干湿球湿度计在测定相对湿度时，受周围空气流动速度的影响，风速在 2.5m/s 以上时影响较小，因此干湿球湿度传感器增加了电动通风装置，可以减小空气流速对测量的影响。同时，也由于在热电阻周围加大了气流速度，

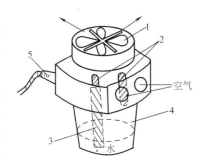

图 3-33　干湿球湿度传感器
1—轴流通风机　2—纱布热电阻
3—纱布　4—水杯　5—接线端

使热湿交换速度加快，因而减小了仪表的时间常数。当测量空气湿度时，把电源接通，轴流风机启动，空气从圆形吸入口进入湿度传感器，通过干、湿球热电阻周围后，被轴流通风机排出。当湿球热电阻表面水分蒸发达到稳定状态时，干、湿球热电阻同时发送出相对于干、湿球温度的电阻信号，将这信号输入空气相对湿度显示仪表或控制系统，就可进行空气相对湿度的远距离测量或控制。

3. 电动干湿球湿度计

电动干湿球湿度计电路原理如图 3-34 所示，它由干湿球温度传感器、干球温度测量桥路与湿球温度测量桥路连接成的复合电桥、补偿可变电阻、检流计等组成。两个热电阻 R_w 和 R_s 分别测量干球和湿球温度，它们作为电桥的桥臂电阻分别接在两个直流电桥上。两电桥的输出端通过补偿可变电阻反向串联。复合电桥输出两点间的电位差将取决于 R_w 和

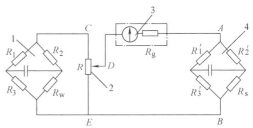

图 3-34　电动干湿球湿度计原理图
1—干球温度测量桥路　2—补偿可变电阻
3—检流计　4—湿球温度测量桥路

R_s 的温度差，也就是取决于被测空气的相对湿度。从图 3-34 中可以看出，左侧干球温度测量桥路的输出电位差 U_{CE} 为干球温度 T 的函数，而右侧湿球桥路输出的电位差 U_{AB} 为湿球温度 T_s 的函数，左、右两测量桥路通过检流计及补偿可变电阻 R 相接。在 R 的动触点 D 位置一定时，若左、右桥路处于不平衡状态（即 $U_{AB} \neq U_{DE}$），则有电流 I 通过检流计。当移动可变电阻 R 滑动触点 D 的位置使左、右桥路处于平衡补偿状态时，检流计中就没有电流通过，因此，补偿电路平衡时的可变电阻 R 对应的 D 点位置反映了干湿球电桥输出的电压差，即 D 点位置是干、湿球温度 T 与 T_s 的函数，D 点位置反映了相对湿度，根据计算和标定，可在 R 上标出相对湿度值。

如果用热电偶作测温传感器，只需把两支热电偶反接，其电势差值经换算后，就可在显示仪表上指示出所测空气的相对湿度。电动干湿球湿度计还能够自动记录测量结果。

3.2.3 电阻法湿度测量

1. 电阻法湿度测量原理

氯化锂是一种稳定的离子型无机盐，在空气中具有强烈的吸湿特性，其吸湿量又与空气的相对湿度成一定的函数关系，即空气中的相对湿度越大，氯化锂吸收的水分也越多，反之减小。同时氯化锂的导电性能，即电阻率的大小又随其吸湿量而变化，吸收水分越多，电阻率越小，吸收水分越少，电阻率越大，因此，根据氯化锂的电阻率变化可确定空气相对湿度大小。氯化锂电阻式湿度计就是利用氯化锂吸湿后电阻率变化的特性制成的仪表。

2. 氯化锂电阻式测湿传感器

氯化锂电阻式测湿传感器按结构分为梳状和柱状，如图 3-35 所示。是用梳状的金属箔制在绝缘板上，或用两根平行的铂丝绕在绝缘柱表面上，外面再涂上氯化锂溶液，形成氯化锂薄膜层。由于两组平行的梳状金属箔或两根平行的铂丝本身并不接触，仅靠氯化锂盐层导电而构成回路。将测湿传感器置于被测空气中，当相对湿度改变时，氯化锂中含水量也改变，随之湿度测量传感器的两梳状金属箔片或两根平行的铂丝间的电阻也发生变化，将此随湿度变化的电阻值输入显示仪表或变送器，就能显示相应的相对湿度值。但一定

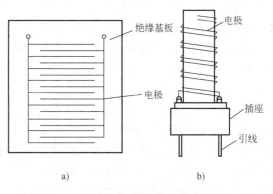

图 3-35　氯化锂电阻式测湿传感器

a）梳状　b）柱状

浓度的氯化锂测湿传感器的测湿范围较窄，一般在 20% 以内，而需要测量的相对湿度通常在 5% ~ 95% 范围内，因此，需制成几种不同浓度氯化锂涂层的测湿传感器，一般分成四种：5% ~ 38%，15% ~ 50%，35% ~ 75%，55% ~ 95%。根据具体测量范围选择合适的测湿传感器。环境温度对氯化锂电阻湿度计有很大的影响，因氯化锂的电阻值不仅与湿度有关，而且还与空气温度有关。因此氯化锂电阻湿度计带有温度补偿电路。为避免氯化锂电阻测湿传感器的氯化锂溶液发生电解，电极两端应接交流电。为防止氯化锂溶液蒸发，最高安全工作温度为 55℃。为保证测量精度，传感器需定期更换。

3.2.4　露点法湿度测量

1. 氯化锂露点湿度计

（1）测湿原理　氯化锂具有强烈的吸收水分的特性，将它配成饱和溶液后，它在每一温度时都有相对应的饱和蒸汽压力。当它与空气相接触时，如果空气中的水蒸气分压力大于该温度下氯化锂饱和溶液的饱和蒸汽压力，则氯化锂饱和溶液便吸收空气中的水分；反之，如果空气中的水蒸气分压力低于氯化锂溶液的饱和蒸汽压力，则氯化锂溶液就向空气中释放出其溶液中的水分。纯水和氯化锂饱和溶液的饱和蒸汽压力曲线如图 3-36 所示。在图 3-36 中，曲线①是纯水的饱和蒸汽压力曲线，线上任意一点表示该温度下的饱和水蒸气压力数值，而曲线下方的任一点表示该温度下的水蒸气呈未饱和状态的分压力。曲线②是氯化锂饱和溶液的饱和蒸汽压力曲线，线上的点也表示该温度下氯化锂溶液的饱

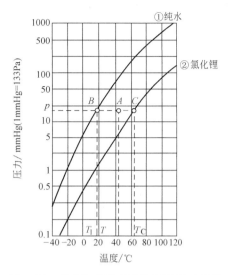

图 3-36　纯水和氯化锂饱和蒸汽压力曲线

和蒸汽压力的数值。而位于曲线②上方的点，表示所接触空气的水蒸气分压力高于该温度下氯化锂溶液的饱和蒸汽压力，此时氯化锂溶液将吸收空气中的水分。而位于曲线②下方的点，表示所接触空气的水蒸气压力低于该温度下氯化锂溶液的饱和蒸汽压力，此时溶液将向空气中蒸发水分。氯化锂溶液的饱和蒸汽压力只相当于同一温度下水的饱和蒸汽压力的12%左右，也就是说氯化锂溶液在相对湿度为12%以下的空气中是固相，在12%以上的空气中会吸收空气中的水分潮解成溶液，只有当它的蒸汽压力等于空气中的水蒸气分压力时，才处于平衡状态。从图 3-36 中还可以看出氯化锂溶液的饱和蒸汽压力与温度有关，随温度的上升而增大。

另外，氯化锂在液相时，它的电阻非常小，在固相时，它的电阻又非常大。氯化锂若在12%以下相对湿度的空气中，它由液相转变为固相时，电阻值急剧增加。假定某种空气状态的水蒸气分压为 p、温度为 T，它在图 3-36 中即为 A 点。由 A 点向左和 p 连线与纯水的饱和蒸汽压曲线①交于 B 点，由 B 点向下引垂线交横坐标得某一温度值为 T_1，显然 T_1 即为空气的露点温度。再将 pA 延长与氯化锂溶液的饱和蒸汽压力曲线相交于 C，由 C 点向下引垂线交于横坐标得 T_C 值，这就是氯化锂溶液的平衡温度，此时它的饱和蒸汽压力也等于 p。因此，如果将氯化锂溶液放在上述空气中，设法把氯化锂溶液的温度加热到 T_C，使氯化锂溶液的饱和蒸汽压力等于 A 点空气的水蒸气分压力 p。那么，测出 T_C 的温度值，根据水和氯化锂溶液饱和蒸汽压力曲线的关系也就得知空气的露点温度 T_1，T_C 与 T_1 的关系为

$$T_1 = HT_C + G$$

式中　H、G——常数。

测出 T 和 T_1 便可确定空气的相对湿度。氯化锂的露点湿度测量传感器就是根据以上原理设计制造的。

（2）湿度测量　氯化锂露点湿度测量传感器的构造如图 3-37 所示。测量空气相对湿度时，将氯化锂露点传感器放置在被测空气中，如被测空气中的水蒸气分压力高于氯化锂溶液的饱和蒸汽压力，则氯化锂溶液吸收被测空气中的水分而潮解，使氯化锂溶液的电阻减小，

两根加热丝间的电阻减小，通过的电流增大，开始加热，使氯化锂溶液温度上升，此作用一直持续到氯化锂溶液的饱和蒸汽压力与被测空气中的水蒸气分压力相等，这时氯化锂溶液吸收空气中的水分和放出的水分相平衡，氯化锂溶液的电阻也就不再变化，加热丝所通过的电流也就稳定下来。反之，如被测空气中的水蒸气分压力低于氯化锂溶液的饱和蒸汽压力，则氯化锂溶液放出其水分，这使其本身的电阻增大，因而使加热丝中的电流减小，于是产生的热量减少，则氯化锂溶液的温度下降，这样氯化锂溶液的饱和蒸汽压力也随之下降。当氯化锂溶液的蒸汽压力与被测空气中的水蒸气的分压力相等时，氯化锂溶液的温度就稳定下来。这个达到蒸汽压力平衡时的温度称为平衡温度，热电阻测得的温度就是平衡温度。由于平衡温度与露点温度成一一对应关系，所以，知道平衡温度值后，就相当于测量出露点温度。同时再测出被测空气的温度。将测量到的露点温度和被测空气温度的信号，输入双电桥测量电路，用适当的指示记录仪表，可直接指示空气的相对湿度。

2. 经典露点湿度计

经典露点湿度计的结构如图 3-38 所示。主要由一个镀镍铜盒 3、盒中插着一支温度计 2、支架上固定一支温度计 1 和一个橡胶小球 4 等组成，铜盒上开有一个排气口。测量时在铜盒内注入乙醚溶液，然后用橡胶小球将空气压入铜盒中，促使铜盒中的乙醚得到快速蒸发，并由排气口排出。当乙醚从液态蒸发成气态时，从自身吸收了一定数量的汽化热，从而使得包括铜盒在内容器温度降低，当温度降低到铜盒所接触到的空气的露点温度时，空气中的水蒸气开始在铜盒的外表面凝结，此时温度计 2 的读数即为空气的露点温度 T_1，温度计 1 的读数即为干球温度 T，通过这两个参数查空气的焓湿图，可求得空气的湿度，也可以通过空气状态参数关系式（3-37）计算得到空气的相对湿度。

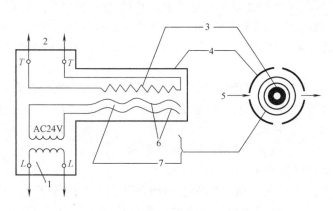

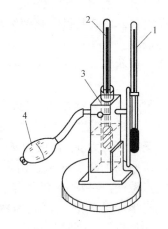

图 3-37　氯化锂露点湿度计结构图

1—变压器　2—接测量电路　3—热电阻　4—外壳
5—被测气体　6—加热丝　7—氯化锂溶液

图 3-38　经典露点湿度计结构图

1—干球温度计　2—露点温度计
3—镀镍铜盒　4—橡胶小球

3. 光电式露点湿度计

光电式露点湿度计的结构如图 3-39 所示。它是利用光电原理直接测量空气露点温度的一种仪器。当光源 4 照射到干净、光滑镜面 6 时，照射光路中如果没有第三种介质，其反射光和散射光的强度是个确定值，大部分光线被反射到反射光敏电阻 2，只有很少部分散射到散射光敏电阻 3；当露点镜在半导体热电制冷器 8 的作用下，温度降低到空气的露点温度时，空气中的水蒸气会在露点镜表面凝结为液态，此时照射光路中出现第三种介质（露

珠），反射光和散射光的强度就会发生改
变，读取安装在露点镜内的露点温度指示
器 1 的值即为此时空气的露点温度，然后依
据式（3-37）即可求得相对湿度。

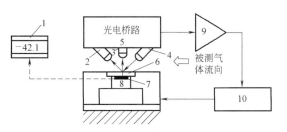

图 3-39　光电式露点湿度计
1—露点温度指示器　2—反射光敏电阻　3—散射光敏电阻
4—光源　5—广电桥路　6—露点镜　7—铂电阻
8—半导体热电制冷器　9—放大器　10—可调直流电源

3.2.5　吸湿法湿度测量

1. 电容式湿度计

电容式湿度计是在 20 世纪 70 年代开始
使用的湿度计，其变送器将相对湿度转换
为 0～10V·DC 标准信号，传送距离可达
1000m，性能稳定，几乎不需要维护，安装
方便，被认为是一种比较好的湿度计。

电容湿度传感器是通过电化学方法在金属铝表面形成一层氧化膜，进而在膜上沉积一薄
层金属。这种铝基体和金属便构成一个电容器。氧化铝吸附水汽之后会引起电容的变化，湿
度计就是基于这一原理工作的。传感器核心部分是吸水的氧化铝层，其上布满平行且垂直于
其平面的管状微孔，它从表面一直深入到氧化层的底部。氧化铝层具有很强的吸附水汽的能
力。通过对空气、氧化膜和水组成的体系的介电性质进行研究，结果表明：在给定的频率
下，介电常数随水汽吸附量的增加而增大；氧化铝层吸湿和放湿程度随着被测空气的相对湿
度的变化而变化，因而其电容量是空气相对湿度
的函数。因此，利用这种原理制成的传感器称为
电容湿度传感器，其结构如图 3-40 所示，氧化铝
层 1 上的电极膜可采用石墨和一系列金属，其中铂
和金具有良好的化学稳定性。一般采用喷涂或真
空镀膜法成膜，电极膜非常薄，能允许水蒸气直
接穿过电极膜进入氧化铝层。传感器有两个接线
柱与仪表相接。其中铝基的导线可用铝条咬合，
并用环氧树脂粘接固定。

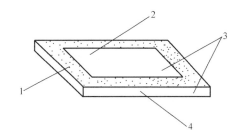

图 3-40　电容式湿度传感器
1—氧化铝层　2—金属膜　3—接线柱　4—铝基体

将电容湿度传感器与特制的电子线路组合在一起构成电容式湿度变送器，电子线路产生
与相对湿度成比例的电压信号，即 0～10V·DC 标准信号，用于指示相对湿度。电容湿度变
送器具有许多优点：其工作温度和压力范围较宽（温度可达 50℃）；精度高、反应快（时间
常数可达 1～2s）；不受环境温度、风速的影响、抗污染的能力及稳定性好，便于远距离指示
和调节湿度，但价格昂贵。

2. 毛发式湿度计

毛发存在着微孔结构，当去掉毛发表面的油脂后，可使微孔与外界空气相通，并使孔壁
对水具有润湿性。当空气中的水汽未达到饱和状态时，微孔吸附空气中的水汽并使之凝结。
由于表面张力的作用，孔中的水形成一个弯月面。当空气中的水汽达到饱和时，微孔中水的
弯月面就变成平面，即曲率半径趋于无穷大。当空气相对湿度变化时，置于空气中的毛发将
引起微孔弹性壁的形变，由此可引起毛发长度的变化，此变化与相对湿度有关。实用的毛发
湿度计是利用一束毛发的形变力，通过机械放大装置，带动指针偏转指示湿度值。其结构简
单、价廉，但精度不高（一般为 5%RH）。在使用前需进行校正，存在着滞后现象。

表 3-10 所示为几种主要湿度计的优、缺点以及使用范围，便于比较选用。

表 3-10　主要湿度传感器及变送器特点

种类	优点	缺点	测量范围
氯化锂电阻湿度传感器及变送器	1. 能连续指示,远距离测量与调节 2. 精度高,反应快	1. 受环境气体的影响 2. 互换性差 3. 使用时间长了会老化	5%~95%RH
氯化锂露点湿度传感器及变送器	1. 能直接指示露点温度 2. 能连续指示,远距离测量与调节 3. 不受环境气体温度影响 4. 使用范围广 5. 元件可再生	1. 受环境气体流速的影响和加热电源电压波动的影响 2. 受有害的工业气体影响	露点温度 −45~70℃
电容式湿度计	1. 能连续指示,远距离测量与调节 2. 精度高,反应快, 3. 不受环境条件影响,维护简单 4. 使用范围广	1. 价格贵 2. 对油质的污染比较敏感	10%~95%RH
电动干、湿球湿度计	1. 使用电阻测温能得到稳定特性 2. 不受环境气体成分的影响	1. 需经常维护纱布上水并防止污染 2. 微型轴流风机有噪声	10%~100%RH 10~40℃(空调应用)
毛发湿度计	1. 结构简单 2. 价廉	1. 有滞后、有变差 2. 灵敏度低	10%~90%RH

注：RH 为相对湿度。

3.2.6　湿度校正装置

　　湿度计的标定与校正需要一个维持恒定相对湿度的校正装置，并且用一种可作为基准的方法去测定其中的相对湿度，再将被校正仪表放入此装置进行标定。校正装置所依据的方法有重量法、双压法及双温法等。下面介绍比较广泛使用的双温法及其校正装置。

　　双温法的基本原理是将某一温度和压力下的饱和湿空气，在恒压下使其温度升高到设定值，依据道尔顿定律和气体状态方程即可计算出在较高温度下气体的相对湿度。双温法能产生范围相当宽的已知湿度的气体，其相对湿度的准确度可达 1%RH。

　　1. 双温法湿度计标定工作原理

　　双温法的工作原理示意图如图 3-41 所示，T_s、T_c 分别为设定的饱和温度和试验腔温度，且 $T_c > T_s$，通过气泵使气流在饱和腔与试验腔之间不断循环，经过一定时间之后，气流中的水汽达到饱和状态。假设气体为理想气体，并且饱和腔总压力 p_s 等于试验腔内气体总压力 p_c，则在温度为 T_c 的试验腔内气体的相对湿度可用下式计算

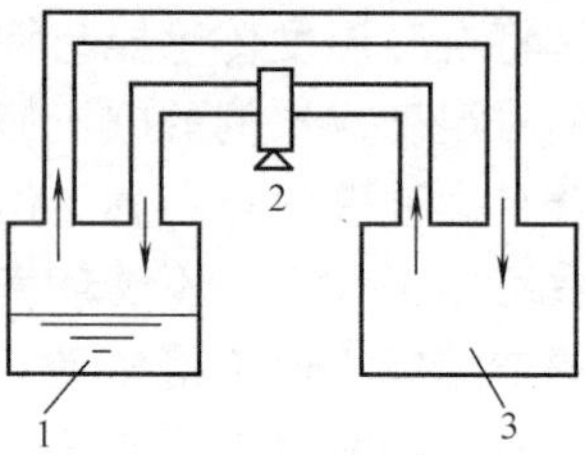

图 3-41　双温法湿度计标定
工作原理示意图
1—饱和腔　2—气泵　3—试验腔

$$\phi = \frac{p(T_s)}{p(T_c)} \times 100\% \qquad (3\text{-}40)$$

式中　$p(T_s)$——在温度 T_s 下的饱和水汽压力；

　　　$p(T_c)$——在温度 T_c 下的饱和水汽压力。

　　当 $p_s \neq p_c$ 时，特别是在气流速度较高的情况下，就需要考虑进行压力修正，则

$$\phi = \frac{p(T_s)}{p(T_c)} \times \frac{p_c}{p_s} \times 100\% \qquad (3\text{-}41)$$

2. 双温法湿度标定与校验设备

根据双温原理制成的湿度校验设备如图3-42所示，适用于一般情况下的各种温度的标定与校验，并且在高流速和低流速条件下，都能使空气充分饱和。饱和器 1 置于恒温槽 5 中，恒温槽通过温度传感器 6、控制器及电加热器 2 实现自动恒温。试验腔 11 采用同心管结构。在密闭系统内，借助无油气泵 16 使空气在饱和器和试验腔之间密闭连续循环流动。气体的流速由控制阀 17、旁通阀 15 和流量计 19 来控制。气流首先经过盘管 21 充分换热，然后进入饱和器 1。饱和器中的湿度发生器采用离心式结构，即气体沿切线方向进入盛水的圆筒饱和器，喷嘴位于水面上方，与水面成一定角度。由于气流冲击水面以及离心力作用形成涡流，使气体同水充分混合。水雾和液态水被离心力甩向饱和器壁。被分离的气体从顶部进入水雾分离器 4，其残余的小水滴，由排气口前的筛网捕集器捕集，空气在饱和器内达到饱和，饱和气体通过试验腔内管向上流动，然后改变方向，在内管和外管之间的环形通道向下流动。这种回流作用有利于温度分布均匀。

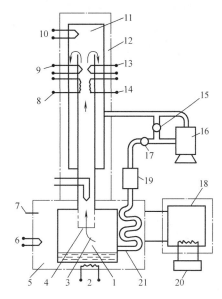

图 3-42　双温密闭循环式湿度校验设备

1—饱和器　2—加热器　3—饱和空气　4—水雾分离器
5—恒温槽　6,9,13—温度传感器　7—搅拌器
8—辅助电加热　10—试验腔温度传感器　11—试验腔
12—绝热层　14—手动加热器　15—旁通阀　16—气泵
17—流量控制阀　18—低温液槽　19—流量计
20—冷冻机　21—换热器

来自饱和器的湿空气被设置在内管的加热器 8、14 加热之后进入试验腔 11。加热器 14 为手动调节加热器，用以提供给定温度所需的热量，辅助加热器 8 与温度传感器 9、13 与调节器（图3-42中未画）组成温度自控系统，使试验腔内的温度保持在给定值。试验腔的温度由温度传感器 10 测量。12 为同心管的绝热层，用以减小试验腔同外界环境的热交换。如果要装置在低温下工作，通过由冷冻机 20 和低温液槽 18 组成的制冷系统，使恒温槽在给定的低温下运转。

3.3　热量测量

自然界到处存在着热量传递的现象，为及时准确地掌握各种热设备或热过程热量收支的情况，往往需要测量建筑物、管道或各种保温材料的传热量及物性参数。目前热量的测量主要采用两种方法，一种是采用热阻式或热辐射式热流计测量单位时间内通过单位面积的热量（热流密度），然后求得通过一定面积的热量；另一种方法是采用热量表，测量在一段时间内通过设备（用户）的流体输送的热量。

3.3.1　热流测试方法

在同一传热过程中，往往同时存在导热、对流和辐射几种传热方式，有时甚至还有质的传递，再加上材料性质的不同以及各种条件的变化，因此广义的热流应该是上述几种方式及其全部组合情况下的热流。

热流密度的大小多采用实测的方法，测量热流的仪表就叫热流计。由于对流传热情况比较复杂，直接用热流计测量对流热流有比较大的困难，而导热热流和辐射热流的测量相对简单，所以目前研究和应用的热流计以导热热流计和辐射热流计为主。

1. 导热热流

测量原理：依据传热的基本定律，针对导热热流的测量，利用在等温面上测定待测物体经过等温边界传递的热流，并对通过等温面的热流进行时间积分来测定热量，其数学表达式为

$$Q = \iint\limits_{s\ \tau} \lambda \left. \frac{\mathrm{d}t}{\mathrm{d}r} \right|_s \mathrm{d}s\mathrm{d}\tau \tag{3-42}$$

式中　s——等温面；

$\left. \dfrac{\mathrm{d}t}{\mathrm{d}r} \right|_s$——$\mathrm{d}s$ 处的法向等温梯度；

　　τ——时间（s）。

根据测量原理，辅壁式热流计（schmidt 热流计）、温差式热流计、探针式热流计等都是应用这种原理测量的。其特点是，无须热保护装置就能直接测定传递的热流。

2. 辐射热流

辐射热流是一种电磁波，其波长范围约在 $0.1 \sim 100\mu\mathrm{m}$，高温物体通过电磁波的形式向外界传递热流。辐射式热流的测量方法按其测试原理来分，可分为稳态辐射热流法和瞬态辐射热流法。

稳态辐射热流的测试原理一般是由稳态热平衡方程导出的。图3-43所示是最简单的物理模型。图中，热流计的探头有三部分：①辐射热流接受面，温度为 T_1，面积

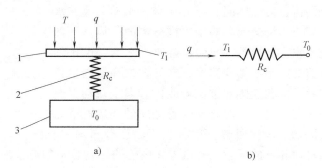

图 3-43　稳态热流计测试原理模型示意图

a）热流示意图　b）热流在传导体内的流向示意图
1—接触面　2—传导体　3—低温块

为 A；②连接接受面与低温块的传导体，热阻为 R_c；③低温块或恒温块，温度为 T_0。当有热流密度为 q 的辐射热流投射于表面1时，它吸收的热量将通过连接体2传给恒温块3，当到达稳态热平衡时，表面1的温度为 T_1，其热平衡方程为

$$qA = \frac{T_1 - T_0}{R_\mathrm{c}}$$

或

$$q = K\Delta T \tag{3-43}$$

式中　K——仪器常数，$K = 1/AR_\mathrm{c}$。

瞬态辐射热流测试根据测试原理不同又可分为集总热容法和薄膜法。集总热容法使用一面涂黑的银盘或铜片做成感受体，它与支座绝热，支座腔（恒温腔）由水冷腔或大热容铜套制成，对于受热的银盘或铜片可列出热平衡方程式

$$\alpha IA = mc_\mathrm{p} \left(\frac{\mathrm{d}T}{\mathrm{d}\tau} \right)_h + h \times 2A\Delta T \tag{3-44}$$

式中　A——银盘或铜片的面积（m^2）；

　　m——质量（kg）；

c_p——比热容 $[J/(kg \cdot K)]$；

$\left(\dfrac{\mathrm{d}T}{\mathrm{d}\tau}\right)_h$——其温升速率（K/s）；

h——银盘或铜片对外界表面传热系数 $[W/(m^2 \cdot K)]$；

ΔT——银盘或铜片对环境的温差（K）；

I——太阳辐射强度（W/m^2）；

α——银盘或铜片表面的吸收率。

薄膜法的目的是尽量减小感受件的热容，使之获取的热量只和感受件与周围接触体的温差有关。基于这种原理制成的薄膜辐射热流计的薄膜探头非常薄，并且对温度敏感。热辐射透过玻璃传到薄膜表面时，表面被加热并向周围传热，薄膜的温度随透射辐射和传递热量的变化而变化，其电阻也因之而变化。由于这种变化的响应非常快，且受热量与温度之间并非线性变化关系，一般需要用计算机来计算。

3.3.2　热流计的工作原理与分类

根据测量原理与结构的不同，接触式热流计可区分为热阻式热流计、金属片型热流计、薄板型热流计、辐射热流计、全热流计及量热式热流计等。

1. 热阻式热流计

热阻式热流测头是广泛采用的一种热流测头，可用来测量以导热方式传递的热流密度，有热流通过热流测头时，测头热阻层上产生温度梯度，根据傅立叶定律可以得到通过热流测头的热流密度，热流密度的方向与等温面是垂直的，通过热流测头的热流密度可用下式表示

$$q = \frac{\mathrm{d}Q}{\mathrm{d}S} = \lambda \frac{\partial T}{\partial X} \tag{3-45}$$

式中　q——热流密度；

$\mathrm{d}S$——等温面上微元面积；

$\mathrm{d}Q$——通过微元面积 $\mathrm{d}S$ 的热流量；

$\dfrac{\partial T}{\partial X}$——垂直于等温面方向的温度梯度；

λ——测头材料的导热系数。

若温度为 T 和 $T+\Delta T$ 的两个等温面平行，则有

$$q = \lambda \frac{\Delta T}{\Delta X} \tag{3-46}$$

式中　ΔT——两等温面温差；

ΔX——两等温面之间的距离。

如果热流测头材料和几何尺寸确定，那么只要测出测头两侧的温差，即可得到热流密度。根据使用条件，选择不同的材料做热阻层，以不同的方式测量温差，就能做成各种不同结构的热阻式热流测头。平板式热流测头是目前使用最广泛的热阻式热流测头，其结构如图3-44 所示。平板式热流测头输出的热电势与通过热流测头的热流密度用下式表示

$$q = CE \tag{3-47}$$

式中　E——测头输出的热电势（mV）；

C——热流测头系数 $[W/(m^2 \cdot mV)]$。

测头系数是热阻式热流测头的重要参数，其值与测头的材料结构、几何尺寸、热电特性

等有关。C 值的大小反映了热流测头的灵敏度，C 值越小测头灵敏度越高，反之测头灵敏度越低，因此有的文献把 C 值的倒数称为测头的灵敏度。热阻式两侧的温差除了能用平板式热流测头测量外，还可以用差动连接的热电阻测量。热阻式热流测头只需要较小的温度梯度就可以产生较大的输出信号，这对于测量较小热流密度的传热过程是有利的。

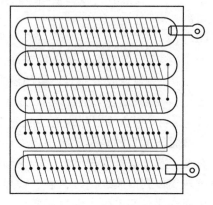

图 3-44　平板式热流测头

热阻式热流测头能够测量几瓦每平方米到几万瓦每平方米的热流密度。表面接触式安装的测头使用温度一般在 200℃ 以内，特殊结构的测头可以测到 500～700℃。热阻式热流测头反应时间一般较长，随热阻层的性能和厚度不同，反应时间从几秒到几十分钟或更长，可见这类测头比较适合变化缓慢的或稳定的热流测量。

2. 其他形式热流计

（1）金属片型热流计　这种形式的热流计是在传感器上采用已知导热系数 λ 和厚度 d 的金属片，根据测量金属片两表面的温度差 Δt，可计算出热流密度 $q = \dfrac{\lambda}{d}\Delta t$，其结构示意如图 3-45 所示，这种热流计结构简单，容易利用计算法求出热流密度。但存在如下缺点：由于传感器的灵敏度与温度有关，因此 Δt 与 q 不成正比，需要进行修正计算；分别安装热流传感器前后，由于热流传感器的保温作用，热流密度不同，对此该热流计没有给予考虑。

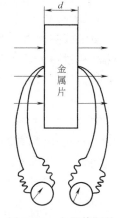

图 3-45　金属片型热流计结构示意图

（2）全热流计　这种热流计是同时测量炉内辐射和对流热流密度的装置，所以称为全热流计，传感器采用柱形铝合金。为了高效率接收从传感器前段入射的辐射，在受热面上形成许多同心圆沟槽并涂黑，使其表面上的发射率（黑度）接近于 1。另一方面，在传感器的后端面上用水冷却以维持一定的温度。热电偶设置在圆柱铝合金中间间隔一定距离的两个点上。

（3）辐射热流计　这种热流计只测量辐射热流密度，所以传感器采用内表面镀金的椭圆球的结构。从入射孔入射的热辐射在椭圆球体的内表面上进行多次反射，最后均传到表面涂黑的圆柱形不锈钢塞子上，用埋设在柱塞内两点间的康铜-不锈钢热电偶测量温度差。对流产生的热流用通入椭圆球内的氮气清扫，不能传到柱塞上。如果氮气过量，受热部分将被冷却，相应地会产生测量误差，所以需要控制流入一定的氮气量。测量和使用范围控制在 500000W/m^2，1600℃ 以下。

（4）薄板型热流计　在金属薄板（铜板）的两个表面上贴金属箔或镀上金属层，把传感器本体作为一个差动热电偶。一般金属箔是康铜，本体是铜，但也有相反的情况。如果假定通过此薄板的热流密度为 q，差动热电偶的热电势为 E，则 $q = CE$，其中 C 为常数。如果使用温度过高，则 q 与 E 不呈线性，所以一般用在 $E \leqslant 10\text{mV}$ 的测量环境。另外，由于金属箔或镀层容易氧化而被破坏，所以使用温度不能过高。

（5）量热式热流计　这种热流计是利用流过受热面的冷却水所吸收的热量求热流密度的一种装置。假定水流量为 G，入口和出口水温分别为 t_1、t_2，即可求出热流密度值 q。它的反应速度较快，一般为 10s 左右。但当保持水流量为一定值，测量随时间而变化的热流时，水温 t_1 和 t_2 不能迅速地响应。

3.3.3　热流计的应用

热流计的应用基本上可以分三种类型：一种是直接测量热流密度；一种是作为其他测量仪器的测量元件，如作为导热系数测定仪、热量计、火灾检测器、辐射热流计、太阳辐射计等仪器的检测元件；另一种是作为监控仪器的检测元件，例如将热流测头埋入燃烧设备的炉墙中监测炉衬的烧损情况等。表 3-11 列举了热阻式热流计在热工学、能量管理和环境工程中的应用。下面着重介绍热阻式热流计在直接测量热流密度方面的应用。

表 3-11　热阻式热流计的应用

应用领域	测定对象或应用的仪器	使用温度 /℃	测量范围 /(W/m²)	参考精度 (%)	备注
热工学、能量管理	一般保温保冷壁面	−80～80	0～500	5	旋转炉、水冷壁等，包括热分解炉、空调设备
	工业炉壁面	20～600	50～1000	5	
	特殊高温炉壁面	100～800	1000～10000	10	
	化工厂	0～150	0～2000	5	
	建筑绝热壁面	−30～40	0～200	5	
	发动机壳	20～80	100～1000	5	
	农业、园艺设施	−40～50	0～1000	5	
环境工程	一般保温(冷)壁面	20～80	0～250	3	
	小型锅炉、发动机等	20～60	50～200	5	
	坑道、采掘面	20～70	200～1000	3	
	空调机器设备	0～80	0～1500	3	
	建筑壁、装修，隐蔽材	−40～150	0～1000	3	
	蓄热蓄冷设备	0～80	0～1500	3	

1. 热流测头的选用

热流测头应尽量薄，热阻要尽量小，被测物体的热阻应该比测头热阻大得多。被测物体为平面时采用平板式测头，被测物体为弯曲面时采用可挠式测头。可挠式测头弯曲过度也会对其标定系数有一定影响，因此测头弯曲半径不应小于 50mm。另外，辐射系数对热流密度的测量也有影响，所以应采取涂色、贴箔等方法，使测头表面与被测物体表面辐射系数趋于一致。

2. 热流测头的安装

被测物体表面的放热状况与许多因素有关，在自然对流的情况下被测物体放热的大小与热流测点的几何位置有关。对于水平安装的均匀保温层圆形管道，保温层底部散热的热流密度最低，侧面热流密度略高于底部，上部热流密度比下部和侧面均大得多，如图 3-46 所示。这种情况下，测点应选在管道上部表面与水平夹角约为 45°处，此处的热流密度大致等于其截面上的平均值。在保温层局部受冷受热或者受室外气温、风速、日照等因素影响时，热流密度在管道截面上的分布更加复杂，测点应选在能反映管道截面上平均热流密度的位置，最好在同一截面上选几个有代表性的位置进行测量，与所得到的平均值进行比较，从而得到合适的测试位置。对于垂直平壁面和立管也可做类似的考虑，通过测试找出合适的测点位置。至于水平壁面，由于传热状况比较一致，测点位置的选择较为容易。

热流测头表面为等温面，安装时应尽量避开温度异常点。有条件时，应尽量采用埋入式安装测头。测头表面与被测物体表面应接触良好，为此，常用胶液、石膏、黄油等粘贴测头，对于硅橡胶可挠式测头可以使用双面胶纸，这样不但可以保持良好接触，而且装拆方便。热流测头的安装应尽量避免在外界条件剧烈变化的情况下测量热流密度，不要在风天或

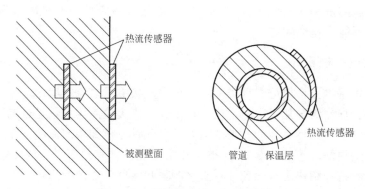

图 3-46　热阻式热流测头的安装

太阳直射下测量，不能避免时可采取适当的挡风、遮阳措施。为正确评价保温层的散热状况，有条件时可采用多点测量和累积量测量，取其平均值，这样取得的效果更理想。使用热流计测量时，一定要热稳定后再读数。

3.3.4　热量测量仪器

1. 热水热量指示积算仪

（1）热水热量指示积算仪工作原理　以热水为热媒的热源生产的热量，或用户消耗的热量，与热水流量和供、回水焓值有关。它们之间的关系可用下式表示

$$Q = q_m (h_s - h_r) \tag{3-48}$$

式中　Q——热水的热量（kJ/h）；

　　q_m——热水的质量流量（kg/h）；

　　h_r——回水焓值（kJ/kg）；

　　h_s——供水焓值（kJ/kg）。

热水的焓值为其比定压热容与温度之积，即

$$h = c_p t \tag{3-49}$$

在供回水温差不大时，可以把供回水的比定压热容看成是相等的，而且可以看成为一个常数。此时式（3-48）可以写为

$$Q = k q_m (t_s - t_r) \tag{3-50}$$

式中　t_s、t_r——分别为供回水温度（℃）；

　　k——仪表常数，$k = c_p$。

由式（3-50）可以看出，只要测出供回水温度和热水流量，即可得到热水放出的热量。热水热量计正是基于这个原理测量热水热量的。

（2）热水热量指示积算仪的组成　热水热量指示积算仪的组成如图 3-47 所示，热水的质量流量经流量变送器转换成 0~10mA 或 4~20mA·DC 信号，输入热水热量计。供回水温度由铂热电阻 R_{T_1}、R_{T_2} 转换为电阻信号，送至仪表的加法器环节。加法器输出的供回水温差信号与流量信号在热量运算环节进行乘法运算后，得到与热水热量成比例变化的电压信号，再经电压电流转换环节变成电流信号，推动表头指示热量瞬时值，并由积算器输出热量累积量。因为水的质量流量与水的密度有关，而水的密度又是随温度变化的，水的温度升高时，其密度减小。所以，在水的体积流量一定的情况下，水的质量流量随水温升高而减小。若忽视了水温对质量流量的影响，将会产生较大的测量误差。为消除热水温度变化对质量测量结

果的影响，必须对质量流量进行温度修正。热水流量指示积算仪是利用铂热电阻 R_{T_1} 进行温度修正的。流量变送器输出的信号经温度修正后指示热水质量流量瞬时值，并参加热量的乘法运算。

（3）热水热量指示积算仪的使用

图 3-48 所示为热水热量积算仪测量热水热量的原理示意图，跟随着叶轮 1 的转动，流体流动，流量传感器、给水温度传感器、回水温度传感器分别测量得到各自的测量值，并分别将信号输送到积分仪，积分仪的计算单元按照式 (3-50) 进行计算，并将计算结果输送

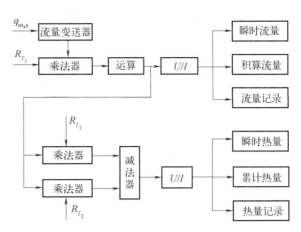

图 3-47　热水热量指示积算仪的组成框图

到显示器上，从显示器上可直接读出瞬时流量、瞬时热量和累积热量。

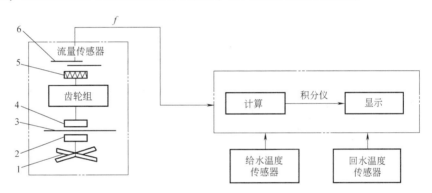

图 3-48　热水热量指示积算仪示意图

1—叶轮　2—耦合磁铁　3—隔离板　4—耦合磁铁　5—磁铁　6—干簧管

为保证仪表的测量精度，热水热量指示积算仪应定期校验。

2. 饱和蒸汽热量指示积算仪

（1）饱和蒸汽热量指示积算仪的工作原理　饱和蒸汽热量计显示的数值是瞬时热量和积算热量。根据热力学第一定律，以蒸汽为热媒的热源产热量或用户耗热量取决于蒸汽流量、蒸汽与凝水的焓差。饱和蒸汽热量可按下式计算

$$Q = q_m(h_q - h_s) \tag{3-51}$$

式中　Q——饱和蒸汽的热量（kJ/h）；

　　　q_m——饱和蒸汽的质量流量（kg/h）；

　　　h_q——进换热器的饱和蒸汽焓值（kJ/kg）；

　　　h_s——换热器出口热水的焓值（kJ/kg）。

当使用孔板流量计时，瞬时流量为

$$Q = \alpha\sqrt{\Delta p \rho_q}\,(h_q - h_s)$$

载热介质水蒸气的焓值较大，而热水的焓值较小，两者差别较大，故可忽略水的焓值。这样上式可简写为

$$Q = \alpha\sqrt{\Delta p \rho_q}\,h_q \tag{3-52}$$

式中　α——孔板流量计算公式中的系数；

　　Δp——压差值（MPa）；

　　ρ_q——实际状态下的饱和水蒸气的密度（kg/m³）。

通常饱和蒸汽汽水分离效果欠佳，往往带有水分，即为湿饱和蒸汽。湿饱和蒸汽所带水分的多少，用干度 x 来表示。x 的大小直接关系到流量和热熵值的大小。由于湿饱和蒸汽是一种汽水混合的两相流体，或者饱和蒸汽经过节流件时压力骤然变低，有可能发生相变，所以在使用标准孔板测其流量会带来测量误差。因此在实际使用中，在流量公式中加一个修正环节。整个修正环节主要由干度 x 所决定，这样热量 Q 的运算关系为

$$Q = (1.56 - 0.56x)\alpha\sqrt{\Delta p \rho_q}\,h_q$$

因此，测得饱和蒸汽的流量、干度及温度或压力，就可以求得饱和蒸汽的热量。

（2）饱和蒸汽热量指示积算仪的组成　饱和蒸汽热量指示积算仪的原理框图如图 3-49 所示。它适用于饱和蒸汽热量测量。安装在供汽管道上的标准孔板把蒸汽流量信号转换成差压信号，再经差压流量变送器转换成 0~10mA·DC 信号，作为热量计的输入信号。安装在供汽管道上的铂热电阻测量蒸汽温度，并输入热量计，与流量信号一起参加热量运算，再由表头数字显示蒸汽热量瞬时值、蒸汽流量瞬时值。另外，热量信号经积算电路转换后，由仪表指示蒸汽热量的累积量。

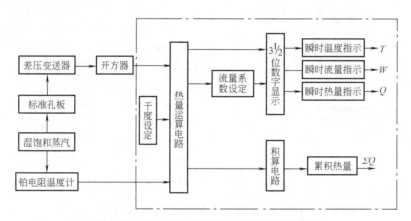

图 3-49　饱和蒸汽热量指示积算仪原理框图

（3）饱和蒸汽热量指示积算仪的应用　如图 3-50 所示，饱和蒸汽热量指示积算仪与标准孔板、差压流量变送器及铂热电阻配套使用，由标准孔板、差压流量变送器把蒸汽的质量流量转换成直流电信号，与测温铂电阻输出的电阻信号以其输入蒸汽热量指示积算仪，经干度设定和流量系数设定后，仪表直接指示蒸汽的瞬时流量、温度、瞬时热量和累积热量。一般锅炉运行正常时，在汽水分离设备较好的情况下，饱和蒸汽的干度在 0.95~1.00 之间，设定干度后，饱和蒸汽热量计所指示的瞬时热量和累积热量是经过干度修正后的测量值。

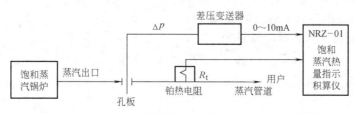

图 3-50　NRZ-01 型饱和蒸汽热量指示积算仪应用框图

思　考　题

1. 国际常用的温标有哪三种？国际实用温标 ITS-90 是如何定义的？

2. 简述玻璃温度计、压力温度计、双金属温度计的工作原理。

3. 试述热电偶的组成与测温原理。

4. 如何证明热电偶回路的总电势是温度的单值函数？

5. 热电偶为什么要进行冷端温度补偿？常用冷端温度补偿方法有哪些？

6. 热电偶的热电极材料一般应满足什么要求？

7. 两热电偶的测点分别放置在温度为 T_1 和 T_2 的热源中（$T_1 > T_2$），冷端保持 0℃，电位差计的读数分别为 U_1 和 U_2。两热电偶反接、两热电偶并联、两热电偶串联，这三种不同连接方式电位差计的读数分别为多少？

8. 镍铬-镍硅热电偶测温，冷端 $T_0 = 25℃$，$E_{AB}(T, T_0) = 40.347\text{mV}$，求被测对象的实际温度。

9. 常用热电阻有哪几类？热电阻分度号 Pt100、Cu50 各表示什么含义？

10. 简述热电阻的测温原理和特点（温度系数、电阻比的概念）。

11. 热电阻测温线路有两线制、三线制、四线制，简述它们的特点和区别。

12. 半导体热敏电阻有何特点？

13. 当一个热电阻温度计所处的温度为 20℃ 时，电阻是 100Ω。当温度是 25℃ 时，它的电阻是 101.5Ω。假设温度与电阻间的变换关系为线性关系，试计算当温度计分别处在 -100℃ 和 150℃ 时的电阻值。

14. 接触式测温误差的主要来源有哪些？如何减少它们的影响？

15. 热辐射温度计的测温特点是什么？亮度温度、辐射温度、比色温度的定义分别是什么？

16. 简述干湿球湿度计的测试原理。

17. 简述空气湿度的三种表示方法以及测量的四种方法（原理、特点）。

18. 试比较普通干湿球湿度计与电动干湿球湿度计的异同。

19. 试简述氯化锂传感器的测湿度的原理和测试线路图。

第4章
流体参数测量

4.1 压力测量

4.1.1 概述

这里的压力即物理学中的压强，压力是反映物质状态的一个重要参数，是工业生产过程中重要工艺参数之一，正确地测量和控制压力是保证生产过程安全有序运行的重要环节。

1. 压力

压力是垂直作用在单位面积上的力。它的大小由两个因素决定，即受力面积和垂直作用力的大小。其表达式为

$$p = F/S \tag{4-1}$$

式中　p——压力（Pa）；

　　F——作用力（N）；

　　S——作用面积（m^2）。

国际单位制（SI）中的定义：1N 的力垂直而均匀地作用在 $1m^2$ 面积上所形成的压力为一个帕斯卡，简称帕，符号为 Pa。目前，工程技术领域广泛使用的压力单位主要有：工程大气压、标准大气压、毫米汞柱、毫米水柱等。

（1）工程大气压　即 1kg 力垂直而均匀地作用在 $1cm^2$ 面积上所产生的压力，用千克力/平方厘米表示，常记作 kgf/cm^2，符号为 at。

（2）标准大气压　在纬度为 45° 的海平面上，温度为 0℃ 时的平均大气压力。1atm = 101325Pa，符号为 atm。

（3）毫米汞柱　在标准重力加速度下，温度为 0℃ 时 1mm 高的水银柱所产生的压力，符号为 mmHg。

（4）毫米水柱　在标准重力加速度下，温度为 4℃ 时 1mm 高的水柱所产生的压力，符号为 mmH_2O。

常用的几种压力单位与帕之间的换算关系为

$$1kgf/cm^2 = 9.807 \times 10^4 Pa$$

$$1atm = 1.013 \times 10^5 Pa$$

$$1mmHg = 1.332 \times 10^2 Pa$$

$$1mmH_2O = 9.807 Pa$$

$$1MPa = 10^6 Pa$$

由式（4-1）可知，当作用力 $F = 0$ 时，压力 $p = 0$。但地面上的一切物体无不处在环境大气压力的作用下，只有绝对真空状态才能使 F 真正等于 0，以绝对真空为计值零点的压力称

为绝对压力。设计容器或管道的耐压强度时，主要根据内部流体压力和外界环境大气压力之差而定，一般的压力表监测生产过程，也只检测容器或设备内外压力之差，这个压力差是相对值，是以环境大气压力为计值零点所得的压力值，称为相对压力。各种普通压力表的指示值都是相对压力，所以相对压力也称为表压力，简称表压。

环境大气压力完全由当时当地空气柱的重力所产生，与海拔高度和气象条件有关，可以用专门的大气压力表测得，它的数值是以绝对真空为计值零点得到的。因此，是绝对压力。

如果容器或管道里的流体压力比外界环境大气压力低，表压就为负值，这种情况下的表压称为真空度，亦即接近真空的程度。

2. 压力测量方法

依据不同的测压原理，可以把压力测量的方法分为如下几类。

（1）平衡法的压力测量　此方法是按照压力的定义，通过直接测量单位面积所承受的垂直方向上的力的大小来检测压力，如液柱式压力计和活塞式压力计。

（2）弹性法的压力测量　弹性元件感受压力后会产生弹性变形，形成弹性力，当弹性力与被测压力相平衡时，弹性元件变形量的大小反映了被测压力的大小。据此原理工作的各种弹性式压力计已在工业上得到了广泛的应用。

（3）物理性质法的压力测量　一些物质受压后，它的某些物理性质会发生变化，通过测量这种变化就能测量出压力。据此原理制造出的各种压力传感器往往具有精度高、体积小、动态特性好等优点，成为近年来压力测量的一个主要发展方向。其中，半导体压阻式传感器和压电式传感器发展得更为迅速。

4.1.2　平衡式压力计

1. 液柱式压力计

（1）液柱式压力计测压原理　液柱式压力计是利用液柱所产生的压力与被测压力平衡，并根据液柱高度来确定被测压力大小的压力计。所用液体称为封液，常用的封液有水、酒精、四氯化碳、水银等。常用的液柱式压力计有 U 形管压力计、单管压力计和斜管微压计。它们的结构形式如图 4-1 所示。

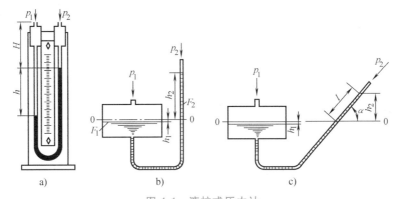

图 4-1　液柱式压力计

a）U 形管压力计　b）单管压力计　c）斜管微压计

U 形管压力计两侧压力 p_1、p_2 与封液液柱高度 h 之间有如下关系

$$p_1 - p_2 = gh(\rho - \rho_1) + gH(\rho_2 - \rho_1) \tag{4-2}$$

式中　ρ_1、ρ_2、ρ——U 形管左右侧介质及封液密度（kg/m³）；

H——U 形管右侧介质高度（m）；

h——液柱高度（m）；

g——重力加速度（m/s^2）。

当 $\rho_1 = \rho_2$ 时，式（4-2）可简化为

$$p_1 - p_2 = gh(\rho - \rho_1) \tag{4-3}$$

若 $\rho_1 = \rho_2$，且 $\rho \gg \rho_1$，则有

$$p_1 - p_2 = gh\rho \tag{4-4}$$

单管压力计两侧压力 p_1、p_2 与封液液柱高度 h_2 之间的关系为

$$p_1 - p_2 = g(\rho - \rho_1) \times (1 + F_2/F_1) h_2 \tag{4-5}$$

式中　F_1、F_2——容器和单管的截面面积。

若 $F_1 \gg F_2$，且 $\rho \gg \rho_1$，则式（4-5）可简化为

$$p_1 - p_2 = g\rho h_2 \tag{4-6}$$

斜管微压计两侧压力 p_1、p_2 和液柱长度 l 的关系可表示为

$$p_1 - p_2 = g\rho l \sin\alpha \tag{4-7}$$

式中　α——斜管的倾斜角度。

（2）液柱式压力计的测量误差及其修正　在实际使用时，很多因素都会影响液柱式压力计的测量精度。对某一具体测量问题，有些影响因素可以忽略，但以下的因素则必须加以修正。

1）环境温度变化的影响。当环境温度偏离规定温度时，封液密度、标尺长度都会发生变化。由于封液的体胀系数比标尺的线胀系数大 1~2 个数量级，因此对于一般的工业测量，主要考虑环境温度变化引起的封液密度变化对压力测量的影响，而精密测量时还需要对标尺长度变化的影响进行修正。

环境温度偏离规定温度（例如 20℃）后，封液密度改变对压力计读数影响的修正公式为

$$h = h_{20}[1 + \beta(t - 20)] \tag{4-8}$$

式中　h_{20}——规定温度为 20℃时封液液柱高度（m）；

h——环境温度为 t 时的封液液柱高度（m）；

β——封液的体胀系数；

t——测量时环境的实际温度。

2）毛细管现象造成的误差。毛细管现象使封液表面形成弯月面，这不仅会引起读数误差，而且会引起液柱的升高或降低。这种误差与封液的表面张力、管径、管内壁的洁净度等因素有关，一般难以精确得到。在实际应用时，常常通过加大管径来减少毛细管现象的影响。一般要求：封液为酒精时管子内径 $d \geq 3$mm，封液为水或水银时管子内径 $d \geq 8$mm。此外液柱式压力计还存在刻度、读数、安装等方面的误差。读数时，眼睛应与封液弯月面的最高点或最低点持平，并沿切线方向读数。U 形管压力计和单管压力计都要求垂直安装，否则也将会带来较大误差。

（3）液柱式压力计的特点　液柱式压力计的优点是可测微压、简单可靠；缺点是不能测过高压力，测量结果难以转成电量，因而难以远传、自动记录和用于动态测量。

2. 弹性式压力计

弹性式压力计采用的是以压力与弹性力相平衡为基础的压力测量方法。常用的弹性元件有弹簧管、膜片、膜盒和波纹管，相应的压力测量工具有弹簧管压力计、膜片式压力计、膜

盒式压力计和波纹管式压力计及膜片式、膜盒式、波纹管式压差计。弹性元件变形产生的位移较小，往往需要把它变换为指针的角位移或电信号，以指示压力的大小。

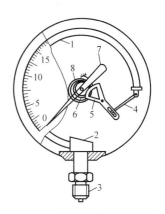

图 4-2　单圈弹簧管压力计
1—弹簧管　2—固定端　3—接头
4—拉杆　5—扇形齿轮　6—中心齿轮
7—指针　8—游丝

（1）弹簧管压力计　图 4-2 所示为单圈弹簧管压力计，由弹簧管、齿轮传动机构、指针、刻度盘等组成。

弹簧管是弹簧管压力计的主要元件。各种形式的弹簧管如图 4-3 所示。弯曲的弹簧管是一根空心管，其自由端封闭，固定端与仪表的外壳固定连接，并与管接头相通。弹簧管的横截面呈椭圆形或扁圆形，当它的内腔通入被测压力后，在压力作用下发生变形，短轴方向的内表面积比长轴方向的大，因而受力也大，当管内压力比管外大时，短轴要变长些，长轴要变短些，管子截面趋于圆而产生弹性变形。由于短轴方向与弹簧管圆弧形的径向一致，变形后使自由端向管子伸直的方向移动，产生管端位移量，通过拉杆带动齿轮传动机构，使指针相对于刻度盘转动。当变形引起的弹性力与被测压力产生的作用力平衡时，变形停止，指针指示出被测压力值。

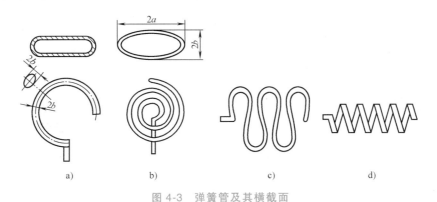

图 4-3　弹簧管及其横截面
a）单圈弹簧管　b）盘旋多圈弹簧管　c）S 形弹簧管　d）螺旋多圈弹簧管

单圈弹簧管自由端的位移量不大，一般不超过 2~5mm。为了提高弹簧管的灵敏度，增加自由端的位移量，可采用 S 形弹簧管或螺旋形弹簧管。齿轮传动机构的作用是把自由端的线位移转换成指针的角位移，使指针能明显地指示出被测值。它上面还有可调螺钉，用以改变连杆和扇形齿轮的铰合点，从而改变指针的指示范围。转动轴处装着一根游丝，用来消除齿轮啮合处的间隙。传动机构的传动阻力要尽可能小，以免影响仪器的精度。

单圈弹簧管压力表的精度，普通级为 1~4 级，精密级为 0.1~0.5 级。测量范围 $0 \sim 10^9$ Pa。为了保证弹簧管压力表的正确指示和能长期使用，应使仪表工作在正常允许的压力范围内。对于波动较大的压力，仪表的示值应经常处于量程范围的 1/2 附近；被测压力波动小，仪表示值可在量程范围的 2/3 左右，但被测压力值一般不应低于量程范围的 1/3。另外，还要注意仪表的防振、防爆、防腐等问题，并应定期校验。

（2）膜片式压力计与膜盒式压力计　膜片式压力计主要用于测量腐蚀性介质或非凝固、非结晶的黏性介质的压力，膜盒式压力计常用于测量气体的微压和负压。它们的敏感元件分别是膜片和膜盒，膜片和膜盒的形状如图 4-4 所示。

膜片是一个圆形薄片，它的圆周被固定起来。通入压力后，膜片将向压力低的一面弯曲，其中心产生一定的位移（即挠度），通过传动机构带动指针转动，指示出被测压力。为了增大其产生的中心位移，提高仪表的灵敏度，可以把两片金属膜片的周边焊接在一起，成为膜盒。也可以把多

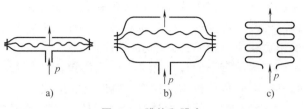

图 4-4　膜片和膜盒

a）波纹膜片　b）波纹膜盒　c）波纹管

个膜盒串接在一起，形成膜盒组。膜片可分为弹性膜片和挠性膜片两种。弹性膜片一般由金属制成，常用的弹性波纹膜片是一种压有环状同心波纹的圆形薄片，其挠度与压力的关系，主要由波纹的形状、数目、深度和膜片的厚度、直径决定，而边缘部分的波纹情况则基本上决定了膜片的特性，中部波纹的影响很小。挠性膜片只起隔离被测介质的作用，它本身几乎没有弹性，是由固定在膜片上的弹簧的弹性力来平衡被测压力的。膜式压力计的传动机构和显示装置在原理上与弹簧管压力计基本相同。

膜式压力计的精度一般为 $1.5 \sim 2.5$ 级。膜片压力计适用于测量小于 $2 \times 10^6 Pa$ 的压力，膜盒压力计的测量范围为大于 $4 \times 10^4 Pa$ 的压力。

（3）波纹管式压差计　波纹管是外周沿轴向有深槽形波纹状皱褶，且可沿轴向伸缩的薄壁管子。它受压时的线性输出范围比受拉时的大，因此常在压缩状态下使用。为了改善仪表性能，提高测量精度，便于改变仪表量程，实际应用时波纹管常和刚度比它大几倍的弹簧结合起来使用，这时，仪表性能主要由弹簧决定。

波纹管式压差计以波纹管为感压元件来测量压差信号，有单波纹管和双波纹管两种，是主要用作流量和液位测量的显示仪表。图 4-5 所示是单波纹管式压差计结构原理图。高压端与波纹管外部的容器相通，低压端接入波纹管内部。由于波纹管外部压力大于内部压力，波纹管将压缩并带动磁棒下移。磁棒的移动使电磁传感器输出相应电信号，并经放大器放大后输出。这种压差计最大工作压力为 0.025MPa，压差测量范围为 $1000 \sim 4000Pa$，测量精度为 1.5 级。

图 4-6 所示是一种双波纹管压差计。这种压差计的最大工作压力可达 32MPa，压差测量范围为 $0.04 \sim 0.16MPa$。测量精确度为 $1 \sim 1.5$ 级。由图可见，压差的高压端引入仪表左面容器，低压端引入右面容器。左右两个波纹管内均充满工作液体（67%水和 33%甘油），并有小孔相通。左面波纹管上连有一个作为温度补偿器的波纹短管，管内也充有工作液体，并有小孔与左面波纹管相通。当环境温度变化时，工作液体能经小孔流入或

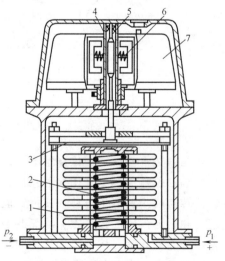

图 4-5　单波纹管式压差计结构原理图

1—波纹管　2—弹簧　3—支架　4—磁棒　5—套管
6—电磁传感器　7—放大器

流出波纹短管。

当高、低压端分别接入压力不同的介质时，左侧波纹管 5 受压差作用后使部分工作液体经小孔流入右侧波纹管 9，右侧波纹管 9 膨胀，并通过杆 10 使量程弹簧 12 压缩，同时带动

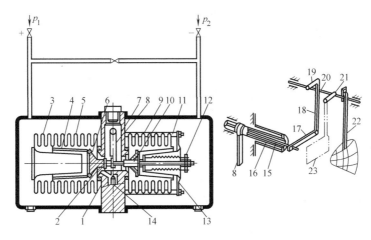

图 4-6　双波纹管压差计的结构原理图

1—孔　2—调节环　3—温度补偿器　4—套管　5—左侧波纹管　6—橡胶阀板　7—底板　8—杠杆
9—右侧波纹管　10—杆　11—螺栓　12—量程弹簧　13—固定锥套　14—调节阀　15—轴一　16—套管
17—传动杆　18—连接杆　19—传动臂一　20—轴二　21—传动臂二　22—记录笔　23—累计传动臂

杠杆 8 使套管 16 和轴 15 转动，并通过连接杆 18 和传动臂 19 使轴 20 偏转，这样就通过与轴 20 相连的记录笔 22 将被测压差记录在记录纸上。

（4）弹性压力计的误差及改善途径　由于环境的影响，仪表的结构、加工和弹性材料性能的不完善，使得压力测量存在各种误差。相同压力下同一弹性元件正反行程的变形量会不一样，因而存在迟滞误差；弹性元件变形落后于被测压力的变化，会引起弹性后效误差；仪表的各种活动部件之间有间隙，示值与弹性元件的变形不完全对应，会引起间隙误差；仪表的活动部件运动时，相互间有摩擦力，会引起摩擦误差；环境温度改变会引起金属材料弹性模量的变化，会造成温度误差。提高弹性压力计精度的主要途径有：

1）采用无迟滞误差或迟滞误差极小的"全弹性"材料和温度误差很小的"恒弹性"材料制造弹性元件，如合金 Ni42CrTi、Ni36CrTiA 是用得较广泛的恒弹性材料，熔凝石英是较理想的全弹性材料和恒弹性材料。

2）采用新的转换技术，减少或取消中间传动机构，以减少间隙误差和摩擦误差，如电阻应变转换技术。

3）限制弹性元件的位移量，采用无干摩擦的弹性支承或磁悬浮支承等。

4）采用合适的制造工艺，使材料的优良性能得到充分的发挥。

4.1.3　电气式压力计

1. 压阻式压力传感器

电阻丝在外力作用下发生机械变形，它的几何尺寸和电阻率都会发生变化，从而引起电阻值变化。若电阻丝的长度为 l，截面积为 A，电阻率为 ρ，电阻值为 R，则有

$$R = \rho \frac{l}{A} \tag{4-9}$$

设在外力作用下，电阻丝各参数的变化相应为 $\mathrm{d}l$，$\mathrm{d}A$，$\mathrm{d}\rho$，$\mathrm{d}R$，对式（4-9）求微分并除以 R，可得电阻的相对变化为

$$\frac{\mathrm{d}R}{R} = \frac{\mathrm{d}\rho}{\rho} + \frac{\mathrm{d}l}{l} - \frac{\mathrm{d}A}{A} \tag{4-10}$$

对于金属材料,电阻率的相对变化 $d\rho/\rho$ 较小。影响电阻相对变化的主要因素是几何尺寸的相对变化 dl/l 和 dA/A。对半导体材料,dl/l 和 dA/A 两项的值很小,$d\rho/\rho$ 为主要的影响因素。

物质受外力作用,其电阻率发生变化的现象叫压阻效应。利用压阻效应测量压力的传感器称为压阻式压力传感器。自然界中很多物质都具有压阻效应,但以半导体晶体的压阻效应较明显,常用的压阻材料是硅和锗。一般意义上说的压阻式压力传感器可分两种类型,一类是利用半导体材料的体电阻做成粘贴式的应变片,作为测量中的变换元件,与弹性敏感元件一起组成粘贴型压阻式压力传感器,或叫应变式压力传感器;另一类是在单晶硅基片上用集成电路工艺制成扩散电阻,此基片既是压力敏感元件,又是变换元件,这类传感器称为扩散型压阻式压力传感器,通常也简称为压阻式压力传感器或固态压力传感器。

2. 电容式压力传感器

电容器的电容量由它的两个极板的大小、形状、相对位置和电介质的介电常数决定。当一个极板固定不动时,另一个极板感受压力,并随着压力的变化而改变极板间的相对位置,电容量的变化就反映了被测压力的变化。这是电容式压力传感器的工作原理。

平板电容器的电容量 C 为

$$C = \frac{\varepsilon A}{d} \tag{4-11}$$

式中　ε——极板间电介质的介电常数;

A——极板间的有效面积（m^2）;

d——极板间的距离（m）。

若电容的动极板感受压力产生位移 Δd,则电容量将随之改变,其变化量为

$$\Delta C = \frac{\varepsilon A}{d - \Delta d} - \frac{\varepsilon A}{d} = C \frac{\Delta d/d}{1 - \Delta d/d} \tag{4-12}$$

可见,当 ε、A 确定之后,可以通过测量电容量的变化得到动极板的位移量,进而求得被测压力的变化。电容式压力传感器的工作原理正是基于上述关系。当 $\Delta d/d \ll 1$ 时,电容量的变化量 ΔC 与位移增量 Δd 呈近似的线性关系,即

$$\Delta C = C \frac{\Delta d}{d} \tag{4-13}$$

为了保证电容式压力传感器近似线性的工作特性,测量时必须限制动极板的位移量。为了提高传感器的灵敏度和改善其输出的非线性,实际应用的电容式压力传感器常采用差动的形式,即使感压动极板处于两个静极板之间,当压力改变时,一个电容的电容量增加,另一个电容的电容量减少,灵敏度可提高一倍,而非线性也大为降低。

电容式压力压差传感器具有结构简单、所需输入能量小、没有摩擦、灵敏度高、动态响应好、过载能力强、自热影响极小、能在恶劣环境下工作等优点,近年来受到了广泛重视。影响电容式压力传感器测量精度的主要因素是线路寄生电容、电缆电容和温度、湿度等外界干扰。集成电路技术的发展和新材料、新工艺的进步,已使上述因素对测量精度的影响大大减少,为电容式压力传感器的应用开辟了广阔的前景。

3. 霍尔压力变送器

霍尔压力变送器是利用霍尔效应,把压力作用下所产生的弹性元件的位移信号转变成电势信号,通过测量电势来得到压力。如图 4-7 所示,把半导体单晶薄片置于磁场 B 中,当在晶片的横向上通以一定大小的电流 I 时,在晶片的纵向的两个端面上将出现电势 V_H,这种

现象称霍尔效应，所产生的电势称霍尔电势，这个半导体薄片称霍尔片。

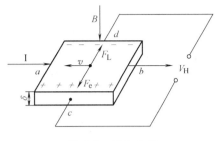

图 4-7　霍尔效应

当霍尔片中流过电流 I 时，电子受磁场力的作用发生偏转，在霍尔片纵向的一个端面上造成电子积累而形成负电性，而在另一端面上因缺少电子呈正电性，于是在霍尔片纵向出现了电场，电场力阻止电子的偏转。当磁场力与电场力相平衡时，电子积累达到了动态平衡，这时就建立了稳定的霍尔电势 V_H

$$V_H = K_H IB \qquad\qquad (4-14)$$

式中　K_H——霍尔元件灵敏度，由霍尔片材料、结构尺寸决定的常数。

由式（4-14）可知，霍尔电势 V_H 与 B、I 成正比，改变 B、I 可改变 V_H。霍尔电势 V_H 一般为几十毫伏数量级。

图 4-8 所示为一种霍尔压力变送器工作原理图。霍尔片直接与弹性元件的位移输出端相联系，弹性元件是一个膜盒，当被测压力发生变化时，膜盒顶端推杆将产生位移，推动带有霍尔片的杠杆，霍尔片在由四个磁极构成的线性不均匀磁场中运动，使作用在霍尔元件上的磁场变化。与此同时，输出的霍尔电势也随之变化。当霍尔片处于两对磁极中间对称位置时，霍尔片总的输出电势等于 0。当在压力的作用下使霍尔片偏离中心平衡位置时，霍尔元件的输出电势随位移（压力）的变化呈线性变化。由图 4-8 可见，被测压力等于 0 时，霍尔片处于中心平衡位置。当输入压力是正压时，霍尔片向上运动；当输入压力是负压时，霍尔片向下运动，此时输出的霍尔电势正负也随之发生相应变化。

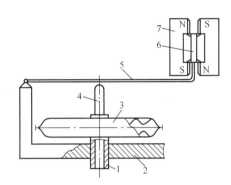

图 4-8　霍尔压力变送器
1—管接头　2—基座　3—膜盒　4—推杆
5—杠杆　6—霍尔元件　7—磁铁

4.1.4　压力仪表的选用与校正

1. 压力表的选择

选择压力表应根据被测压力的种类（压力、负压或压差）、被测介质的物理、化学性质和用途（标准、指示、记录和远传等）以及生产过程所提出的技术要求，同时应本着既满足测量准确度又经济的原则，合理地选择压力表的型号、量程和精度等级。

目前我国规定的精度等级，标准仪表有 0.05，0.1，0.15，0.2，0.25，0.35 级；工业仪表有 0.5，1.0，1.5，2.5，4.0 级等。选用时应按被测参数的测量误差要求和量程范围来确定。为了保护压力表，一般在被测压力较稳定的情况下，其最高压力值不应超过仪表量程的 2/3；为了保证实际测量的精度，被测压力最小值不应低于仪表量程的 1/3。

对某些特殊的介质，如氧气、氨气等则有专用的压力表。在测量一般介质，压力在 $-4.0\times10^4 \sim 0 \sim 4.0\times10^4\,Pa$ 时，宜选用膜盒式压力表；压力在 40kPa 以上时，宜选用弹簧管压力表或波纹管压力表；压力在 $-1.013\times10^5 \sim 0 \sim 2.4\times10^6\,Pa$ 时，宜选用真空压力表；压力在 $-1.013\times10^5 \sim 0\,Pa$ 时，选用弹簧管真空表。

2. 压力表的安装

如图 4-9 所示，弹性式压力计、压差计在安装时必须满足以下要求：

1）取压管口应与工质流速方向垂直，与设备内壁平齐，不应有凸出物和毛刺。测点要选择在其前后有足够长的直管段的地方，以保证仪表所测得的是介质的静压力。

2）防止仪表传感器与高温或有害的被测介质直接接触。测量高温蒸汽压力时，应加装冷凝盘管；测量含尘气体压力时，应装设灰尘捕集器；对于有腐蚀性的介质，应加装充有中性介质的隔离容器；测量温度高于 60℃ 的介质时，一般加环形圈（又称冷凝圈）。

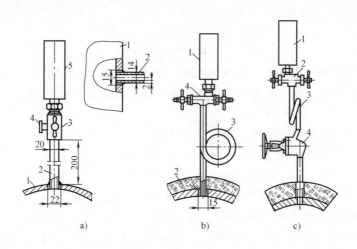

图 4-9　弹性式压力计、压差计安装图

a）低压测压管路布置

1—管道　2—取压管　3—三通截止阀　4—法兰接口　5—压力计

b）中压测压管路布置

1—压力计　2—管道　3—螺旋管　4—三通截止阀

c）高压测压管路布置

1—压力计　2—三通截止阀　3—螺旋管　4—截止阀

3）取压口的位置，测量气体介质时，一般位于工艺管道上部；测量蒸汽时，则应位于工艺管道的两侧偏上的位置，这样既可以保持测量管路内有稳定的冷凝液，同时又可以防止工艺管道底部的固体介质进入测量管路和仪表；测量液体时，应位于工艺管道的下部，以使液体内析出的少量气体顺利地返回工艺管道，而不进入测量管和仪表。

4）取压口与压力表之间应加装隔离阀，以备检修压力表用。

5）水平敷设的压力信号导管应有 3% 的坡度，以便排除导管内的积水（当被测介质为气体时）或积气（当被测介质为水时）。信号导管内径一般为 6～10mm，长度则一般不超过50m，这样可以减少测量滞后的影响。

3. 压力表的校验

常用校验压力表的标准仪器为活塞式压力计，如图 4-10 所示。它的精度等级有 0.02级、0.05 级和 0.2 级，可用来校准 0.25 级精密压力表，亦可校准各种工业用压力表，被校压力的最高值有 0.6MPa、6MPa、60MPa 三种。

活塞式压力计是利用静力平衡原理工作的，它由压力发生系统（压力泵）和测量活塞两部分组成。通过手摇泵 10，使系统升压，从而改变工作液的压力 p。此压力通过油缸 4 内的工作液作用在活塞 5 上。在活塞 5 上面的托盘 7 上放有砝码 6。当活塞 5 下端面受到压力 p 作用所产生的向上顶的力与活塞 5、托盘 7 及砝码 6 的总重力 W 相平衡时，则活塞 5 被稳定在某一平衡位置上，此时力的平衡关系为

$$pA = W \qquad (4\text{-}15)$$

式中　A——活塞底面的有效面积（m^2）；

　　　W——活塞、托盘及砝码总重量（N）。

据式（4-15）有

$$p = W/A \qquad (4\text{-}16)$$

当活塞 5 底面的有效面积 A 一定时，由式（4-16）可以方便而准确地由平衡时所加砝码的重量求出被测压力值 p。

校验步骤如下：

1）在测量范围内均匀选取 3～4 个检验点，一般应选在显示仪表刻度明显的整数点上。

2）均匀增压至刻度上限，保持上限压力 3min，然后均匀降至零压，主要观察指示有无跳动、停止或卡塞现象。

单方向增压至校验点后读数，轻敲表壳后再读数。用同样的方法增压至每一校验点进行校验。然后再单方向缓慢降压至每一校验点进行校验。计算出被校表的基本误差、变差和零点位置等。

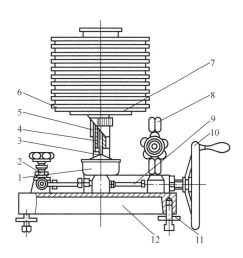

图 4-10　活塞式压力计

1—油杯　2—针阀　3—进油阀　4—油缸

5—活塞　6—砝码　7—托盘　8—接口

9—导管　10—手摇泵　11—调平螺钉　12—架体

4.2　流速和流量的测量

4.2.1　流速和流量测量的基本概念

1. 流速测量

流速是建筑环境与能源应用工程中流体运动状态的重要参数之一。流速对建筑环境与能源应用工程的安全生产、经济运行具有重要意义。随着现代科学技术的发展，各种测量气流速度的方法也越来越多，目前常用的方法有皮托管测速、机械式测速、热电风速仪测速、激光多普勒流速仪测速等。皮托管测速是利用了气流的速度和压力的关系，对图 4-11 所示的皮托管，根据不可压缩气体稳定流动的伯努利方程，流体参数在同一流线上有如下关系

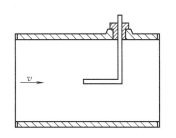

图 4-11　皮托管流速测量示意图

$$p + \frac{1}{2}\rho v^2 = p_0 \qquad (4\text{-}17)$$

式中　p_0——气流总压力（Pa）；

　　　p——气流静压力（Pa）；

　　　ρ——气体密度（kg/m^3）；

　　　v——气流速度（m/s）。

由上式可得

$$v = \sqrt{\frac{2(p_0 - p)}{\rho}} \quad (4\text{-}18)$$

可见，只要测出总压和静压，或者总压和静压的压力差，便可求出流速。考虑实际测量条件与理想状态的不同，必须根据皮托管的结构特征和几何尺寸等因素，按下式进行速度校正

$$v = K_P \sqrt{\frac{2(p_0 - p)}{\rho}} \quad (4\text{-}19)$$

式中　K_p——皮托管速度校正系数。

对于 S 形皮托管，$K_p = 0.83 \sim 0.87$；对于标准皮托管，$K_p = 0.96$ 左右。

实际工程中，采用上式计算流速一般可满足要求。

2. 流量测量

在工业生产过程中，流体在一定时间内通过某一定管道截面的流体数量，称为流量。它有瞬时流量和累积流量之分。所谓瞬时流量，是指在单位时间内流过管道或明渠某一截面的流体的量。根据不同的流量测量原理和实际需要，流量有下列三种表示方法。

1）质量流量：单位时间内通过的流体的质量，用 M 表示，单位为 kg/s。

2）重量流量：单位时间内通过的流体的重量，用 W 表示，单位为 N/s。

3）体积流量：单位时间内通过的流体的体积，用 Q 表示，单位为 m^3/s。

三者之间有下列关系

$$M = \rho Q; \quad W = Mg$$

式中　ρ——流体的密度（kg/m^3）；

　　　g——测量地点的重力加速度（m/s^2）

所谓累积流量，是指在某一时间间隔内，流体通过的总量。该总量可以用该段时间间隔内的瞬时流量对时间的积分而得到，所以也叫积分流量。

流量测量可以直接为生产提供所消耗的能源数量，以便于经济核算，也可以将流量信号作为控制信号，例如利用蒸汽锅炉的蒸汽信号控制锅炉给水以维持锅筒水位稳定等。还可以通过测量水或蒸汽的流量作为收费依据，以完善和加强企业的管理。

工业上常用的流量计，按其定义分为体积流量计和质量流量计两大类。

其中，体积流量计又分为差压式流量计、速度式流量计和容积式流量计：

1）差压式流量计：主要利用管内流体通过节流装置时，其流量与节流装置前后的压差有一定的关系，通过测量差压值来测量流量。如标准节流装置、转子流量计、弯管流量计等。

2）速度式流量计：主要利用管内流体的速度来推动叶轮旋转，叶轮的转速和流体的流速成正比，通过测量管道截面上的平均流速来测量流量。如叶轮式水表、涡轮流量计、电磁流量计等。

3）容积式流量计：主要利用流体连续通过一定容积之后进行流量累计的原理，通过直接对流体计数来测量流量。如椭圆齿轮流量计和腰轮流量计等。

质量流量计又分为直接式和间接式：

1）直接式：直接测量流体的质量流量。如科氏流量计、热式流量计等

2）间接式：通过测量体积流量和流体密度来计算质量流量。如体积流量密度补偿装置。

4.2.2　测量流速常用的仪表及方法

1. 皮托管测量流速

皮托管是传统的测量流速的传感器，与差压仪表配合使用，可以测量被测流体的压

力和差压，间接测量被测流体的流速。用皮托管测量流体的流速分布以及流体的平均流速是十分方便的。另外，如果被测流体及其截面是确定的，还可以利用皮托管测量流体的体积流量或质量流量。皮托管至今仍是被广泛应用的流速测量仪表。

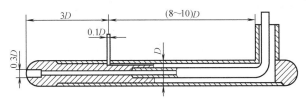

图 4-12　基本型皮托管结构图

皮托管有多种形式，其结构各不相同。图 4-12 所示是一种基本型皮托管（动压测量管）的结构图。它是一个弯成 90°的同心管，主要由感测头、管身及总压和动压引出管组成。感测头端部呈椭圆形，总压孔位于感测头端部，与内管连通，用来测量总压。在外管表面靠近感测头端部的适当位置上有一圈小孔，称为静压孔，是用来测量静压的。标准皮托管一般为这种结构形式。标准皮托管测量精度较高，使用时不需要再校正，但是由于这种结构形式的静压孔很小，在测量含尘浓度较高的空气流速时容易被堵塞，因此，标准皮托管主要用于测量清洁空气的流速，或对其他结构形式的皮托管及其他流速仪表进行标定。

S 形皮托管和直形皮托管也是常用的皮托管，其结构如图 4-13 所示。它们分别由两根相同的金属管组成，感测头端部做成方向相反的两个开口。测定时，一个开口面向气流，用来测量总压，另一个开口背对气流，用来测量静压。S 形皮托管和直形皮托管可用于测量含尘浓度较高的气体流速。由于标准皮托管有一个 90°的弯角，测定厚壁风道的空气流速时使用标准皮托管很不方便，因而可以使用 S 形皮托管或直形皮托管。

用标准皮托管、S 形皮托管、直形皮托管测风速，往往需要测出多点风速而得到平均风速，可见是很不方便的。如果使用如图4-14 所示的动压平均管测量平均风速，则十

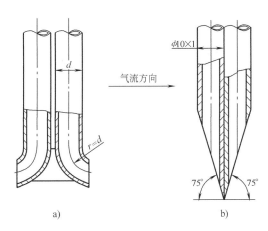

图 4-13　测高含尘气流皮托管
a）S 形皮托管　b）直形皮托管

分方便。这种测量平均风速的思路是把风道截面分成若干个面积相等的部分，选取合适的测点位置，测出各个小面积的总压力值，然后取若干个小面积的总压力平均值作为整个测量截面上的平均总压力。动压平均管是在取压管中间插入一根取总压力平均值的导管，在取压管适当的位置上开若干个总压孔，总压孔朝着气流方向，取压管中测量总压力的导管取压孔开在管道轴线位置，并朝着气流方向。静压导管安装在总压取压管（笛形管）下游侧，并靠近总压取压管，静压导管取压口背向气流方向。有的静压取压孔开在笛形管上游 1D（管道内径）处管壁上（图 4-14）。利用动压平均管测出被测流体的总压力与静压力之差，便可得到流体的平均速度。

使用皮托管测流体速度应注意以下几点：

1）当流速较低时，动压很小，使用二次仪表很难准确地指示此动压值，因此对使用皮托管测量流速的下限有规定：要求皮托管总压力孔直径上的流体雷诺数大于 200。S 形皮托管由于测端开口较大，在测量低流速时，受涡流和气流不均匀性的影响，灵敏度下降，因此一般不宜测量小于 3m/s 的流速。

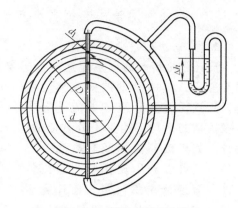

图 4-14 笛形动压平均管

2）在测量时，如果管道截面较小，由于相对粗糙度（K/D）的增大和插入皮托管的扰动的相对增大，使测量误差增大，因此，一般规定皮托管直径与被测管道直径（内径）之比不超过 0.02。管道内壁绝对粗糙度 K 与管道直径（内径）D 之比，即相对粗糙度 K/D 不大于 0.01。管道内径一般应大于 100mm。

3）S 形皮托管（或其他皮托管）在使用前必须用标准皮托管进行校正，求出它的校正系数。校正方法是在风洞中以不同的速度分别用标准皮托管和被校皮托管进行对比测定，两者测得的速度值之比，称为被校皮托管的校正系数。

4）使用时应使总压孔正对着流体的流动方向，并使其轴线与流体流速方向一致，否则会引起测量误差。

2. 热线风速仪

热线风速仪主要是利用带热体的热量散失来测量气体的流速。带热体通常为一个玻璃小球，用一根金属电阻丝（称为热线）从玻璃小球中间穿过，穿越处固定并与外界电路连接（图 4-15），电流流过热线，产生热量加热玻璃小球。测量时把玻璃小球置于被测流体中，被测流体流过加热的玻璃小球时，通过对流换热会带走部分热量，流速越大，表面传热系数越大，带热体单位时间内散失的热量就越多。流体带走的热量会使得玻璃小球的温度降低，温度降低的程度与经过的流体流速密切相关。当玻璃小球的温度恒定时，热线产生的热量与流体带走的热量达到平衡，即

$$Q_{rd} = Q_{rs} \tag{4-20}$$

$$Q_{rd} = I^2 R_r \tag{4-21}$$

$$Q_{rs} = \alpha F (T_r - T_1) \tag{4-22}$$

式中　Q_{rd}——单位时间内电流流经金属电阻丝产生的热量；

　　Q_{rs}——单位时间内流体从玻璃小球带走的热量；

　　I——流经金属电阻丝的电流；

　　R_r——金属电阻丝的电阻值；

　　α——表面传热系数，根据传热学知识，$\alpha = f(v)$；

　　F——玻璃小球换热面积；

　　T_r——玻璃小球的温度（即热线温度）；

　　T_1——被测流体温度。

将以上式子整理可得

$$\alpha = f(v) = \frac{I^2 R_r}{F(T_r - T_1)} \tag{4-23}$$

从式（4-23）可以看出：当热量达到平衡时，玻璃小球的换热面积为定值，热线温度与被测流体的温度也为定值，被测流体的流速只与流经热线的电流及热线的电阻值有关。从第3章3.1.4中可知，金属电阻丝的电阻值与其温度成单值函数关系，测量得到其温度即可求得电阻值。因此，热线风速仪分恒电流式和恒温度式两种。

图 4-15a 所示为恒电流式热线风速仪示意图。测量流体流速时，电路中的电流值恒定不变，流体流速越大，单位时间内从玻璃小球带走的热量越多，热线的温度降幅也越大。通过测量热线的温度值，依据热线温度与流速的对应关系式（4-23），从而求得流速。

图 4-15b 所示为恒温式热线风速仪示意图，测量流体流速时，保持玻璃小球的温度（热线温度）恒定，即热线的电阻值恒定，通过可变电阻 R 改变回路中的电流值来匹配流体带走的热量。流体流速越大，单位时间内从玻璃小球带

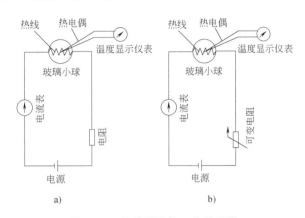

图 4-15　热线风速仪工作原理图
a）恒电流式热线风速仪　b）恒温式热线风速仪

走的热量越多，根据式（4-23），电路中的电流也随之增大，通过测量回路中的电流值，从而计算得到流速的大小。

在上述两种热线风速仪中，恒电流式热线风速仪是在变温状态下工作的，测头容易老化，性能不稳定，其热惯性影响测量灵敏度，产生相位滞后。因此，现在的热线风速仪大多采用恒温度式。

工程中常采用的测速仪还有叶轮式机械风速计、螺旋桨风速计、光纤旋桨测速计及激光多普勒测速仪等。叶轮式风速计利用支撑在框架内的叶轮的转速测量风速，测量时，将测量风速的叶轮旋转面与风向保持垂直位置，根据指针读得的转数和计时器测得的时间计算出风速。螺旋桨风速计测量时将螺旋桨对准风向，螺旋桨与交流发电机连接，当风使螺旋桨旋转时，交流发电机将与风速成正比的螺旋桨转速转换成电信号，用以指示风速。与传统的建筑环境与能源应用工程领域的测速管和热线风速仪相比，激光多普勒测速仪的工作原理是利用多普勒效应进行流速测量，是一种非接触测量技术，不干扰流场，具有一切非接触测量所具有的优点。其具体原理及测试方法在后文中详细介绍。

3. 粒子图像速度场仪（PIV）

粒子图像速度场仪（Particle Image Velocimetry，PIV）是一项流场测速技术。它能测量定常、非定常、二维或三维速度场，并能够把整个速度场上的速度矢量描绘出来。

PIV 测试技术属于高精度、非接触、多点测速技术。对于已有的测速技术来说，精度高的单点测量技术（像 LDV 测试技术）难以获得流场的瞬态图像，即使能获得流动瞬态图像的流动显示（如染色液、烟气或氢气泡等）也很难获得精确的定量结果。热线技术是最早实现多点测量技术的方法，但这种方法干扰和破坏了流场，难以满足瞬态流场测试的需要。而 PIV 技术有其优势，它为定量瞬时测量全场流速提供了可能。随着图像技术、光学技术和计算机技术的发展，它是具有广阔发展前途的一种新型测速技术。

（1）PIV 测速的基本原理　一般而言，凡是在流体中投放粒子，并利用粒子的图像来测量流体速度的这一类技术均称为粒子图像测速技术。从本质上看，PIV 技术是从流场显示

技术发展而来的,是图像测速技术中的一种。PIV 测速的基本原理是通过粒子图像技术测量两个激光脉冲时间间隔内流体中粒子的位移来完成的。每次激光脉冲,片光源中产生的粒子图像就会被摄像机拍摄到,通过激光双脉冲就可以得到片光源中每个粒子的两个图像,然后测量该粒子的移动距离及两次脉冲间隔时间,该粒子的速度就可以计算出来。测量流场中许多点的粒子图像位移,就可以产生流体速度矢量场。归纳起来,PIV 测试技术可由三步完成:

1) 双曝光方法摄取流场的粒子图像。

2) 分析图像并提取速度信息。

3) 显示速度矢量场。

PIV 测速基本原理如图 4-16 所示。

(2) PIV 测试系统   PIV 测试系统一般包括光路系统、同步控制系统、示踪粒子添加系统、图像采集系统和图像数据分析系统等几部分,图 4-17 所示是典型的 PIV 测试系统。图中是用相干激光源来照明,使用光学元件把激光束转变为片光,并且脉动地照亮流场。两个脉冲之间的时间是可变的,并且可根据被测速度来选择。光学通路要求片光源和照相机之间互相垂直。

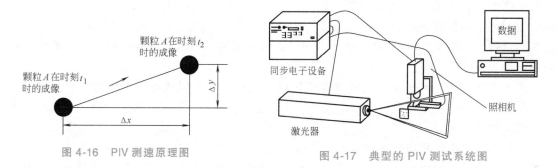

图 4-16　PIV 测速原理图　　　　　　图 4-17　典型的 PIV 测试系统图

1) 光路系统。光路系统一般包括激光光源、光学镜片、光臂等。PIV 光路系统如图 4-18 所示。

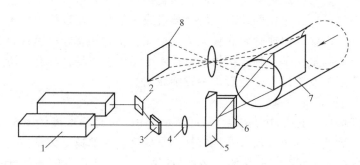

图 4-18　PIV 光路系统

1—双 Nd:YAG 激光器　2—反射镜　3—二色偏光分光镜
4—球面镜　5—棱镜　6—柱面镜　7—摄像机　8—片光源

PIV 的光源系统采用激光作为光源。激光光源可以提供短期持续脉冲,并发出已被准直的高能光束。常用的激光器有红宝石激光器和 Nd:YAG(铱-钕石榴石)激光器。由于红宝石激光器不适合用于低速流动测量,故在建筑环境测试技术中通常使用 Nd:YAG 激光器。Nd:YAG 激光器的激光波长为 532nm(绿色光),脉冲宽度为 15ns,每个脉冲能量为 50~

1000mJ。其脉冲能量很高，足以照亮空气中的小微粒；脉冲宽度很短，足以固定超音速流体的运动；这些条件使 Nd：YAG 激光器能够很好地适应 PIV 的应用。Nd：YAG 激光器能发射连续脉冲光，频率为 10Hz 或 50Hz，一般在 PIV 系统中采用两台 Nd：YAG 激光器，并用外部同步仪来分别触发激光器以产生脉冲，然后来自两个激光器的光束被光学系统合并成一条光束。脉冲间隔可调整的范围很大，从 1μs～0.1s，因而可实现从低速到高速流动的测量。

片光由柱面镜和球面镜联合产生。流场的待测区域是由脉冲激光片光源照亮的。脉冲激光光束由激光器产生，而片光源是由片光源光学系统对该激光光束调整产生的。常用片光源光学系统由一个柱面透镜和一个球面透镜控制，所选择的透镜用来产生合适尺寸范围的片光源。通常，平行激光光束是通过一个柱面透镜在高度方向上分散光束，再用一个球面透镜控制片光源的厚度。其厚度可为 1 个毫米到几个毫米。摄像机常常被布置在片光源的光腰处，此光腰处即为球面透镜的焦点，它在片光源最小厚度处。光腰处是摄像机的拍摄中心。

光臂是 Nd：YAG 激光光束传输系统，它能够灵活地传输 PIV 测量所需的片光源，并使从激光到测量区域的光路完全封闭。这个光束传输臂由若干块反射镜、精密轴承、转向节及连接管组成。对 PIV 应用来说，片光源产生的透镜装在光束的出口处，以提供一定分散角的片光源，使片光源的高度和厚度能够满足要求。传输光臂使片光源很容易平滑地转向，并且可以定位在以其光臂长为半径的球形区域的任何位置上。

2）同步控制系统。同步控制系统的关键设备是同步仪。而同步仪是 PIV 测速系统中的定时设备。PIV 系统的所有组成部分是一起工作的，各组成部分工作开始时间、操作时间以及摄像机拍摄图片顺序都是由同步仪来控制的。具体来讲，同步仪的作用为：

① 控制图像和脉冲的顺序。

② 为摄像机绘图系统提供控制信号。

③ 设定脉冲间隔时间、帧数以及 Nd：YAG 激光器的 Q 开关。

④ 为测量周期流动或瞬时流动附加外部触发器。

⑤ 为粒子发生器等设备提供外部触发器。

3）示踪粒子添加系统。示踪粒子的添加是粒子图像测速的关键技术之一。为了不干扰被测量流体的速度，常常使用光学技术。然而，空气和水是透明流体，需要在其中添加示踪粒子来反映流体的运动。这就要求粒子在流体中能跟随流体流动，粒子形状应为球体或接近球体。因此，示踪粒子的选择非常关键。在空气流体中添加示踪粒子，普遍采用直径为 1～3μm 的橄榄油滴或直径为 1～10μm 的烟雾。对于水流体，由于它流动速度相对较慢，且水的密度又相对较大，所以应选用大一些的粒子。在选择示踪粒子时，粒子的折射率和介质的折射率之比在散射光中是一个重要的参数。光在水中的折射率是空气的 1.33 倍，同样粒子在空气中的散射光要比在水中的强，这样在水中要使用较强的光源或较大的粒子。由于粒子在液体中流动的脉动频率不高，采用较大的粒子不会造成较大的误差；但空气中则应使用小粒子。

4）图像采集系统。图像采集系统是要完成粒子图像的记录。在 PIV 测试中，常用采样数码摄像机来进行粒子图像的记录。摄像机的运行模式有多种，其中异步双曝光模式应用较广。

PIVCAM10-30 摄像机在异步重设两帧互相关模式下，当同步仪触发时，摄像机俘获两个图像。第一次曝光时间短，为 255μm。经过恰当的持续时间发射 Nd：YAG 激光并打开 Q 开关。第二次曝光持续 32.4ms。第二次曝光时间必须足够长，以便摄像机将第二个图像读到记录仪之前，可以传导第一次曝光给帧抓取器。

这种模式能实现双图像跨帧技术，比外部触发信号快 300μs，从而可以得到十分准确的互相关处理图像。

5）图像数据分析系统。图像数据分析系统包括粒子图像分析硬件和粒子图像分析软件。硬件是指 PC 机或计算机工作站、帧抓取器（连续图像捕捉）、陈列处理器（提高计算机效率的数字加速板）等。软件是指粒子图像分析专用软件，如 Insight 软件。该软件可以通过调节图像强度和背景来改善图像质量，及进行数字图像的后处理（包括核查数据、流动特性的计算和显示、对多个图像中的矢量进行统计分析、将获取的速度矢量场绘成流场图）等。

（3）粒子图像处理　PIV 通过采集后得到的粒子图像，常采用数字图像处理技术。数据图像法包括傅立叶变换法、直接空间相关法、粒子像间距概率法等。其中，直接空间相关法目前应用较多。粒子图像处理过程大致为：选择查问域、判定粒子前后位置、确定粒子位移和方向、获得粒子速度矢量、绘制矢量图、所有小区域重复上述过程。用摄像机记录的是整个待测区域的粒子图像，因此，应先用计算机数字图像处理技术将图像分成许多很小的区域（称为查问域），选择查问域；然后，判定该查问域中每个粒子的前后位置，就可确定粒子的位移和方向。在查问域的图像场中包含了大量的小粒子，在这样的场中是很难依靠直接粒子跟踪法去识别正确的粒子图像，此时就要使用直接空间相关法（自相关或互相关）统计技术，对此查问域的粒子数据进行统计平均，得出该测点的速度矢量。进一步对所有小的查问域进行上述判定和统计，从而得到整个速度场。

4. 激光多普勒测速仪

激光技术是 20 世纪 60 年代初发展起来的一门新技术。随着激光器的问世，在 1964 年诞生了激光多普勒测速仪（Laster Doppler Velocimeter, LDV）。近 40 年来，激光多普勒测速技术得到了迅速发展，被广泛地应用于生产、科研各领域，已成为一种很重要的测速手段。

与传统的建筑环境与能源应用工程领域的测速管和热线风速仪相比，激光多普勒测速是一种非接触测量技术，不干扰流场，具有一切非接触测量所具有的优点。尤其是对小尺寸流道流量测量、困难环境条件下（如低温、低速、高温、高速等）的流速测量，更加显示出它的重要价值。目前，激光多普勒测速仪已经应用或正在应用于某些流体力学的研究中，如火焰、燃烧混合物中流速的测量、旋转机械中的流速测量等。此外，激光多普勒测速仪还具有动态响应快、测量精度高、仅对速度敏感而与流体种类及其他性质（如温度、压力、密度、黏度等）无关等特点。然而，激光多普勒测速技术也有其局限性。它对流动介质有一定的光学要求，要求激光能照进、穿透流体；信号质量受散射离子影响，要求离子能完全跟随流体介质流动，这使得它的使用范围受到一定限制。但是，激光多普勒测速技术还是因其独有的优点受到国内外的普遍重视。

（1）激光多普勒测速基本原理　多普勒效应是 19 世纪德国物理学家多普勒（Doppler）发现的声学效应。它是指在声源和接收器之间存在着相对运动时，接收器收到的声音频率不等于声源发出声音的频率，即存在一个频率差，这一频率差称为多普勒频差或频移。多普勒频差的大小与声源和接收器间的相对运动的速度大小和方向有关。1905 年爱因斯坦在狭义相对论中指出，光波也具有类似的多普勒效应。当光源与接收器之间存在相对运动时，发射光波与接收光波之间会产生频率偏移，其大小与光源和光接收器之间的相对速度有关。这种现象称为光学多普勒效应。

利用激光多普勒效应测量流体速度的基本原理可以简述如下：当激光照射到跟随流体一

起运动的微粒上时，激光被运动着的微粒散射。散射光的频率和入射光的频率相比较，有正比于流体速度的频率偏移。测量这个频率偏移，就可以测得流体速度。其系统原理如图 4-19 所示。

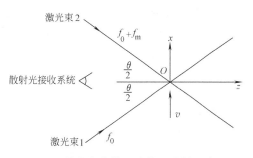

图 4-19 激光多普勒测速的双散射系统原理

激光多普勒测速技术依靠运动微粒散射光和入射光的频移来获得速度信息，因此，存在着静止激光光源和运动离子的传播关系。如果某一运动粒子 P 穿过一束入射激光，当其速度垂直于光的传播方向时，运动粒子所接受的激光频率与入射激光本身的频率相等。若速度在光的传播方向的投影与光速同向时，粒子所接受的频率就偏低，反之则偏高。根据相对论，运动微粒 P 接受的光波频率 f_p 与光源频率 f_0 之间的关系为

$$f_p = f_0 \left[1 - \frac{v\sin\left(\dfrac{\theta}{2}\right)}{c} \right] \tag{4-24}$$

式中 f_p——微粒接受频率；

   f_0——入射激光频率；

   v——微粒的运动速度；

   c——光速；

   θ——两束激光的交角。

入射光源频率 f_0 与微粒接受的光波频率 f_p 之差为

$$\Delta f = f_0 - f_p = f_0 \frac{v\sin\left(\dfrac{\theta}{2}\right)}{c} \tag{4-25}$$

对于一对交角为 θ 的相交激光，运动微粒对两束光的接受频率分别为 $f_1 = f_0 - \Delta f$，$f_2 = f_0 + \Delta f$。微粒散射光中包含这两种频率，两者之差所产生的多普勒频移为

$$f_D = f_2 - f_1 = 2f_0 \frac{v\sin\left(\dfrac{\theta}{2}\right)}{c} = 2 \frac{v\sin\left(\dfrac{\theta}{2}\right)}{\lambda_0} \tag{4-26}$$

式中 f_D——多普勒频移；

   λ_0——入射激光波长。

用散射光接收系统接收粒子的散射光，测出此频移就可算出微粒的速度 v。若粒子的速度等于流体的运动速度，则 v 就是速度。

根据激光多普勒测速原理式（4-26），垂直于光束夹角平分线方向的速度分量 v_x 与多普勒频移成正比；因为频率是没有方向的量，如果 v_x 大小相等，方向相反，则测得的多普勒频移是相等的。因此，仅根据频移只能求出速度分量数值的大小，而无法判别速度的方向，即用多普勒频移测速存在一个方向模糊问题。

要判别流速的方向，通常是在激光束的入射光学单元中加装频移装置。即使入射到散射体的两束光之间的一束光的频率增加，这样散射体中的干涉条纹就不再是静止不动的了，而是一组运动的条纹系统。常采用的频移装置是声光器件（Bragg Cell），它的频移量一般在 40MHz 以上。在预置了固定的频移量后，即使微粒速度为零，光检测器仍有频率为固定频

移量的交流信号输出。当微粒正向穿过测量体时，光检测器输出频率低于固定频移量；当微粒反向穿过测量体时，光检测器输出频率高于固定频移量。适当选择固定频移量，就不会有速度波形失真的问题。

（2）激光多普勒测速系统

1）激光多普勒测速系统组成。激光多普勒测速系统主要由激光光源、入射光系统、接收光系统和信号处理器等组成。

① 激光光源。根据多普勒效应测速，要求入射光的波长稳定且已知。由于激光具有很好的单色性，波长精确、稳定；而且激光还具有很好的方向性，可以集中在很窄范围内向特定方向传播，容易在微小的区域上聚焦而产生较强的光，便于检测。因此，采用激光器作为光源是很理想的。激光器按发光方式可分为连续激光器和脉冲激光器。激光多普勒测速仪常采用连续气体激光器，如氦-氖激光器和氩离子激光器。氦-氖激光器发出的是红光（$\lambda = 632.8nm$），其发出的激光功率是几毫瓦到几十毫瓦；氩离子激光器发出的是混合光激光束，使用时必须分光，分光后能分别得到绿光（$\lambda = 514.5nm$）、蓝光（$\lambda = 488.0nm$）和紫光（$\lambda = 476.5nm$）三种光束。其发出的激光功率是瓦数量级。由微粒发出的散射光，其强度随入射光波长而增强。所以，使用波长较短的激光器有利于得到较强的散射光，便于检测。

② 入射光系统。入射光系统包括光束分离器和发射透镜。双光束系统要求把同一束激光按等强度分成两束，这项工作由光束分离器来完成。为了进行多维速度测量，要求光束分离器将激光束按一定要求分成多束相互平行的光束。发射透镜将来自光束分离器的平行光通过聚焦透镜会聚到测量点。在双光束双散射工作模式下，两束光的相交区域近似一个椭球体，其体积决定了测速仪的灵敏度和空间分辨率。

③ 接收光系统。接收光系统包括接收透镜和光检测器。接收透镜的作用是收集流体中示踪微粒通过测量体时发出的散射光，即由透镜将收集的散射光会聚到光检测器。光检测器的作用是将接收到的光信号转换成电信号，即得到多普勒频移的光电信号。光检测器的种类很多，有光电倍增管、光电管和光电二极管等。由于光电倍增管在低功率光的照射下有较好的信噪比，所以，光电倍增管是激光测速仪中常用的光电检测器。

④ 信号处理器。信号处理器的作用是将接收来自光电接收器的电信号，从中取出速度信息，把这些信息传输给计算机进行分析、处理和显示。多普勒信号处理器应根据所测流体或固体运动的不同而选择不同的信号处理器。

2）激光多普勒测速仪典型光路。激光多普勒测速的布置有三种基本模式，即参考光模式、单光束双散射模式和双光束双散射模式，三种基本光学模式可以用不同的光路结构来实现。下面仅介绍应用最为广泛的双光束双散射模式的光路系统。其他光学模式的光路系统可查阅有关文献。

双光束双散射模式的光路系统如图4-20所示。由激光光源产生的激光束经光束分离器和反射镜分成两束平行光，由聚焦透镜聚集到测量点处，两束激光都被运动微粒散射后由光

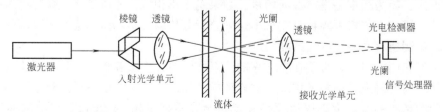

图 4-20 双光束双散射模式的光路系统

电检测器接收。为了增大光检测器接收的微粒散射光强度，在光检测器前设置大口径接收透镜聚焦散射光束。两束散射光在光检测器内混频，输出频率等于多普勒频移的交流信号。

双光束系统具有如下的特点：

① 多普勒频移与接收方向无关。因此就有可能用透镜在相当大的立体角上收集光线，然后聚焦于光检测器。光检测器的位置只要避开入射光的直接照射可任意选择。

② 在散射粒子浓度较低的情况下，和其他系统相比它有较好的信噪比。

③ 双光束系统校准较容易。

在这三种基本光路系统中，双光束法应用得较多。三种光路系统，又都可分为前向散射方式和后向散射方式。入射光学系统和接收光学系统分别位于实验段的两侧，称为前向散射方式；入射光学系统和接收光学系统在实验段的同一侧，称为后向散射方式。目前常采用前向散射方式，因为在这种方式下，粒子散射光强度大，信号的信噪比高。但在热工设备的流场测量中，由于实验台架较大及在实验段开测量窗口困难等原因，只能采用后向散射方式。

（3）激光多普勒测速的信号处理

1）激光多普勒信号特点。光检测器输出的既有幅度和频率的调制信号，也有宽频带的噪声信号，而速度的信息只由频率分量提供。信号处理系统的任务就是从光检测器输出的信号中提取反映流速的频率信号。激光多普勒信号有如下特点：

① 多普勒信号是一个不连续的信号。在激光多普勒测速中，多普勒信号是靠跟随流体一起运动的粒子散射得到的，而测量体中散射粒子是不连续的，粒子在测量体中的位置、速度和数量都是随机的，因此多普勒信号是不连续的。粒子浓度越低，这种不连续性就越严重；粒子浓度越高，连续性则变好。但增大测量体体积或粒子浓度，往往会影响测量空间的分辨率或流动特性。因此针对多普勒信号不连续的特点，应选择合适的粒子浓度，并在信号处理系统中采取适当的措施，以消除信号不连续的影响。

② 光检测器接收的信号是测量体体积内散射粒子的散射光束信号的总和。对定常流动，由于各粒子流入测量体的时间不同，对应的相位也不同，这相当于在多普勒频移中叠加了一项扰动量。在非定常流动中，测量体内粒子的瞬时速度不同，从而会引起附加的相位起伏和频移变化。因此当测量体中的粒子多于一个时，其多普勒频移是一个有限的带宽，称为频率加宽。妥善处理频率加宽是多普勒信号处理的重要内容之一。

③ 在多普勒信号处理中要充分考虑信噪比低这一特点。多普勒信号弱，而整个测量系统又不可避免地会带入各种噪声，所以多普勒频移的信噪比低。

④ 多普勒信号是一个调频信号。如果流场中某点存在一定强度的湍流度，则对应的多普勒信号就是一个调频信号。该多普勒调频信号反映多普勒频率和其对应的流场中的瞬时速度随时间的变化。

⑤ 多普勒信号还是一个变幅信号。当粒子横穿测量体时，由于测量体边缘光弱，中心光强，所以粒子穿越边缘时，散射光弱；粒子穿越中心时，散射光强。因此，多普勒信号是一个近似于高斯曲线规律变化的变幅信号。

2）激光多普勒的信号处理。多普勒信号是一种不连续的、变幅调频信号。由于微粒通过测点体积时的随机性、通过时间有限、噪声多等原因，多普勒信号的处理比较困难。目前，主要使用的信号处理仪器有三类：频谱分析仪、频率计数器和频率跟踪器。

激光多普勒风速仪的信号处理器，首先对信号进行高通和低通滤波，去除基底及一部分噪声，然后剔除大粒子和小粒子的信号。大粒子的跟随性太差不能反映流速，由于它的信号幅值特别高，所以可根据幅值鉴别加以剔除；小粒子要受布朗运动影响，也不能正确反映流体运动，由于小粒子的信号太弱，信噪比太低，被淹没在噪声中，可与噪声一起剔除。

现在主要使用的、测量多普勒频率的方法有两种。一是频谱分析法，通过对上述信号做频谱分析，求其频率。这种方法的基本原理是对采样信号进行傅立叶分析，该法的优点是降低要求了数字采样率，提高了仪器的分辨率。二是波群自相关分析法，通过对上述信号作自相关计算，求其频率。这种方法的基本原理是对采样信号进行自相关分析。信号的检测是建立在与信号振幅无关的信噪比（SNR值）基础上，因此对信号的信噪比要求降低，并提高了数字化速率和实时性能。测速的结果建立在大量统计数据的基础上：信号处理器以每秒几十万个样本的速率采集粒子信号，剔除不合格信号，保留合格的信号，将其频率值进行平均，求出对应的平均流速，并计算测得值的偏差加以统计，以求得满流度等各种湍流参数。

4.2.3 测量流量常用的仪表及方法

测量流量的仪表很多，具体分类见表 4-1。

表 4-1 流量测量仪表分类

类别		工作原理	仪表名称		测量流体种类	适用管径/mm	准确度（%）	安装要求、特点
体积流量计	差压式	流体流过管道中的阻力部件时产生的压力差与流量之间存在确定的函数关系，通过测量差压值求得流量	节流式	孔板	液、气、蒸汽	50~100	±(1~2)	直管段、压损大
				喷嘴		50~500		直管段、压损中等
				文丘里管		100~1200		直管段、压损小
			均速管		液、气、蒸汽	25~9000	±1	直管段、压损小
			转子流量计		液、气	4~150	±2	垂直安装
			靶式流量计		液、气、蒸汽	15~200	±(1~4)	直管段
			弯管流量计		液、气		±(0.5~5)	直管段、无压损
	容积式	直接对通过仪表的流体计数求得流量	椭圆齿轮流量计		液	10~400	±(0.2~0.5)	无直管段要求，需过滤器，压损中等
			腰轮流量计		液、气			
			刮板流量计		液		±0.2	无直管段要求，压损小
	速度式	通过测量管道截面上平均流速来测量流量	涡轮流量计		液、气	4~600	±(0.1~0.5)	直管段、装过滤器
			涡街流量计		液、气	150~1000	(±0.5~1)	直管段
			电磁流量计		导电液体	6~2000	(±0.5~1.5)	直管段、无压损
			超声波流量计		液	>10	±1	直管段、无压损
质量流量计	直接式	直接测量质量流量	热式质量流量计		气		±1	
			科氏质量流量计		液、气		±0.15	
			冲量式质量流量计		固体粉料		±(0.2~2)	
	间接式	同时测量体积流量和流体密度来计算流量	体积流量密度补偿仪		液、气		±0.5	
			温度、压力补偿					

下面介绍常用的几种流量计。

1. 差压式流量计

利用差压原理测量流量的仪表较多，本节主要介绍节流式（孔板、喷嘴、文丘里管）流量计、转子流量计和光纤差压式流量计等。

（1）节流式流量计

1）工作原理。节流式流量计是利用流体流经节流装置时产生压力差的原理来实现流量测量的。这种流量计是目前工业中测量气体、液体和蒸汽流量最常用的仪表。差压式流量计主要由节流装置、差压计、显示仪和信号管路四部分组成。

在装有标准孔板的水平管道中，当流体流经孔板时的流束及压力分布情况如图 4-21 所示。当连续流动的流体遇到安插在管道内的节流装置时，由于节流件的截面积比管道的截面积小，形成流体流通面积的突然缩小，在压头作用下流体的流速增大，挤过节流孔，形成流束收缩。在挤过节流孔后，流速又由于流通面积的变大和流束的扩大而降低。与此同时，在节流装置前后的管壁处的流体静压力产生差异，形成静压力差 Δp，$\Delta p = p_1 - p_2$，此即节流现象。节流装置的作用在于造成流束的局部收缩，从而产生压差，并且流过的流量越大，在节流装置前后所产生的压差也就越大，因此可通过测量压差来指示流体流量的大小。管道截面 1、2、3 处流体的绝对压力分别为 p_1、p_2、p_3，各截面流体的平均流速分别为 v_1、v_2、v_3。图 4-21 中点画线所示为管道中心处的静压力，实线为管壁处静压力。

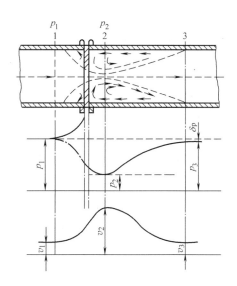

图 4-21　节流装置工作原理图

通过以上分析可得到如下结论：节流装置造成流束的局部收缩；产生静压力差 Δp；由于局部收缩形成涡流区引起流体能量损失，造成不可恢复的压力损失 $\delta_p = p_1 - p_3$。

2）流量方程。根据节流现象及原理，流量方程式以伯努利方程式和流体流动的连续性方程为依据。为简化问题，先假定流体是理想流体，求出理想流体的流量基本方程式，然后再考虑到实际流体与理想流体的差别，加以适当的修正，获得适用于实际流体的流量基本方程式。

不可压缩流体的体积流量其基本方程式为

$$Q = \alpha A_0 \sqrt{\frac{2\Delta p}{\rho}} \tag{4-27}$$

不可压缩流体的质量流量基本方程式为

$$M = \alpha A_0 \sqrt{2\rho\Delta p} \tag{4-28}$$

式中　　α——流量系数；

A_0——节流件的开孔面积（m^2）；

ρ——流体的密度（kg/m^3）；

$\Delta p = p_1 - p_2$——节流件前后的压力差（Pa）。

可压缩流体的流量基本方程式为

$$Q = \varepsilon\alpha A_0 \sqrt{\frac{2\Delta p}{\rho}} \tag{4-29}$$

$$M = \varepsilon\alpha A_0 \sqrt{2\rho\Delta p} \tag{4-30}$$

式中　ε——流体的体胀系数，可压缩流体 $\varepsilon < 1$，不可压缩流体 $\varepsilon = 1$。

图 4-22 所示是标准孔板的原始流量系数与雷诺数的关系。流量系数与节流装置的形式、取压方式、雷诺数 Re、节流装置开口截面比（$m = A_0/A$，为节流件开孔面积与管道流通截面之比）和管道内壁粗糙度等有关。当节流装置形式和取压方式确定后，流量系数就取决于雷诺数和开孔截面比。实验表明：在一定形式的节流装置和一定的截面比值条件下，当管道中的雷诺数大于某一界限雷诺数时，流量系数不再随雷诺数变化，而趋向定值。从图 4-22

可知，对 m 值相等的同类型节流装置，当流体沿光滑管道流动时，其流量系数只是雷诺数的函数；当 Re 值大于某一界限值 Re_k 时，流量系数 α_0 趋向定值，它的数值仅随 m 而定，同时 Re_k 值则随 m 减小而降低。

根据相似性原理，两个几何上相似的流束，如果它们的雷诺数相等，则流束在流体动力学上也是相似的，即其流量系数也相等。因此，对于同一类型的节流装置只要 m 值相等，则流量系数只是雷诺数的函数。所以上述的实验数据根据相似原理可以应用于各种不同管径和各种不同介质的流量测量。在应用标准节流装置测量流量时，只有当 α_0 值在所需测量的范围内都保持常数的条件下，压差和流量才有恒定的对应关系。因此，在使用差压式流量计时必须注意到这一点。

图 4-23 所示是标准孔板在雷诺数大于界限雷诺数 Re_k 时的流量系数随 m 值变化的关系。

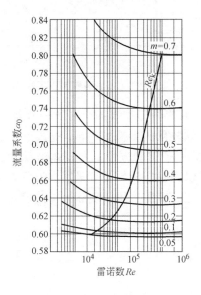

图 4-22　标准孔板的原始流量
系数与雷诺数的关系

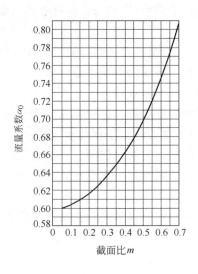

图 4-23　标准孔板的原始流量系数

3）标准节流装置。人们对节流装置做了大量的研究工作。一些节流装置已经标准化了。对于标准化的节流装置，只要按照规定进行设计、安装和使用，不必进行标定，就能得到其精确的流量系数，从而进行准确的流量测量。标准节流装置的使用条件如下：

① 被测介质应充满全部管道截面并连续地流动。

② 管道内流束流动状态稳定。

③ 在节流装置前后要有足够长的直管段，并且要求节流装置前后长度为两倍管道直径的管道的内表面上不能有凸出物和明显的粗糙不平现象。

④ 各种标准节流装置的使用管径 D 的最小值规定如下：

孔板：$0.05 \leqslant m \leqslant 0.70$ 时，$D \geqslant 50\text{mm}$；

喷嘴：$0.05 \leqslant m \leqslant 0.65$ 时，$D \geqslant 50\text{mm}$。

4）取压方式。目前，不同的节流装置取压的方式均不相同，即取压孔在节流装置前后的位置不同，即使在同一位置上，为了达到压力均衡，也可采用不同的方法。标准节流装置每种节流元件的取压方式都有明确规定。孔板通常采用的取压方式有五种：角接取压法、理论取压法、径距取压法、法兰取压法和压损取压法。图 4-24 所示为法兰取压、角接取压结

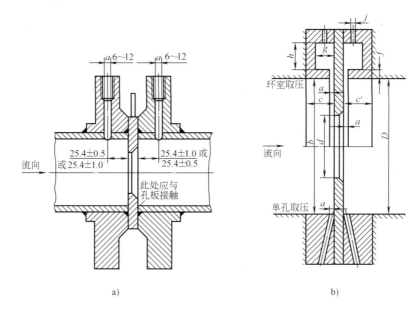

图 4-24 法兰取压、角接取压结构图

a) 法兰取压 b) 角接取压

构图。

① 法兰取压法，不论管道直径大小，上下游取压管中心均位于距离孔板两侧相应端面 25.4mm 处，如图 4-24a 所示。

② 角接取压法，上、下游的取压管位于孔板前后端面处。通常用环室或夹紧环取压，环室取压是在紧贴孔板的上、下游形成两个环室，通过取压管测量两个环室的压力差。夹紧环取压是在紧靠孔板上下游两侧钻孔，直接取出管道压力进行测量。两种方法相比，环室取压均匀，测量误差小，对直管段长度要求较短，多用于管道直径小于 400mm 处，而夹紧环取压多用于管道直径大于 200mm 处，如图 4-24b 所示。

5）标准节流装置的安装要求。流量计安装的正确和可靠与否，对能否保证将节流装置输出的差压信号准确地传送到差压计或差压变送器上，是十分重要的。因此，流量计的安装必须符合要求。

① 安装时，必须保证节流元件的开孔和管道同心，节流装置端面与管道的轴线垂直。在节流元件的上下游，必须配有一定长度的直管段。

② 导压管尽量按最短距离敷设在 3～50m 之内。为了不致在此管路中积聚气体和水分，导压管应垂直安装。水平安装时，其倾斜率不应小于 1∶10，导压管为直径 10～12mm 的铜、铝或钢管等。

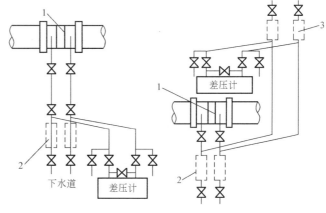

图 4-25 测量液体时差压计的安装

1—节流装置 2—沉降器 3—集气器

③ 测量液体流量时，应将差压计安装在低于节流装置处。如一定要装在上方时，应在连接管路的最高点安装带阀门的集气器，在最低点安装带阀门的沉降器，以便排出导压管内的气体和沉积物，如图 4-25 所示。

④ 测量气体流量时，最好将差压计装在高于节流装置处。如一定要安装在下面，在连接导管的最低处安装沉降器，以便排除冷凝液及污物。

⑤ 测量黏性的、腐蚀性的或易燃的流体的流量时，应安装隔离器。隔离器的用途是保护差压计不受被测流体的腐蚀和沾污。隔离器是两个相同的金属容器。容器内部充灌化学性质稳定并与被测流量不相互作用和溶融的液体，差压计同时充灌隔离液。

⑥ 测量蒸汽流量时，差压计和节流装置之间的相对配置和测量液体流量相同。为保证两 导压管中的冷凝水处于同一水平面上，应在靠近节流装置处安装冷凝器。冷凝器是为了使差压计不受 70℃以上高温流体的影响，并能使蒸汽的冷凝液处于同一水平面上，以保证测量精度的设备。

（2）转子流量计

1）转子流量计的结构形式与工作原理。转子流量计又名浮子流量计，可用于测量液体和气体的流量，一般分为玻璃管转子流量计和金属管转子流量计两类。其工作原理如图 4-26 所示。这种流量计的本体由一个锥形管和一个位于锥形管内的可动转子（或称浮子）组成，垂直装在测量管道上。当流体在压力作用下自下而上流过锥形管时，转子在流体作用力和自身重量作用下将悬浮在某一平衡位置。

根据不同平衡位置可算得被测流体的流量。其体积流量计算式为

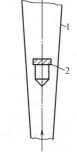

$$Q = CA\sqrt{\frac{2V_f g(\rho_f - \rho)}{\rho A_f}}$$

（4-31）

图 4-26　转子流量
计工作原理
1—锥形管　2—转子

式中　C——流量系数，与转子形状、尺寸有关；

　　　A——转子与锥形管壁之间环形通道面积（m^2）；

　　　A_f——转子最大横截面积（m^2）；

　　　V_f——转子体积（m^3）；

　　　ρ_f——转子密度（kg/m^3）；

　　　ρ——流体密度（kg/m^3）；

　　　g——重力加速度（m/s^2）。

由于锥形管的锥角较小，所以 A 与 h 近似比例关系，即 $A = kh$，式中 k 为与锥形管锥度有关的比例系数，h 为转子在锥形管中的高度。

由此而得到了体积流量与转子高度的关系

$$Q = Ckh\sqrt{\frac{2V_f g(\rho_f - \rho)}{\rho A_f}}$$

（4-32）

实验证明，式（4-32）可以作为标定转子流量计流体流量刻度的基本公式。但需说明，流量系数 C 与浮子形状和管道的雷诺数有关。当然，对于一定的转子形状来说，只要流体雷诺数大于某一个低限雷诺数时，流量系数就趋于一个常数。这时，体积流量 Q 就与转子高度 h 上的线性刻度成一一对应关系。

从上述分析中可以看出，转子流量计与节流装置的差异在于：

① 任意稳定情况下，作用在转子上的压差是恒定不变的。

② 转子与锥形管之间的环形缝隙的面积 A 随平衡位置的高低而变化，故是变截面。

2）刻度校正。转子流量计在出厂刻度时所用介质是水或空气，在实际使用时，被测介质可能不同，即使被测介质相同，但由于温度和压力不同，这时介质的密度和黏度就会发生变化，就需对刻度校正。如果原刻度是以水为介质刻度的，当介质温度压力改变时，如果黏度相差不大，则只要对密度 ρ 做校正就可以了，其校正系数为 K_1

$$K_1 = \sqrt{\frac{(\rho_f - \rho)\rho_0}{(\rho_f - \rho_0)\rho}} \tag{4-33}$$

式中　ρ_0——仪表原刻度时介质密度（kg/m^3）。

$$Q = K_1 Q_0 \tag{4-34}$$

式中　Q——校正后被测介质流量（kg/h）；

　　　Q_0——仪表原刻度时的流量值（kg/h）。

如果原标定时所用介质为空气，而当介质温度、压力改变时，根据上述道理，也只做密度校正。由于 $\rho_f \gg \rho_0$，$\rho_f \gg \rho$，所以修正系数简化为

$$K_2 = \sqrt{\frac{\rho_0}{\rho}} \tag{4-35}$$

$$Q = K_2 Q_0 \tag{4-36}$$

（3）光纤流量计

1）光纤差压式流量计。光纤差压式流量计也是一种利用流体流动的节流现象进行流量测量的仪表，光纤传感技术用来检测节流元件前后的差压 Δp，图 4-27 所示为其工作原理示意图。在节流元件前后分别安装了一组敏感膜片和 Y 形光导，膜片受到流体压力的作用而产生位移，Y 形光导则是一种光纤位移传感器，它根据输入输出光强的相对变化来测量膜片位移的大小。在这种传感器布置方式中，每一膜片的位移与其所受的流体压力成正比，亦即膜片 1 与膜片 2 的相对位移与节流元件前后的差压 Δp 成正比。因此，通过测量两膜片的相对位移可以得到节流差压 Δp。测得 Δp 后，就可以利用流量方程式（4-27）求出被测流量。

2）光纤膜片式流量计。图 4-28 所示为光纤膜片式流量计的结构示意图。这种流量计的工作原理是直接把流量信号转变为膜片上的位移信号，即流量越大，膜片受力而产生的向内挠曲变形位移越大，通过膜片位移量的测量就可以确定被测流量的大小。这种流量计中膜片位移的测量同样采用 Y 形光纤传感器。一般膜片可采用钢或铜等材料，为增加反射光强度，膜片内侧可镀铬或银。膜片的厚度根据流量的测量范围设计，一般为 0.05 ~ 0.2mm。

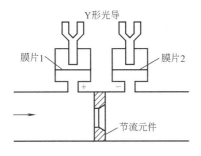

图 4-27　光纤差压式流量计工作原理示意图

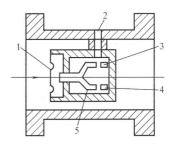

图 4-28　光纤膜片式流量计结构示意图

1—膜片　2—引线孔　3—光电元件

4—光源　5—Y 形光导

2. 容积式流量计

容积式流量计是一种较早使用的仪表，用来测量各种液体和气体的体积流量。由于它是使被测流量充满具有一定容积空间，然后再把这部分流体从出口排出，所以叫容积式流量计。它适宜于高黏度流体的流量测量，但要求被测流体洁净，不含有固体颗粒，否则应在流量计前加过滤器。且流体温度不能超出规定范围，温度过高，由于热膨胀效应使得间隙变小，甚至可能发生卡死现象，温度过低则间隙变大，测量误差增大。

（1）椭圆齿轮流量计   椭圆齿轮流量计的工作原理如图4-29所示。互相啮合的一对椭圆形齿轮在被测流体压力推动下产生旋转运动。在图4-29a中，椭圆齿轮A两端分别处于被测流体入口侧和出口侧，由于流体经过流量计产生压力降，入口侧和出口侧压力不等，所以椭圆齿轮A将产生旋转，而椭圆齿轮B是从动轮，被齿轮A带着转动。当转至图4-29b的位置时，齿轮A和齿轮B上都有转矩，继续按图示方向转动。当转至图4-29c状态时，齿轮B是主动轮，齿轮A变成从动轮。由于两齿轮的旋转，它们便把齿轮与壳体之间所形成的新月形空腔中的流体从入口侧推至出口侧。每个齿轮旋转1周，就有4个这样容积的流体从入口推至出口。因此，只要计量齿轮的转数即可得知有多少体积的被测流体通过仪表。椭圆齿轮流量计就是将齿轮的转动通过一套减速齿轮传动，传递给仪表指针，指示被测流体的体积流量。椭圆齿轮流量计适合于测量中小流量，其最大口径为250mm。除上述直接指示外，还有发电脉冲远传式。

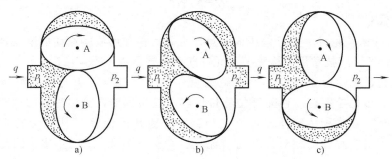

图4-29   椭圆齿轮流量计的工作原理

（2）腰轮流量计   腰轮流量计由壳体、腰轮转子组件、驱动齿轮与计数指示组件构成。其工作原理与椭圆齿轮流量计相同，在壳体内有一个计量室，计量室内有一对可以相切旋转的腰轮，在壳体外面与两个腰轮同轴安装了一对驱动齿轮，它们相互啮合促使两个腰轮相互联动。腰轮每转动一周，就把腰轮与壳体之间所构成的、相当于4倍计量室体积的流体从流入口送到流出口。腰轮流量计工作原理如图4-30所示。

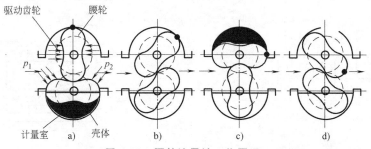

图4-30   腰轮流量计工作原理

腰轮流量计的优点是：准确度高，一般用于流量计的标定；测量的流量范围宽，可用于高精度流体测量；安装前后无需直管段，当流线发生改变时，对测量精度没有影响。

腰轮流量计的缺点是：需要定期标定，体积大，笨重；对流体的洁净度要求高，一般需在流入口处加装过滤器。

3. 速度式流量计

市场上使用的速度式流量计较多，主要有：涡轮式、涡街式、旋进旋涡式、电磁式和超声波式等。

(1) 涡轮式流量计　涡轮式流量计的结构如图 4-31 所示。在管形壳体 1 的内壁上装有导流器 2、3，一方面促使流体沿轴线方向平行流动，另一方面支承了涡轮的前后轴承。涡轮 4 上装有螺旋桨形的叶片，在流体冲击下旋转。为了测出涡轮的转速，管壁外装有线圈、永久磁铁、放大器等组成的变送器 5。由于涡轮具有一定的磁性，当叶片在永久磁铁前扫过时，会引起磁通的变化，因而在线圈两端产生感应电动势，此感应交流电信号的频率与被测流体的体积流量成正比。如将该频率信号送入脉冲计数器即可得到累积总流量。通过涡轮流量计的体积流量 Q 与变送器输出信号频率 f 的关系为

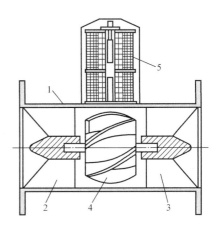

图 4-31　涡轮式流量计的结构
1—壳体　2—入口导流器　3—出口导流器
4—涡轮　5—变送器

$$Q = f/K \tag{4-37}$$

式中　K——仪表常数，由涡轮流量计结构参数决定。

理想情况下，仪表常数 K 恒定不变，则 Q 与 f 呈线性关系。但实际情况是涡轮往往受轴承摩擦力矩、电磁阻力矩、流体对涡轮的黏性摩擦阻力等因素的影响，所以 K 并不严格保持常数。特别是在流量很小的情况下，由于阻力矩的影响相对较大，K 更不稳定。所以最好应用在量程上限为 5% 以上，这时有比较好的线性关系。涡轮流量计具有测量精度高（达到 0.5 级以上）、反应迅速、可测脉动流量、耐高压等特点，适用于清洁液体、气体的测量。

(2) 涡街流量计　涡街流量计是利用卡门涡街的原理制作的一种仪表，它把一个称为旋涡发生体的对称形状的物体（如圆柱体、三角柱体等）垂直插在管道中，流体绕过旋涡发生体时，在旋涡发生体的两侧后方会交替产生旋涡，如图 4-32 所示，两侧旋涡的旋转方向相反。由于旋涡之间的相互影响，旋涡列一般是不稳定的，只有当两旋涡列之间的距离和同列的两个旋涡之间的距离满足 $h/L = 0.281$ 时，非对称的旋涡列才能保持稳定。这种旋涡列被称为卡门涡街。此时旋涡的频率 f 与流体的流速 v 及旋涡发生体的宽度 d 有下述关系

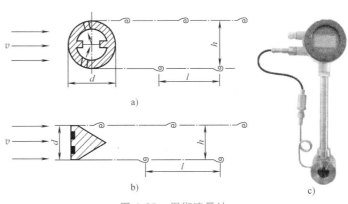

图 4-32　涡街流量计
a) 圆柱形涡街发生体　b) 三棱柱形涡街发生体　c) 涡街流量计外观图

$$f = Sr \frac{v}{d} \tag{4-38}$$

式中　Sr——斯特劳哈尔数。

实验证明，当流体的雷诺数 Re 在一定范围内，管道内径 D 和旋涡发生体的宽度 d 确定时，斯特劳哈尔数 Sr 为常数，流量计的仪表结构常数 K 值也随之确定。此时，被测流量 Q 与涡街频率 f 的关系为

$$Q = \frac{f}{K} \tag{4-39}$$

只要测出涡街频率 f 就能求得流过流量计流体的体积流量 Q。

涡街流量计有如下特点：涡街频率只与流速有关，在一定雷诺数范围内几乎不受流体压力、温度、黏度、密度变化影响；无零点漂移，测量精度高，误差 $\pm 1\%$，重复精度 $\pm 5\%$；压力损失小，量程范围达 $100:1$，特别适宜大口径管道的流量测量。

（3）旋进旋涡流量计　旋进旋涡流量计的结构如图 4-33 所示，主要由壳体、旋涡发生器、传感器（温度、压力、流量）、整流器、支架和转换器组成。

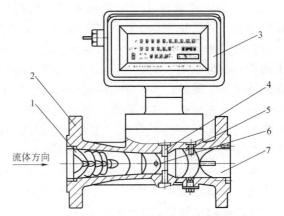

图 4-33　旋进旋涡流量计结构图
1—旋涡发生器　2—壳体　3—转换器与显示仪表
4—压力传感器　5—温度传感器　6—流量传感器
7—除旋整流器

当沿轴向流动的流体进入仪表后，在旋涡发生器内被导流叶片强制围绕中心线旋转，在壳体内的文丘里管段产生旋涡流；当流体进入扩散段时，旋涡流受到回流的作用，开始做二次旋转，形成陀螺式的涡流进动现象，涡流的旋转频率与流量的大小成正比，并为线性。通过测量进动频率，可求得流量。

1）旋进旋涡流量计的优点如下：

① 结构紧凑，简单。

② 工作温度范围宽。

③ 雷诺数在一定范围内，不受流体温度、压力、密度和黏度影响。

④ 适当性强，除含有较大颗粒或较长纤维杂质外，一般不需装过滤器。

⑤ 安装方便，对上下游直管段要求较低，取上游 $4D$ 和下游 $2D$ 直管段即可。

⑥ 输出频率同体积流量呈线性关系。

2）旋进旋涡流量计的缺点如下：

① 压力损失较大。

② 旋进旋涡流量计属流体振动式流量计，对于管道振动和电磁干扰较敏感，所以只能在振动较小、无电磁干扰的环境中使用。

（4）电磁流量计　电磁流量计是基于电磁感应原理工作的流量测量仪表，用于测量具有一定导电性液体的体积流量。测量精度不受被测液体的黏度、密度及温度等因素变化的影响，且测量管道中没有任何阻碍液体流体的部件，所以几乎没有压力损失。适当选用测量管中绝缘内衬和测量电极的材料，就可以测量各种腐蚀性（酸、碱、盐）液体流量，尤其在测量含有固体颗粒的液体如泥浆、纸浆、矿浆等的流量时，更显示出其优越性。

图 4-34 所示为电磁流量计工作原理与外观图。在磁铁 N-S 极形成的均匀磁场中，垂直于磁场方向有一直径为 D 的管道。管道由不导磁材料制成，管道内表面衬挂绝缘衬里。当导电的液体在导管中流动时，导电液体切割磁力线，于是在和磁场及其流动方向垂直的方向

上产生感应电动势，如安装一对电极，则电极间产生和流速成比例的感应电势 E

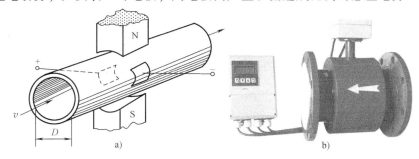

图 4-34　电磁流量计工作原理与外观图

a）原理图　b）外观图

$$E = BDv \tag{4-40}$$

式中　D——管道内径（m）；

　　　B——磁场磁感应强度（T）；

　　　v——液体在管道中的平均流速（m/s）。

由式（4-40）可得 $v = E/BD$，则体积流量为

$$Q = \frac{\pi D^2}{4} v = \frac{\pi D E}{4B} \tag{4-41}$$

从式（4-41）可见，流体在管道中流过的体积流量和感应电势成正比。把感应电势放大接入显示仪表，便可指示相应的流量。

（5）超声波流量计

1）超声波流量计的测量原理。如图 4-35 所示，超声波流量计利用超声波在流体中的传播特性来测量流体的流速和流量，最常用的方法是测量超声波在顺流与逆流中的传播速度差。两个超声换能器 P_1 和 P_2 分别安装在管道外壁两侧，以一定的倾角对称布置。超声波换能器通常采用锆钛酸铅陶瓷制成。在电路的激励下，换能器产生超声波以一定的入射角射入管壁，在管壁内以横波形式传播，然后折射入流体，并以纵波的形式在流体内传播，最后透过介质，穿过管壁为另一换能器所接收。两个换能器是相同的，通过电子开关控制，可交替作为发射器和接收器。

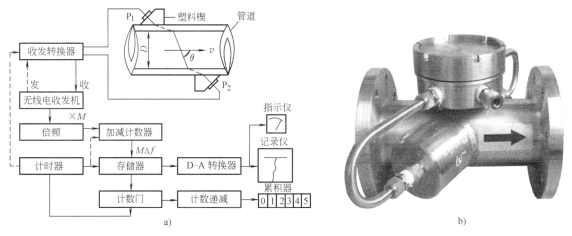

图 4-35　超声波流量计

a）组成框图　b）外观图

设流体的流速为 v，管道内径为 D，超声波束与管道轴线的夹角为 θ，超声波在静止的流体中传播速度为 v_0，则超声波在顺流方向传播频率 f_1 为

$$f_1=\frac{v_0+v\cos\theta}{D/\sin\theta}=\frac{(v_0+v\cos\theta)\sin\theta}{D} \tag{4-42}$$

超声波在逆流方向传播频率 f_2 为

$$f_2=\frac{v_0-v\cos\theta}{D/\sin\theta}=\frac{(v_0-v\cos\theta)\sin\theta}{D} \tag{4-43}$$

故顺流与逆流传播频率差为

$$\Delta f=f_1-f_2=\frac{v}{D}\sin2\theta \tag{4-44}$$

由此得流体的体积流量 Q 为

$$Q=\frac{\pi D^2}{4}v=\frac{\pi D^2}{4}\times\frac{D\Delta f}{\sin2\theta}=\frac{\pi D^3\Delta f}{4\sin2\theta} \tag{4-45}$$

对于一个具体的流量计，式（4-45）中 θ、D 是常数，而 Q 与 Δf 成正比，故通过测量频率差 Δf 即可计算出流体流量。

2）超声波流量计的使用。超声波流量计可用来测量液体和气体的流量，比较广泛地用于测量大管道液体的流量或流速。它没有插入被测流体管道的部件，故没有压头损失，可以节约能源。

超声波流量计的换能器与流体不接触，对腐蚀性很强的流体也可以进行准确测量。而且换能器在管外壁安装，故安装和检修时对流体流动和管道都毫无影响。超声波流量计测量管道液体流速范围一般为 $0.5\sim5\mathrm{m/s}$。

4. 质量流量计——科氏流量计

科氏流量计（Coriolis Mass Flowmeter，CMF），是一种直接测量流体质量流量的仪器。

（1）科氏流量计的工作原理   科氏流量计是基于科里奥利力学原理而设计的。流体流过测量管时，如果测量管以某一频率振动，则振动的测量管相当于一个匀速转动的参考系，由于流体与测量管具有相对运动，所以会受到科里奥利力的作用，其受力原理如图4-36所示。这个力作用在测量管的两边，其方向是相反的，使得测量管发生扭转。流体的质量流量与这个扭转角成正比，只要测出这个扭转角即可测得流体的质量流量。二次仪表就是通过适当的测量电路和处理方法设计，测得扭转角并由此测出流体质量流量等参数。

（2）科氏流量计的组成   科氏流量计由传感器和变送器两大部分组成（图4-37）。其中传感器主要由法兰、分流器、流量管、驱动线圈、检测线圈和驱动、检测磁钢、外壳等组成，与流体管道直接连接，用于流体流量信号的测量；变送器主要由电源、驱动、检测、显

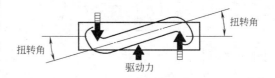

图 4-36   科氏流量计受力原理图

示、输出等部分电路组成，通过信号线（通信电缆）将传感器测量得到的流量信号进行处理、计算，输出标准的 $4\sim20\mathrm{mA}$ 电流、脉冲、通信信号等，送至显示仪表。

（3）科氏流量计的优点

1）测量精度高。

2）测量范围比较广，可以测量多种介质，如液体、气体、浆体。

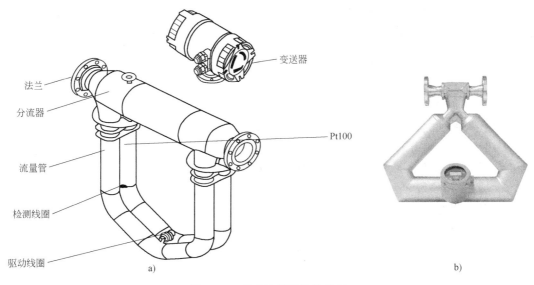

图 4-37 科氏流量计的构造图

a）组成图 b）外观图

3）管道内无障碍部件、无活动部件，使用寿命长，运行可靠。

4）安装使用方便。

5）可测量多个参数，如质量流量、体积流量、密度、温度等。

（4）科氏流量计的缺点

1）零点不稳定，容易产生误差。

2）对外界振动干扰比较敏感。

3）价格较贵。

4.3 液位的测量

液位是指开口容器或密封容器中液体介质液面位置的高低，用来测量液位的仪表称为液位计。液位测量在现代工业生产过程中具有重要地位。通过液位测量可确定容器里的液体的数量，连续监视或调节容器内流入和流出物料的平衡，使之保持在一定的高度，以保证生产的质量、产量、经济、安全和环保。

目前常用的测量方法有直读法、浮力法、差压法、电气法、核辐射法、超声波法以及激光法、微波法等。这里只介绍应用较为广泛的浮力法、差压法、电气法的液位测量。

4.3.1 浮力法液位测量

浮力式物位检测的基本原理是通过测量漂浮于被测液体面上的浮子（也称浮标）随液面变化而产生的位移检测液位；或利用沉浸在被测液体中的浮筒（也称沉筒）所受的浮力与液位的关系检测液位。前者为恒浮力式检测，一般称浮子式液位计。后者为变浮力式检测，一般称浮筒式液位计。

1. 浮子式液位计

浮子式液位计测量原理如图 4-38 所示，将液面上的浮子用绳索连接并悬挂在滑轮上，绳索的另一端挂有平衡重锤，利用浮子所受重力和浮力之差与平衡重锤的重力相平衡的原

理，使浮子漂浮在液面上。其平衡关系为

$$W_1 - F = W_2 \tag{4-46}$$

式中　W_1——浮子的重力（N）；

　　　F——浮力（N）；

　　　W_2——重锤的重力（N）。

当液位上升时，浮子所受浮力 F 增加，则 $W_1-F<W_2$，使原有平衡关系被破坏，浮子向上移动。但浮子向上移动的同时，浮力 F 减小，W_1-F 增加，直到 W_1-F 又重新等于 W_2 时，浮子将停留在新的液位上，反之亦然。从而实现了浮子对液位的跟踪。由于 W_1、W_2 是常数，因此浮子停留在任何高度的液面上时 F 值不变，故称此法为恒浮力法。其实质是通过浮子把液位的变化转换成机械位移（线位移或角位移）的变化。

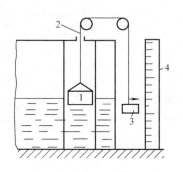

图 4-38　浮子式液位计测量原理

1—浮子　2—绳索　3—重锤　4—刻度尺

在实际应用中，还可采用各种各样的结构形式来实现液位—机械位移的转换，并可通过机械传动机构带动指针对液位进行指示，如果需要远传，还可通过电或气的转换器把机械位移转换为电信号或气信号。

2. 浮筒式液位计

图 4-39 所示为浮筒式液位计检测原理，它是利用浮筒所受浮力检测液位的。液位高度不同，浮筒被液体浸没高度就不同，对应不同的液位高度浮筒所受的浮力就不同。将一横截面积为 A、质量为 m 的圆筒形空心金属浮筒挂在弹簧上，由于弹簧的下端被固定，因此弹簧因浮筒的重力而被压缩，当液位高度 H 为零时，浮筒的重力与弹簧弹力达到平衡时，浮筒停止移动，平衡条件为

$$Kx = W \tag{4-47}$$

式中　W——浮筒质量（kg）；

　　　K——弹簧的刚度（kg/mm）；

　　　x——弹簧由于浮筒重力而被压缩所产生的位移（mm）。

当浮筒的一部分被浸没时，浮筒受到液位对它的浮力作用而向上移动，当浮力与弹力之和与浮筒的重力平衡时，浮筒停止移动。设液位高度为 H，浮筒由于向上移动实际浸没在液体中的高度为 h，浮筒移动的距离即弹簧的位移改变量 Δx 为

$$\Delta x = H - h \tag{4-48}$$

根据力平衡可知

$$W = Ah\rho + K(x - \Delta x) \tag{4-49}$$

式中　ρ——浸没浮筒的液体密度（kg/m³）。

由式（4-47）、式（4-49）可得

$$Ah\rho = K\Delta x$$

即

$$h = \frac{K\Delta x}{A\rho} \tag{4-50}$$

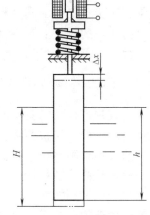

图 4-39　浮筒式液位计检测原理

一般情况下，$h \gg \Delta x$，Δx 可忽略。由式（4-48）可得，$H = h$，从而被测液位可表示为

$$H = \frac{K \Delta x}{A \rho} \tag{4-51}$$

由式（4-51）可知，当液位变化时，使浮筒产生位移，其位移量 Δx 与液位高度成正比关系。因此变浮力物位检测方法实质上就是将液位转换成敏感元件浮筒的位移变化。可应用信号变换技术进一步将位移转换成电信号，配上显示仪表在现场或控制室进行液位指示和控制。图 4-39 所示是在浮筒的连杆上安装一个铁芯，使之随浮筒一起上下移动，通过差动变压器使输出电压与位移成正比关系，从而检测液位。

常用的浮筒式液位计有的还将浮筒所受的浮力通过扭力管变换成扭力管的角位移，由变送器把角位移转换为电信号，指示液位。

4.3.2　差压法液位测量

1. 利用静压差测量液位的原理

静压式液位检测方法是根据液柱静压与液柱高度成正比的原理来实现的。其原理如图 4-40 所示，根据流体静力学原理可得

$$\Delta p = p_B - p_A = H \rho g \tag{4-52}$$

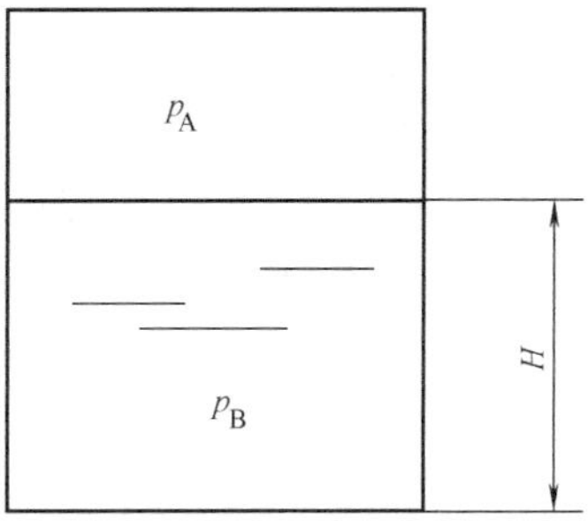

式中　p_A——容器中液体表面的静压（Pa）；

　　　p_B——容器中液体底部的静压（Pa）；

　　　H——液柱的高度（m）；

　　　ρ——液体的密度（kg/m^3）；

　　　g——重力加速度（m/s^2）。

图 4-40　静压式液位计原理

当容器为敞口时，则 p_0 为大气压，上式变为

$$p = p - p_0 = H \rho g \tag{4-53}$$

由式（4-52）、式（4-53）可见，在测量过程中，如果液体密度 ρ 为常数，则在密闭容器中两点的压差 Δp 与液面高度 H 成正比；而在敞口容器中则 p 与 H 成正比，也就是说测出 p 和 Δp 就可以知道敞口容器或密闭容器中的液位高度。

（1）压力表测量液位计　压力计式液位计用来测量敞口容器中的液位高度，原理如图 4-41a 所示，测压仪表通过取压导管与容器底部相连，由测压仪表的指示值便可知道液位的高度。用此法进行测量时，要求液体密度 ρ 为常数，否则将引起误差。另外，压力仪表实际指示的压力是液面至压力仪表入口之间的静压力，当压力仪表与取压点（零液位）不在同一水平位置时，应对其位置高度差而引起的固定压力进行修正。

（2）法兰式压力变送器液位计　图 4-41b 是用法兰式压力变送器测量液位的原理图，由于容器与压力表之间用法兰将管路连接，故称法兰液位计。对于黏稠液体或有凝结性的液体，为避免导压管堵塞，可采用法兰式压力变送器和容器直接相连。其在

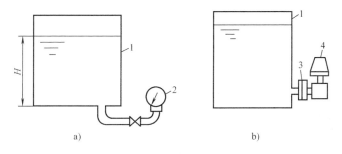

图 4-41　压力式液位计

a）压力表测液位　b）法兰式压力变送器测液位

1—容器　2—压力表　3—法兰　4—变送器

导压管处加有隔离膜片，导压管内充入硅油，借助硅油传递压力。

（3）压差式液位计 在对密闭容器液位进行测量时，容器下部的液体压力除与液位高度有关外，还与液面上部介质压力有关。在这种情况下，可以用测量差压的方法来获得液位，如图 4-42 所示。差压液位计指示值除与液位高度有关外，还与液体密度和差压仪表的安装位置有关。无论是压力检测法还是差压检测法都要求取压口（零液位）与检测仪表的入口在同一水平高度，否则会产生附加静压误差。但是，在实际安装时不一定能满足这个要求，如地下储槽，为了读数和维护的方便，压力检测仪表不能安装在所谓零液位处的地方。采用法兰式差压变送器时，由于在从膜盒至变送器的毛细管中充以硅油，无论差压变送器在什么高度，一般均会产生附加静压。在这种情况下，可通过计算进行校正，更多的是对压力（差压）变送器进行零点调整，使它在只受附加静压（静压差）作用时输出为"0"，这种方法称为"量程零点迁移"。

1）无迁移。无迁移差压变送器测量液位原理如图 4-42a 所示，将差压变送器的正、负压室分别与容器下部和上部的取压点相连通，被测液体的密度为 ρ_1，则作用于变送器正、负压室的差压为 $\Delta p = H\rho_1 g$。当液位 H 在 $0 \sim H_{max}$ 范围内变化时，对应的 Δp 在 $0 \sim \Delta p_{max}$ 范围内变化，变送器输出 I_p 在量程上下限间相应变化。

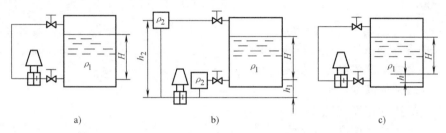

图 4-42   压差式液位计原理

a）无迁移   b）负迁移   c）正迁移

2）负迁移。如图 4-42b 所示，在实际应用中，为防止容器内液体和气体进入变送器取压室造成管线堵塞或腐蚀，及保持负压室液柱高度恒定，在变送器正、负压室与取压点之间分别装有隔离罐，并充以密度为 ρ_2 的隔离液，（通常 $\rho_2 \gg \rho_1$），这时正、负压室的压差为

$$\Delta p = p_1 - p_2 = (h_1\rho_2 g + H\rho_1 g + p_0) - (h_2\rho_2 g + p_0) \tag{4-54}$$
$$= H\rho_1 g - (h_2 - h_1)\rho_2 g$$

式中 p_1、p_2——正、负压室的压力（Pa）；

   ρ_1、ρ_2——被测液体及隔离液的密度（kg/m³）；

   h_1、h_2——最低液位及最高液位至变送器的高度（m）；

   p_0——容器中气相压力（Pa）。

根据式（4-54）可知，当 $H = 0$ 时，$\Delta p = -(h_2 - h_1)\rho_2 g$，输出压力为负值，而且实际工作中，往往 $\rho_2 \gg \rho_1$，所以当最高液位时，负压室的压力也要大于正压室的压力，使变送器的输出为负值，这样就破坏了变送器输出 I_p 与液位之间的正常关系。在变送器量程符合要求的条件下，调整变送器上的迁移弹簧，使变送器在 $H = 0$，$\Delta p = -(h_2 - h_1)\rho_2 g$ 时，变送器输出 I_p 为量程下限；在 $H = H_{max}$，最大差压为 $\Delta p_{max} = H_{max}\rho_1 g - (h_2 - h_1)\rho_2 g$ 时，变送器输出 I_p 为量程上限，这样就实现了变送器输出与液位之间的正常关系。$Z_- = -(h_2 - h_1)\rho_2 g$ 称为负迁移量。

3）正迁移。图 4-42c 所示的测量装置中，变送器的安装位置与最低液位不在同一水平

面上，变送器的位置比最低液位低 h，这时液位高度 H 与压差之间的关系为

$$\Delta p = (H+h)\rho_1 g \tag{4-55}$$

可见，当 $H=0$ 时，$\Delta p = h\rho_1 g$，变送器输出 I_p 大于量程下限；当 $H=H_{max}$ 时，对应的差压 $\Delta p_{max} = (H_{max}+h)\rho_1 g$，变送器输出 I_p 大于仪表量程上限。在变送器量程符合要求的条件下，调整变送器迁移弹簧，使变送器在 $H=0$，$\Delta p = h\rho_1 g$ 时，变送器输出为量程下限；使变送器在 $H=H_{max}$，$\Delta p_{max} = (H_{max}+h)\rho_1 g$ 时，变送器输出 I_p 为仪表量程上限，从而实现了变送器输出与液位之间的正常关系。$Z_+ = h\rho_1 g$ 称为正迁移量。

正、负迁移实质上是通过迁移弹簧改变变送器的零点，即同时改变量程的上、下限，而量程的大小不变，如图 4-43 所示。

2. 高位水箱的液位测量

在液位计系统中接入一个 U 形管压差计，便可将液位计接到比容器位置低得多的场所进行液位测量或监控。图 4-44 所示为锅炉中测量锅筒水位的水位计工作原理图。这种水位计可以安装到位置比锅筒低得多的运行人员操作台上进行锅筒水位监控。测量系统由凝结箱、膨胀室、低水位计和连接管等组成。低水位计及其旁边的连接管形成一 U 形管压

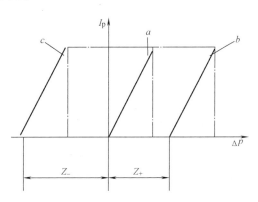

图 4-43 差压变送器迁移示意图
a—无迁移 b—正迁移 c—负迁移

差计。在凝结箱中，由于蒸汽凝结，所以存在水位，但由于凝结水过多时能溢流到锅筒中去，所以凝结箱中水位总保持恒定。凝结箱液面上压力相同，但管路中存在三种密度不同的液体，即炉水（密度 ρ_1）、凝结水（密度 ρ_2）及 U 形管、压差计中的重液（密度 ρ_3）。凝结箱右边垂直管中的液体由于保温作用，其密度等于炉水密度 ρ_1。

在正常工况下，低地位水位计中的流体是静止的，作用在 A 点左面和右面的压力应相等，据此可得

$$H_0\rho_1 g + H\rho_2 g + R\rho_3 g = (H_0+H+R)\rho_2 g \tag{4-56}$$

式中　g——重力加速度（m/s^2）；

　　　R——最高水位时，水位计中水位和膨胀室中的水位差（m）；

其他符号如图 4-44 所示。

化简上式可得

$$R = \frac{\rho_2-\rho_1}{\rho_3-\rho_2}H_0 \tag{4-57}$$

在上式中，炉水密度 ρ_1 可根据锅筒中压力确定，ρ_1 等于相应于锅筒压力下的饱和水密度；ρ_2 因管外无绝热材料，可取为室温下的水的密度；ρ_3 为未知值，其值应保证使锅筒中水位降低值 h 等于低地位水位计中的液位降低值 h。由于式

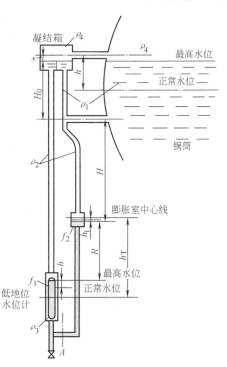

图 4-44 高位水箱水位测量原理图

(4-57) 中 R 值也为未知值，所以尚需列出一个方程式来求解 ρ_3 和 R 值。当锅筒水位降低 h 值时，要求低地位水位计中的液位也降低 h 值。此时，膨胀室中水位将从 R 上升 h_1 值（图 4-44）。凝结箱右面垂直管与锅筒是一个连通器，锅筒水位也将降低 h 值。在锅筒水位降低 h 值条件下，再根据 A 点右面及左面压力相等可得

$$h\rho_4 g+(H_0-h)\rho_1 g+(H-h_1)\rho_2 g+(h+R+h_1)\rho_3 g=(h+R+H+H_0)\rho_2 g \tag{4-58}$$

式中 ρ_4——锅筒中的饱和蒸汽密度（kg/m³）。

设低地位水位计的横截面积为 f_1，膨胀室的横截面积为 f_2，则可列出下列几何关系式

$$h_1=\frac{f_1}{f}h \tag{4-59}$$

由式 (4-57)、式 (4-58)、式 (4-59) 可得

$$\rho_3=\frac{\rho_1+\rho_2(1+f_1/f_2)-\rho_4}{1+f_1/f_2} \tag{4-60}$$

上式表明，在设计低地位水位计时，U 形管压差计中灌注的重液密度 ρ_3，不是任意值，而应根据 f_1/f_2、ρ_1、ρ_2 及 ρ_4 算出。当水位计系统确定后，f_1/f_2 比值已确定，则 ρ_3 主要和 ρ_1 有关，亦即和锅筒压力有关。锅炉低地位水位计的重液可用三溴甲烷和苯配制而成。

4.3.3 电气法液位测量

1. 电容式液位计

电容式液位传感器是利用被测物的介电常数与空气（或真空）不同的特点来进行检测的，电容式物位计由电容式物位传感器和检测电容的测量线路组成。它适用于各种导电、非导电液体的液位或粉状料位的远距离连续测量和指示，也可以和电动单元组合仪表配套使用，以实现液位的自动记录、控制和调节。由于它的传感器结构简单，没有可动部分，因此应用范围较广。

（1）测量导电液体的电容式液位传感器 测量导电液体的电容式液位传感器如图 4-45 所示，在液体中插入一根带聚四氟乙烯绝缘套管的不锈钢电极，由于液体是导电的，容器和液体可看作为电容器的一个电极，插入的金属电极作为另一电极，绝缘套管为中间介质，三者组成圆筒电容器。当液位高度为 $H=0$，即容器内的实际液位低于非测量区 h 时，圆筒电容器的电容量 C_0 为

$$C_0=\frac{2\pi\varepsilon_0 L}{\ln(D_0/d)} \tag{4-61}$$

式中 ε_0——聚四氟乙烯绝缘套管和容器内气体的等效介电常数；

　　　L——液位测量范围；

　　　D_0——容器内径；

　　　d——不锈钢电极直径。

当液位高度为 H 时，圆筒电容器的电容量 C 为

$$C=\frac{2\pi\varepsilon H}{\ln(D/d)}+\frac{2\pi\varepsilon_0(L-H)}{\ln(D_0/d)} \tag{4-62}$$

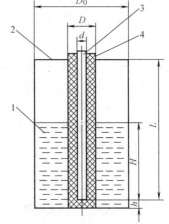

图 4-45 导电液体的
电容式液位测量

1—导电液体 2—容器

3—不锈钢电极 4—绝缘套

式中 ε ——聚四氟乙烯绝缘套管的介电常数；

  D ——聚四氟乙烯绝缘套管的外径。

所以，当容器内液位高度由零变化到 H 时，圆筒电容器的电容变化量 ΔC 为

$$\Delta C = C - C_0 = \frac{2\pi\varepsilon H}{\ln(D/d)} - \frac{2\pi\varepsilon_0 H}{\ln(D_0/d)}$$

通常，$D_0 \gg D$，$\varepsilon > \varepsilon_0$，上式中第二项比第一项小得多，可以忽略不计，则

$$\Delta C = \frac{2\pi\varepsilon H}{\ln(D/d)} \tag{4-63}$$

当电极确定后，ε、D、d 为定值，上式可写为

$$\Delta C = KH \tag{4-64}$$

式中，$K = \dfrac{2\pi\varepsilon}{\ln(D/d)}$。

可见，当电极确定后，ε、D、d 为定值，传感器的电容变化量与液位的变化量呈线性关系。测出电容变化量就可求出被测液位。且绝缘套管的介电常数 ε 较大，D/d 较小时，传感器的灵敏度较高。

值得注意的是，如果液体是黏滞介质，当液位下降时，由于电极套管上仍黏附一层被测介质，会造成虚假的液位示值，使仪表所显示的液位比实际液位高。

（2）测量非导电液体的电容式液位传感器 当测量非导电液体，如轻油、某些有机液体等的液位时，可采用两根同轴装配、彼此绝缘的不锈钢管构成同轴套管筒形电容器，两根不锈钢管分别作为圆筒形电容器的内外电极。液位的变化导致圆筒形电容器的内外电极间介质的变化，从而引起电容量的变化，利用这一特性可以测量液位变化。如图 4-46 所示，外套管上有孔，以便被测液体能自由地流进或流出。

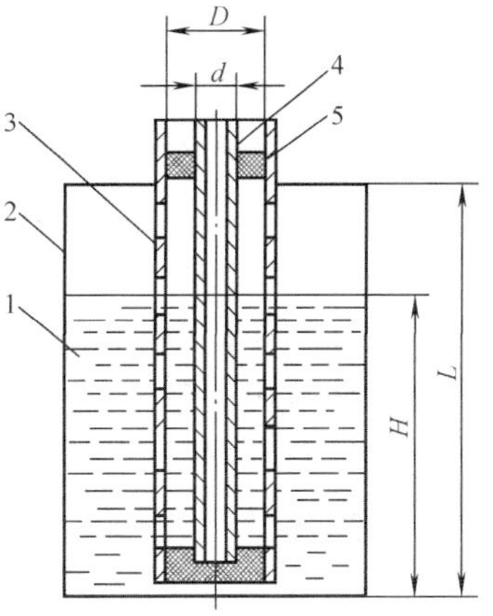

当被测液位 $H = 0$ 时，两电极间的介质是空气，电容器的电容量为

$$C_0 = \frac{2\pi\varepsilon_0 L}{\ln(D/d)} \tag{4-65}$$

式中 ε_0 ——空气体的介电常数；

  L ——液位测量范围；

  D ——外电极的内径；

  d ——内电极的外径。

图 4-46 非导电液体的电容式液位测量
1—非导电液体 2—容器 3—不锈钢外管
4—不锈钢内管 5—绝缘套

当液位高度为 H 时，两电极间上下部的介质分别是空气和被测液体，圆筒电容器的电容量 C 为

$$C = \frac{2\pi\varepsilon H}{\ln(D/d)} + \frac{2\pi\varepsilon_0(L-H)}{\ln(D/d)} \tag{4-66}$$

式中 ε ——被测液体的介电常数。

所以，当容器内液位高度由零变化到 H 时，圆筒电容器的电容变化量 ΔC 为

$$\Delta C = C - C_0 = \frac{2\pi(\varepsilon - \varepsilon_0)}{\ln(D/d)} H \qquad (4\text{-}67)$$

可见，当电极确定后，ε、D、d 为定值，传感器的电容变化量与液位的变化量呈线性关系。测出电容变化量就可求出被测液位。

2. 电接点液位计

由于密度和所含导电介质的数量不同，液体与其蒸汽在导电性能上往往存在较大的差别，电接点液位计正是利用这一差别进行液位检测的，通过液体汽、液相电阻的不同来指示液位高低。电接点液位计的基本组成和工作原理如图 4-47 所示。为了便于测点的布置，被测液位通常由测量筒 2 引出，电接点则安装在测量筒上。电接点由两个电极组成，一个电极裸露在测量筒中，它与测量筒的筒壁之间用绝缘子隔开；另一个电极为所

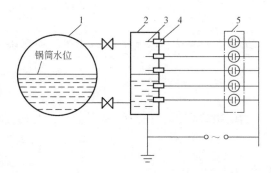

图 4-47　电接点液位计测量原理
1—锅筒　2—测量筒　3—电极　4—绝缘套　5—指示灯

有电接点的公共接地极，它与金属测量筒的筒壁接通。当液体浸没电接点时，由于液体的电阻率较低，电接点的两电极通过液体导通，相应的指示灯亮；而处在蒸汽中的电接点因蒸汽的电阻率很大而不能导通，相应的指示灯不亮。因此，液位的高低决定了亮灯数目的多少。或者反过来说，亮灯数目的多少反映了液位的高低。根据显示方式的不同，相应地有电接点氖灯液位计、电接点双色液位计和数字式电接点液位计。但是，无论采用哪种显示方式，均无法准确指示位于两相邻电接点之间的液位，即存在指示信号的不连续性，这也就是电接点液位计固有的不灵敏区，或称作测量的固有误差。显然，这种误差的大小取决于电接点的安装间距。

近年来，电接点液位计得到了较为广泛的应用，尤其是在锅炉锅筒水位的测量中，由于其测量结果受锅筒压力变化的影响很小，故适用于锅炉变参数工况下的水位测量。但是，这种液位计的液位指示信号具有非连续的阶跃性，因此不宜作为液位连续调节的信号传感器。用电接点液位计测量锅炉锅筒水位时，除了上述误差外，最主要的误差是测量筒内水柱温降所造成的测量筒水位与锅筒重力水位之间的偏差，因而应该对测量筒采取保温措施。

4.3.4　声学法液位测量

1. 声学法液位计工作原理

声学法液位计利用声波传播过程中的一些物理特性如声速、声波反射或声波减弱等测量液位。声波式液位计是一种非接触式物位计，无可动部件，不受被测介质的电导率、导热系数或介电常数等的影响。因此应用面广，可用于有毒、有腐蚀性、高黏度液体的测量。但不宜用于含气泡、悬浮杂质和波浪较大的液体液位测量，否则会因声波散射而产生误差。此外，这种液位计因设备较复杂，所以价格较高。

图 4-48 所示为声波反射式液位计的工作原理图。图 4-48a 所示为在液体中接受反射声波的液位计，图 4-48b 所示为在气体中接受反射声波的液位计，图 4-48c 所示为在固体中接受反射声波的液位计。图中，由压电元件组成的声换能器通入交流电流后产生反压电效应，成为一个声波发射器。发射器周期地发出短暂的声波，经一段时间后声波从两相界面反射回来

并为声波接收器接收。声波接收器也是一种由压电元件组成的声换能器，当收到声波振动力后能使压电元件发生正压电效应并产生交流电流。由于，因此测定这段时间间隔值后，即可算出被测液位值。

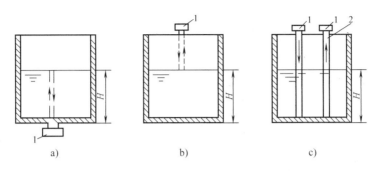

图 4-48 声波反射式液位计工作原理

a）液体中反射 b）气体中反射 c）固体中反射

1—声波换能器 2—金属波导管

声波液位计可以采用频率较低的声频或频率较高的超声频发射声波。对气体介质一般用声频，因为超声频在气体中声能衰减较大；对液体或固体介质则可用超声频。超声波是指频率高于 20000Hz 的声波，超声波声束集中，不易扩散，可提高测量精度。

2. 超声波液位计

超声波液位计由超声波换能器和测量电路组成。超声波换能器作为传感器检测液位的变化，并把液位变化转换为电信号。通过测量电路的放大处理，由显示装置指示液位。

超声波换能器交替地作为超声波发射器与接收器，也可以用两个换能器分别作发射器与接收器，它是液位检测传感器。超声波换能器是根据压电晶体的"压电效应"和"逆压电效应"原理实现电能与超声波能的相互转换，其原理如图 4-49 所示。当外力作用于晶体端面时，在其相对的两个端面上有电荷出现，并且两端面上的电荷的极性相反。如果用导线将晶体两端面电极连接起来，就有电流流动，如图 4-49a 所示。当外力消失时，被中和的电荷又会立即分开，形成与原来方向相反的电流。如果用交变的外力作用于晶体端面上，则产生交变电场，这就是压电效应。反之，若将交变电压加在晶体两个端面的电极上，便会产生逆压电效应，即沿着晶体厚度方向做伸长和压缩交替变化，产生与所加交变电压同频率的机械振动，而向周围介质发射超声波，如图 4-49b 所示。

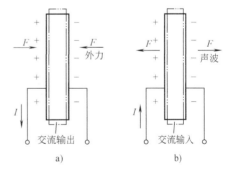

图 4-49 压电效应原理图

a）正压电效应 b）逆压电效应

超声波液位计的测量电路由控制钟、可调振荡器、计数器、译码指示等部分组成。使用超声波液位计进行测量时，将超声波换能器置于容器的底部（或液体的上空）。当控制钟每发一次方波信号时，就激励换能器发射声脉冲，并将计数器复零，还开始对时间脉冲进行计数，至接收到液面反射波信号后立即停止计数，最后将声脉冲从发射到返回的往返时间的计数换算成液位高度显示出来。

思 考 题

1. 写出5种非法定压力单位与法定压力单位之间的关系。
2. 请说明绝对压力、大气压力、表压及真空度的含义及其相互关系。
3. 简述液柱式压力计的测量误差的来源及其修正方法。
4. 为什么弹簧管式压力表测的是表压？
5. 采用动压法测试流体流速的测量原理是什么？
6. 常用皮托管有哪几种类型？各适应什么工作条件？
7. 简述恒温式热线风速仪的工作原理。
8. 简述差压式流量计的基本构成及使用特点。
9. 差压式流量计有几种取压方式？各有何特点？
10. 简述电磁流量计的工作原理及使用特点。
11. 什么是霍尔效应？简述霍尔压力变送器的工作原理。
12. 简述声学法液位测量的工作原理。声学法液位测量有何特点？
13. 差压式液位计按有无迁移量分为哪几种类型？

第 5 章

空气环境中有害物质测量

人类生产和生活过程中的绝大部分活动都是在建筑环境中进行的，这就使得建筑空气环境对人类的健康具有非常重要的影响。一个良好的空气环境会使在其中工作、生活的人们感觉舒适从而提高人们的工作效率。然而，根据最新调查统计，室内空气污染已经成为全球第一号影响健康的问题，2013 年 10 月 17 日，世界卫生组织下属国际癌症研究机构发布报告，首次指认大气污染对人类致癌，并视其为普遍和主要的环境致癌物。现代人的一生中 90% 以上的时间是在室内度过的，而最容易受污染影响的群体（如老、幼、病人）在室内活动的时间甚至更长。由于有室内污染源如建筑材料和制品、家具、消耗品、烹饪、供暖和吸烟等的存在，比起室外，室内污染物的种类更多，有害物浓度更高。同时，随着国际性的能源危机的日益加剧，使得为节约能源而将建筑物建造得更加密封，这进一步导致了室内污染物的聚集和环境质量的下降。此外，随着室外大气污染的不断加剧和室内装修档次的不断提高，建筑空气环境中有害物质的含量也在不断增高，这也直接导致了室内空气污染事件的不断出现。

空气中的有害物质，根据其形态和特性的不同，可以分为以下几类：

1）粉尘类，如扬起的尘土、炭粒等。

2）金属尘类，如铁、铝等微小颗粒物等。

3）湿雾类，如油雾、酸雾等。

4）细菌类，如致病病菌等。

5）有害气体类，如甲醛、一氧化碳、硫化氢、氮的氧化物等。

6）放射性气体类，如氡及其子体等。

随着生活质量的不断提高，人们对建筑空气环境中有害物质的关注正在逐步上升，近几年来，国家和有关部门相继出台了一系列的规范和标准来衡量和限制建筑空气环境中有害物的浓度。如《室内氡及其子体控制要求》（GB/T 16146—2015）、《居室空气中甲醛的卫生标准》（GB/T 16127—1995）、《室内空气中二氧化硫卫生标准》（GB/T 17097—1997）、《室内空气中二氧化碳卫生标准》（GB/T 17094—1997）、《民用建筑工程室内环境污染控制规范》（2013 版）（GB 50325—2010）与《室内环境质量评价标准》等。

综合性的国家标准《室内空气质量标准》（GB/T 18883—2002）由国家质量监督检验检疫局、卫生部和国家环保局联合制定并颁布实施。该标准的主要控制指标见表 5-1。

以上各标准的制定都是建立在如何对建筑空气环境中有害物质和主要污染源（如装饰装修材料、家具材料等）有害物释放量进行准确测量基础上的。而对室内空气质量的准确评价和对室内空气污染的有效控制也离不开对建筑空气环境中有害物质的精确测量。因此，本章将对建筑空气环境和建筑材料中有害物质的常用采样与检测方法及测量仪器的原理与使用方法做相应的介绍和说明。

表 5-1 《室内空气质量标准》的主要控制指标

序号	参数类别	参数	单位	标准值	备注
1	物理性	温度	℃	22~28	夏季空调
				16~24	冬季供暖
2		相对湿度	%	40~80	夏季空调
				30~60	冬季供暖
3		空气流速	m/s	≤0.3	夏季空调
				≤0.2	冬季供暖
4		新风量	m³/(h·人)	≥30	
5	化学性	二氧化硫 SO_2	mg/m³	0.50	1h 均值
6		二氧化氮 NO_2	mg/m³	0.24	1h 均值
7		一氧化碳 CO	mg/m³	10	1h 均值
8		二氧化碳 CO_2	%	0.10	日平均值
9		氨 NH_3	mg/m³	0.20	1h 均值
10		臭氧 O_3	mg/m³	0.16	1h 均值
11		甲醛 HCHO	mg/m³	0.10	1h 均值
12		苯 C_6H_6	mg/m³	0.11	1h 均值
13		甲苯 C_7H_8	mg/m³	0.2	1h 均值
14		二甲苯 C_8H_{10}	mg/m³	0.2	1h 均值
15		苯并[a]芘 B(a)P	ng/m³	1	日平均值
16		可吸入颗粒 PM_{10}	mg/m³	0.15	日平均值
17		总挥发性有机物 TVOC	mg/m³	0.60	8h 值
18	生物性	细菌总数	cfu/m³	2500	依据仪器定
19	放射性	氡²²² Rn	Bq/m³	400	年平均值

5.1 常用采样和分析方法

室内空气污染物具有种类繁多、组成复杂、浓度低、受环境条件影响变化大等特点,目前能直接测定污染物浓度的专用仪器较少,大多数污染物需要将污染物样品收集起来(即采样),再用一定的物理和化学分析方法测定其污染物浓度。采集室内空气环境和建筑材料中有害物的样品是测量有害物浓度和评定室内空气质量的第一步,它直接关系到测量和评定结果的可靠性。经验证明,如果采样方法不正确,即使分析方法再精确,操作者再细心,也不会得出准确的测定结果。

根据污染物的存在状态、浓度、物理化学性质及分析方法的不同,测量过程中选用的采样方法和仪器也会不一样。

5.1.1 有害物常用采样方法

1. 气体有害物采样方法

(1)直接取样法 当空气中被测组分浓度较高,或者所用分析方法很灵敏时,直接采取少量样品就可满足分析的需要。如用氢火焰离子化检测器分析空气中的苯,直接注入 1~2mL 空气样品就可测出空气中所含苯的浓度。一些简便快速的测定方法和自动分析仪器,也是直接取样进行分析的。如库仑法二氧化硫分析器是以 250mL/min 的流量连续抽取空气样品,能直接测定 0.025mg/m³ 的二氧化硫浓度的变化。用这类采样方法测得的结果是瞬时或者短时间内的平均浓度,而且可以比较快地得到分析结果。直接取样法常分为注射器取样、塑料袋取样和固定容器取样等方法。

1）注射器取样。如图 5-1 所示，在现场直
接用 100mL 注射器连接一个三通活塞，抽取空气
样品，密封进样口，带回实验室进行分析，是气
相色谱法常用的取样法。所用注射器要做磨口密
封性的检查，挑选其密封性好的供采样用，而且

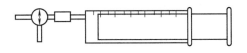

图 5-1　玻璃注射器

需要对注射器的刻度进行校准。采样时，先用现场空气抽洗 3~5 次，然后抽样，密封进气
口，将注射器进气口朝下，垂直放置，使注射器内压力略大于大气压。此外，要注意样品存
放时间不宜太长，一般要当天分析完。

2）塑料袋取样。如图 5-2 所示，用一种与所采集的污染物既不起化学反应，也不吸附、
不渗漏的塑料袋（长 170mm，宽 110mm，充气容积 500mL）。使用前要做气密性检查：充足
气后，密封进气口，将其置于水中，不应冒气泡。使用时，用现场空气冲洗 3~5 次后，再
充进现场空气，夹封袋口，带回实验室分析。这种采样方法和注射器采样一样具有经济和轻
便的特点。

3）固定容器法。它是一种用固定容器来采集少量空气样品的方法。取样仪器有以下两种。

① 如图 5-3a 所示，是一种用耐压的玻璃或不锈钢制成的真空采气瓶（500~1000mL），
外面套有安全保护套。用真空泵抽真空至 133Pa 左右，如果瓶中事先装好吸收液，可抽至溶
液冒泡为止，将真空采气瓶携带至现场，打开瓶塞，被测空气即充进瓶中，关闭瓶塞，带回
实验室分析。采样体积即为真空采气瓶的体积。真空采气瓶需要进行严格的漏气检查。由于
真空瓶瓶塞磨口处易漏气，采气瓶也可做成如图 5-3b 所示的形状，抽真空后瓶口拉封。到
现场采样时，从瓶口断痕线处弄断，空气即充进瓶内，然后套上橡胶小帽，带回实验室分
析。如果真空度达不到 133Pa，则可在清洁的环境中，抽成一定的真空度（如 133Pa），这
时的采样体积计算应扣除该剩余压力

$$V = V_0 \frac{p - p'}{p} \tag{5-1}$$

式中　V——采样体积（L）；

　　　V_0——真空瓶的体积（L）；

　　　p——大气压力（Pa）；

　　　p'——瓶中剩余压力（Pa）。

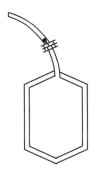

图 5-2　塑料袋

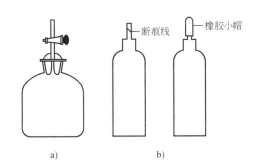

图 5-3　真空采气瓶

a）带磨口塞的采气瓶　b）瓶口拉封的采气瓶

② 用如图 5-4 所示的采气管，以置换法充进被测空气。在现场用二联球打气，使通过

采气管的空气量至少为管体积的 6~10 倍，这样才能使采气管中原有的空气完全被置换掉；然后封闭两端管口，带回实验室分析，采样体积即为采气管的容积。

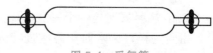

图 5-4 采气管

用固定容器采样后，加入吸收液或显色剂，经过强烈晃动，让被测组分充分与之作用，然后，可倒出溶液进行比色测定。

（2）有动力浓缩采样法 室内空气中有害物质的浓度一般是很低的（$\mu g/m^3$ 级至 mg/m^3 级），《室内空气质量标准》（GB/T 18883—2002）规定的最高容许浓度也比较严。虽然目前的测试技术有很大的进展，出现了许多高灵敏度的自动测定仪器，但是对很多有害物质来说，直接取样还远不能满足分析的要求，需要采用一定的方法，将大量的空气样品进行浓缩，使之满足分析方法灵敏度的要求。

有动力浓缩采样方法是用一个抽气泵，将空气样品通过收集器中的吸收介质，使气体有害物浓缩在吸收介质中，而达到浓缩采样的目的。吸收介质是液体的，用吸收管作收集器；吸收介质是颗粒状或多孔的固体，用填充柱管作收集器。图 5-5 所示是用液体吸收管的有动力空气采样装置。它主要由吸收管、流量计和抽气泵组成。

有动力浓缩采样法常分为溶液吸收法、填充柱采样法和低温冷凝法等。在实际应用时，可以根据有害物物理化学性质、在空气中存在的状态以及所用分析方法进行选择。

（3）被动式采样法 被动式个体采样器（Passive Personal Sampler）是基于气体分子扩散或渗透原理采集空气中气态或蒸汽态污染物的一种采样方法。由于它不用任何电源和抽气动力，所以又称无泵采样器。这种采样器

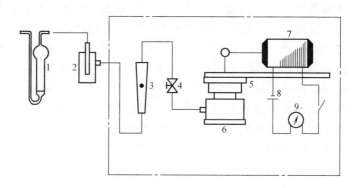

图 5-5 有动力空气采样装置
1—吸收管 2—滤水井 3—流量计 4—流量调节阀
5—抽气泵 6—稳流器 7—电动机 8—电源 9—定时器

体积小，非常轻便（像一支钢笔或一枚徽章大小，可以佩戴在人们的上衣口袋处），跟随人们活动，可以根据需要到任何地方进行采样，用于个体接触量（个体暴露量）的监测；也可放置在现场连续采样，进行环境空气质量的监测。另外，它的操作简便，不用电源，不用特别维护，安全可靠，价格便宜，特别适用于大面积卫生调查和监测。

被动式个体采样器自 20 世纪 70 年代后期问世以来，发展非常迅速，有关它的研制、应用、评价和机理方面的文章很多，也已有各种各样的相关产品出售。早期主要应用于劳动卫生和防护监测，近年来则逐步用于环境卫生和环保监测。它的出现是对传统的有泵采样器的一次重大变革。被动式采样器对于目前人们普

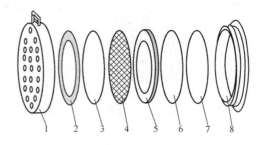

图 5-6 被动式采样器的结构
1—前盖 2—硅橡胶密封圈 3—核孔滤膜
4—涤纶纱网（70 目） 5—压环 6—吸收层
7—托板 8—底座

遍关注的室内空气污染和个体接触量的监测无疑是最适用的。

被动式个体采样器的基本结构如图 5-6 所示，它由壳体、挡风层、扩散腔和吸收层等部分所组成。

2. 气溶胶中颗粒物采样方法

气溶胶中颗粒物采样方法很多，最基本的方法是沉降法、滤料法和光散射法。本节主要介绍沉降法和滤料法，光散射法将在本章 5.4.2 中介绍。

（1）沉降法　沉降法包括自然沉降和静电沉降两种采样方法。

1）自然沉降法。自然沉降法是利用颗粒物受重力场作用，沉降在一个敞开的容器中，采集的是较大粒径（>30μm）的颗粒物。自然沉降法是测定室外大气降尘的方法，而室内测定很少使用。结果用单位面积、单位时间内从空气中自然沉降的颗粒物质量 $[t/(km^2 \cdot 月)]$ 表示。这种方法虽然比较简便，但易受环境气象条件（如风速）影响，误差较大。

2）静电沉降法。空气样品通过 12000~20000V 电场时，由电晕放电产生的离子附着在气溶胶的颗粒上，使颗粒带电。带电粒子在电场作用下，沉降在极性相反的收集极上。此法收集效率高，阻力小。采样后，取下收集极上的表面沉降物质供分析用。静电采样器绝对不能用于易燃易爆物质的采样，以免发生危险。

（2）滤料法　滤料采样的装置如图 5-7 所示，将滤料（滤纸或滤膜）放在采样夹上，用抽气泵通过滤料抽入空气，空气中的悬浮颗粒物质就被阻留在滤料上，分析滤料上被浓缩的颗粒物的含量，再除以采样体积，即可计算出空气中颗粒物浓度。这种方法称为滤料采样法。

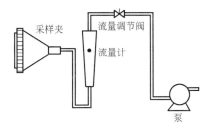

图 5-7　滤料采样装置示意图

用滤料采集空气中颗粒物质，不仅靠直接阻挡作用，还有惯性沉降、扩散沉降和静电吸引等作用。在采样过程中，这些作用所产生的影响与采样流速、滤料性质和气溶胶的性质有着密切关系。

由于空气中污染物并不是以单一状态存在，而往往以多种状态（如气态和气溶胶）共存在空气中，这使得采样和分析工作变得比较复杂。如对于颗粒物与气体有害物共存的情况，一种最简单的处理方法是在滤料采样夹后接上液体吸收管或填充柱采样管，这样颗粒物被收集在滤料上，而气体有害物则收集在后面的吸收管或填充柱中。但是这种简单组合存在的主要问题是，采样流量受后面的液体吸收管或填充柱的制约大，而颗粒物则需要一定的线速度才能采集下来，这样由于流量匹配问题，往往使颗粒物采样受到限制。为了解决用一种方法同时采集两种状态污染物的问题，就产生了所谓的综合采样方法，它是用浸渍试剂滤料、泡沫塑料、多层滤料以及环形扩散管与滤料组合等采样方法来同时采集两种状态有害物的。

3. 建筑材料中有害物采样方法

建筑材料尤其是室内装饰装修材料是室内空气污染的重要污染源。建筑材料是建筑工程中所使用的各种材料制品的总称，是一切建筑工程的物质基础。建筑材料的种类繁多，有金属材料如钢铁、铝材、铜材等；非金属材料如砂石、砖瓦、陶瓷制品、石灰、水泥、混凝土制品、玻璃、矿物棉等；植物材料如木材、竹材；合成高分子材料，如塑料、涂料、胶合剂等。另外还有许多复合材料。室内装饰装修材料是指用于建筑物表面（墙面、柱面、地面及顶棚等）起装饰效果的材料，也称饰面材料。一般它是在建筑主体工程（结构工程和管线安装等）完成后，在最后进行装饰装修阶段所使用的材料。用于装饰装修的材料很多，如人造木板及饰面人造木板、涂料、胶粘剂、地板砖、壁纸、地毯等。

为了控制室内装饰装修材料对室内空气的污染，我国制定了相应的国家标准来限制相关产品有害物的释放量，如《室内装饰装修材料　人造板及其制品中甲醛释放限量》（GB 18580—2017）、《室内装饰装修材料　溶剂型木器涂料中有害物质限量》（GB 18581—2009）、《室内装饰装修材料　内墙涂料中有害物质限量》（GB 18582—2008）、《室内装饰装修材料　胶粘剂中有害物质限量》（GB 18583—2008）、《室内装饰装修材料　木家具中有害物质限量》（GB 18584—2001）等。而为了定量地检验某种材料是否达到了国家标准的要求，就必须用一定的物理和化学方法来测量室内装饰装修材料的有害物释放量。当然，由于室内装饰装修材料多种多样，有害物的种类也比较多，所以相应的采样和分析方法也很多，如测量人造板及其制品中甲醛的释放量就有穿孔萃取法、干燥器法、环境试验舱（气候箱）法等。其中，环境试验舱作为室内用品和材料中挥发性有机物（包括醛类、芳香烃等）采样的装置获得了广泛的应用，国家标准《室内装饰装修材料　人造板及其制品中甲醛释放限量》（GB 18580—2017）都把环境试验舱法作为室内装修用人造板产品甲醛释放量检测的仲裁方法。

环境试验舱是由化学惰性材料制成的密闭舱体、温度和湿度控制与测量系统、清洁空气供给系统、流量控制与测量系统、标准气加入口和流出气采样测量系统组成（图 5-8）。将待测材料放入舱内，控制一定的温度、湿度和换气次数，材料中挥发性化合物将释放到舱内，并且在材料和舱内空气间达到平衡。测量不同时间流出空气中挥发性化合物的浓度，可得出待测材料挥发性化合物释放速率和释放过程的数学模型，从而评估待测材料对建筑空气环境的影响。

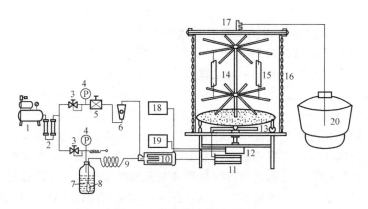

图 5-8　环境试验舱组成图

1—空气压缩机　2—过滤净化器　3—稳压阀　4—压力表　5—流量调节阀　6—流量计　7—纯水瓶
8—过滤器　9—毛细管　10—蒸发混合器　11—预热管　12—电机　13—入口孔管　14—样品架
15—样品　16—测试室　17—出口多支管　18—电源　19—温度控制　20—染毒室

（1）舱体　舱体是用玻璃或经抛光的不锈钢这类惰性材料制造，它不能释放挥发性化合物，也不吸收吸附挥发性化合物，更不能与这些物质发生化学反应。舱体容积由几十升到几十立方米，测试一般材料以几十升的小型舱为宜，测试家具类大型物品适用大型舱。舱体形状以圆形或圆柱形为佳，空气流在这种舱内易混合均匀。舱体上方开有能方便放取试样的舱门，舱门与舱体密封要良好，密封材料也要选用惰性材料，并且密封材料与舱内空气的接触面积要尽可能小。舱体设有进气口和出气口，两口的位置设在舱体的对侧以避免气流短路。进气口为伞状或盘状多孔管，这都有助于气体混合均匀。舱内配有试样支架，使试样在舱内均匀分布。

（2）温度控制和测量系统　在测试过程中，为了控制挥发性化合物从试样表面的释放速度，保证挥发性化合物在试样表面与舱内空气的平衡，防止舱壁上出现冷凝，环境试验舱内空气必须维持恒定而均匀的温度，温度控制范围在 18~35℃，常用的温度是（23±1）℃。舱内温度控制和显示集合在数字仪表上。

（3）湿度控制和测量系统　在测试过程中，对于吸湿性试样和水溶性挥发物，维持环境试验舱内空气湿度的恒定和均匀是必要的，湿度控制范围在 20%~80%，常用的湿度为（45±5）%。湿度控制是利用向干燥空气流中加入蒸馏水，必须保证蒸馏水中杂质含量很低，不能引起舱内空气本底值增高。用湿度计显示舱内湿度。

（4）清洁空气的供给和流量控制系统　该系统由无油空气压缩机抽取环境空气产生压缩空气，经过硅胶、分子筛、活性炭等净化装置去除水分、微量有机化合物和其他挥发性物质而获得清洁干燥的空气流。再用稳压阀、流量调节阀等控制，成为流量稳定且可以调节的空气流供给环境试验舱。流量范围在 0.5~3 倍舱容积每小时。流量测量可以用质量流量计也可以用转子流量计。在清洁空气与舱进气口连接处设有标准气接口，用于校准系统时向舱内通入标准气。清洁空气进入试验舱之前，气流要预热，以减少舱内温度的波动。

（5）气体采样多支管　舱出口为多支管，它作为采集舱内气体的接口，应包裹保温材料以保持与舱内空气相同的温度，避免挥发物吸附甚至冷凝在多支管里面。

（6）舱内气体混合　为了保证舱内气体浓度均匀以及试样表面与舱内空气的平衡，要求舱内空气必须充分混合。在舱内可装低速风扇或者使试样架旋转的方法使空气充分混合。

5.1.2　采样空气体积的测量及流量计

本节所述的方法主要针对气体有害物采样，对于气溶胶采样可以参照采用。

1. 采样空气体积的测量

为了准确计算空气中有害物的浓度，必须正确地测量采样空气的体积，它直接关系到监测数据的可靠性和质量。采样方法不同，采样体积的测量方法也有所不同。

当用注射器、塑料袋和固定容器直接取样时，这些采样器具的容积即为空气采样体积。只要校准了这些器具的容积，就可知道准确的采样体积。

当采用有动力采样法采样时，如图 5-9 所示，可用转子流量计和孔口流量计测定采样系统的空气流量。采样时，气体流量计连接在采样泵之前，采样泵选用恒流抽气泵。采样前需对采样系统中的气体流量计的流量刻度进行校准。当采样流量稳定时，用流量乘以采样时间计算空气采样体积。

图 5-9 中颗粒物预过滤器滤料一般采样化学惰性材料，如聚四氟乙烯或聚丙烯等有机纤维滤料，对 0.3μm 颗粒物的捕集效率在 90% 以上。必要时（如空气湿度较大），可加热使气温略高于 20℃，以防止某些活泼性气体污染物被沉积在滤料上的颗粒物质所吸附，而且滤料需定期更换。对于短时间采样或空气中颗粒物

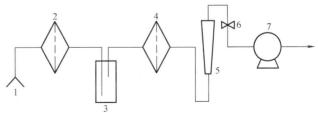

图 5-9　有动力采样系统示意图
1—气样入口　2—颗粒物预过滤器
3—收集器（如吸收管或滤料夹）
4—保护性过滤器　5—转子（孔口）流量计
6—流量调节阀　7—采样泵

浓度很低，可不用颗粒物预过滤器。用滤料采样夹采集气溶胶时，也可省去预过滤器。

应该指出，在有动力采样中，大多数采用体积流量计（如转子流量计和孔口流量计）。体积流量计在采样过程中会受到各种装置（如收集器、吸收管和流量调节阀等）所产生的气阻和测定环境条件（如气温和大气压力）的影响，为此，在校准流量计时必须尽可能在使用状况下，按照实际采样方式进行。采样时，要记录当时的气温和大气压力，将采样体积换算成标准状况下的采样体积

$$V_n = V_t \times \frac{T_0}{T} \times \frac{p}{p_0} \tag{5-2}$$

式中　　V_n——标准状况下的采样体积（L 或 m^3）；

V_t——现场采样体积（L 或 m^3）；

T_0——标准状况下的热力学温度（273K）；

T——采样时的热力学温度（K）；

p_0——标准状况下的大气压力（101.3kPa）；

p——采样时的大气压力（kPa）。

当用被动式采样器采样时，以采样器的采样速率 K 乘以暴露采样时间，可计算出空气采样体积。K 值是事先在实验室校准测得的，并需对环境影响因素进行修正。

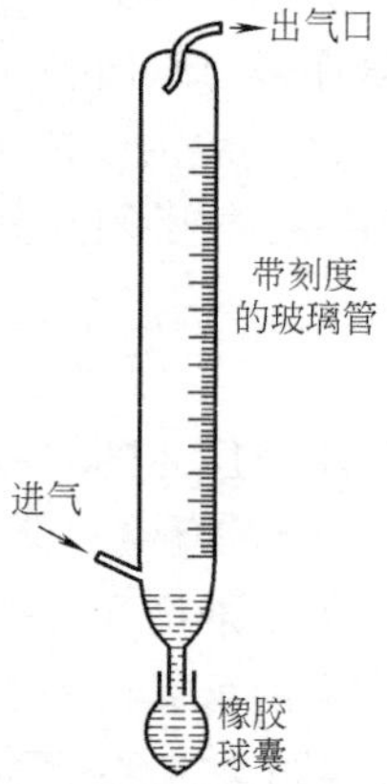

2. 测量中常用的流量计

（1）流量计的种类　流量计种类很多，用于空气采样的流量计常见的有皂膜流量计、孔口流量计、转子流量计等。

1）皂膜流量计。皂膜流量计（图 5-10）是由一根标有体积刻度的玻璃管和橡胶球囊组成。玻璃管下端处有一进气支管，橡胶球囊内装满肥皂水。当用手挤压橡胶球囊时，使肥皂水液面上升，由支管进来的气体吹起皂膜，并在玻璃管内缓慢上升。用秒表准确记录通过一定体积时所需时间。

由于皂膜本身质量轻，当其沿管壁移动时摩擦力极小（20~30Pa 的阻力），并有很好的气密性。测量范围可以从每分钟几毫升到几十升，在流量范围内测量时，误差一般皆小于 1%，所以皂膜流量计是一种测量气体流量较为准确的量具。

皂膜流量计主要误差来源是时间测量所带来的误差，因此要求皂膜有足够长的时间通过刻度区。皂膜上升速度不宜超过 4cm/s，气流必须稳定。用测量水的质量的方法测量体积，可以得到很精确的结果。如果做精密测量，还应考虑水蒸气压力的修正。采用光电控制技术可使测量皂膜通过刻度线的时间更加准确。

2）孔口流量计。孔口流量计（图 5-11）有隔板式和毛细管式两种。当气体通过隔板或毛细管小孔时，因阻力而产生压力差。气体的流量越大，阻力越大，产生的压力差也越大。由孔口流量计下部的 U 形管两侧的液柱差，可直接计算出气体的流量，即

$$Q = K \sqrt{\frac{h\rho_1}{\rho_g}} \tag{5-3}$$

图 5-10　皂膜流量计

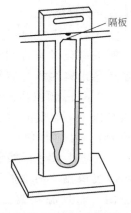

图 5-11　孔口流量计

式中　Q——流量（m^3）；

　　　h——流量计的液柱差（m）；

　　　ρ_g——空气的密度（kg/m^3）；

　　　ρ_1——U 形管中液体的密度（kg/m^3）；

　　　K——仪器常数。

由上式可看出，孔口流量计的流量和液柱差的平方根成正比，和空气密度的平方根成反比，所有影响空气密度的因素，都会影响空气的流量。而空气的密度与压力成正比，与热力学温度成反比，故在实际工作中，应考虑压力和温度的影响，对流量的测量值进行修正。

3）转子流量计。转子流量计是由一个上粗下细的锥形玻璃管和一个转子所组成。转子可以用不锈钢、玻璃球，也可以用塑料、玛瑙制成。当气体由玻璃管的下端进入时，由于转子下端的环形孔隙截面积大于转子上端的环形孔隙截面积，所以转子下端气体的流速小于上端的流速，下端的压力大于上端的压力，使转子上升。直到上下端压力差与转子的重量相等时，转子就停止不动。气体流量越大，转子升得越高。其流量计算公式如下

$$Q = K\sqrt{\frac{\Delta p}{\rho_g}} \tag{5-4}$$

流量与转子上下端压力差 Δp 的平方根成正比，与空气密度 ρ_g 的平方根成反比。其影响因素与修正方法均与孔口流量计相同。

在使用转子流量计时，若空气中湿度太大，需在转子流量计进气口前连接吸收管。否则，转子吸收水分后增重，影响测量结果。

（2）流量计读数的修正　气体的流量是一个状态参数，与气体的密度密切相关。当压力和温度变化时，会引起气体密度变化，这时如进行气体流量的测量，流量计的读数就不能表示气体的真实流量，故应根据使用时的大气压力和温度进行必要的修正。修正公式如下

$$Q_x = Q\left(\frac{p_x}{p} \times \frac{T}{T_x}\right)^{1/2} \tag{5-5}$$

式中　Q_x——气体的真实流量（mL/min）；

　　　Q——流量计使用时的读数（mL/min）；

　　　T_x——流量计标定状况下的热力学温度（K）；

　　　p_x——流量计标定状况下的大气压力（kPa）；

　　　T——流量计使用时的热力学温度（K）；

　　　p——流量计使用时的大气压力（kPa）。

从式（5-5）看出，只有当使用状态和流量计校准时的状态相差很大时（如使用阻力较大的收集器或者气压和温度变化很大时），才需要做温度和气压对流量读数的修正。在一般情况下，使用状态和校准状态气体压力变化不大、温差也不大于±15℃时，流量误差不超过3%。但是，对流量做精确测量时，要求流量计的校准状态和使用状态尽可能相一致，如果差别很大，需要在使用状态下做重新校准。

另外，为了使流量计的使用状态和校准状态尽可能一致，在标定流量计时应将流量计连接到采样系统，这样采样系统中各种装置（如收集器、灰尘过滤器、流量调节阀等）所产生的阻力对流量计读数造成的误差可以减至最小。

5.1.3　采样效率及其评价方法

一种采样方法的采样效率是指在规定的采样条件（如采样流量、气体浓度、采样时间

等）下所采集到的量占总量的百分数。采样效率评价方法一般与有害物在空气中的存在状态有很大关系，不同的存在状态有不同的评价方法。

1. 评价采集气态和蒸汽态污染物的方法

采集气态和蒸汽态的污染物常用溶液吸收法和填充柱采样法。评价这些采样方法的效率有绝对比较法和相对比较法两种。

（1）绝对比较法 精确配制一个已知浓度的标准气体，然后用所选用的采样方法采集标准气体，测定其浓度，比较实测浓度 C 和配气浓度 C_s，采样效率 R 为

$$R = \frac{C}{C_s} \times 100\% \tag{5-6}$$

用这种方法评价采样效率虽然比较理想，但是由于配制已知浓度的标准气体有一定困难，往往在实际应用时受到限制。

（2）相对比较法 配制一个恒定浓度的气体，其浓度不一定要求已知。然后用 2 个或 3 个采样管串联起来采样，分别分析各管的含量，计算第 1 管含量占各管总量的百分数，采样效率为

$$R = \frac{C_1}{C_1 + C_2 + C_3} \times 100\% \tag{5-7}$$

式中，C_1、C_2 和 C_3 分别为第 1 管、第 2 管和第 3 管中分析测得的浓度，所得采样效率为第 1 管的采样效率。用这种方法评价采样效率也只适用于一定浓度范围的气体，如果气体浓度太低，由于分析方法灵敏度所限，测定结果误差较大，采样效率只是一个估计值。

2. 评价采集气溶胶的方法

采集气溶胶常用滤料采样法。采集气溶胶的效率有两种表示方法。一种是颗粒采样效率，就是所采集到的气溶胶颗粒数目占总的颗粒数目的百分数。另一种是质量采样效率，就是所采集到的气溶胶质量占总的质量的百分数。只有当气溶胶全部颗粒大小完全相同时，这两种表示方法才能一致。但是，实际上这种情况是不存在的。微米以下的极小颗粒在颗粒数上总是占绝大部分，而按质量计算却只占很小部分，即一个大的颗粒的质量可以相当于千万个小的颗粒，所以质量采样效率总是大于颗粒采样效率。由于 $10\mu m$ 以下的颗粒对人体健康影响较大，所以颗粒采样效率有着卫生学上的意义。当要了解空气中气溶胶质量浓度或气溶胶中某成分的质量浓度时，质量采样效率是有用处的。目前在空气监测中，评价采集气溶胶方法的采样效率，一般是以质量采样效率表示，有特殊要求时才用颗粒采样效率表示。

气溶胶采样方法的效率评价与气态和蒸汽态的采样方法的效率评价有很大的不同。一方面是由于配制已知浓度标准气溶胶在技术上比配制标准气体要复杂得多，而且气溶胶粒度（粒径）范围也很大，所以很难在实验室模拟现场存在的气溶胶的各种状态。另一方面是用滤料采样像一个滤筛一样，能漏过第一张滤纸或滤膜的更小的颗粒物质，也有可能会漏过第二张或第三张滤纸或滤膜，所以用相对比较法评价气溶胶的采样效率比较困难。评价滤纸和滤膜的采样效率要用另一个已知的采样效率高的方法同时采样，或串联在其后面进行比较得出。颗粒采样效率常用一个灵敏度很高的颗粒计数器测量进入滤料前和通过滤料后的空气中的颗粒数来计算。

3. 评价采集气态和气溶胶共存状态的物质的方法

对于气态和气溶胶共存的物质的采样更为复杂，评价其采样效率时，这两种状态都应加以考虑，以求其总的采样效率。

5.1.4　现场采样技术要求

1. 布点要求

（1）采样环境　由于建筑空气环境中有害物的特殊性，采样环境对于有害物的浓度有很大的影响。主要影响如下：

1）温度、湿度、大气。对于大多数气体有害物而言，当温度高、湿度低的时候更容易挥发，从而使得室内该项有害物浓度升高。大气压力会影响气体的体积，从而影响其浓度。

2）室外空气的质量。室内空气中的有害物不仅来源于室内，也会由室外渗入。因此当室外环境中存在污染源时，对室内空气的质量也会有一定影响。

（2）采样布点原则。采样点的设置直接关系到有害物检测结果是否能真实反映室内空气污染水平。采样点的选择应遵循以下三个原则：

1）代表性。这种代表性应根据检测目的与对象而定，不同的检测目的应选择各自不同的、具有代表性的采样点。

2）可比性。为了便于对检测结果进行比较，各个采样点应尽可能选择类似的采样条件，对所采用的采样器材及采样方法，应做具体规定。

3）可行性。由于采样的器材较多，需占用一定的场地，故在选择采样点时，应尽可能选择有一定空间可利用的地点，并宜选用低噪声、有足够电源的小型采样器材。

（3）采样布点方法

1）采样点的数量。采样点的数量根据监测室内面积大小和现场情况而确定，以期能正确反映室内空气有害物的水平。具体而言，为避免墙壁的吸附或溢出干扰，采样点应距离墙壁不得少于 0.5m。原则上小于 $50m^2$ 的房间应设 1~3 个点；50~100m^2 设 3~5 个点；$100m^2$ 以上至少设 5 个点。

2）采样点的分布。除特殊目的外，一般采样点分布应均匀，并应离开门窗一定距离，以避免局部微小气候造成的影响。在做污染源逸散水平检测时，应以污染源为中心，在与之不同的距离（2m、5m、10m）处设点，或在对角线上或梅花式均匀分布。同时采样点设置地点应注意尽量避开通风口。

3）采样点的高度。采样点的高度应与人的呼吸区高度相一致，一般距离地面 1.5m 或在 0.5~1.5m 之间。在调查各种不同的净高对室内有害物的垂直浓度差与温度的影响时，采样点可按层流变化来确定，一般可采用距离地面 0.1m、0.5m、1.0m、1.5m、2.0m、2.5m 的高度。

4）室外对照采样点的设置。在进行室内有害物检测的同时，为了掌握室内外污染的关系，以室外的有害物浓度为对照，在同一区域的室外设置 1 个或 2 个采样对照点。也可用原来的室外固定大气监测点做对比，这时室内采样点的分布，应在固定检测点半径 500m 范围内才较合适。

2. 采样时间和频率

采集的样品能否真实地反映出被测空气环境的实际情况，与采样的时间和频率有很大关系，因此规定：年平均浓度至少采样 3 个月，日平均浓度至少采样 18h，8h 平均浓度至少采样 6h，1h 平均浓度至少采样 45min，采样时间应涵盖通风最差的时间段。

3. 采样方法

根据污染物在室内空气中存在的状态，选择合适的采样方法和仪器，具体采样方法应针对各种不同有害物按照其规定的检测方法和操作步骤进行。

（1）对气体有害物的采样 采用有动力采样方法或被动式采样方法。被动式采样方法因受采样速度的限制适合于长时间（如8h或24h或几天）采样，而且要求在适宜的风速范围内（0.2~2.0m/s）进行；各种有动力采样方法适用范围较宽，但受电源和电动机噪声的限制，用于室内的采样器的噪声应小于50dB（A）。

（2）对颗粒物的采样 应选用小流量或中流量采样器（100L/min以下）采样，采样器的噪声应小于50dB（A）。

为了节约采样费用，有害物采样可以先用筛选法采样，即采样前关闭门窗12h，采样时关闭门窗，至少采样45min。当采用筛选法采样达不到标准要求时，就必须按累积法（按年平均、日平均、8h平均值）的要求采样。

4. 采样的质量保证措施

（1）气密性检查 有动力采样器在采样前应对采样系统进行气密性检查，不得漏气。

（2）流量校准 采样系统流量要能保持恒定，采样前和采样后要用一级皂膜计校准采样系统进气流量，误差不超过5%。记录校准时的大气压力和温度，必要时换算成标准状况下的流量。

（3）空白检验 在一批现场采样中，应留有两个采样管不采样，并按其他样品管一样对待，作为采样过程中空白检验。若空白检验超过控制范围，则这批样品作废。

（4）检验和标定 仪器使用前，应按仪器说明书对仪器进行检验和标定。

（5）体积换算 在计算浓度时应将采样体积换算成标准状态下的体积。

（6）平行采样 每次平行采样，测定之差与平均值比较的相对偏差不超过20%。

5.1.5 样品的分析和结果整理

1. 样品的分析

在现场正确地采集了有害物的样品后，很重要的一步是要在实验室中对有害物样品进行物理或化学分析，来确定样品中有害物的含量，从而计算出采样地点有害物的浓度，为正确合理地评价采样点的室内空气质量提供客观依据。由于建筑空气环境中有害物种类繁多，所用的样品分析方法也是多种多样的，常见有害物的分析检验方法见附录4。

附录5中也给出了建筑和装饰装修材料中有害物质的检验方法。本章将在后面的相关小节重点介绍室内板材中甲醛释放量的检测方法——环境试验舱法，以及室内涂料中挥发性有机化合物的检测方法——重量法（扣除水分）。

2. 结果整理

（1）记录 采样时要对现场情况、各种污染源以及采样日期、时间、地点、数量、布点方式、大气压力、气温、相对湿度、风速以及采样者签字等做出详细记录，随样品一同报到实验室。

分析检验时要对检验日期、实验室、仪器和编号、分析方法、检验依据、试验条件、原始数据、测试人、校核人等做出详细记录。

（2）测试结果和评价 测试结果用平均值表示。表5-1所示的化学性、生物性和放射性评价指标平均值符合标准值要求时，说明采样点室内空气品质（质量）达标。如果有一项未达标则应视为该采样点室内空气品质不达标。

标准中要求年平均、日平均、8h平均值的参数（指标）可以先进行筛选法采样，若分析检验结果达到了标准要求视为达标。若筛选法分析检验结果达不到标准要求，应按年平均、日平均、8h平均值要求进行累积法采样，用累积法检验结果来评价室内空气品质是否达标。

5.2　甲醛的测量

5.2.1　甲醛的定义及室内的主要来源

1. 定义

甲醛（Formadehyde）又名蚁醛，化学分子式为 HCHO。甲醛是一种挥发性有机化合物原生毒素，无色、具有强烈的刺激性气味，易溶于水、醇、醚，其 35% ~ 40% 的水溶液称为"福尔马林"，此溶液的沸点为 19.5℃，故在室温时极易挥发，遇热时其挥发速度更快。空气中甲醛的年平均浓度大约为 0.005 ~ 0.01mg/m³。

2. 室内的主要来源

室内空气中甲醛的来源可以分为室内和室外两个部分，室外的来源主要有工业废气、汽车尾气、光化学烟雾等。室内空气中的甲醛主要来源于以下几个方面：

1）装饰用的各类脲醛树脂胶人造板，比如胶合板、细木工板、中密度纤维板和刨花板等。

2）含有甲醛成分并有可能向外界散发的各类装饰材料，比如贴墙布，贴墙纸，油漆、涂料、黏合剂、尿素-甲醛泡沫绝缘材料（UFFI）和塑料地板等。

3）有可能散发甲醛的室内陈列及装饰用品，比如家具、化纤地毯和泡沫塑料等。

4）燃烧后会散发甲醛的某些材料，比如家用燃料、香烟及一些有机材料。

5）各种生活用品，比如化妆品、清洁剂、防腐剂、油墨、纺织纤维等。

目前，国内生产的板材大多采用廉价的脲醛树脂黏合剂，这类黏合剂的粘结强度较低，但如果加入过量的甲醛则可以提高其粘结强度。由于国家标准以前没有对胶合板、大芯板等人造木板中的甲醛的释放量进行限制，因此许多人造板生产厂就是采用过量添加甲醛来提高脲醛树脂黏合剂粘结强度这种低成本的方法使粘结强度达标。此外，甲醛在建筑材料中存在的时间长，其有效释放期可达 3 ~ 15 年之久。所以，人造板是目前我国室内空气中甲醛的主要来源。

5.2.2　甲醛对人体的危害及室内的允许标准

1. 对人体的危害

甲醛是导致"不良建筑物综合征"最明确的危险因素之一，与其他室内有机污染相比，其健康影响在工业建筑室内环境中最为突出，与放射性气体"氡"的危害不相上下。现代科学研究表明，甲醛对人类健康的影响主要有以下三个方面的作用：

（1）刺激作用　甲醛对人眼和呼吸系统有强烈的刺激作用，它可以与人体蛋白质结合。其危害与它在空气中的浓度以及接触时间长短息息相关。人对甲醛感受的个体差异比较大，眼睛最敏感，嗅觉和呼吸道次之，一般认为气态甲醛对眼睛刺激的浓度最低值为 0.06mg/m³。空气中甲醛的浓度较低时，刺激作用轻微，稍高时刺激作用增强；当浓度达到 6mg/m³ 时，会引起肺部的刺激效应，其作用症状主要表现为流泪、打喷嚏、咳嗽，甚至出现结膜炎、咽喉炎、支气管痉挛等症状。

甲醛又是致敏物质，它对皮肤有很强的刺激作用，会引起皮肤的过敏。当空气中甲醛的含量为 0.5 ~ 10ppm（1ppm 即为在一百万个空气分子中含有 1 个甲醛分子）时，会引起皮肤的肿胀发红。低浓度的甲醛能抑制汗腺分泌，使皮肤干燥、开裂。有些皮肤过敏的人，穿着经甲醛树脂处理过的化学纤维衣服，能引起皮肤炎症。

（2）毒性作用 甲醛能使蛋白质变性，对细胞具有强大的破坏作用。

动物实验表明，大鼠短期吸入浓度为 $7 \sim 25 mg/m^3$ 的甲醛可产生鼻黏膜组织改变，如细胞变性、发炎、坏死等，长期暴露可引起呼吸道上皮细胞增生。人类长期慢性吸入 $0.45 mg/m^3$ 的甲醛，可以导致慢性呼吸道疾病增加，出现诸如肺功能显著下降、头疼、体质衰弱、焦虑眩晕、神经系统功能降低等症状。吸入高浓度（大于 $60 \sim 120 mg/m^3$）的甲醛可引起肺炎、喉头炎和肺水肿、支气管痉挛，发生呼吸困难甚至呼吸衰竭而死亡。

（3）致癌作用 目前国外有些研究表明，甲醛是导致癌症、胎儿畸形和妇女不孕症的潜在威胁物。实验动物在实验室高浓度慢性吸入情况下（15ppm，每天 6h，每周 5 天，连续暴露 11 个月），可以引起鼻咽肿瘤。流行病学研究也发现长期接触高浓度甲醛的人，可引起鼻腔癌、口腔癌、咽喉癌、消化系统癌、肺癌、皮肤癌和白血病。另外，还发现甲醛在实验室里能诱发许多种微生物的基因突变。室内甲醛所导致的空气质量变坏与人体的健康关系还在进一步的调查研究当中。现在美国职业安全卫生所（NOSH）确定甲醛为致癌物质，国际癌症研究所建议将甲醛作为可疑致癌物质对待，世界卫生组织（WHO）及美国环境保护署（EPA）都将甲醛列为潜在的致癌物质而正在做进一步的研究。

2. 室内允许标准

20 世纪 70 年代以来，美国、荷兰、瑞典、丹麦等国均对室内甲醛的含量开展了调查研究，发现装饰档次较高的建筑室内甲醛浓度的峰值可达 $2.3 mg/m^3$ 以上。我国大型宾馆新装修以后，其峰值浓度可达 $0.85 mg/m^3$ 左右，使用一段时间以后可降至 $0.08 mg/m^3$ 以下。一般住宅在新装修后的峰值约在 $0.2 mg/m^3$ 左右，个别可达 $0.87 mg/m^3$ 左右，使用一段时间后可降至 $0.04 mg/m^3$ 以下。甲醛在室内浓度的变化，主要与污染源的释放量和释放规律有关，也与使用期限、室内温度、湿度以及通风程度等因素有关。其中，温度和通风的影响最大。最新的《室内空气质量标准》（GB/T 18883—2002）规定，1h 测量平均值不得超过 $0.10 mg/m^3$。

5.2.3 甲醛的测量方法

测量甲醛的方法有许多种，常用的测量方法有：酚试剂比色法、乙酰丙酮分光光度法。室内板材中甲醛释放量的检测方法常用环境试验舱法。

1. 酚试剂比色法

甲醛与酚试剂反应生成嗪，在高铁离子存在下，嗪与酚试剂的氧化产物生成蓝色化合物，根据颜色深浅，用分光光度法测定。该法检出浓度限为 $0.1 \mu g/mL$（按与吸光度 0.02 相对应的甲醛含量计），当采样体积为 10L 时，最低检出浓度为 $0.01 mg/m^3$。

测量时用一个内装 5.0mL 吸收液的气泡吸收管，以 0.5L/min 流量，采气 10L。

对空气中甲醛的含量进行分析时可按以下步骤：

（1）标准曲线的绘制 取 8 支 10mL 比色管，按表 5-2 配制标准色列。然后向各管中加 1% 硫酸铁铵溶液 0.40mL 摇匀。在室温下显色 20min。在波长 630nm 处，用 1cm 比色皿，以水为参比，测定吸光度。以吸光度对甲醛含量（μg）绘制标准曲线。

（2）样品测定 采样后，将样品溶液移入比色皿中，用少量吸收液洗涤吸收管，洗涤液并入比色管，使总体积为 5.0mL，室温下放置 80min。以下操作同（1）标准曲线的绘制。

甲醛浓度按下式计算

$$空气中甲醛浓度(mg/m^3) = \frac{W}{V_n} \qquad (5-8)$$

式中 W——样品中甲醛含量（μg）；

V_n——标准状态下采样体积（L），按式（5-2）计算。

表 5-2 甲醛标准色列（酚试剂比色法）

管 号	0	1	2	3	4	5	6	7
甲醛标准溶液/mL	0.00	0.10	0.20	0.40	0.60	0.80	1.00	1.50
吸收液/mL	5.00	4.90	4.80	4.60	4.40	4.20	4.00	3.50
甲醛含量/μg	0.00	0.10	0.20	0.40	0.60	0.80	1.00	1.50

测量时的注意事项：

1）绘制标准曲线时和样品测定时温差应不超过 2℃。

2）标定甲醛时，在摇动下逐滴加入氢氧化钠溶液，至颜色明显减退。再摇片刻，待退成淡黄色，放置后应退至无色。若碱量加入过多，则加入适当盐酸溶液，注意 5mL(1+5) 盐酸溶液不足以使溶液酸化。

3）当与二氧化硫共存时，会使结果偏低。二氧化硫产生的干扰，可以在采样时使气体先通过装有硫酸锰滤纸的过滤器，即可排除干扰。

2. 乙酰丙酮分光光度法

甲醛被水吸收，在 pH 值为 6 的乙酸-乙酸铵缓冲溶液里，与乙酰丙酮作用，在沸水浴条件下，迅速生成稳定的黄色化合物，在波长 413nm 处用分光光度法测定。

测量时用一个内装 5.0mL 水及 1.0mL 乙酰丙酮溶液的气泡吸收管，以 0.5L/min 的流量采气 30L。

按以下步骤进行分析和测量：

（1）标准曲线的绘制 取 8 支 10mL 具塞比色管，按表 5-3 配制标准色列。

表 5-3 甲醛标准色列（乙酰丙酮分光光度法）

管 号	0	1	2	3	4	5	6	7
水/mL	5.00	4.90	4.80	4.60	4.40	4.00	3.00	2.00
乙酰丙酮溶液/mL	1.00	1.00	1.00	1.00	1.00	1.00	1.00	1.00
甲醛标准溶液/mL	0.00	0.10	0.20	0.40	0.60	1.00	2.00	3.00
甲醛含量/μg	0.00	0.50	1.00	2.00	3.00	5.00	10.00	15.00

各管混合均匀后，在室温 25℃下放置 2h，使其显色完全后，在波长 414nm 处，用 1cm 比色皿，以水为参比，测定吸光度。以吸光度对甲醛含量绘制标准曲线。

（2）样品测定 采样后，样品在室温下放置 2h，然后将样品溶液移入比色皿中，以下操作步骤与（1）中标准曲线的绘制相同。

该方法的计算同酚试剂比色法中式（5-8）。

3. 环境试验舱法

环境试验舱是欧美国家推荐的测量和评价建筑装饰装修材料和室内用品释放有机污染物的设备，通常体积在几升至几十立方米之间，对环境试验舱的结构和性能要求可参照本章前面相关部分的介绍。因为环境试验舱的检测结果最接近于实际使用状况下的甲醛释放量，《室内装饰装修材料 人造板及其制品中甲醛释放限量》（GB 18580—2017）将该法作为室内装修用人造板产品甲醛释放量检测的仲裁方法。

（1）环境试验舱法的测量原理 将待测人造板材放入小型环境试验舱内，在规定的试验条件下，舱内甲醛的释放量可以达到平衡。用甲醛分析仪或其他有效方法测定舱内甲醛浓度，由舱内甲醛浓度可计算出单位面积的板材在单位时间内的平衡释放速率。

（2）抽样和样品处理

1）抽样方法。按检验方法规定的样品数量在同一地点、同一用途、同一规格的人造板中随机抽取3份样品，并立即用不会吸附或释放甲醛的包装材料将样品密封后待测。在生产企业抽取样品时，必须在生产企业等待出售的成品库内抽取样品。在经销企业抽取样品时，必须在经销现场或经销企业的待售成品库内抽取样品。在施工或使用现场抽取样品时，必须在同一地点、同一用途、同一规格的同一产品中随机抽取。

2）板材样品的准备：

① 空气接触处理。将样品放在样品处理房间内，环境参数要求与试验舱内相似，室温为（23±0.5）℃、相对湿度为（45±3）%，存放时间为两周，同时注意不要层叠堆放。

② 样品尺寸。在距离试样板边10cm处裁一块10cm×30cm的板，按装填率（用样品的有效面积除以试验舱的体积）等于1计算样品的尺寸。以60L的试验舱为例，制备的样品大小为10cm×30cm×2（两面）=0.06m^2。板材边缘的截面积不计算在样品的有效面积内。

③ 木质板材边缘的处理。进行舱内测试时，当样板两面都覆盖了涂料时要将木质板材的边缘封边（用无甲醛释放的铝质锡箔纸包好），以消除边缘高浓度释放的影响。

（3）分析步骤

1）试验舱的准备和测试条件。在实际测量之前，要进行舱的清洗。先用强碱性清洗剂，然后用自来水冲洗舱内表面，最后用去离子水冲洗。将试验舱放在温度可控的环境中，在测试条件下通入净化处理后的清洁空气。监测舱内空气本底水平，以保证本底甲醛浓度低于分析方法的检出限。将试验舱参数预先调至稳定的测试条件（表5-4）。

表5-4 试验舱测试条件

参　　数	应满足条件
温度	（23±0.5）℃
相对湿度	（45±3）%
空气流量或空气置换率	0.06m^3/h 或（1.0±0.05）h^{-1}
舱密封出口流量	0.06m^3/h
样本架转速或试样表面空气流速	60r/min 或（0.1~0.3）m/s
舱内甲醛本底浓度（空白值）	<5μg/m^3
样板表面积或装填率	0.06m^2 或（1.0±0.02）m^2/m^3
样板位置	距离样板架中心10cm

2）样品测定。开启试验舱，在上述的条件下，平衡2h，用甲醛分析仪测定舱内甲醛本底浓度。然后放入样板，连续监测舱出气口的甲醛浓度。每日一次，观察板材中甲醛释放量的变化，直到连续4次测量的结果都在平均值的±5%范围内，未显示出上升和下降的趋势，所得结果即为甲醛释放量测定值（平衡浓度）。通常细木工板和中密度纤维板需测量10天，胶合板和覆盖了涂料的胶合板以25天为测量的最后期限。如果舱内甲醛浓度一直下降未达到稳定，则用第25天的测定结果作为稳定状态下的平衡浓度。

舱出气口甲醛浓度也可采用其他测定方法，如前面介绍的酚试剂比色法、乙酰丙酮分光光度法、高效液相色谱法和气相色谱法等，但是每次测定只能采用同一方法。

（4）计算　可用式（5-9）计算舱内甲醛平衡释放速率。

$$EF = C \times Q/A \tag{5-9}$$

式中　EF——释放速率 $[mg/(m^2 \cdot h)]$；

　　　C——舱内浓度（mg/m^3）；

Q——通入清洁空气流量（m^3/h）；

A——试样面积（m^2）。

（5）说明

1）检出限。该方法检出限为 $0.01mg/m^3$。

2）每个样品必须做平行样，结果用平行样的评价值表示。如果平行样的差异大于平均值的 6%，则必须重新测量。

3）判定和复验规则。在随机抽取的 3 份样品中，任取一份样品按该法测定甲醛含量。如果测定结果达到《室内装饰装修材料　人造板及其制品中甲醛释放限量》（GB 18580—2017）规定的要求（$\leqslant 0.12mg/m^3$），则再对另外两份样品测定，只要中间一份达不到国家标准的要求，应判定为不合格。

5.2.4　甲醛测量的常用仪器

以上两种方法都用到了分光光度计，下面简要介绍分光光度计的原理和两种常用的分光光度计。

1. 原理

分光光度计都是基于紫外-可见分光光度法（UV）。而紫外-可见分光光度法是选定一定波长的光照射被测物质溶液，测量其吸光度，再依据吸光度计算出被测组分的含量。计算的理论依据是"吸收定律"，它是由朗伯定律和比尔定律结合而成，故又称朗伯-比尔定律：当一束平行单色光通过均匀、非散射的稀溶液时，溶液对光的吸收程度与溶液的浓度及液层厚度的乘积成正比，即

$$A = kCL \tag{5-10}$$

式中　A——吸光度；

C——溶液浓度；

L——液层厚度；

k——比例常数，与很多因素有关，包括入射光的波长、温度及吸收物质的性质等。

国内外使用的紫外-可见分光光度计种类很多，基本结构原理与部件是类似的，一般主要由五个部分组成，即光源、单色器、吸收池（比色皿）、检测器和信号显示器。

2. 721 型分光光度计

这是一种可见分光光度计，光源为钨丝灯，并采用晶体管稳压电源，所以稳定性较好；光电转换元件为真空光电管，并配合电流放大器将微弱光电流放大后推动指针式微安表，灵敏度高。该类型分光光度计的波长范围是 $360\sim800nm$，其结构原理如图 5-12 所示。

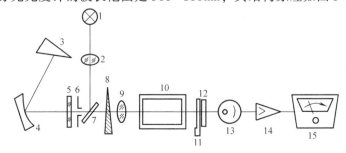

图 5-12　721 型分光光度计的光路图

1—光源　2—聚光透镜　3—色散棱镜　4—准直镜　5—保护玻璃　6—狭缝　7—反射镜　8—光栏
9—聚光透镜　10—吸收池　11—光门　12—保护玻璃　13—光电倍增管　14—放大器　15—检流计

由光源发出的白光，经聚焦镜至平面反射镜，转角90°进入入口狭缝，经准直镜变成一束平行光线射入背面镀铝棱镜，色散后的光从铝面反射回来，再经过准直镜的反射进入出口狭缝。转动棱镜就可使光谱在出射狭缝上移动，这样便可连续不断地把不同波长的单色光引出照射至比色皿上。

3. 751型分光光度计

751型分光光度计是一种紫外-可见分光光度计，波长范围200～1000nm，在300～1000nm内用钨丝灯作光源，在200~320nm内用氢灯作光源。它以石英棱镜作单色器，光电管为光电转换元件，配有GD-5紫敏光电管和GD-6红敏光电管；前者适用于波长200～625nm范围，后者适用于波长625~1000nm范围。仪器配有石英和玻璃两种比色皿，仪器的光路原理如图5-13所示。

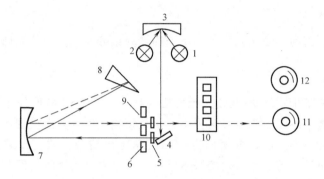

图5-13　751型分光光度计光学系统示意图

1—钨灯　2—氢灯　3—凹面聚镜　4—平面反射镜　5—石英透镜
6—入射狭缝 S_1　7—准直镜　8—石英棱镜
9—出射狭缝 S_2　10—吸收池　11—紫敏光电管　12—红敏光电管

由光源射出的连续辐射光线，射至凹面聚光镜上，在反射至平面镜上，然后在反射至狭缝 S_1 上，而狭缝 S_1 正好位于球面准直镜的焦面上，因此入射光线到达准直镜上反射后，就以一束平行光线射向棱镜，光线进入棱镜后色散，色散后的光线经准直镜反射回来聚集在出射狭缝 S_2 上，最后经样品池、检测器至显示系统。

5.3　挥发性有机化合物（VOCs）的测量

5.3.1　挥发性有机化合物（VOCs）的定义

挥发性有机化合物（Volatile Organic Compounds，VOCs）是指环境监测中以氢焰离子检测器测出的非甲烷烃类检出物的总称，其中包括含氧烃类和含卤烃类，有碳氢化合物、有机卤化物、有机硫化物、羰基化合物、有机酸和有机过氧化物等。VOCs的沸点一般在50~260℃之间。世界卫生组织（WHO）根据其挥发性把挥发性有机化合物分成四类，见表5-5。VOCs在常温下的主要存在方式为气相，且温度的变化与室内环境一致。半挥发性有机化合物（SVOCs）与挥发性有机化合物（VOCs）的分类在一定程度上会重复，两者的沸点没有严格的区分界限。醛类如甲醛，通常也可以把它纳入挥发性有机化合物这个范畴。

表 5-5　室内有机污染物的分类

分　类	缩　写	沸点范围/℃	采样常用吸附材料
易挥发性有机化合物	VVOCs	0~100	活性炭
挥发性有机化合物	VOCs	50~260	Tenax,石墨化的炭黑,活性炭
半挥发性有机化合物	SVOCs	240~400	聚氨酯泡沫塑料,XAD-2
颗粒状有机化合物	POMs	>380	滤纸

5.3.2　室内挥发性有机化合物对人体的危害

挥发性有机化合物（VOCs）是强挥发、有特殊气味、刺激性、有毒的有机气体，是室内重要的污染物之一。室外空气中 VOCs 来源于石油化工等工业排放、燃料燃烧及汽车尾气的排放。室内 VOCs 不仅受室外空气污染的影响，还主要与室内装修材料、吸烟、烹饪等人为活动密切相关。部分 VOCs 已经被列为致癌物，如氯乙烯、苯、多环芳烃等。VOCs 对人体健康影响表现出毒性、刺激性，主要是刺激眼睛和呼吸道，引起皮肤过敏和机体免疫水平失调，影响中枢神经系统功能，出现头晕、头痛、嗜睡、咽喉痛、无力、胸闷等症状，还可能影响消化系统，出现食欲不振、恶心等，严重时可损伤肝脏和造血系统，甚至引起死亡。

在因室内装饰装修材料造成的室内空气污染中，VOCs 是一种很普遍且对人体危害较大的一类污染物。英国材料与建筑物研究所测定了 100 户住宅在 28 天中室内 VOCs 的浓度水平，再次证实室内 VOCs 浓度高于室外，为室外的 2.4 倍，室内 VOCs 的均值浓度为 121.8μg/m³。VOCs 污染的特点是：种类多、成分复杂、长期低剂量释放、对人体危害大。住宅中 VOCs 的主要释放源是使用了大量有机溶剂的溶剂型涂料、各种板材黏合剂等。

总挥发性有机化合物（TVOCs）在小于 0.2mg/m³ 时，对人体不产生影响，而当浓度超过 35mg/m³ 时可能会导致昏迷、抽筋甚至死亡。即使室内空气中单个 VOC 含量都远远低于其限制浓度，但由于多种 VOCs 的混合存在及其相互作用，使危害强度大大增加。所以综合作用是不可忽视的。

5.3.3　挥发性有机化合物的测量方法

《室内空气质量标准》（GB 18883—2002）中推荐的测量 VOCs 的方法为热解吸/毛细管气相色谱法，而对于建筑和室内装饰装修材料的 VOCs 含量的测量则重点介绍重量法。

1. 气相色谱法

（1）方法提要

1）相关标准和依据。ISO16017-1 "Indoor, ambient and workplace air—Sampling and analysis of volatile organic compounds by sorbent tube/thermal desorption/capillary gas chromatography—part 1：pumped sampling"。

2）原理。选择合适的吸附剂（Tenax GC 或 Tenax TA），用吸附管采集一定体积的空气样品，空气流中的挥发性有机化合物保留在吸附管中。采样后，将吸附管加热，解吸挥发性有机化合物，待测样品随惰性载气进入毛细管气相色谱仪。用保留时间定性，峰高或峰面积定量。

（2）适用范围

1）测定范围。该法适用于浓度范围为 $0.5 \sim 100mg/m^3$ 的空气中 VOCs 的测定。

2）适用场所。该法适用于室内外环境和工作场所的空气，也适用于评价小型或大型测试舱室内材料的释放。

（3）试剂和材料　分析过程中使用的试剂应为色谱纯；如果为分析纯，需经纯化处理，以保证色谱分析无杂峰。

1）标准 VOCs。为了校正浓度，需用 VOCs 作为基准试剂，配成所需浓度的标准溶液或标准气体，然后采用液体外标法或气体外标法将其定量注入吸附管。

2）稀释溶剂。液体外标法所用的稀释溶剂应为色谱纯，在色谱流出曲线中应与待测化合物分离。

3）吸附剂。使用的吸附剂粒径为 $0.18 \sim 0.25mm$（$60 \sim 80$ 目），吸附剂在装管前都应在其最高使用温度下，用惰性气流加热活化处理。为了防止二次污染，吸附剂应在清洁空气中冷却至室温、储存和装管。解吸温度应低于活化温度。由制造商装好的吸附管使用前也需活化处理。

4）纯氮。99.99%高纯度的氮气。

（4）仪器和设备

1）吸附管。吸附管是外径 6.3mm、内径 5mm、长 90mm 内壁抛光的不锈钢管，吸附管的采样入口一端有标记。吸附管可以装填一种或多种吸附剂，应使吸附层处于解吸仪的加热区。根据吸附剂的密度，吸附管中可装填 $200 \sim 1000mg$ 的吸附剂，管的两端用不锈钢网或玻璃纤维毛堵住。如果在一支吸附管中使用多种吸附剂，吸附剂应按吸附能力增加的顺序排列，并用玻璃纤维毛隔开，吸附能力最弱的装填在吸附管的采样入口端。

2）注射器。可精确读出 $0.1\mu L$ 的 $10\mu L$ 液体注射器；可精确读出 $0.1\mu L$ 的 $10\mu L$ 气体注射器；可精确读出 $0.01mL$ 的 $1mL$ 气体注射器。

3）采样泵。恒流空气个体采样泵，流量范围 $0.02 \sim 0.5L/min$，流量稳定。使用时用皂膜流量计校准采样系统在采样前和采样后的流量。流量误差应小于5%。

4）气相色谱仪。配备氢火焰离子化检测器、质谱检测器或其他合适的检测器。色谱柱为非极性（极性指数小于10）石英毛细管柱。

5）热解吸仪。能对吸附管进行二次热解吸，并将解吸气用惰性气体载入气相色谱仪。解吸温度、时间和载气流速是可调的。冷阱可将解吸样品进行浓缩。

6）液体外标法制备标准系列的注射装置。常规气相色谱进样口，可以在线使用也可以独立装配，保留进样口载气连线，进样口下端可与吸附管相连。

（5）采样和样品保存　将吸附管与采样泵用塑料或硅橡胶管连接。个体采样时，采样管垂直安装在呼吸带；固定位置采样时，选择合适的采样位置。打开采样泵，调节流量，以保证在适当的时间内获得所需的采样体积（$1 \sim 10L$）。如果总样品量超过 $1mg$，采样体积应相应减少。记录采样开始和结束时的时间、采样流量、温度和大气压力。

采样后将管取下，密封管的两端或将其放入可密封的金属或玻璃管中。样品可保存5天。

（6）分析步骤

1）样品的解吸和浓缩。将吸附管安装在热解吸仪上，加热，使有机蒸汽从吸附剂上解吸下来，并被载气流带入冷阱，进行预浓缩，载气流的方向与采样时的方向相反。然后再以低流速快速解吸（解吸条件见表 5-6），经传输线进入毛细管气相色谱仪。传输线的温度应足够高，以防止待测成分凝结。

表 5-6　解吸条件

解吸温度	250~325℃
解吸时间	5~15min
解吸气流量	30~50ml/min
冷阱的制冷温度	+20~-180℃
冷阱的加热温度	250~350℃
冷阱中的吸附剂	如果使用,一般与吸附管相同,40~100mg
载气	氦气或高纯氮气
分流比	样品管和二级冷阱之间以及二级冷阱和分析柱之间的分流比应根据空气中的浓度来选择

2）色谱分析条件。可选择膜厚度为 1~5μm、50m×0.22mm 的石英柱,固定相可以是二甲基硅氧烷或 7% 的氰基丙烷、7% 的苯基、86% 的甲基硅氧烷。操作条件为逐步升温,初始温度 50℃ 保持 10min,以 5℃/min 的速率升温至 250℃。

3）标准曲线的绘制:

① 气体外标法。用泵准确抽取 100μg/m³ 的标准气体 100mL、200mL、400mL、1L、2L、4L、10L 通过吸附管,制备标准系列。

② 液体外标法。利用前述制备标准系列的注射装置取 1~5μL 含液体组分 100μg/mL 和 10μg/mL 的标准溶液注入吸附管,同时用 100mL/min 的惰性气体通过吸附管,5min 后取下吸附管密封,制备标准系列。

用热解吸气相色谱法分析吸附管标准系列,以扣除空白后峰面积的对数为纵坐标,以待测物质量的对数为横坐标,绘制标准曲线。

4）样品分析。每支样品吸附管按绘制标准曲线的操作步骤（即相同的解吸和浓缩条件及色谱分析条件）进行分析,用保留时间定性,峰面积定量。

（7）结果计算

1）将采样体积按式（5-2）换算成标准状态下的采样体积。

2）TVOC 的计算:

① 应对在保留时间内正己烷和正十六烷所有化合物进行分析。

② 计算 TVOC,包括色谱图中从正己烷到正十六烷之间的所有化合物。

③ 根据单一的校正曲线,对尽可能多的 VOCs 定量,至少应对 10 个最高峰进行定量,最后与 TVOC 一起列出这些化合物的名称和浓度。

④ 计算已鉴定和定量的挥发性有机化合物的浓度 C_{id}。

⑤ 用甲苯的响应系数计算未鉴定的挥发性有机化合物的浓度 C_{un}。

⑥ C_{id} 与 C_{un} 之和为 TVOC 的浓度或 TVOC 的值。

⑦ 如果检测到的化合物超出了 ② 中 VOC 定义的范围,那么这些信息应该添加到 TVOC 值中。

3）空气样品中待测组分的浓度按下式计算:

$$C = \frac{m_F - m_B}{V_n} \times 1000 \tag{5-11}$$

式中　C——空气样品中待测组分的浓度（μg/m³）;

　　　m_F——样品管中组分的质量（μg）;

　　　m_B——空白管中组分的质量（μg）;

　　　V_n——标准状态下的采样体积（L）。

2. 重量法

室内用涂料，尤其是用于涂刷木制品的溶剂型清漆和色漆，在使用过程中会产生大量有毒、有害的VOC污染室内空气，危害人体健康。因此，监测室内用涂料中VOC的含量具有重要的意义。

（1）测量原理　在规定的加热温度和时间内烘烤涂料样品，称量烘烤前后质量，计算失重和残留物样品的百分数（水性涂料还需减去水量）。通过测定密度，换算出每升样品中含有的挥发物量。

（2）取样

1）取样。使用规定的取样器或者一次性滴管、注射器吸取一定量的样品。

2）记录样品性状。开启包装后，记录样品性状，包括：颜色、气味、黏稠度、均匀性、是否结皮、有无杂质和沉淀、是否分层。

（3）分析步骤

1）挥发物的测定：

① 试样的准备。将平底盘和玻璃棒放入烘箱中，在试验温度下干燥3h，取出后放入干燥器中，在室温下冷却。称量带有玻璃棒的盘，准确到1mg。然后把（2±0.2）g的混合均匀的待测样品加入盘中称量，也准确到1mg，样品要均匀地布满整个盘子的底部。

如产品含有高挥发性溶剂或对照试验，用称量瓶或合适的注射器以减量法称重。

如产品很黏或会结皮时，则用玻璃棒将试样均匀散开，必要时可加入2mL适当溶剂稀释。

② 称重测定：

a. 将烘箱调到规定的温度（105±2）℃。把带有试样的盘子及玻璃棒放入烘箱中，在该温度下放置3h。加热一段时间后，将玻璃棒和盘子从烘箱中取出，用玻璃棒拨开表面漆膜，将物质搅拌一下，再放回烘箱内。

b. 达到规定的加热时间时，将盘子和玻璃棒放入干燥器内。冷却到室温，然后称重，准确到1mg。

c. 试验次数。对同一个样品，需要测定平行样。

2）水性涂料（内墙涂料）中水分的测定：

① Karl Fischer滴定法。方法主要依据：$I_2 + SO_2 + 2H_2O \rightarrow 2HI + H_2SO_4$ 测定水分含量。按Karl Fischer滴定仪说明书，完成滴定剂的标定和样品中水分含量的测定。

② 气相色谱法。方法主要依据：《室内装修材料　内墙涂料中有害物质限量》（GB 18582—2008）中的附录A。

3）涂料密度的测定：

① 比重瓶的校准。用铬酸溶液、蒸馏水和蒸发后不留下残留物的溶剂依次清洗玻璃和金属比重瓶，并将其充分干燥。将比重瓶放置到试验温度（23℃或其他确定温度）下，并称重（精确到0.2mg）。在低于试验温度不超过1℃的温度下，在比重瓶中注满蒸馏水，注意防止产生气泡。将比重瓶放在恒温水浴（试验温度±0.5℃）中直至瓶及瓶中物质的温度恒定为止。擦去溢出物，擦干瓶壁，立即称量瓶的重量。

② 产品密度的测定。用产品代替蒸馏水，重复上述测定步骤。

（4）计算其含量

1）挥发物和不挥发物的含量（质量分数）

$$\omega_V = \frac{m_1 - m_2}{m_1} \times 100\% \tag{5-12}$$

$$\omega_{NV} = \frac{m_2}{m_1} \times 100\% \tag{5-13}$$

式中　ω_V——挥发物含量（质量分数）（%）；

$\quad\omega_{NV}$——不挥发物含量（质量分数）（%）；

$\quad m_1$——加热前试样的质量（g）；

$\quad m_2$——在规定的条件下加热后试样的质量（g）。

以各项测定的算术平均值作为结果代入公式中，计算结果用百分数表示，取一位小数。

2）挥发性有机化合物（VOC）含量：

① 产品密度。

a. 比重瓶的容积 V（以 mL 表示）

$$V = \frac{m'_1 - m_0}{\rho} \tag{5-14}$$

式中　m'_1——比重瓶及水的质量（g）；

$\quad m_0$——空比重瓶的质量（g）；

$\quad\rho$——水在 23℃ 或其他确定温度下的密度（g/mL）。

b. 产品的密度 ρ_t（以 g/mL 表示）

$$\rho_t = \frac{m'_2 - m_0}{V} \tag{5-15}$$

式中　m'_2——比重瓶及产品的质量（g）；

$\quad m_0$——空比重瓶的质量（g）；

$\quad V$——在试验温度下所测得的比重瓶的体积（mL）。

② 溶剂型涂料中 VOC 浓度

$$C_V = \omega_V \times \rho_t \tag{5-16}$$

式中　C_V——涂料中 VOC 浓度（g/L）；

$\quad\omega_V$——涂料中挥发物含量（质量分数）（%）；

$\quad\rho_t$——涂料的密度（g/L）。

③ 水性涂料中 VOC 浓度

$$C'_V = (\omega'_V - \omega_{H_2O}) \times \rho_t \tag{5-17}$$

式中　C'_V——水性涂料中 VOC 浓度（g/L）；

$\quad\omega'_V$——水性涂料中挥发物含量（质量分数）（%）；

$\quad\omega_{H_2O}$——水性涂料中水分含量（质量分数）（%）；

$\quad\rho_t$——水性涂料的密度（g/L）。

（5）说明

1）方法来源。该方法主要依据为《室内装饰装修材料　溶剂型木器涂料中有害物质限量》（GB 18581—2009）中的 5.2.1 条款。

2）适用范围。该方法适用于涂料中挥发物和不挥发物含量的测定，但不包括异氰酸酯和不饱和聚酯等反应性树脂。

3）方法特性：

① 重复性。同一操作者在同样的条件下，对同一试验物质所得结果之差（95%置信水平下）不超过1%（即100g样品不超过1g）。

② 再现性。不同的操作者，在不同的实验室里，对同一试验物质重复测定结果的标准偏差（95%置信水平下）不超过2%（即每100g样品不超过2g）。

5.3.4　挥发性有机化合物测量的常用仪器

1. 气相色谱仪

（1）基本原理　色谱法原是一种分离技术，它的基本原理是使混合物中各组分在两相（固定相和流动相）间进行分配，其中一相是不动的称为固定相，另一相是携带混合物流过此固定相的流体，称为流动相。当流动相中所含混合物经过固定相时，就会与固定相发生相互作用。由于各组分在性质和结构上的差异，不同组分在固定相中滞留时间有长有短，从而按先后不同的次序从固定相中流出。这种借助与两相间分配不同而使各组分分离的技术，称为色谱分离技术，又称层析法。色谱法类型很多，按流动相分为两大类：①气相色谱（GC），以气体为流动相的称为气相色谱；②液相色谱（LC或IC），以液体为流动相的称为液相色谱。按分离方式不同还可以分为四大类：吸附色谱法、分配色谱法、交换色谱法和排阻色谱法。按固定相外形又可以分为填充柱色谱、毛细管色谱等。

（2）仪器结构　气相色谱仪由气路系统、电路系统、分离系统、检测系统等部分组成。其流程示意图如图5-14所示。

（3）应用　气相色谱法是一种高效的分离方法和一些高选择性的检测手段结合的新技术，是当今仪器分析领域发展的方向之一，在建筑空气环境中有害物质（主要是有机物）检测方面有广泛的应用，它还能有效检测一些无机物，如一氧化碳、二氧化碳等。

气相色谱法的缺点是需要浓缩采样后再进行热解析分析，采样及分析过程较烦琐，分析样品需要较长的时间。而光离子化（PID）法测量VOCs简便快速，易于普及推广，是一种很好的测量挥发性有机气体的分析方法，是弥补气相色谱法缺陷的一种有效途径。

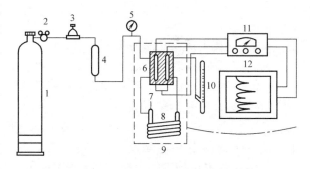

图 5-14　气相色谱仪流程示意图

1—载气源（高压气瓶）　2—减压阀　3—气流调节阀
4—净化干燥　5—压力表　6—热导池　7—进样口
8—色谱柱　9—恒温箱（虚线内）　10—皂膜流量计
11—测量电表　12—记录仪

2. 光离子化（PID）挥发性有机气体测定仪

目前，在市场上根据PID法制成的气体分析仪已经有较成熟的产品。

（1）原理　选用10.6eV能量的高能紫外灯作为光源，这种紫外辐射可使空气中大多数有机物电离，但仍然保持空气中的基本成分如 N_2、O_2、CO_2、H_2O 不被电离。被测物质进入离子化室，经灯源照射后电离，然后测量电离电流的大小，就可以知道 TVOC 的含量。

（2）技术指标　某些光离子化挥发性有机气体测定仪的主要技术指标见表5-7。

表 5-7 挥发性有机气体测定仪主要技术指标

质量	553g(带充电电池)		
检测器	PID 检测器(9.8eV、10.6eV、11.7eV)		
响应时间	范围	分辨率	响应时间
	0~999ppb	1ppb	<5s
	10~99.9ppm	0.1ppm	<5s
	100~199ppm	1ppm	<5s
精度	±20ppb 或读数的 10%		
校正系数	内存 102 种有机气体校正系数		
标定	二点标定,零点及标准气体校正		
直接读数	有瞬时值、平均值、STEL 值及峰值、电池电压、仪器工作时间		
数据记录	可存储 15000 个数据,显示信息包括仪器序列号、用户编号、被测地点编号、日期及时间		
数据传输	通过 RS-232 接口,向计算机下载数据或向仪器传输设置		
采样泵	内置式,流速 400mL/min。流速过低时能自动关闭		
温度和湿度	−10~40℃,0%~95%相对湿度(无冷凝)		

注:表中 $1ppm = 10^{-6}$,$1ppb = 10^{-9}$。

(3)应用范围 光离子化检测仪采用的紫外灯管一般是 10.6eV 或 11.7eV,而电离电位低于仪器电位的物质均可以被光源电离因而可被测量。经实验验证,可被光离子化检测仪测量的物质有 300 多种。

5.4 空气中可吸入颗粒物浓度的测量

空气中悬浮着大量的固体或液体的颗粒称为悬浮颗粒物或气挟物。悬浮颗粒物按粒径大小可以分为降尘和飘尘。降尘是指空气中粒径大于 10μm 的悬浮颗粒物,由于重力作用容易沉降,在空气中停留时间较短,在呼吸作用中又可被有效地阻留在上呼吸道中,因而对人体的危害较小。飘尘是指大气中粒径(指空气动力学当量直径)小于 10μm 的悬浮颗粒物,能在空气中长时间悬浮,它可以随着呼吸侵入人体的肺部组织,故又称为可吸入颗粒物。可吸入颗粒在空气中是以气溶胶的形态存在,而且许多病原微生物往往吸附在颗粒物(粉尘)上面。由于可吸入颗粒物可以深入到人的呼吸系统,因此它对人体的健康危害较大。

PM2.5 指空气中粒径小于 2.5μm 的颗粒物,又称为细颗粒物,属于飘尘,是衡量空气质量的一个重要指标。虽然空气中 PM2.5 含量很少,但它对空气质量和能见度等有重要的影响。与较粗的大气颗粒物相比,PM2.5 粒径小,面积大,活性强,易附带有毒、有害物质(例如重金属、微生物等),且在大气中的停留时间长、输送距离远,因而对人体健康和大气环境质量的影响更大。

5.4.1 颗粒物浓度的表示方法

颗粒物浓度一般有三种表示方法:

1)记重浓度:以单位体积空气中含有的尘粒质量表示,记作 mg/m^3、$\mu g/m^3$。

2)计数浓度:以单位体积空气中含有的尘粒个数表示,记作粒/L、粒/m^3、粒/ft^3(一般用于代表洁净度级别,如 100 粒/ft^3 表示 100 级洁净度)。

3)沉降浓度:以单位时间单位面积上自然沉降下来的尘粒数或者质量表示,记作粒/($cm^2 \cdot h$)。

其中,记重浓度和计数浓度比较常用。对于大气尘来说,记重浓度和计数浓度间一般有此换算关系：$1mg/m^3 = 10^9$ 粒/m^3。

5.4.2 测量空气中可吸入颗粒物常用的方法及基本原理

测量空气中可吸入颗粒物常用的方法主要有撞击式——称重法和光散射测尘法两种。

1. 撞击式——称重法（GB/T 17095—1997）

（1）原理　利用二段可吸入颗粒物采样器，以 13L/min 的流量分别将粒径 $\geqslant 10\mu m$ 的颗粒采集在冲击板的玻璃纤维滤纸上，粒径 $\leqslant 10\mu m$ 的颗粒采集在预先恒重的玻璃纤维滤纸上，取下再称其质量，以粒径小于 $10\mu m$ 颗粒物的量除以采样标准体积，即可得出可吸入颗粒物的浓度。检测下限为 0.05mg。

（2）采样　将校准过流量的采样器入口取下，旋开采样头，将已称重过的直径 50mm 的滤纸安放于冲击环下，同时在冲击环上放置环形滤纸，再将采样头旋紧，装上采样头入口，放于室内有代表性的位置。打开开关旋钮计时，将流量调至 13L/min，采样 24h，记录室内温度、压力及采样时间，注意随时调节流量，使其保持在 13L/min。

（3）分析步骤　取下采样后的滤纸，带回实验室，在与采样前相同的环境下放置 24h，称量至恒重（mg），以此质量减去空白滤纸质量，得出可吸入颗粒的质量 m_{PM10}（mg）。将滤纸保存好，以备成分分析用。

（4）计算　时间采样体积 V_t 等于采样流量 13L/min 乘以采样时间（min），可根据式（5-2）换算为标准状态下的采样体积 V_n。再利用下式计算室内空气可吸入颗粒物的浓度

$$C_{PM10} = \frac{m_{PM10}}{V_n} \qquad (5-18)$$

式中　C_{PM10}——可吸入颗粒物浓度（mg/m^3）；

$\quad\quad m_{PM10}$——可吸入颗粒物的质量（mg）；

$\quad\quad V_n$——换算成标准状况下的采样空气体积（m^3）。

（5）注意事项

1）采样前，必须先将流量计进行校准。采样时确保 13L/min 的流量。

2）称量空白及采样后的滤纸时，采样环境及操作步骤必须相同。

3）采样时必须将采样器部件旋紧，以免样品空气从旁侧进入采样器。

2. 光散射测尘

光散射式粉尘浓度计利用光照射尘粒引起的散射光，经光电器件变成电信号，用其表示悬浮粉尘（颗粒物）浓度，是一种快速测定仪。被测量的含尘空气由仪器内的抽气泵吸入，通过尘粒测量区，在此区域它们受到由专门光源经透镜产生的平行光的照射，由于尘粒的存在，会产生不同方向（或某一方向）的散射光，由光电倍增管接受后，再转变为电信号。如果光学系和尘粒系一定，则这种散射光强度与粉尘浓度间具有一定的函数关系。如果将散射光量经过光电转换元件变换成为有比例的电脉冲，通过单位时间内的脉冲计数，就可以知道悬浮粉尘的相对浓度。由于尘粒所产生的散射光强弱与尘粒的大小、形状、光折射率、吸收率、组成等因素密切相关，因而根据所测得散射光的强弱从理论上推算粉尘浓度较困难。这种仪器要通过对不同粉尘的标定，以确定散射光的强弱和粉尘浓度的关系。

光散射式粉尘浓度计可以测出瞬时的粉尘浓度及一定时间间隔内的平均浓度，并可将数据储存于计算机中。测量范围可从 0.01 ~ 100mg/m^3。其缺点是对不同的粉尘，需进行专门的标定。这种仪器在国内应用较为广泛，尤其在需要测量计数浓度的洁净室中。

5.5 室内空气中菌落总数的测量

5.5.1 室内空气中的微生物

1. 室内空气中的微生物种类

大气微生物种类繁多。已知存在于大气中的细菌及放线菌有1200种，真菌有40000种。而室内适宜的温度、湿度和微小的风速、各种微尘为室内微生物创造了合适的滋生条件。

按微生物对人体的影响程度可分为两大类：非致病性腐生微生物（包括芽孢杆菌属、无色杆菌属、放线菌、酵母菌等）和来自人体的病原微生物（结核杆菌、溶血性链球菌、金黄色葡萄球菌和感冒病毒等）。而按照微生物的属性分，常见的室内微生物有细菌、真菌、病毒、尘螨等。

2. 微生物的来源及其危害

室内微生物的来源很广泛，有室外大气的渗透、人体、动物、植物以及受污染后的空调系统、地毯、家具等。如细菌和病毒就主要来源于人自身，人们通过说话、咳嗽、打喷嚏等活动，又可以将口腔、咽喉、气管、肺部的病原微生物通过飞沫喷入空气，传播给别人。

在任何环境下，微生物的生存都离不开以下三个条件：①适宜的湿度；②适宜的温度；③适宜的营养物质载体。在现代家庭中，温度和湿度都非常适宜微生物的生长，且有着丰富的营养物质载体，因此很适宜于微生物的生长。

室内空气中的微生物（细菌和病毒等）有许多是病原微生物，能传播和引起很多疾病，是人们关注的重点。空气中带菌粒子一般比细菌单体大许多，常见的大小在 $1\sim50\mu m$，其中多数是由数个细菌组成的菌团，而且许多是附着在有机粉尘（颗粒物）上（有机粉尘为细菌提供了所必需的营养和庇护）。这些细菌有活的也有死的，存活的条件依赖于周边环境条件（温湿度等）的影响。病毒由于没有完整的酶系统，不能单独进行物质代谢，更形成了严格的寄生性（必须依赖某种生物物质甚至活细胞）。因此空气中的病毒和细菌一样，只能以群体附着于粉尘和滴液，借助其中的有机成分作为生存和传播的媒介。

微生物的过量存在可引起肺炎、鼻炎、呼吸道和皮肤过敏。如螨虫可使人患过敏性鼻炎、过敏性湿疹及哮喘等。依靠空气反复循环而很少进行空气交换的通风空调系统有助于疾病的传播。通过空气传播的生物性物质会对健康产生影响，甚至会导致疾病，如传染病和变应性疾病（外源性变应性鼻炎和哮喘等），乃至肺癌。

5.5.2 室内菌落总数的标准

实测结果表明，室内空气微生物的平均直径为 $4.2\sim5\mu m$，空气微生物浓度在无人时为500 个/m^3 或更低，而有人时为 $3000\sim8000$ 个/m^3 或更高。空气微生物的存在及其危害，虽经现场采样检验和流行病学调查可定性确认，但定量监测在技术上仍有较多困难。在公共场所卫生监测中常以空气中细菌总数表征其清洁程度，目前国内仍多沿用平皿暴露沉降法采集空气细菌样本，其监测误差较大。近年来又有各种微生物采样器上市，其中以撞击式采样器为多见，监测精度有所提高。我国公共场所卫生标准中分别用上述两种方法对微生物的浓度标准做了规定。《室内空气质量标准》（GB/T 18883—2002）推荐采用撞击式空气微生物采样器来测定室内菌落总数。

由于季节不同，室内通风条件各异，一般情况下室内空气微生物也有差异，多为夏季少而冬季多，夜间少而白天多。在室内空气微生物监测时有下列问题值得重视：

一是标准所列的两种监测方法的数值不可换算，也不能代替，两者之间无相关性。

二是关于细菌总数的表示形式，有的文献有"个/m³"或"个/皿"表示，实际上现在通用的两种方法均系含菌颗粒在培养基上生成的菌落。一个颗粒可能含一个细菌，而更大可能是含有许多细菌，因此不应用"个"表示，而以"菌落"或"菌落形成单位"（cfu）表示更为确切。

三是结果的判定方法，因为既然纳入了卫生标准，在实施监督时就要判定其是否合格，而微生物监测和实验误差较大，虽然标准中规定了上限值，而当稍微大于上限值时是否应判为不合格，需谨慎对待这个问题。《室内空气质量标准》（GB/T 18883—2002）规定菌落总数应不大于 2500cfu/m³，但同时强调了应"依据仪器定"。

5.5.3 测量室内空气中菌落总数的原理及方法

1. 原理

撞击法（Impacting Method）是采用撞击式空气微生物采样器采样，通过抽气动力作用，使空气通过狭缝或小孔而产生高速气流，使悬浮在空气中的带菌粒子撞击到营养琼脂平板上，经 37℃、48h 培养后，计算出每立方米空气中所含的细菌菌落数的采样测定方法。

2. 操作步骤

1）选择有代表性的房间和位置设置采样点。将采样器消毒，按仪器使用说明进行采样。一般情况下采样量为 30~150L，可根据实际情况增加或减少采样空气量。

2）样品采完后，将带菌营养琼脂平板置（36±1）℃恒温箱中，培养 48h，计数菌落数，并根据采样器的流量和采样时间，换算成每立方米空气中的菌落数。以 cfu/m³ 报告结果。

5.6 室内放射性物质——氡的测量

氡是一种惰性天然放射性气体，无色无味，英文为 Radon，又写作²²²Rn。平常所说的氡-222 也包含其子体。氡在空气中以自由原子状态存在，很少与空气中的颗粒物质结合。氡气易扩散，能溶于水和脂肪，在体温条件下，极易进入人体。

氡是一种自然发散的气体，也就是说无处不在。然而，自人类建造房屋以来，因建筑材料使用不当、空气流通不好等因素，才使得氡真正成为一种污染。室内是公众受氡照射的主要场所，房屋的建筑材料与室内的氡浓度有着直接的关系，同时由于它无色无味，危害潜伏期长，因此不容易引起人们的重视。

在我国，氡对室内造成的污染相当严重。据悉，1994 年以来我国的一些部门对 14 座城市中 1524 个写字楼和居室进行了调查，在调查中发现：大约有 6.8% 的写字楼和居室中氡含量超标，其中，氡含量最高的达到了 596Bq［放射性活度单位称为贝克勒尔（Becquerel），简称贝克，其符号为 Bq，表示在每秒钟内有一个原子发生了衰变］，是我国规定的最低标准的 6 倍！长期生活在这种室内环境中，必将对人的健康造成极大的伤害。另外，随着经济的发展和生活水平的提高，我国的住宅条件也在日益改善，许多民用住宅开始使用家用空调。由于城市中室外空气的污染比较严重，因此人们在使用空调时，很少进行开窗通风，这也导致了室内空气中氡的积聚。

由于室内空气中的氡污染具有长期性、隐蔽性和危害大、不易彻底消除等特点，如果不能及时地发现和治理，会给居民带来极大的灾害。不过，令人欣慰的是，近几年来，部分城市的居民已经逐渐开始重视室内空气中氡的污染了，北京、上海、广州等城市的媒体对这方面的报道明显地增多。

5.6.1　氡的物理性质

氡是镭（^{226}Ra）等放射性物质的产物，而镭又是地壳中广泛存在的铀（^{238}U）的衰变产物。氡从镭中扩散出来以后，进入空气或溶于周围的水中。氡的半衰期为 3.8 天，它最终裂变成一系列的"短命"的同位素，即氡子体。氡子体包括^{218}Po、^{214}Pb、^{214}Bi 和^{214}Po。这一系列的裂变产品最终以^{210}Po 而结束。^{210}Po 是一种半衰期为 22 年的稳定的核物质。氡子体的半衰期从 1s 至 27min 不等。

氡就像空气一样，大部分在被人体吸入的同时也会被呼出，但是^{222}Rn 在进一步衰变过程中会释放出 α、β、γ 等 8 个子代核素，这些子体物质与母体全然不同，是固体粒子，有着很强的附着力，它们能在其他的物质表面形成放射性薄层，也可以与空气中的一些微粒形成结合态，这种结合态被称作放射性气溶胶。

5.6.2　氡进入室内环境的途径及对人体的危害

1. 氡进入室内环境的途径

^{222}Rn 来源于^{226}Ra 的衰变，室内的氡主要来源于五个方面：

（1）房屋的地基及其裂缝、开放的下水道　这主要是房屋地基中含有镭，一旦衰变成氡，即可通过地基或建筑物的缝隙进入室内，也可从下水道的破损处进入管内再逸入室内，具体情形如图 5-15 所示。

（2）含有放射性镭的建筑装修材料　如石块、花岗岩、水泥等材料中含有镭，一旦这些材料用于地基、墙壁、地面、屋顶等的建造，衰变而来的氡即可进入室内。

（3）煤、燃气燃烧　在燃烧天然气和液化石油气时，由于没有烟囱，其中的氡就全部释放到室内，每天有几千贝可的氡全部释放到室内。

（4）含氡的水，也称为富氡水　其主要来源是含有机化合物、碳酸盐较多的土壤，镭很容易形成可溶性铬化物，随着雨水的冲刷而流失，从而岩土中的放射性物质向水环境的转移引起氡污染。

（5）环境　室外大气中的氡随着空气流动而进入室内，使室内空气中氡浓度增加。

通常前两个是氡的主要来源，因为许多调查都显示燃气和富氡水在室内氡放射中只占总量的 0.2% 左右。

图 5-15　房屋地基中的氡
进入室内的途径

1—地板裂缝　2—建筑结合处的裂缝　3—墙上的裂缝　4—天花板上的缺口　5—墙内部的空穴　6—供水管　7—建筑供水系统

2. 氡对人体的危害

氡对人类的健康危害主要表现为确定性效应和随机效应。

（1）确定性效应　在高含量氡的暴露下，机体出现血细胞的变化。氡对人体脂肪有很高的亲和力，特别是氡与神经系统结合后危害更大。

（2）随机效应　主要表现为肿瘤的发生。由于氡是放射性气体，当氡及其子体随空气进入人体后，氡衰变产生的 α 粒子可附着于气管黏膜及肺部表面，或溶入体液进入细胞组织，形成体内辐射，诱发肺癌、白血病和呼吸道病变。世界卫生组织研究表明，氡是仅次于吸烟引起肺癌的第二大致癌物质。

目前对于氡及其致病机理的研究开展还在继续进行，最新发现氡除了会导致肺癌以外，还可能引发其他的病变，即三致作用——致畸、致癌、致突变。其中认为最可能的就是白血病。目前除肺癌外，室内氡诱发白血病的危害是学术和社会关心的又一课题。

瑞典有学者对在不同建筑材料中居住的人进行调查，发现居住或工作在水泥建筑中的人比居住在木制建筑或户外工作的人患急性粒细胞白血病的危险高率 2~3 倍。而近年来在英国开展的几项室内氡水平与白血病关系的流行病学调查也显示，急性粒细胞白血病发病率与氡浓度呈正相关。用 1984 年全国患白血病的人数计算，白血病与氡浓度的相关系数，无论是男性（0.47）还是女性（0.45），还是两性合并（0.45，$P<0.05$）均有统计学意义。除白血病外，还有急性淋巴红细胞白血病、慢性粒细胞白血病和慢性淋巴细胞白血病等癌变疾病，不过对于它们与氡的相关性的顺序，学术界还存在争议。α 射线可能是一种比原子弹爆炸幸存者所受到的辐射更强的致白血病因子。

5.6.3　氡的测量方法与原理

随着科学技术的进步，测量氡的仪器和方法也在不断地完善和提高。到目前为止，氡的测量方法主要有静电计法、闪烁法、积分计数法、双滤膜法、气球法、径迹蚀刻法、静电扩散法、活性炭浓缩法、活性炭滤纸法和活性炭盒法等。本节仅对其中的几种进行介绍。

1. 径迹蚀刻法

此法用固定径迹探测器，通过测量径迹密度来确定氡浓度，适合于大规模测量。

这种方法的原理是：测量时采用被动式采样，能测量采样期间氡的累积浓度，在测量环境中暴露 20 天，其探测下限可达 $2.1\times10^3\,Bq\cdot h/m^3$。探测器是聚碳酸酯片或 CR-39，将其置于一定形状的采样盒内，组成采样器。氡及其子体发射的 α 粒子轰击探测器时，使其产生亚微观型损伤径迹。将此探测器在一定条件下进行化学或电化学蚀刻，扩大损伤径迹，以致能用显微镜或自动计数装置进行计数。单位面积上的径迹数与氡浓度和暴露时间的乘积成正比，用刻度系数可将径迹密度换算成氡浓度。

氡浓度的计算公式为

$$C_{Rn}=\frac{n_R}{\tau F_R} \tag{5-19}$$

式中　C_{Rn}——氡浓度（Bq/m^3）；

$\quad n_R$——净径迹密度（T_c/cm^2）；

$\quad\ \ \tau$——暴露时间（h）；

$\quad F_R$——刻度系数，$T_c/cm^2/(Bq\cdot h/m^3)$；

$\quad\ T_c$——径迹数。

2. 双滤膜法

此方法是主动式采样，能测量采样瞬间的氡浓度，探测下限为 $3.3Bq/m^3$。采样装置如图 5-16 所示。

抽气泵开动后含氡气经过滤膜进入衰变筒，被滤掉子体的纯氡在通过衰变筒的过程中已生成新子体，新子体的一部分为出口滤膜所收集。测量出口滤膜上的 α 放射性就可换算出氡浓度。

（1）测量时用的设备或材料

1）衰变筒：14.8L。

2）流量计：量程为 80L/min 的转子流量计。

3）抽气泵。

4）α 测量仪：要对 RaA、RaC′ 的 α 粒子有相近的计数效率。

5）子体过滤器。

6）采样夹：能夹持 $\phi60$ 的滤膜。

7）秒表。

8）纤维滤膜。

9）α 参考源：^{241}Am 或 ^{239}Pu。

10）镊子。

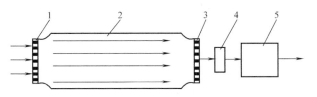

图 5-16　双滤膜法采样系统示意图

1—入口膜　2—衰变筒　3—出口膜　4—流量计　5—抽气泵

（2）操作程序

1）装好滤膜，把采样设备按图 5-16 连接起来。

2）确定流速 q（L/min）及采样时间 t（min）。

3）在采样结束后 $T_1 \sim T_2$ 时间间隔内测量出口膜上的 α 放射性。

4）计算氡的浓度

$$C_{Rn} = K_t N_\alpha = \frac{16.15}{VE\eta\beta ZF_f} N_\alpha \tag{5-20}$$

式中　C_{Rn}——氡浓度（Bq/m³）；

　　　K_t——总刻度系数［Bq/（m³·计数）］；

　　　N_α——$T_1 \sim T_2$ 时间间隔的净 α 计数（计数）；

　　　V——衰变筒容积（L）；

　　　E——计数效率（%）；

　　　η——滤膜过滤效率（%）；

　　　β——滤膜对 α 粒子的自吸收因子（%）；

　　　Z——与 t、$T_1 \sim T_2$ 有关的常数；

　　　F_f——新生子体到达出口滤膜的份额（%）。

3. 气球法

气球法属主动式采样，能测量出采样瞬间空气中氡及其子体浓度，探测下限为氡 2.2Bq/m³，子体 5.7 × 10^{-7}J/m³。

气球法采样系统如图 5-17 所示，其工作原理同双滤膜法，只不过气球代替了衰变筒。把气球法测氡和马尔柯夫法测 α 潜能联合起来，一次操作需时 26min，即可得到氡及其子体 α 潜能浓度。其时间程序如图 5-18 所示。

用下式计算氡浓度

$$C_{Rn} = K_b(N_R - 10R) \tag{5-21}$$

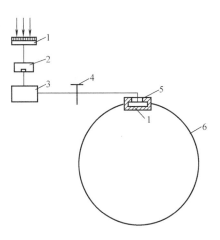

图 5-17　气球法采样系统示意图

1—采样头　2—流量计　3—抽气泵

4—调节阀　5—套环　6—气球

式中　C_{Rn}——氡浓度（Bq/m³）；

　　　K_b——气球刻度常数［Bq/（m³·计数）］；

　　　N_R——出口滤膜的总 α 计数（计数）；

　　　R——本底计数率（计数/min）。

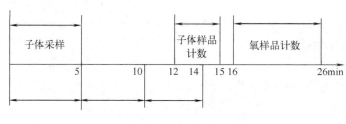

图 5-18　气球法测量的时间程序

5.7　一氧化碳和二氧化碳的测量

5.7.1　一氧化碳和二氧化碳的性质

1. 一氧化碳的性质

一氧化碳是一种无色、无味、无嗅、无刺激性的有害气体。几乎不溶于水，100mL 水中可溶解 0.0249mg（20℃）。一氧化碳相对分子质量为 28.0，对空气相对密度为 0.967；在空气中不易与其他物质发生化学反应，因而能在大气中停留 2~3 年之久。大气中一氧化碳为炼焦、炼钢、炼油、汽车尾气及家庭用燃料等的不完全燃烧产物。室内空气中一氧化碳主要来源于家庭烹饪中燃料的燃烧、吸烟等人为活动，同时也来源于室外受污染空气进入室内而产生的污染，尤其是居住在交通繁忙道路两侧的居民。

2. 二氧化碳的性质

二氧化碳也是一种无色、无味、无嗅、无刺激性的气体。易溶于水，1 体积水中能溶解 1.7 体积的二氧化碳。二氧化碳相对分子质量为 44.01，相对密度 1.524；在大气中是可变组分，在不同情况下，浓度变化很大，见表 5-8。二氧化碳的来源很多，主要有：①含碳物质充分燃烧的产物，在室内主要是燃料燃烧、烹饪和吸烟等；②生物发酵和呼吸作用，在室内主要是人类的呼吸作用、微生物的发酵和动植物的呼吸作用。由于二氧化碳浓度的增加与室内细菌总数、一氧化碳、在室人员数、甲醛浓度密切相关，所以二氧化碳是评价建筑空气环境卫生质量的一项重要指标。

表 5-8　不同情况下二氧化碳的含量

情况 含量	海平面	郊区	大城市	人呼出气体	室内 （正常状态下）	室内 （污染状态下）
体积分数（%）	0.02	0.03	0.04~0.05	4	< 0.07	2
浓度/（mg/m³）	400	600	800~1000	80000	1400	40000

5.7.2　一氧化碳和二氧化碳的测量方法

1. 不分光吸收式红外线气体分析法

一氧化碳和二氧化碳都对红外线有选择性吸收，所以两者都可以通过不分光吸收式红外线气体分析法进行检测。

红外线气体分析器利用被测气体对红外光的选择吸收特性（特征吸收）来进行定量分析。当被测气体通过受特征波长光照射的气室时，被测组分（一氧化碳或二氧化碳）将选择吸收特征波长的光，吸收光能的多少与样品中被测组分浓度有关。对于特征波长光辐射的吸收，透射光强度与入射光强度、吸光组分浓度之间的关系遵循比尔定律，即

$$I = I_0 e^{-klC} \tag{5-22}$$

式中　I——透射的特征波长红外光强度；

$\quad\quad I_0$——入射的特征波长红外光强度；

$\quad\quad k$——被测组分对特征波长的吸收系数；

$\quad\quad l$——入射光透过被测样品的光程；

$\quad\quad C$——样品中被测组分的浓度。

在红外线气体分析器中，红外辐射光源的入射光强度不变，红外线透过被测样品的光程不变，且对于特定的组分的吸收系数也不变，因此透射的特征波长红外光强度仅为被测组分浓度的函数，故通过测定透射特征红外光强度就可确定样品中被测组分的浓度。

红外线气体分析器是由红外光源、切光器、气室、光检测器及相应的供电、放大、显示和记录用的电子线路和部件组成的（图 5-19）。一氧化碳和二氧化碳红外线分析器的光源为直径约 0.5mm 的镍铬丝，此镍铬丝被加热到 600~1000℃ 时发出的红外线波长范围为 2~10μm。红外辐射光经反射抛物状面而汇聚成平行光射出。射出能量相同的两束平行光被同步电机带动的切光片切割成断续的交变光，从而获得交变信号来减少信号漂移。两束平行光中，一束光称为参比光束，通过滤波室、参比气室（内充不吸收红外线的氮气），最后射入接收室；另一束光称为测量光束，通过滤波室射入测量气室。由于测量气室中有被测气体样本通过，则被测组分会吸收部分特征波长的红外光，使射入接收室的光强度减弱。而且组分浓度越高，光强减弱就越多。

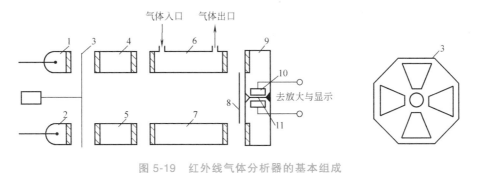

图 5-19　红外线气体分析器的基本组成

1、2—红外光源　3—切光片　4、5—滤光镜（气室）　6—测量室　7—参比气室
8—遮光板（使两光路平衡）　9—薄膜电容微音器　10—固定金属片　11—金属薄膜

一氧化碳和二氧化碳红外线分析器的光检测器是薄膜电容微音器。它利用待测组分的变化引起电容量变化来测量待测组分浓度。接收室内充满等浓度的一氧化碳气体，电容的金属薄膜（动片）将接收室分为容积相等的两个空腔。在一侧空腔中还有一固定的圆形金属片（定片），距薄膜 0.05~0.08mm，两者组成了一个电容器。红外光束射入接收室后，会加热其中的 CO 气体，使其温度升高，从而导致内部压力升高。测量光束与参比光束平衡时，两边压力相等，动片维持在平衡位置。当测量气室中有待测组分时，通过参比气室的红外光辐射不变，而通过测量气室进入接收室的红外光由于待测组分的吸收而减弱，使这一边气室温

度降低，压力减小。这样，动片就会在压差作用下偏向定片一方，从而改变电容器两极板之间的距离，也就改变了电容量。这个电容量的变化可以用式（5-23）计算，它可以指示待测组分的浓度（采用电子技术，将电容量变化转变为电流变化，经放大及信号处理后进行记录和显示）。

$$C = K\frac{\varepsilon F}{D} \tag{5-23}$$

式中　C——电容量；

　　　K——比例常数；

　　　ε——气体介电常数；

　　　F——电容器极板面积；

　　　D——两极板（定片和动片）间的距离。

测量步骤：

（1）采样　用双联球将现场空气抽入采气袋中，洗 3～4 次，采气 500mL，夹紧进气口。连续采样时，采样系统如图 5-20 所示，包括杂质过滤、干燥、压力控制和流量控制等环节，对于高温烟气还需要冷却装置。

（2）启动　仪器接通电源，稳定 1～2h，将高纯氮气连接在仪器进气口，进行零点校准。

（3）校准　将一氧化碳标准气连接在仪器进气口，使仪表指针指示在满刻度的 95%，重复 2～3 次。

（4）样品测定　将采气袋连接在仪器进气口，由仪表指示出一氧化碳的体积分数（ppm）。

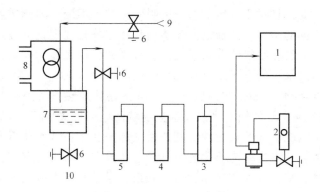

图 5-20　正压连续采样系统

1—气体分析器　2—流量控制器　3—干燥器　4—化学过滤器
5—机械过滤器　6—阀　7—气水分离器　8—冷却器
9—烟道气入口　10—冷凝水出口

（5）换算　CO 质量浓度（mg/m³）= 1.25×CO 体积分数（ppm）

注意事项：红外线气体分析器投入使用后，每周至少要用标准气体校准一次，以保证仪器分析的准确性。所用标准气体可以是商品钢瓶标准气，也可以是临时制备的标准气样。标准气的精度要比仪器的精度高 3 倍，即标准气的分析误差不超过仪器测量误差的三分之一。

2. 电导法——一氧化碳气体分析器

电导法气体分析器是用测定溶液电导的方法来测定物质的量。

若在电解质溶液中插入一对电极且接上外电源，则有电流在两级板间的溶液中通过。溶液的电导 G 可用下式表示

$$G = \gamma\frac{F}{L} \tag{5-24}$$

式中　G，γ——电解质溶液的电导和电导率；

　　　F，L——电极的面积和两电极间的距离。

1mol 电解液全部放在相距 1cm 的两电极间所得的电导称为溶液的摩尔电导 λ。摩尔电导与电解质的性质有关，也与溶液浓度有关，稀溶液具有较大的摩尔电导。摩尔电导与溶液

的电导率有如下的关系

$$\gamma = \lambda \frac{C}{1000} \qquad (5\text{-}25)$$

式中　C——溶液的物质的量浓度。

将上式代入式（5-24）可以得到

$$G = \lambda \frac{CF}{1000L} \qquad (5\text{-}26)$$

对于确定的电极体系，F 和 L 是固定不变的；在较窄的浓度范围内，λ 也可以认为是一个常数。在上述条件下，令 $K = LF^{-1}$，K 称为电极常数；$m = \lambda/1000$，则 K、m 都为常数。这样，只要测定溶液的电导就可以计算出溶液的浓度。在任一浓度附近，把 λ 看作常数时，浓度和电导之间的关系式可以写为

$$G = C \frac{m}{K} + \frac{b}{K} \qquad (5\text{-}27)$$

式中　b——与所测电导值有关的常数。

一氧化碳气体分析器首先用五氧化二碘将一氧化碳氧化成二氧化碳，然后用氢氧化钠溶液吸收所得的二氧化碳，反应式为

$$2NaOH + CO_2 = Na_2CO_3 + H_2O$$

由于氢氧根离子的摩尔电导大于碳酸根离子的摩尔电导，因而吸收二氧化碳以后，氢氧化钠溶液的摩尔电导降低，所以通过测量氢氧化钠溶液电导的变化量就可以确定吸收的二氧化碳量，即一氧化碳的量（在一定范围内，氢氧化钠溶液电导的变化与一氧化碳的量呈线性关系）。

3. 容量滴定法

容量滴定法（化学反应法）可以有效地检测空气中的二氧化碳含量。

用过量的氢氧化钡溶液与空气中二氧化碳作用生成碳酸钡沉淀，采样后多余的氢氧化钡用标准草酸溶液滴定至酚酞试剂红色刚刚褪。由容量滴定结果和采样空气体积就可以计算出空气中二氧化碳的含量，其测量步骤如下：

取一个吸收管（事先应充氮或充入经钠石灰处理的空气），加入 50mL 氢氧化钡吸收液，以 0.3L/min 流量采样 5~10min。采样前后，吸收管的进、出气口均用乳胶管连接以免空气进入。

采样后，吸收管送实验室，取出中间砂芯管，加塞静置 3h，使碳酸钡沉淀完全，吸取上清液 25mL 于碘量瓶中（碘量瓶事先应充氮或充入经碱石灰处理的空气），加入 2 滴酚酞指示剂，用草酸标准液滴定至溶液由红色变为无色，记录所消耗的草酸标准溶液的体积（mL）。同时吸取 25mL 未采样的氢氧化钡吸收液做空白滴定，记录所消耗的草酸标准溶液的体积（mL）。将采样体积按式（5-2）换算成标准状态下采样体积。

空气中二氧化碳含量（体积分数）按下式计算

$$C = \frac{20 \times (b - a)}{V_n} \qquad (5\text{-}28)$$

式中　C——空气中二氧化碳含量（体积分数）（%）；

a——样品滴定所用草酸标准溶液体积（mL）；

b——空白滴定所用草酸标准溶液体积（mL）；

V_n——换算成标准状况下的采样体积（L）。

思 考 题

1. 《室内空气质量标准》（GB/T 18883—2002）中有几大类控制指标？每类指标包括哪些具体的指标？要求熟悉主要控制指标的标准值范围。

2. 建筑空气环境中气体有害物的采样方法有哪些？它们各有什么优缺点？

3. 气溶胶中颗粒物采样方法有哪些？各适用于哪种条件下的采样？

4. 请简述被动式采样器的应用范围和它的构造特点。

5. 环境试验舱由哪些部分组成？

6. 请简述不同有害物质采样效率的评价方法。

7. 现场采样时有哪些具体的技术要求？

8. 请设计酚试剂比色法测量甲醛浓度的试验结果记录表格。

9. 请简述气相色谱法的原理和气相色谱仪的基本构造。

10. 请简述撞击法测量室内空气中菌落总数的原理和基本步骤。

11. 请简述氡的几种测量方法的原理和它们之间的异同。

12. 请简述红外线气体分析器的原理和构成。

第 6 章

建筑声环境参数测量

6

声音是由于物体的振动而产生的，辐射声音的振动物体称之为"声源"。声源发声后要经过一定的介质才能向外传播，而声波是依靠介质的质点振动向外传播声能的，介质的质点只是振动而不是移动，所以声音是一种波动。介质质点的振动传播到人耳时引起人耳鼓膜的振动，通过听觉机构的"翻译"，并发出信号，刺激听觉神经而产生声音的感觉。

人们每天都生活在声音的海洋中，每天的生活、工作都离不开声音。这些声音中有些是人们需要的、想听的，如相互之间语言的交流或是音乐欣赏。而有些声音则是工作中、生活中不想听的，这些声音就被认为是"噪声"，其中也包括有人想听但干扰别人休息的音乐声。因此，噪声与好听的声音是没有绝对界限的。

在声音的海洋中，人们是如何识别声音的呢？从日常生活中可以体会到声音总是有三个表征量，即音量的大小、音调的高低与音色的不同。除此之外，噪声出现的时间是连续的、间歇的。声音的大小、音调的高低与音色的不同，都与声音的物理特性密切相关的。

6.1 声音的基本特性

6.1.1 声音的产生机理

声音的产生源于声源诱发的振动在媒质中的传播。因此，产生声音的必要条件是声源和介质，这种介质可以是气体，也可以是液体和固体。真空中没有介质存在，故而在真空中声音不能传播。声音在介质中的传播，只是介质振动状态的传播，其本身并没有向前运动，它只是在其平衡位置附近来回振动，传播出去的是物质的运动形态，这种运动形式称为波动。声音是机械振动状态的传播在人类听觉系统中的主观反映，这种传播过程是一种机械性质的波动，称为声波。在声波的传播过程中，空气质点的振动方向与波的传播方向相平行，所以声波是纵波。

6.1.2 声音的传播特性

1. 声波的频率、波长和速度

当声波通过弹性介质传播时，介质质点在其平衡位置附近来回振动，质点完成一次完全振动所经历的时间称为周期，记为 T，单位是秒（s）。质点在 1s 内完成完全振动的次数称为频率，记作 f，单位为赫兹（Hz），它是周期的倒数。

介质质点振动的频率即声源振动的频率。人耳能够听到的声波的频率范围约 $20 \sim 20000Hz$。低于 20Hz 的声波称为次声波，高于 20000Hz 的声波称为超声波。次声波与超声波都不能使人产生听觉。

声波在其传播路径上，相邻两个同相位质点之间的距离称为波长，记为 λ，单位是米

（m）。或者说，波长是声波在每一次完全振动周期中所传播的距离。声波在弹性介质中传播的速度称为声速，记为 c，单位是 m/s。声速不是介质质点振动的速度，而是质点振动状态的传播速度。它的大小与质点振动的特性无关，而与介质的状态、密度及温度有关。在空气中，声速 c 与温度有如下关系

$$c = 331.4 \sqrt{1 + \frac{t}{273}} \tag{6-1}$$

式中　t——空气的温度（℃）；

通常室温下（15℃），空气中的声速为 340m/s。

2. 声波的反射、折射、漫射、衍射与散射

（1）声波的反射　声波在前进过程中如果遇到尺寸大于波长的界面，将被反射。如果声源发出的是球面波，经反射后仍然是球面波。图 6-1 所示为光滑的表面对球面波反射的情况。图中虚线表示反射波，它像是从声源 O 的像——虚声源 O' 发出的，O' 是 O 对于反射平面的对称点。如果用声线表示声波的传播方向，反射声线可以看作是从虚声源 O' 发出的。反射的声能与界面的吸声系数有关。

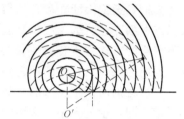

图 6-1　声波的反射
O—声源　O'—声源 O 的像

声波反射遵循几何反射定律：

1）入射线、反射线和反射面的法线在同一平面内。

2）入射线和反射线分别在法线的两侧。

3）反射角等于入射角。

当声波入射到表面起伏不平的障碍物上，而且起伏的尺度和波长相近时，声波不会产生定向的几何反射，而是产生散射，声波的能量向各个方向反射。

（2）声波的折射　正像光通过棱镜会弯曲，介质条件发生某些改变时，虽不足以引起反射，但声速发生了变化，声波传播方向会改变。除了声速因材料或介质不同而改变，在同样介质中温度改变也会引起声速改变。这种由声速引起的声传播方向的改变称之为折射。

（3）声波的漫射　凸表面或不平坦表面反射声波时，反射声的传播要比被限制在固定方向上均匀，这种现象称为声波的漫射，简称声漫。与漫射光一样，粗糙球形表面比光滑的球形表面更容易产生漫反射。尽管人们不希望出现因不连续反射而引起的回声，但有时某些房间中的这些声能并不希望被消除掉。例如，在观众厅或音乐厅中漫反射是有用的，它可以使声音遍布整个观众厅，确保所有听众听到相同音质。至少从声学观点看，漫射可以使观众厅中听音不良的座位减到最小。

（4）声波的衍射与散射　当声波在传播过程中遇到一块有小孔的障板时，并不像光线那样直线传播，而是能绕到障碍物的背后继续传播，改变原来的传播方向，这种现象称为衍射，又称为绕射。当声波的波长小于障碍物的尺寸时将发生散射。

如果孔的尺度（直径 d）与声波波长 λ 相比很小时（$d \ll \lambda$），小孔处的空气质点可近似看作一个集中的新声源，产生新的球面波，如图 6-2 所示。当孔的尺度比波长大得多时（$d \gg \lambda$），新的波形则比较复杂，如图 6-3 所示。当声波遇到某一障碍物时，声音绕过障碍物边缘而进入其背后的现象也是衍射的结果。声波的频率越低，绕射的现象越明显。

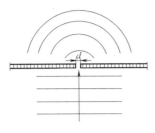

图 6-2 小孔对波的影响

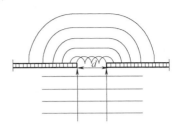

图 6-3 大孔对波的影响

3. 声波的透射和吸收

当声波入射到建筑构件（如墙、顶棚等）时，一部分声能被反射，一部分透过建筑构件传递到了另一侧，还有一部分由于构件的振动或声音在其内部传播时介质的摩擦或热传导而被损耗，称之为材料的吸收。

根据能量守恒定律，若单位时间内入射到构件上的总声能为 E_0，反射的声能为 E_γ，吸收的声能为 E_α，透过的声能为 E_τ，则三者之间有如下关系：

$$E_0 = E_\gamma + E_\alpha + E_\tau \tag{6-2}$$

反射声能与入射声能之比称为反射系数，记作 γ；吸收的声能与入射声能之比称为吸声系数 α；透射声能与入射声能之比称为透射系数，记作 τ。即：

声反射系数
$$\gamma = \frac{E_\gamma}{E_0} \tag{6-3}$$

吸声系数
$$\alpha = \frac{E_\alpha}{E_0} \tag{6-4}$$

声透射系数
$$\tau = \frac{E_\tau}{E_0} \tag{6-5}$$

由式（6-2）可知

$$\frac{E_\gamma}{E_0} + \frac{E_\alpha}{E_0} + \frac{E_\tau}{E_0} = 1 \tag{6-6}$$

不同材料对声音的反射、透射和吸收有不同的特性。常把声透射系数 τ 值小的材料称为隔声材料，而把平均吸声系数较大，一般超过 0.2 的材料称为吸声材料。在进行建筑声学设计时，必须了解各种材料的隔声和吸声特性，从而合理地选材。

6.1.3 声音与人的听觉

1. 听觉机构

人耳是声波最终的接收者。人耳可以分成三个主要部分：外耳、中耳与内耳。声波通过耳道使耳鼓在声波激发下振动，推动中耳室内的听骨，听骨的振动通过卵形窗，使淋巴液运动，引起耳蜗基底膜振动，形成神经脉冲信号，通过听觉传导神经传到大脑听觉中枢，引起听觉。

通常声压级在 120dB 左右，人就会感到不舒服；130dB 左右耳内将有痒的感觉；达到140dB 时耳内会感到疼痛；当声压级继续升高，会造成耳内出血，甚至听觉机构损坏。

2. 听觉特性

（1）人耳的频率响应 人耳对声音的响应并不是在所有频率上都是一样的。人耳对

2000～4000Hz 的声音最敏感；在低于 1000Hz 时，人耳的灵敏度随频率的降低而降低；而在 4000Hz 以上，人耳的灵敏度也逐渐下降。也就是说，相同声压级的不同频率的声音，人耳听起来是不一样响的。

（2）掩蔽效应　人们在安静环境中听一个声音可以听得很清楚，即使这个声音的声压级很低时也可以听到，即人耳对这个声音的听阈很低。如果存在另一个声音（称为"掩蔽声"），就会影响到人耳对所听声音的听闻效果，这时对所听的声音的听阈就要提高。人耳对一个声音的听觉灵敏度因为另一个声音的存在而降低的现象叫"掩蔽效应"，听阈所提高的分贝数不仅要超过听者的听阈，而且要超过其所在背景噪声环境中的掩蔽阈。一个声音被另一个声音所掩蔽的程度，即掩蔽量，取决于这两个声音的频谱、两者的声压级差和两者达到听者耳朵的时间和相位关系。

掩蔽量有以下特点：

1）当被掩蔽的声音和掩蔽声频谱接近时，掩蔽量较大，即频率接近的声音掩蔽效果明显。

2）掩蔽声的声压级越高，掩蔽量就越大。

3）低频声对高频声会产生相当大的掩蔽效应，特别是在低频声声压级很大的情况下，其掩蔽效应就更大，而高频声对低频声的掩蔽效应则相对较小。

掩蔽效应说明了背景噪声的存在会干扰有用声信号（如语言）的通信，但有时可以利用掩蔽效应，用不敏感的噪声去掩蔽敏感而又不希望听见的声音。

（3）双耳听闻与声像定位　人耳分布在头部两侧，由于声源发出的声波到达双耳有一定的时间差、强度差和相位差，人们就可以据此来判断声源的方向和远近，进行声像的定位。这种由双耳听闻而获得的声像定位能力，在频率高于 1400Hz 时，主要取决于到达双耳声音的强度差；低于 1400Hz 时，则主要取决于声音到达的时间差。方位感很强的声音更能吸引人的注意力，即使多个声源同时发声，人耳也能分辨出它们各自所在的方向，甚至在声音很多的情况下，某一声音（直达声和反射声）在不同时刻到达双耳，人耳仍能判断它们是来自同一声源的声音。在利用掩蔽效应进行噪声控制时，应尽量弱化掩蔽声声源的方位感。

通常，人耳分辨水平方向声源位置的能力比在垂直方向的要好。正常听觉的人在安静和无回声的环境中，水平方向可以辨别出 1°～3° 的方向变化；在水平方向 0°～60° 范围内，人耳具有良好的定位能力；超过 60°，则迅速变差；而垂直方向的定位，有时要达到 60° 的方位变化才能分辨出来。

（4）时差效应与回声感觉　声音对人听觉器官的作用效果并不随着声音的消失而立即消失，而是会暂留一段时间。如果到达人耳的两个声音的时间间隔小于 0.05s，那么人耳就不会觉得这两个声音是断续的。但是，当两者的时差超过 0.05s，也就是相当于声程差超过 17m 时，人耳就能判别出它们是来自不同方向的两个独立的声音。在室内，当声源发出一个声音后，人们首先听到的是直达声，然后陆续听到经过各界面的反射声。一般认为，在直达声后约 0.05s 以内到达的反射声，可以加强直达声，而在 0.05s 以后到达的反射声，则不会加强直达声。如果反射声到达的时间间隔较长，且其强度又比较突出，则会形成回声的感觉。回声感觉会妨碍语言和音乐的良好听闻，因而需要加以控制。

在声压级提高到听力损失后的听阈以上时，神经感觉性损失者感到的响度增加比正常人耳快，在声压级提高到一定数值后，就恢复得和正常人耳感到的响度一样了，这种现象称为响度复原。这说明那种认为听力已经受损的人受强噪声的影响要小一些的看法是不可靠的。人耳的灵敏度通常随年龄的增长而降低，尤其对高频降低得更快。

6.2 噪声的物理量度

在人们每天从事工作、休息或学习等活动时，凡使人思想不集中、烦恼或有害的各种声音，响声很大而又嘈杂刺耳或者对某项工作来说是不需要或有妨碍的声音，都被认为是噪声。噪声的一个标准定义是：凡人们不愿听的各种声音都是噪声。因此，即使是语言声或音乐声，当人们不愿意听时，也可以认为是噪声。一个人对一种声音是否愿意听，不仅取决于这种声音的响度，而且取决于它的频率、连续性、发出的时间和信息内容，同时还取决于发出声音的主观意愿以及听到声音的人的心理状态和性情。一首优美的歌曲对欣赏者来说是一种享受，而对一个下夜班需要休息的人来说则是引起反感的噪声。交通噪声在白天人们还可以勉强接受或容忍，而在夜间对需要休息的人则是无法忍受的。

噪声是通过某种振动而产生的，具有一定的能量，能通过液体、气体和固体将这些振动进行传播。在建筑环境中噪声的主要来源是交通运输、工业生产、建筑施工以及休闲娱乐。

噪声是声波的一种，它具有声波的一切物理性质，在工程应用中除了用声速、频率和波长来描述外，还常常用以下的物理量来表征其特性。

6.2.1 声强与声压

1. 声强

声强是衡量声波在传播过程中声音强弱的物理量，通常用 I 表示。其物理意义为：垂直于声音的传播方向，在单位时间内通过单位面积的声音的能量，即单位面积上的声功率，其数学表达式为

$$I = \frac{W}{S} \tag{6-7}$$

式中　W——声源的能量（W）；

S——声源能量所通过的面积（m^2）。

对平面波而言，在无反射的自由声场里，由于在声波的传播过程中，声源的传播路线相互平行，声波通过的面大小相同，因此，同一束声波通过与声源距离不同的表面时，声强不变，如图 6-4 所示。

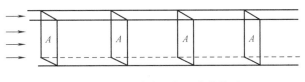

图 6-4　平面波声强与距离的关系

对球面波来说，随着传播距离的增加，声波所触及的面也随之扩大。在与声源相距 r 处，球表面的面积为 $4\pi r^2$，则该处的声强为

$$I = \frac{W}{4\pi r^2} \tag{6-8}$$

由此可知，对球面波而言，其声强与声源的能量成正比，而与到声源的距离的平方成反比，如图 6-5 所示。

声音是能对人类的耳朵和大脑产生影响的一种气压变化，这

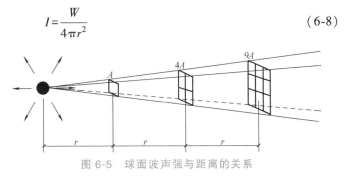

图 6-5　球面波声强与距离的关系

种变化将天然的或人为的振动源（例如机械运转、说话时的声带振动等）的能量进行传递。人类最早对声音的感知是通过耳朵，普通人耳能听到的声音有一个确切数据的范围，该范围就称为"阈"。普通人耳能接收到的最小的声音称为"可听阈"，其声强值约为 $10^{-12}\,\mathrm{W/m^2}$，而普通人耳能够忍受的最强的声音称"痛阈"，其声强值约为 $1\,\mathrm{W/m^2}$，超过这一数值，将引起人耳的疼痛。

2. 声压

所谓声压是指介质中有声波传播时，介质中的压强相对于无声波时介质压强的改变量。简单地说，声压就是声音所引起的空气压强的平均变化量，用 p 表示。其单位就是压强的单位，即牛每平方米（$\mathrm{N/m^2}$），或帕（Pa），以前也用过微巴（$\mu\mathrm{bar}$）、达因每平方厘米（$\mathrm{dyn/cm^2}$）。它们之间的关系：

$$1\,\mathrm{N} = 10^5\,\mathrm{dyn}$$

$$1\,\mathrm{dyn/cm^2} = 1\,\mu\mathrm{bar} = 10^{-6}\,\mathrm{bar}$$

$$1\,\mathrm{bar} = 100000\,\mathrm{Pa}$$

声压与声强有着密切的关系。在无反射、吸收的自由声场中，某点的声强与该处的声压的平方成正比，而与介质的密度和声速的乘积成反比，即

$$I = \frac{p^2}{\rho_0 c} \tag{6-9}$$

式中　p——声压（Pa）；

　　ρ_0——介质密度（$\mathrm{kg/m^3}$），一般空气取 $1.225\,\mathrm{kg/m^3}$；

　　c——介质中的声速（$\mathrm{m/s}$）。

$\rho_0 c$ 又称介质的特性阻抗。

由式（6-9）可知，对于球面声波或平面声波（即自由声场），如果测得某一点的声强、该点处的介质密度及声速，就可计算出该点的声压。对应于声强为 $10^{-12}\,\mathrm{W/m^2}$ 的可闻阈，声压约为 $2.0\times10^{-5}\,\mathrm{Pa}$，即 $0.0002\,\mu\mathrm{bar}$。

6.2.2 声强级与声压级

由 6.2.1 可知，可闻阈与痛阈间的声强相差 10^{12} 倍。这样，如用通常的能量单位计算，数字过大，极为不便。况且声音的强弱，只有相对意义，所以改用对数标度。选定某 I_0 作为相对比较的声强标准。如果某一声波的声强为 I，则取比值 I/I_0 的常用对数来计算声波声强的级别，称为"声强级"。为了选定合乎实际使用的单位大小，规定声强级为

$$L_I = 10\lg\frac{I}{I_0} \tag{6-10}$$

这样定出的声强级单位称为 dB（分贝）。

国际上规定选用 $I_0 = 10^{-12}\,\mathrm{W/m^2}$ 作为参考标准，即声强为 $10^{-12}\,\mathrm{W/m^2}$ 的声音就是 $0\,\mathrm{dB}$，而震耳的炮声 $I = 10^2\,\mathrm{W/m^2}$，相应的声强级为

$$L_I = 10\lg\frac{I}{I_0} = \left(10\lg\frac{10^2}{10^{-12}}\right)\mathrm{dB} = 10\lg10^{14}\,\mathrm{dB} = (10\times14)\,\mathrm{dB} = 140\,\mathrm{dB}$$

测量声强较困难，实际测量中常常测出声压。利用声强与声压的平方成正比的关系，可以改用声压表示声音强弱的级别，根据式（6-9）和式（6-10）可得到声压级为

$$L_p = L_I = 10\lg\frac{I}{I_0} = 10\lg\left(\frac{p^2/\rho_0 c}{p_0^2/\rho_0 c}\right)$$

$$= 10\lg\left(\frac{p}{p_0}\right)^2 = 20\lg\frac{p}{p_0} \qquad (6\text{-}11)$$

声压级单位也是 dB（分贝）。

通常规定选用 $2\times10^{-5}\,\text{Pa}$ 作为比较标准的参考声压 p_0，这与上述所提到的声强级规定的参考声强是一致的。

表 6-1 中列举了声强值、声压值和它们所对应的声强级、声压级以及与其相对应的声学环境。

表 6-1　声强、声压和对应的声强级、声压级以及与其相对应的声学环境

声强/（W/m²）	声压/Pa	声强级或声压级/dB	相应的环境
10^2	200	140	离喷气机口 3m 处
1	20	120	痛阈
10^{-1}	$2\times10^{1/2}$	110	风动铆钉机旁
10^{-2}	2	100	典型的夜总会
10^{-4}	2×10^{-1}	80	建筑施工地区
10^{-6}	2×10^{-2}	60	白天城市地区
10^{-8}	2×10^{-3}	40	安静郊外的夜晚
10^{-10}	2×10^{-4}	20	播音室内
10^{-12}	2×10^{-5}	0	人耳最低可闻阈

6.2.3　声功率和声功率级

为了直接表示声源发声能量的大小，还可引用声功率的概念。声源在单位时间内以声波的形式辐射出的总能量称为声功率，以 W 表示，单位为 W。在建筑环境中，对声源辐射出的声功率，一般可认为是不随环境条件而改变的、属于声源本身的一种特性。

所有声源的平均声功率都是很微小的。一个人在室内讲话，自己感到比较合适时，其声功率大致是 $(1\sim5)\times10^{-5}\,\text{W}$，400 万人同时大声讲话产生的功率只相当于一只 40W 灯泡的电功率。

与声压一样，它也可用"级"来表示，声功率级指某一声音的声功率 W 与声功率的参考标准 W_0 之比的常用对数，声功率级采用如下的表达式

$$L_W = 10\lg\frac{W}{W_0} \qquad (6\text{-}12)$$

式中，W_0 为声功率的参考标准，其值为 $10^{-12}\,\text{W}$。

表 6-2 列出了几种不同声源的声功率。

表 6-2　几种不同声源的声功率

声源种类	喷气飞机	气锤	汽车	钢琴	女高音	日常对话
声功率	10kW	1W	0.1W	$2\times10^{-3}\,\text{W}$	$(1\sim7.2)\times10^{-3}\,\text{W}$	$(1\sim5)\times10^{-5}\,\text{W}$

6.2.4　噪声的频谱特性

噪声不是具有特定频率的纯音，而是由很多不同频率的声音混合而成的。人的耳朵能识别的声音的频率从 $20\sim20000\text{Hz}$，有 1000 倍的变化范围。为了方便起见，人们把该范围划分为几个有限的频段，即噪声测量中常说的频程。

建筑环境与能源应用工程专业中常使用倍频程，倍频程就是两个频率之比为 2∶1 的频程。目前通用的倍频程中心频率为：31.5Hz、63Hz、125Hz、250Hz、500Hz、1000Hz、

2000Hz、4000Hz、8000Hz、16000Hz。这十个倍频程把人耳能识别的声音全部包括进来，大大简化了测量。实际上，在一般噪声控制的现场测试中，往往只要用 63～8000Hz 八个倍频程就够了，它所包括的频程见表 6-3。

表 6-3 声音的中心频率和频程划分

中心频率/Hz	63	125	250	500	1000	2000	4000	8000
频程/Hz	45～90	90～180	180～355	355～710	710～1400	1400～2800	2800～5600	5600～11200

6.2.5 声波的叠加

如果两个不同的声音同时到达耳朵，那么耳朵将接受两个不同声波的压力。由于声级原本就是用对数表示的，所以简单的声级的分贝数相加不能正确地表示出声压级叠加的值。举个例子来说，声压级值均为 105dB 的两架喷气式飞机的发动机同时工作，它们叠加的最后声级值不是 210dB，210dB 这个值已经远远地超过了痛阈。

虽然声级不能直接相加，但是声强是能够直接相加的，声压的平方也是能够直接相加的。可以通过下面的公式得到。

当几个声音同时出现时，其总声强是各个声强的代数和，即

$$I = I_1 + I_2 + \cdots + I_n \tag{6-13}$$

而它们的总声压是各个声压平方和的平方根

$$p = \sqrt{p_1^2 + p_2^2 + \cdots + p_n^2} \tag{6-14}$$

当几个不同的声压级叠加时，要得到叠加后的声压级值，可用下式计算

$$\Sigma L_p = 10\lg(10^{0.1L_{p1}} + 10^{0.1L_{p2}} + \cdots + 10^{0.1L_{pn}}) \tag{6-15}$$

式中　　　　　ΣL_p——各个声压级叠加的总和（dB）；

L_{p1}，L_{p2}，$\cdots$，L_{pn}——分别为声源 1、2，$\cdots$，n 的声压级（dB）。

当有 M 个相同的声压级相叠加时，其总声压级为

$$\Sigma L_p = 10\lg(M \times 10^{0.1L_p})$$
$$= 10\lg M + L_p \tag{6-16}$$

从式（6-16）可知当两个相同的噪声相叠加时，仅比单个噪声的声压级大 3dB，如果两个噪声的声压级不同并假定二者的声压级之差为 E，即 $E = L_{p1} - L_{p2}$，则由式（6-16）可得叠加后的声压级为

$$\Sigma L_p = 10\lg(1 + 10^{-0.1E}) + L_{p1} \tag{6-17}$$

从上式可以看到，如果两个叠加的声音，其中一个声音比另外一个声音的声级要高出 10dB，那么那个小一点的声音对高一点的声音的最后声音效果产生的影响可以忽略。这个结论意味着，一个显著的声音，例如一个声级为 70dB 的声音，在类似的但是声级却是 90dB 的声音影响下不会被听到。在声级比较大的环境中，一个声级比较小的声音要被听到，那么其声音特征应有区别。

6.3 环境噪声及其危害

6.3.1 建筑物内噪声的来源

建筑物中的噪声主要来自以下几个方面：

1. 室外环境噪声

室外环境噪声主要有交通运输噪声（包括公路、铁路、航空、船舶等噪声）、工厂噪声、建筑施工噪声、商业噪声和社会生活噪声等。

2. 建筑内部噪声

在建筑物内噪声级比较高、容易对其他房间产生噪声干扰的房间有风机房、泵房、制冷机房等各种设备用房。手工作坊内的生产活动以及娱乐场所如歌舞厅、卡拉 OK 厅等是产生室内噪声的又一重要来源。此外，各种家电、卫生设备、打字机、电话及各种生产设备也都会产生噪声。

3. 室内撞击噪声

室内撞击声（也称固体声）主要有人员活动产生的楼板撞击声，设备、管道安装不当产生的固体传声以及室内自来水、管道煤气流动过程中所产生的噪声等。

6.3.2　环境噪声的危害

环境噪声的危害是多方面的，它可以使人的听力衰退，引发多种疾病。同时，还影响人们正常的工作和生活，降低劳动生产率。特别强烈的噪声还能损坏建筑物，影响仪器设备的正常运行。

1. 对听觉器官的损害

当人们进入较强烈的噪声环境时，会觉得刺耳难受，经过一段时间就会产生耳鸣现象，这时用听力计检查，将发现听力有所下降，但这种情况持续时间不会很长，只要在安静地方停留一段时间，听力就会恢复，这种现象称为"暂时性听阈偏移"，也称"听觉疲劳"。如果长年累月地处在强烈噪声环境中，这种听觉疲劳就难以消除，而且将日趋严重，以致形成"永久性听阈偏移"，这种情况称为听力损失。这就是一种职业病——噪声性耳聋。通常，长期在 90dB（A）（A 声级，详见 6.2.1）以上的噪声环境中工作，就可能发生噪声性耳聋。比如，有一些专业音乐师，像皮特·托恩森德（Pete Townsend），就由于在放大的音乐中长时间的暴露，积累的噪声剂量使得他丧失了听力；又如酒吧和餐馆的职员，由于长期处在超过法定的噪声剂量的环境中，会经常出现间歇性的或者是机能性的耳鸣。还有一种爆震性耳聋，即当人耳突然受到 140~150dB 以上的极强烈噪声作用时，可使人耳受到急性外伤，一次作用就可使人耳聋。

2. 引发多种疾病

噪声作用于人的中枢神经时，使人的基本生理过程——大脑皮层的兴奋与抑制的平衡失调。较强噪声作用于人体引起的早期生理异常一般都可以恢复正常，但久而久之，则会影响植物性神经系统，产生头疼、昏晕、失眠和全身疲乏无力等多种病状，严重的甚至引发神经衰弱。近年来，在噪声对心血管系统影响的研究中发现，噪声可以使心跳加速、心律不齐、血压升高等。

3. 对正常生活的影响

睡眠是人们体质和精神恢复的一个必要阶段，有人做过实验，发现在 40~45dB（A）的噪声刺激下，睡眠的人脑电波就出现了觉醒反应，说明 45dB（A）的噪声就开始对正常人睡眠发生影响。对于神经衰弱者，则更低的声级就会产生干扰。强噪声会缩短人们的睡眠时间，影响入睡的深度。睡眠不足会影响人的食欲、思考以及儿童身心健康的发展。目前街道上的噪声和工厂附近的噪声有时高达 70~80dB（A），这些噪声不仅影响人们的休息，而且还会干扰人们互相交谈、收听广播、电话通信、听课与开会等。

4. 降低劳动生产率

噪声对工作效率的影响随工作性质的不同而不同。对于那些要求思想集中、按信号做出反应和决定的工作，即使噪声较低，也会受到影响，因为人会间歇地去注意噪声而出现差错。此外，在嘈杂的环境中，人们心情容易烦躁，工作容易疲劳，反应也迟钝。噪声对于从事精密加工或脑力劳动的人影响更为明显。有人对打字、排字、速记、校对等工种进行过调查，发现随着噪声的增加，差错率有上升的趋势。此外，由于噪声对人心理的影响，分散了人们的注意力，还容易引起工伤事故。

5. 造成生物死亡

2003年中央电视台曾有过报道：在河南的一个农村，由于发生大面积的虫害，农技站为杀灭虫害而采用农用飞机空中喷洒农药，当飞机以较低的高度从一个养鸡场上空飞过后，飞机发动机发出的噪声造成了养鸡场刚引进的6000只鸡苗全部死亡，经济损失很大。

6. 损坏建筑物

在20世纪50年代就有过报道，一架在60m低空以1100km/h速度飞行的飞机产生的噪声，曾使地面一幢楼房遭到破坏，这还只是亚声速。超声速飞机飞行而引起的冲击波，声压级可达130~140dB，并产生巨大的"轰声"。

工厂中的机器与城市建设中施工机械的噪声和振动，对建筑物也有一定的破坏作用。如大型振动筛、冲床、空气锤、发动机试验站、打桩机等，对附近建筑物会有不同影响。当噪声超过160dB以上时，不仅建筑物受损，发声体本身也会由于强烈的振动而损坏。在极强的噪声作用下，灵敏的自控、遥控设备有时也会失灵。因此，近年来，对高声强的研究越来越引起人们的注意。

我国建筑环境中的噪声控制状况不容乐观，国家关于人们暴露于噪声下的典型调查结果显示：超过50%的人暴露在白天的噪声级别远远超过了国际卫生组织（WHO）制订的关于重大社会干扰的等级。另外一项调查表明，大概有50%的人因为噪声的干扰而感到他们的住宅在某种意义上来讲不是很舒适。这样的结果包括那些住在按照现代建筑标准建造的房子中的人群，而这个建筑标准对于环境噪声有确切数据规定的控制标准。近年来，随着生活水平及生活质量的提高，人们对自身生活的环境给予了更多的关注和重视，也越来越多地认识到噪声对人类工作和生活带来的危害。通过各种媒体可以看到由噪声所引发的矛盾纠纷甚至是官司也日趋增多。因此，通过学习来认识噪声，了解噪声产生的根源和途径，通过测量的技术手段来降低和控制环境中的噪声，对营造一个无噪声污染的建筑环境具有非常大的意义。

6.3.3 决定噪声对人类影响程度的主要因素

噪声对人类的干扰往往是多个因素的综合作用，当某些因素发生变化后，其影响程度也会不一样。这些因素主要有以下几点：

（1）声压级或声级 干扰的感觉随着噪声强度的增加而增加，除了噪声声压级本身的大小外，它与背景噪声级的差值，对人们所感受的刺激强度也有很大影响。

（2）声音的持续时间 干扰程度不仅随着声音强度的增加而加剧，而且随着噪声作用持续时间的增长而加强。

（3）噪声随时间的变化情况 噪声爆发得越突然，其干扰程度就越大。也就是说，声压的增长越激烈，所产生的干扰就越强，例如爆炸声、炮声等。

（4）复合噪声的频谱特性 低频噪声的干扰比声级相等的高频噪声要小。可以清楚辨别的峰值超过噪声级 10dB 的噪声，使人感到特别刺耳。

此外，噪声所包含的信息量，对声音的记忆与联想，以及人们的年龄、健康状况等都影响着噪声对人类干扰的程度。

6.4　噪声的主观评价和噪声标准

6.4.1　等响曲线

声压是描述噪声的一个基本物理量，但人耳对声音的感受不仅和声压有关，还和频率有关，声压级相同而频率不同的声音听起来往往是不一样的。根据人耳的这一特性，人们仿照声压级的概念，引出一个与频率有关的响度级，其单位为方（phon），就是取 1000Hz 的纯音作为基准声音，若某噪声听起来与该纯音一样地响，则该噪声的响度级（phon 值）就等于这个纯音的声压级（dB 值）。如果某噪声听起来与声压级 60dB、频率 1000Hz 的基准声音同样响，则该噪声的响度级就是 60phon，也就是说，响度级是声音响度的主观综合感觉评价指标，它把声压级和频率用一个单位统一起来了。

利用与基准声音比较的方法，就可以得到在人耳可以听到的范围内纯音的响度级。将频率不同，但听起来响的程度一样的声音的声压级值连成一条曲线，这条关系曲线就是等响曲线，它是通过对大量的正常人所做的心理试验找出同 1000Hz 声音听起来一样响的其他频率的纯音所具有的声压级，如图 6-6 所示。

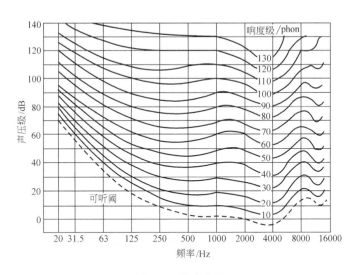

图 6-6　等响曲线

图中每一条曲线相当于频率和声压级不同、但响度相同的声音，亦即相当于一定响度级（phon）的声音，最下面的曲线是可闻阈曲线，最上面的曲线是痛阈曲线，在这两根曲线间，是正常人耳可以听到的全部声音。例如，声音 1 的频率为 3500Hz，声压级 $L_{p1} = 33$dB；声音 2 的频率为 1000Hz，声压级 $L_{p2} = 40$dB；声音 3 的频率为 100Hz，声压级 $L_{p3} = 52$dB，三种声音在人的耳朵听来，其响度是一样的，由它们组成的曲线就为等响曲线。从等响曲线可以看出，人耳对高频声，特别是 2000~5000Hz 的声音敏感，而对低频声不敏感。例如，同样的响度级 40phon，对于 1000Hz 的声音声压级为 40dB，对 3500Hz 的声音，其声压级为

33dB，而对100Hz的声音来说，其声压级为52dB。

在声学测量仪器中，参考等响曲线，为模拟人耳对声音响度的感觉特性，在声级计上设计了三种不同的计权网络，即A、B、C网络，每种网络在电路中加上对不同频率有一定衰减的滤波装置。C网络对不同频率的声音衰减较小，它代表总声压级，B网络对低频有一定程度的衰减，而A网络则对低频段（500Hz以下）有较大的衰减。因此A网络对高频敏感，对低频不敏感，这正与人耳对噪声的感觉相一致，所以近年来，人们在噪声测量中，往往就用A网络测得的声压级来代表噪声的大小，称A声级，并记作dB（A）。

房间内允许的噪声级称为室内噪声标准。噪声标准的制定应满足生产或工作条件的需要，并能消除噪声对人体的有害影响，同时也与技术经济条件有密切的关系，无原则地提高标准将导致浪费，这是应该注意的。

6.4.2　噪声评价曲线

基于人耳对各种频率的响度感觉不同，以及各种类型的消声器对不同频率噪声的降低效果不同（一般对低频声的消声效果均较差），因此应该给出不同频带允许噪声值。近年来国际标准化组织提出了用噪声评价曲线（即Noise Rating，简称NR或N曲线）作为标准来评价公众对户外噪声的反应。实际工程中，也用NR曲线中的数值作为工业噪声的限值。NR曲线中序号的含义是曲线通过中心频率为1000Hz的声压级数值。从图6-7可以看出，低频的允许值较高，也就是根据人耳对低频敏感程度较弱以及低频的消声处理比较困难而制订的。

NR值与声压级L_p存在一定的相关性，它们之间有如下的近似关系

$$L_p = NR + 5 \qquad (6\text{-}18)$$

近年来，各国规定的噪声标准都以A声级或等效连续A声级作为标准，如标准规定为90dB（A），则根据上式可知相当于NR85。由此可见，NR85曲线上各倍频程声压级的值即为允许值。

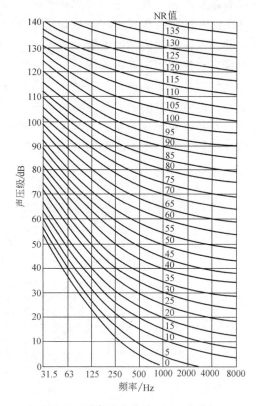

图6-7　噪声评价曲线（NR曲线）

6.4.3　噪声标准

噪声的危害已被人们所共识，对建筑声环境来说，噪声应该降低到什么水平才能被人们所接受？噪声值是否越低越好？这将涉及噪声允许标准的问题。确定噪声允许标准，应根据不同场合的使用要求和经济与技术上的可行性，进行全面、综合的考虑。例如长年累月暴露在高噪声下作业的工人，听力会受到损害。大量的调查研究和统计分析得到：40年工龄的工人作业在噪声强度为80dB的环境下，噪声性耳聋（只考虑受噪声影响引起的听力损害，排除年龄等其他因素）的发生率为0；当噪声强度为85dB时，发生率约为10%；90dB时约

为 20%；95dB 时约为 30%。如果单纯从保护工人健康出发，工业企业噪声卫生标准的限值应定在 80dB。但就现在的工业企业状况、技术条件和经济条件都不可能达到这个水平。世界上大多数国家都把限值定在 90dB。如果暴露时间减半，允许声级可提高 3dB，但任何情况下均不得超过 115dB。

噪声允许标准通常有由国家颁布的国家标准（GB）和由主管部门颁布的部颁标准及地方性标准。在以上三种标准尚未覆盖的场所，可以参考国内外有关的专业性资料。

我国现已颁布的与建筑声环境有关的主要噪声标准有：《声环境质量标准》（GB 3096—2008）、《民用建筑隔声设计规范》（GB 50118—2010）、《社会生活环境噪声排放标准》（GB 22337—2008）、《工业企业噪声控制设计规范》（GB/T 50087—2013）、《工业企业厂界环境噪声排放标准》（GB 12348—2008）、《建筑施工场界环境噪声排放标准》（GB 12523—2011）、《铁路边界噪声限值及其测量方法》（GB12525—1990）、《机场周围飞机噪声环境标准》（GB 9660—1988）和卫生部与劳动部联合颁布的《工业企业噪声卫生标准（试行草案）》等。此外，在各类建筑设计规范中，也有一些有关噪声限值的条文。

在《民用建筑隔声设计规范》（GB 50118—2010）中规定了住宅、学校、医院旅馆、公共建筑和商业建筑六类建筑的室内允许噪声级，见附录 6。在《工业企业噪声控制设计规范》（GB/T 50087—2013）中规定了工业企业厂区内各类用房的噪声标准。在《剧场建筑设计规范》（JGJ 57—2016）中规定当观众厅和舞台内无人占用且在通风、空调设备等正常工作条件下，噪声级的限值宜符合下列规定：

具有自然声演出功能的剧场：甲等剧场宜小于或等于 NR25 噪声评价曲线；乙等剧场宜小于或等于 NR30 噪声评价曲线。

无自然声演出功能的剧场：甲等剧场宜小于或等于 NR30 噪声评价曲线；乙等剧场宜小于或等于 NR35 噪声评价曲线。

在《电影院建筑设计规范》（JGJ 58—2008）中规定，空场情况下观众席背景噪声不应高于 NR 噪声评价曲线对应的声压级为：观众席背景噪声小于或等于 NR25（特级）、观众席背景噪声小于或等于 NR30（甲级）、观众席背景噪声小于或等于 NR35（乙级）、观众席背景噪声小于或等于 NR40（丙级）。

在《办公建筑设计规范》（JGJ 67—2006）中规定办公用房、会议室、接待室的噪声小于或等于 55dB（A），电话总机房、计算机房、阅览室噪声小于或等于 50dB（A）。

附录 7 中列出了不同类型建筑的室内允许噪声值，这些数值是不同的学者提出的建议值，不是法定的标准，可供噪声控制评价和设计时参考。

《声环境质量标准》（GB 3096—2008）规定了五类声环境功能区的环境噪声限值及测量方法，见附录 8。标准条文中还规定，位于城郊和乡村的 0 类区域按严于表中规定值 5dB 执行；夜间突发的噪声，其最大值不准超过标准值 15dB。

城市区域环境噪声的测量点选在居住或工作建筑物窗外 1m。对于住宅，大量的测量统计表明，室外环境噪声通过打开的窗户传入室内，室内噪声级大致比室外低 10dB。比较附录 6 和附录 8 就会发现，在 3 类区域（工业区）和 4 类区域（交通干线两侧），即使环境噪声达到了标准要求，白天分别不大于 65dB 和 70dB，夜间不大于 55dB，建在这两类区域中的住宅、学校、医院和旅馆都有可能满足不了室内噪声限值的要求：白天低于 40~50dB，夜间低于 30~40dB。这说明，不能将住宅、学校、医院和旅馆建在工业区附近和交通干线两侧，除非不开窗，这对一些全空调的旅馆有可能，而住宅、学校和医院不开窗是不行的。

事实上，凡是在交通干线两侧居住的居民普遍抱怨交通噪声的干扰。

在住宅、学校、医院、旅馆等民用建筑中，使用者在日常使用活动中会产生相互间干扰的噪声。因此，制定噪声允许标准不是去限制使用者日常生活产生的噪声，而是制定建筑隔声标准来保证相邻住户和房间之间有足够的隔声，以防止相互间的干扰。国家标准《民用建筑隔声设计规范》（GB 50118—2010）中规定了住宅分户墙和楼板的空气声隔声标准和楼板撞击声隔声标准，以及学校、医院和旅馆客房的隔墙和楼板的隔声标准，见附录 9 和附录 10。

6.5　噪声测量

人类对噪声的认识和要求有一个历史过程。在古代，建筑物对于人类来说只是一个用以遮风避雨的"遮蔽物"。随着人类文明的进步，尤其是现代文明的发展、人们生活水平和生活质量的提高，人类对建筑环境提出了越来越多的要求，合适的大小、合理的布置、美观的外形、适宜的温度、明亮的光线、宁静的家居环境等。而安静的环境是这些众多要求中重要的一个。人们睡眠、休息、居家活动、学习、工作和社会活动都需要安静的建筑环境。但现代工业文明却带来了前所未有的噪声干扰。当今世界，地上的汽车、空中的飞机、工厂中的机器设备、工地上的施工机械、大街上拥挤的人群、住宅楼内喧闹的邻居等无不发出令人厌烦的噪声。噪声已经和水污染、空气污染、垃圾并列为现代世界的四大公害。近几年居民对噪声干扰的投诉一直占环境污染投诉的 1/2 左右。

通常环境噪声测量的目的是了解被测环境是否满足允许的噪声标准或噪声超标情况，以便采取相应的控制措施。

6.5.1　测量噪声常用仪器

常用的噪声测量仪器主要有声级计、脉冲积分声级计、声频频谱仪、声级记录仪和噪声统计分析仪等。本节重点介绍声级计。

声级计是声学测量中最常用的噪声测量仪器。在把噪声信号转换成电信号时，可以模拟人耳对声波反应速度的时间特性，对不同频率及不同响度的噪声做出相应的特性反应，描述出不同的反应曲线。

1. 声级计的工作原理

声级计由传声器、放大器、衰减器计权网络、检波器、对数变换器、示波器、声级记录仪及显示仪表等部分组成，其组成框图如图 6-8 所示。

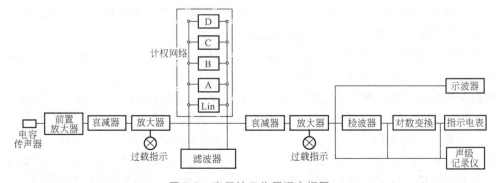

图 6-8　声级计工作原理方框图

声压由电容传声器接收后，将声压信号转换成电信号，传至前置放大器。由于传声器接收的信号一般是微弱的，在进行分析前必须加以放大，因此，传来的电信号在前置放大器需做阻抗变换，再送到输入衰减器。衰减器是用来控制量程的，通常以每级衰减 10dB 作为换挡单位。由衰减器输出的信号，再输入放大器进行定量放大。为了模拟人耳听觉对不同频率声音有不同灵敏度这一感觉，在声级计中设计了特殊的滤波衰减器，它可以按照等响曲线对不同频率的音频信号进行不同程度的衰减，这部分称为计权网络。计权网络分为 A、B、C、D 几种，通过计权网络测得的声压级，被称为计权声压级或简称为声压级；对应不同计权网络分别称为 A 声级（L_A）、B 声级（L_B）、C 声级（L_C）和 D 声级（L_D），并分别记为 dB（A）、dB（B）、dB（C）和 dB（D）。由于 A 网络对于高频声反应敏感，对低频声衰减强，这与人耳对噪声的感觉最接近，故在测定对人耳有害的噪声时，均采用 A 声级作为评定指标。放大后的信号由计权网络进行计权，在计权网络处可外接滤波器，这样可以做频谱分析。输出的信号由输出衰减器衰减到额定值，随即送到输出放大器放大，使信号达到相应的功率输出。输出信号直接连接到示波器，通过观察示波器所反映出的波形，来控制检波工作（均方根检波电路，其作用是将非正弦电压信号加以平方，并在 RC 电路中取平均值，最后给出平均电压的开方值）。然后送出有效值电压，由于声压级采用的是对数关系，所以电压值通过对数变换，输出显示仪表可接收的电压，推动电表，显示所测的声压级分贝值；同时，将信号传送到声级记录仪，记下测量所得的结果。

2. 声级计的分类

根据精度的不同，声级计可分为两类：一类是普通声级计（图 6-9），它对传声器要求不高，动态范围较狭窄，一般不与带通滤波器相连用；另一类是精密声级计，其传声器要求频响范围广，灵敏度高，稳定性能好，且能与各种带通滤波器配合使用，放大器输出可直接和声级记录仪、录音机等相连接，可将噪声信号显示或储存起来。

根据用途的不同，可分为用于测量稳态噪声、测量非稳态噪声和测量脉冲噪声的声级计，其中，积分式声级计用于测量一段时间内非稳态噪声的等效声级，脉冲式声级计用于测量脉冲噪声。

3. 使用声级计的注意事项

1）声级计每次使用前都要用声级校正设备对其灵敏度进行校正。常用的校正设备有声级校正器，它发出一个 1000Hz 的纯音。当校正器套在传声器上时，在传声器膜片处产生一个恒定声压级（通常为 94dB）。通过调节放大器的灵敏度，进行声级计读数的校正。另一种校正设备为"活塞发声器"，同样产生一个恒定声压级（通常为 124dB）。活塞发声器的信号频率为 125Hz，所以在校正时，声级计的计权网络必须放在"线性"挡或"C"挡。

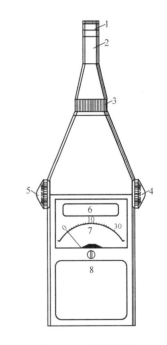

图 6-9　普通声级计

1—电容传声器　2—前置级　3—前置放大器　4—功能开关　5—量程开关　6—数字显示部分　7—表头部分　8—控制开关部分

2）除特殊场合外，测量噪声时一般传声器应离开墙壁、地板等反射面一定的距离。在进行精密测量时，为了避免操作者干扰声场，可使用延伸电缆，操作者可远离传声器。

3）背景噪声较大时会产生测量误差。如果被测噪声出现前后其差值在10dB以上，则可忽略背景噪声的影响，如背景噪声无变化则需进行修正。

4）测量时如果遇上强风，风会在传声器边缘上产生风噪声，给测量带来误差。在室外有风情况下使用时，给传声器套上防风罩可减少风噪声的影响。

5）在室内测量时，要考虑驻波的影响。

6）对稳态噪声测量平均声压级，对起伏较大的噪声，除了测量平均声压级外，还应该给出标准误差。

6.5.2　其他噪声测量仪器

1. 声级频谱仪

噪声测量中如果需要进行频谱分析，通常在声级计中配以倍频程滤波器。根据规定分为10档，即中心频率分别为31.5Hz、63Hz、125Hz、250Hz、500Hz、1000Hz、2000Hz、4000Hz、8000Hz、16000Hz。

2. 脉冲积分声级计

脉冲积分声级计是在一般的声级计的基础上增加了CPU，即增加了储存和计算功能，可以按一定采样间隔在一段时间内连续采样，最后计算出统计百分数声级和等效连续A声级，也可以进行等效噪声级、单爆发声暴露级、振动级等测量。实际上脉冲积分声级计已成了一台噪声分析仪，用于环境噪声的测量十分方便。

3. 声级记录仪

声级记录仪是常用的记录设备之一。它能记录直流和交流信号，可用于记录一段时间内噪声的起伏变化，以便对环境噪声做出准确评价，如分析某时段交通噪声的变化情况；也可用来记录声压级衰变过程，如测量房间的混响时间。磁带记录仪（录音机）可以把噪声记录在磁带上加以保存或重放。

4. 噪声统计分析仪

噪声统计分析仪是一种数字式谱线显示仪，能把测量范围的输入信号在短时间内同时反映在一系列信号通道显示屏上，这对于瞬时变化声音的分析很有用处，通常用于较高要求的研究、测量。噪声统计分析仪型号很多，其中用干电池的可携带小型实时分析仪，具有储存功能，对现场测量，特别是测量瞬息变化的声音很方便。

随着计算机技术的不断发展，计算机应用于声学测量越来越广泛，经传声器接收、放大器放大后的模拟信号，通过模数转换成为数字信号，再经数字滤波器滤波或快速傅里叶变换（FFT）就可获得噪声频谱，再由计算机进行各种运算、处理和分析，可以得到各种所需的信息。最终结果可以很方便地存储、显示或通过打印机打印输出，做到测量过程自动化、显示结果直观化，大大节省人力，提高测量效率。可以预计，将来的环境噪声测量，将把计算机作为接收系统分析、处理数字信号的核心设备。

6.5.3　测量噪声的方法

1. 噪声测量的基本方法

噪声的测量是分析噪声产生的原因、制定降低或消除噪声措施的必不可少的一种技术手段。环境噪声不论是空间分布还是随时间的变化都很复杂，在测量时，随着被测对象、测量环境、检测和控制的目的的不同，噪声测量的方法也有所区别。建筑环境与能源应用工程专业经常遇到的是与空调系统有关的各种设备的噪声测量，工程中测量噪声时的被测量常常是声源的声功率和声压级两个参数。

声功率是衡量声源每秒辐射出多少能量的量，它与测点距离以及外界条件无关，是噪声源的重要声学参数。测量声功率的方法有现场测量法和比较测量法，用这两种方法测量空调设备或机器噪声的声功率，所依据的原理就是声强的定义，即垂直于声音的传播方向，在单位时间内通过单位面积的声音的能量。由于声强级在测量过程中使用不太方便，因此，常常用声压级来替代声强级，其数学表达式为

$$L_p = L_W - 10 \lg S \tag{6-19}$$

式中　L_p——声压级（dB）；

　　　L_W——声功率级（dB）；

　　　S——垂直于声传播方向的面积（m^2）。

现场测量法，一般是在机房或车间内进行，分为直接测量法和比较测量法两种。

直接测量法是用一个假定空心的且壁面足够薄的封闭物体将声源包围起来，测量该物体表面上各测点的声压级，由式（6-20）求出测量表面平均声压级$\overline{L_p}$，然后由式（6-21）确定声功率级L_W

$$\overline{L_p} = 10 \lg \frac{1}{n} \left(\sum_{i=1}^{n} 10^{0.1 L_{pi}} \right) \tag{6-20}$$

$$L_W = (\overline{L_p} - K) + 10 \lg \frac{S}{S_0} \tag{6-21}$$

式中　$\overline{L_p}$——假定的测量物体表面上各测点的平均声压级（dB），基准值为$20 \times 10^{-5} Pa$；

　　　L_{pi}——在假定的测量物体表面上测量所得到的各测点的声压级（dB）；

　　　n——测点数；

　　　K——环境修正值；

　　　S——测量表面面积（m^2）；

　　　S_0——基准面积，取$1 m^2$。

比较测量法　测量设备或机器本身辐射噪声，它是采取经过实验室标定过声功率的任何噪声源作为标准噪声源（一般可用频带宽广的小型高声压级的风机），在现场中将标准声源放在待测声源附近位置，对标准噪声源和待测声源各进行一次同一包围物体表面上各点的测量，对比测量两者的声压级，从而得出待测机器声功率。具体数值可利用下式进行计算

$$L_W = L_{WS} + (\overline{L_p} - \overline{L_{pS}}) \tag{6-22}$$

式中　L_W——声源声功率级（dB）；

　　　L_{WS}——标准声源声功率级（dB）；

　　　$\overline{L_p}$——所测的平均声压级（dB）；

　　　$\overline{L_{pS}}$——标准声源的平均声压级（dB）。

工业企业噪声的测量，分为工业企业内部生产噪声的测量和对周围环境造成影响的噪声测量。生产车间内噪声的测量包括车间内部环境噪声和机器本身（噪声源）辐射噪声的测量，机器本身噪声的测量按照前述方法测量。而对直接操作机器的工人健康影响的噪声测量，传声器应置于操作人员常在位置，高度约为人耳高处，但测量时人须离开。如为稳态噪声，则测量 A 声级，记为 dB（A）；如为不稳态噪声，则测量等效连续 A 声级（是用一个相同时间内声能与之相等的连续稳定的 A 声级来表示该段时间内噪声的大小的方法）或测

量不同 A 声级下的暴露时间，计算等效连续 A 声级。如果车间内各处 A 声级波动小于 3dB，则只需在车间内选择 1~3 个测点；若车间内各处声级波动大于 3dB，则应按声级大小，将车间分成若干区域，任意两区域的声级差应大于或等于 3dB，而每个区域内的声级波动必须小于 3dB，每个区域取 1~3 个测点。这些区域必须包括所有工人为观察或管理生产过程而经常工作、活动的地点和范围。测量时使用慢档，取平均数；要注意减少气流、电磁场、温度和湿度等环境因素对测量结果的影响。如果要观察噪声对工人长期工作的听力影响情况，则需做频谱的测量。

对周围环境影响的噪声测量，要沿生产车间和非生产性建筑物外侧选取测点。对于生产车间，测点应距车间外侧 3~5m；对于非生产性建筑物，测点应距建筑物外侧 1m。测量时传声器应离地面 1.2m，离窗口 1m。如果手持声级计，应使人体与传声器距离 0.5m 以上。测量应选在无雨、无雪时（特殊情况除外），当在环境风速超过 1m/s 条件下测量时，声级计应加风罩以避免风噪声干扰，同时也要保持传声器清洁。四级以上大风天气应停止测量。非生产场所室内噪声测量一般应在室内居中位置附近选 3 个测点取其平均值，测量时，室内声学环境（门与窗的启与闭，打字机、空调器等室内声源的运行状态）应符合正常使用条件。

2. 常用设备的噪声测量

建筑环境与能源应用工程专业用到的工业产品如风机、压缩机、冷却塔等都有相关的噪声限值及测量标准，下面对风机、压缩机、冷却塔的噪声测量方法进行介绍。

（1）风机噪声的测量　各种类型的通风机、透平鼓风机、透平压缩机均简称为风机。风机在工业生产和民用建筑中应用广泛，是工业噪声和环境噪声中的主要噪声源。

1）风机进风口噪声测量：测点选在进风口中心轴线上，距进风口中心的距离等于标准长度 L，测点用 S 表示，如图 6-10 所示。

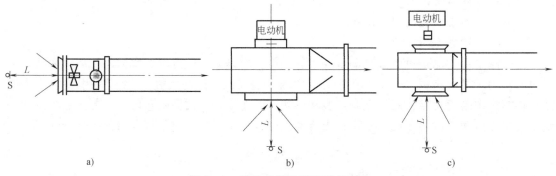

图 6-10　风机进风口噪声测点位置

2）风机出风口噪声测量：测点选在与出风口轴线 45°方向，距出风口中心的距离为 L_0，测点用 D 表示，如图 6-11 所示。

3）风机机壳噪声测量：风机的进、排风口都接管道，测量机壳的辐射噪声时，测点位置在通风机主轴水平面内经过叶轮几何中心的直线上，且距机壳表面 1m 处，如图 6-12 所示。图中电动机一侧的测点以 M_1、M_2 等来表示，其测量值一般作为参考。

测量高度为距地面 1m。如果风机进风口、出风口的中心或机壳表面的中心高度从地面计算不足 1m 时，应提高到 1m 处测量。测量开始前，首先测量测点的背景噪声和声场的衰减规律。测量时声级计的传声器指向声源，测量者侧向声源。测量前、后声级计均需进行校正。

（2）压缩机噪声的测量　测量压缩机进气口噪声时，应将进气管道与设备外壳进行隔

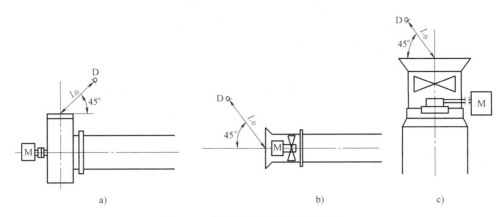

图 6-11　风机出风口噪声测点位置

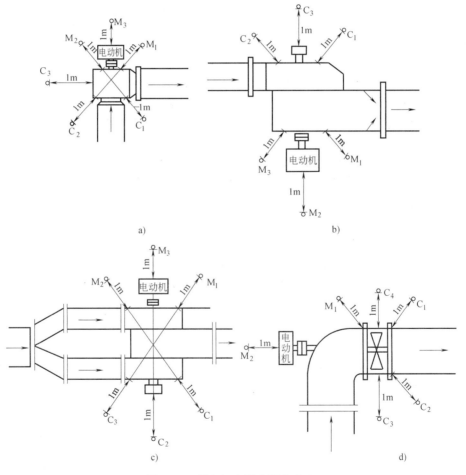

图 6-12　风机机壳噪声测点分布

声，测点选在管口轴向 45°方向上，距管口中心 0.5m 处。测量机壳噪声时，测点在距机壳表面水平方向 1m 处选取。测量在距地面 1.5m 的高度进行，若设备高度不足 1m，测点高度可取 1m。当设备静止时，首先测量测点的背景噪声，测量时声级计的传声器指向声源，测量者侧向声源。测量前、后声级计均需进行校正。

（3）冷却塔噪声的测量　测量冷却塔出风口噪声时，测点选在出风口45°方向，离风筒为1倍出风口直径，当出风口直径大于5m时，测量距离取5m。测量冷却塔进风口噪声时，测点选在进风口方向，距塔壁水平距离1倍塔体直径，当塔体直径小于1.5m时，测量距离取1.5m；当塔形为方形或矩形时，测量距离取塔体的当量直径$\sqrt{ab}$，a、b为塔体的边长。测量冷却塔塔体噪声时，测点距塔体水平距离2倍塔体直径。测量冷却塔进风口噪声时，测点距地面1.5m。

6.6　噪声控制的措施和方法

6.6.1　噪声控制的措施

降低声源噪声辐射是控制噪声最根本和最有效的措施，在声源处即使只是局部减弱了辐射强度，也可降低控制噪声的难度。降低噪声的辐射强度可通过改进结构设计、改进加工工艺、提高加工精度等措施来实现，还可以采取吸声、隔声、减振以及安装消声器等技术措施来控制声源的噪声辐射。

在传播路径上采取隔声、消声措施，也可控制噪声的影响，如：

1）利用噪声在传播中的自然衰减作用，使噪声源远离安静的地方。

2）声源的辐射一般有指向性，因此，控制噪声的传播方向是降低高频噪声的有效措施。

3）建立隔声屏障或利用隔声材料和隔声结构来阻挡噪声的传播。

4）应用吸声材料和吸声结构，将传播中的声能吸收消耗。

5）对固体振动产生的噪声采取隔振措施，以减弱噪声的传播。

在接收点也可以采取措施，进行噪声控制，防止噪声对人的危害，可在接收点采取以下防护措施：佩戴护耳器，如耳塞、耳罩、防噪头盔等；减少在噪声中暴露的时间。

6.6.2　噪声控制的方法

针对不同的噪声，控制的方法也不同。对外部环境噪声及建筑中房间的噪声，可采取远离噪声源及提高房间围护结构隔声量的方法；对于固体声传声，主要是通过设备、管道的隔振及提高楼板撞击声性能来解决，房间内部首先应采用低噪声设备，其次是通过使用隔声屏、隔声罩来隔声；空调、通风系统噪声主要是通过管道消声来降低。

（1）提高围护结构隔声能力　提高围护结构的隔声能力，可以减少外部噪声的传入，并可减少自身对周围环境的噪声干扰。当室外环境噪声不是很大时，普通墙体（如砖墙、小型空心砌块墙等）就具备较好的隔声能力，这时噪声主要通过窗户传播，尤其是需要开窗通风的房间。对于要求特别安静的房间，如录音室、演播室、音乐厅、剧场、多功能厅等，其外墙不宜开窗，并应采用混凝土或实心砖墙，必要时房间外增设外廊或附属房间来提高隔声能力。建筑内部房间之间的隔墙也应满足隔声要求。对于框架结构的建筑，隔墙应高出吊顶，做至梁或楼板底，墙上不能开贯通的洞口。一些轻质隔墙的墙体较薄，若相邻两室的电源插座布置在同一位置时，就造成贯通的洞口，削弱墙体的隔声能力，故应错开布置。

对于大多数需自然通风换气的房间，处于高噪声环境时，宜采用组合隔声窗来解决隔声问题，即窗平常关闭，用带换气扇的通风消声道换气。如单层窗隔声量不够，可用双层窗。

（2）隔声屏障与隔声罩　把工作空间或噪声源用隔声屏障隔离，可用于房间内部噪声源的噪声控制。屏障的隔声效果与其构造做法、宽度及高度有关。隔声量随屏障的宽度和高度的增大而增大。屏障表面采取隔声措施有利于提高隔声量，如配以强吸声吊顶，还可降低吊顶反射传声，隔声效果更好。

对于某些高噪声设备，可用隔声罩或隔声小间进行隔离。隔声小间或隔声罩结构本身应有足够的隔声量，在小间或罩内应做强吸声处理。对有大量热量产生的设备，还应解决好散热问题。隔声间也可用于工作空间，如在噪声源很多的车间内，可把控制室做成隔声小间，以保护操作人员不受噪声侵害。

（3）设备隔振　建筑中的各种设备（如水泵、风机）如直接安装在楼地面上，当其运行时，除了向空中辐射噪声外，还会把振动传给建筑结构。这种振动可激发起固体声，在建筑结构中传播很远，并通过其他结构的振动向房间辐射噪声。结构振动本身也会影响建筑物的使用。因此，在工程上要对建筑设备进行隔振。通常把设备包括电动机安装在混凝土基座上，基座与楼地面之间加弹性支承。这种弹性支承可以是钢弹簧、橡胶、软木和中粗玻璃纤维板等，也可以是专门制造的各种隔振器。

（4）管道消声　空调、通风系统中，风机的噪声会沿着风管传至室内。此外，气流在管道中因流动形成湍流，会使管道振动而产生附加噪声。气流噪声的控制，一般通过在管道上加装消声器来实现。消声器类型很多，根据消声原理可归纳为阻性、抗性和阻抗复合式三种类型。阻性消声器是一种吸收性消声器，其方法是在管道内布置吸声材料将声能吸收。抗性消声器是利用声波的反射、干涉、共振等原理达到消声目的。通常，阻性消声器对中高频噪声有显著的消声效果，对低频则较差。抗性消声器常用于消除中低频噪声，如噪声频带较宽则需采用阻性与抗性组合的复合式消声器。

思 考 题

1. 声强和声压有什么关系？声强级和声压级是否相等？为什么？

2. 某一个声音的声强是 $3.16×10^{-4} W/m^2$，请计算这个声音的声强级。

3. 请计算一个声压级为 72dB 的声音的实际的声压值。

4. 某车间内有 10 台相同的车床，当只有 1 台车床运转时，车间内的平均噪声级是 55dB。当有 2 台、4 台及 10 台同时运转时，车间内的平均噪声级各是多少？

5. 某居住区与一工厂相邻，该工厂 10 台同样的机器运转时的噪声级为 54dB。如果夜间的噪声级允许值为 50dB，夜间只能同时开启几台机器？

6. 求具有 100dB 声强级的平面波的声强与声压。已知：空气密度为 $1.21 kg/m^3$，声速为 343m/s。

7. 在有风的环境条件下测量环境中的噪声时应注意哪些事项？在何种情况下测量的结果可视为无效测量？

8. 简述噪声对建筑环境及人类的危害。

第 7 章
建筑光环境参数测量

7

建筑光学是研究天然光和人工光在建筑中的合理利用、创造良好的光环境（Luminous Environment）以满足人们工作、生活、审美和保护视力等要求的应用学科，是建筑物理学的组成部分。舒适的室内光环境应该包括以下几个方面的内容：合适的照度，合理的照度分布，舒适的亮度及亮度分布，宜人的光色，避免眩光干扰，光的方向性，自然光的合理使用等。舒适的光环境可以满足人的视觉效能，创造特定的环境气氛，对人的精神状态和心理感受产生积极的影响。

7.1 光源

7.1.1 天然光源

天然光源是利用天然光来采光的光源，它大致分为两类：太阳直射光和天空扩散光。部分日光通过大气层入射到地面，它具有一定的方向性，会在被照射物体背后形成明显的阴影，称为太阳直射光。另一部分日光在通过大气层时遇到大气中的尘埃和水蒸气，产生多次反射，形成天空扩散光，使白天的天空呈现出一定的亮度，这就是天空扩散光。扩散光没有一定的方向，不能形成阴影。

在采光设计中提到的天然光往往指的是天空扩散光，它是建筑采光的主要光源。直射光强度极高，而且逐时变化。为防止眩光或避免房间过热，工作房间常需要遮蔽直射光，所以在采光计算中一般不考虑直射光的作用。

天然光是太阳辐射的一部分，它具有连续光谱且只有一个峰值。人们长期生活在天然光下，天然光是人们生活中习惯的光源。近年来的许多研究表明，太阳的全光谱辐射是人们在生理上和心理上长期感到舒适满意的关键因素。而人工光的光谱由于其发光机理各不相同，其光谱分布也不相同。大多数人工光源的光谱分布有两个以上的峰值，且不连续。一般来讲，光谱能量分布较窄的某种纯颜色的光源照明质量较差，光谱能量分布较宽的光源照明质量较好。前者的视觉疲劳高于后者。光谱成分不佳引起视觉疲劳是由于有明显的色差，因此，人们总希望人工光尽量接近天然光，不仅要求光谱分布接近或基本相同，并且也只有一个峰值，还要求有接近的光色感觉。

7.1.2 人工光源

人工光环境中使用的光源为照明用的电光源。电光源按其发光机理可分为热辐射光源、气体放电光源和固态光源。热辐射光源依靠通电加热钨丝，使其处于炽热状态而发光；气体放电光源依靠放电产生的气体离子发光；固态光源（LED）依靠电子流经固体晶片时，电子复合产生的能量发光。电光源发出的光通量与它消耗的电功率之比称该光源的发光效率，简称光效，单位为 lm/W，是表示光源节能性的指标。评价电光源的指标包括反映其能耗特性的光效，以及反映其照明性能的显色性。天然光的光效大概在 95～105lm/W 左右，因此比绝大多数的室内使用的电光源的光效都高。

现代建筑光学理论日趋完善，天然光的变化规律逐步为人们所掌握，各类建筑的采光方法和控光设备相继研究成功，各种新型节能电光源和灯具也在建筑中得到广泛的应用，从而使这一学科在建筑功能和建筑艺术中发挥日益重要的作用。

7.2　光的性质

光是能量的一种存在形式。光在一种介质（或无介质）中传播时，它的传播路径是直线，称为光线。光在传播过程中遇到新的介质时，会发生反射、透射与吸收现象。一部分光被介质表面反射，一部分透过介质，余下的一部分则被介质吸收。

辐射由一个表面返回，组成辐射的单色分量的频率没有变，这种现象称为反射。反射光的强弱与分布形式取决于材料表面的性质，也同光的入射方向有关。

光线通过介质，组成光线的单色分量频率不变，这种现象称为透射。材料的透光性能不仅取决于它的分子结构，还同它的厚度有关。透射比为零的材料是非透光材料，而玻璃、晶体、某些塑料、纺织品、水等都是透光材料，能透过大部分入射光。

光是以电磁波的形式传播辐射能的，电磁波的波长范围很广，如图 7-1 所示，只有波长在 380～780nm 的这部分辐射才能引起光视觉，称为可见光（简称光），这些范围以外的光称为不可见光。波长小于 380nm 的电磁辐射称为紫外线、X 射线、γ 射线或宇宙线等，波长大于 780nm 的辐射称为红外线、无线电波。紫外线和红外线虽然不能引起人的视觉，但其他特性均与可见光相似。

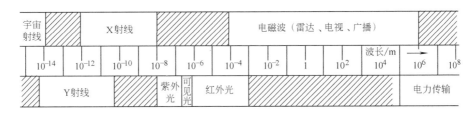

图 7-1　电磁波波谱图

可见光辐射的波长范围是 380～780nm，眼睛对不同波长的可见光产生不同的颜色感觉。将可见光波长从 380nm 到 780nm 依次展开，光将分别呈现紫、蓝、青、绿、黄、橙、红色。例如 700nm 的光呈红色、580nm 的光呈黄色、470nm 的光呈蓝色等。单一波长的光呈现一种颜色，称为单色光。有的光源如钠灯，只发射波长为 583nm 的黄色光，这种光源称为单色光源；一般光源如天然光和白炽光源等是由不同波长的光组合而成的，这种光源称为多色光源或称复合光源。

在建筑光学中用光通量、发光强度、照度和亮度等参数表示光源和受照面的光特性；用光影深浅、立体感强弱来表示建筑物表面和被观察物体的亮度差别；用光的吸收、反射、散射、折射、偏振等来表示光线从一种介质进入另一种介质时的变化规律；用发射或反射光谱、亮度和色度坐标来表示光源色和物体色的基本特性。建筑采光和照明技术就是根据建筑物的功能和艺术要求，利用上述光、影、色的基本特性，创造良好的建筑光环境。

通过对不同材料的光学性质的了解，就可以在光环境设计中正确运用每种材料的不同控光性能，获得预期的光环境控制效果。

7.3 光的物理量度

光环境的设计和评价离不开定量的分析和说明，这就需要借助于一系列的物理量来描述光源和光环境的特征。光的度量方法有两种，第一种是辐射度量，它是纯客观的物理量，不考虑人的视觉效果；第二种是光度量，是考虑人的视觉效果的生物物理量。辐射度量与光度量之间有着密切的联系，前者是后者的基础，后者可以由前者导出。常用的光度量有光谱光效率、光通量、照度、发光强度和亮度。

7.3.1 光谱光效率

事实证明，在同样的环境条件下（指环境的明亮或昏暗状况），人们对物体发射或接受的辐射能量相同、但波长不同的光，视觉效果是很不相同的。

为了描述人们对不同波长的光具有不同的视觉效果，引入了光谱光效率的概念，记作 $V(\lambda)$。光谱光效率是波长的函数，其最大值为1，发生在人们具有最大视觉效果的波长处。偏离该波长时，光谱光效率将小于1。

光谱光效率既然反映的是人的视觉效果，就会因人而异，即各人的光谱光效率不一定都一致，这会给光的度量带来很大困难，所以必须有一个统一的标准。国际照明委员会 CIE（法文"Commission International De L' Eclariage"的缩写）根据各国测试和研究的结果，提出了 CIE 光度标准观察者光谱光效率，俗称标准眼睛的光谱光效率。

人的视觉效果还与环境的明亮程度有关，因此国际照明委员会给出了两种光谱光效率。第一种是在明亮条件下获得的，称为明视觉光谱光效率，记作 $V(\lambda)$，它表明在555nm 波长处（黄绿色）视觉效果最高，即最明亮，并且明亮程度分别向波长短的紫光和波长长的红光方向递减；第二种是在昏暗条件下获得的，称为暗视觉光谱光效率，记作 $V'(\lambda)$，它表明最高视觉效果发生在 507nm 波长处（蓝绿光）。图 7-2 给出了上述两种光谱光效率曲线，其中实线表示的是明视觉条件下的光谱光效率，虚线表示的是暗视觉条件下的光谱光效率。

光谱光效率也可以由表格形式给出，见表 7-1。在照明工程中主要应用明视觉光谱光效率，通常在未明确说明的情况下，均指明视觉条件。

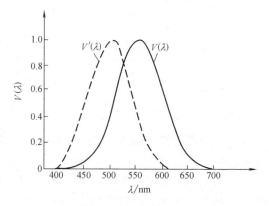

图 7-2　CIE 光度标准观察者光谱光效率

表 7-1　CIE 光度标准观察者光谱光效率

波长 λ/nm	明视觉 $V(\lambda)$	暗视觉 $V'(\lambda)$	波长 λ/nm	明视觉 $V(\lambda)$	暗视觉 $V'(\lambda)$
380	0.00004	0.000589	420	0.0040	0.0966
390	0.00012	0.002209	430	0.0116	0.1998
400	0.0004	0.00929	440	0.023	0.3281
410	0.0012	0.03484	450	0.038	0.455

（续）

波长 λ/nm	明视觉 $V(\lambda)$	暗视觉 $V'(\lambda)$	波长 λ/nm	明视觉 $V(\lambda)$	暗视觉 $V'(\lambda)$
460	0.060	0.567	630	0.265	0.003335
470	0.091	0.676	640	0.175	0.001497
480	0.139	0.793	650	0.107	0.000677
490	0.208	0.904	660	0.061	0.0003129
500	0.323	0.982	670	0.032	0.0001480
510	0.503	0.997	680	0.017	0.0000715
520	0.710	0.935	690	0.0082	0.00003533
530	0.862	0.811	700	0.0041	0.00001780
540	0.954	0.650	710	0.0021	0.00000914
550	0.995	0.481	720	0.00105	0.00000478
560	0.995	0.3288	730	0.00052	0.000002546
570	0.952	0.2076	740	0.00025	0.000001379
580	0.870	0.1212	750	0.00012	0.000000760
590	0.757	0.0655	760	0.00006	0.000000425
600	0.631	0.03315	770	0.00003	0.0000002413
610	0.503	0.01593	780	0.000015	0.0000001390
620	0.381	0.00737			

7.3.2　光通量

光通量（Luminous Flux）是按照国际约定的人眼视觉特性评价的辐射能通量（辐射功率），即光源所放射出光能量的速率或光的流动速率（Flow Rate），是说明光源发光的能力的基本量。显然，光通量和辐射通量所描述的是同一个物理概念，只是辐射通量是从纯物理的角度来度量光，而光通量是通过人的眼睛来描述光。根据这一定义，光通量可以由辐射通量及光谱光效率 $V(\lambda)$ 函数导出

$$\Phi_v = K_m \int_0^\infty \Phi_{e,\lambda} V(\lambda)\,d\lambda \tag{7-1}$$

式中　Φ_v——光通量（lm）；

$\Phi_{e,\lambda}$——波长为 λ 的单色辐射能通量（W）；

$V(\lambda)$——CIE 标准明视觉光谱光效率；

K_m——最大光谱光视效能（lm/W）；

光视效能 K 是描述光和辐射之间关系的量，它是与单位辐射通量相当的光通量。但是，K 值是随光的波长而变化的，且在某一波长处存在最大值。$K(\lambda)$ 的最大值 K_m 在 $\lambda = 555nm$ 处，根据一些国家权威实验室的测量结果，国际光度学和辐射度学咨询委员会规定：$K_m = 683lm/W$。式（7-1）中的积分上下限分别为 ∞ 和 0，实际上当波长小于 380nm 和大于 780nm 时，光谱光效率近似为零，因此即使把上下限换成 780nm 和 380nm，其结果也将相同，即

$$\Phi_v = K_m \int_{380}^{780} \Phi_{e,\lambda} V(\lambda)\,d\lambda \tag{7-2}$$

光通量的单位是流明（Lumen），符号是 lm。Φ_v 的下标表示"视觉"的意思；在国际单位制和我国规定的计量单位中，它是一个导出单位。1 流明是发光强度为 1 坎德拉（Candela 或 Candle）的均匀点光源在 1 球面度立体角内发出的光通量。在照明工程中，光通量是说明光源发光能力的基本量。例如，一只 40W 白炽灯发射的光通量为 350lm；一只 40W 荧光灯

发射的光通量为 2100lm，比白炽灯多 5 倍多。

7.3.3 照度

照度（Luminance）是受照平面上接受的光通量的面密度，即照度是用来表征被照面上接受光的强弱，符号为 E。若照射到表面的一点面元上的光通量为 $d\Phi$，该面元的面积是 dA，则

$$E = \frac{d\Phi}{dA} \tag{7-3}$$

照度的单位是勒克斯（Lux），符号是 lx。1lx 等于 1lm 的光通量均匀地分布在 $1m^2$ 的表面上产生的照度，即 $1lx = 1lm/m^2$。勒克斯是一个较小的单位，例如，夏季中午日光下，地平面上照度可达 10^5 lx；在装有 40W 白炽灯的书写台灯下看书，桌面照度平均为 $200 \sim 300$ lx；月光下的照度只有几个勒克斯。

照度还可以直接相加。如果房间里有 4 盏灯，它们对桌面上 A 点的照度分别为 E_1、E_2、E_3、E_4，则 A 点的总的照度 E 等于 4 个照度值之和，写成通量表达式为

$$E = \sum_{i=1}^{n} E_i \quad (i = 1, 2, \cdots, n) \tag{7-4}$$

照度的英制单位是英尺烛光（Foot-candle），符号为 fc，1 平方英尺（ft^2）被照面上均匀地接受 1lm 光通量时，该被照面的照度为 1 英尺烛光（1fc），即 $1fc = 1lm/ft^2 = 10.76lx$。目前在英美等国还在沿用英制的单位。表 7-2 列出了几种照度单位的换算关系。

表 7-2　照度单位换算

照度单位	勒克斯	辐透	毫辐透	英尺烛光
勒克斯 lx	1	10^{-4}	0.1	0.09290
辐透 ph	10^4	1	10^3	929.0
毫辐透 mph	10	10^{-3}	1	0.9290
英尺烛光 fc	10.764	10.764×10^{-4}	1.0764	1

7.3.4 发光强度

点光源在给定方向上的发光强度（Luminous Intensity，Candlepower），是光源在这一方向上的立体角内发射的光通量与该立体角之商，符号为 I，即

$$I = \frac{d\Phi}{d\Omega} \tag{7-5}$$

式中　I——发光强度，单位是坎德拉（cd）；

　　　　Ω——立体角，单位是球面度（sr）；

发光强度的单位是坎德拉，在数量上 1 坎德拉等于 1 流明每球面度（$1cd = 1lm/sr$）。

坎德拉是我国法定单位制与国际 SI 制的基本单位之一，其他光度量单位都是由坎德拉导出的，1979 年 10 月第 10 届国际计量大会通过的坎德拉定义如下："一个光源发出频率为 540×10^{12} Hz 的单色辐射，若在一定方向上的辐射强度为 $\frac{1}{683}$ W/sr，则光源在该方向上的发光强度为 1cd。"

发光强度常用于说明光源和照明灯具发出的光通量在空间各方向或在选定方向上的分布密度。例如，一只 40W 白炽灯泡发出 350lm 光通量，它的平均发光强度为 $350/4\pi = 28$ cd；

在裸灯泡上面装一盏白色搪瓷平盘灯罩，灯的正下方发光强度能提高到 70~80cd；如果配上一个聚焦合适的镜面反射罩，则灯下方的发光强度可以高达数百坎德拉。在后两种情况下，灯泡发出的光通量并没有变化，只是光通量在空间的分布更集中了。

7.3.5　光亮度

光源或受照物体反射的光线进入眼睛后在视网膜上成像，使人们能识别它的形状和明暗。视觉上的明暗知觉取决于进入眼睛的光通量在视网膜物像上的密度——物像的照度。这说明确定物体的明暗要考虑两个因素：一是物体（光源或受照体）在指定方向上的投影面积，这决定物象的大小；二是物体在该方向的发光强度，这决定物象上的光通量密度。根据这两个条件，可以建立一个新的光度量——光亮度（简称亮度）。

光亮度是表征发光面发光强弱的物理量，光亮度是一单元表面在某一方向上的光强密度。它等于该方向上的发光强度与此面元在这个方向上的投影面积之商，以符号 L 表示

$$L = \frac{dI}{dA \cdot cos\theta} \tag{7-6}$$

式中　L——光亮度，公制单位是坎德拉每平方米或烛光每平方米（cd/m^2，$Candela/m^2$）。

应当注意，光亮度在各个方向上常常是不一样的，所以在谈到一点或一个有限表面的光亮度时需要指明方向。

式（7-6）定义的光亮度是一个物理量，它与视觉上对明暗的直观感受还有一定的区别，例如在白天和夜间看同一盏交通信号灯时，感觉夜晚灯的亮度高得多，这是因为眼睛适应了晚间相当低的光亮度的缘故。实际上，信号灯的光亮度并没有变化。由于眼睛已适应了环境亮度，物体明暗在视觉上的直观感受就可能比它的物理光亮度高一些或低一些。把能直观感觉到的一个物体表面发光的属性称为"视亮度"（Brightness 或 Luminosity），这是一个心理量，没有量纲。它与"光亮度"这一物理量有一定的相关关系。

表 7-3 列出了几种发光体的亮度值。

表 7-3　几种发光体的亮度值

发光体	亮度/（cd/m^2）	发光体	亮度/（cd/m^2）
太阳表面	$2.25×10^9$	从地球表面观察月亮	2500
从地球表面（子午线）观察太阳	$1.6×10^9$	充气钨丝白炽灯表面	$1.4×10^7$
晴天的天空（平均亮度）	8000	40W 荧光灯表面	5400
微阴天空	5600	电视屏幕	1700~3500

以上介绍的几个描述光的物理量各自有不同的应用领域，并且可以互相换算，用专门的仪器进行测量。光通量表征光源或发光体辐射能量的大小；发光强度用来描述光通量在空间的分布密度；照度说明受照物体的照明条件（受照面光通密度）；亮度则表示光源或受照物体的明暗差异，它与"视亮度"既有联系，又有区别。

7.4　光环境质量的评价标准

一个优良的光环境，应能充分发挥人的视觉功效，使人轻松、安全、有效地完成视觉作业，同时又在视觉和心理上感到舒适满意。

评价一个光环境的质量好坏，用户的意见和反馈当然是重要的，但是他们往往提不出具体的物理指标作为设计的依据，为了建立人对光环境的主观评价与客观的物理指标之间的对

应关系，世界各国的科学工作者进行了大量的研究工作，大部分成果已列入各国照明规范、标准或设计指南，成为光环境设计和评价的依据和准则。制定照度标准的主要依据是视觉功效特性，同时还应考虑视疲劳、现场主观感觉和照明经济性等因素。总结起来，评价光环境质量应综合考虑以下五个方面的因素。

7.4.1 适当的照度水平

人眼对外界环境明亮差异的感觉，取决于外界景物的亮度。但是，要规定适当的亮度水平就显得相当复杂，因为它涉及各种物体不同的反射特性。所以，实践中还是以照度水平作为照明的数量指标。

1. 照度标准

照度标准除了根据视觉功效制定外，还应根据降低视觉疲劳、提高劳动生产率的要求加以修正。提高照度水平对视觉功效有一定程度的改善，但并非照度越高越好。无论从视觉功效还是从舒适感考虑，理想照度最后都要受到经济水平、特别是能源供应的限制，所以，实际应用的照度标准大都是折中的标准。

例如，我国成年人视疲劳与照度的关系如图7-3所示。从图中可知，视疲劳随照度的提高而下降，而劳动生产率则随照度的提高而提高。当照度达到2000lx时，视疲劳基本不再降低，劳动生产率也不再提高，因此2000lx是比较理想的照度值。如果照度低于1000lx，则视疲劳就会明显提高，劳动生产率也会明显下降，因此从视疲劳的角度要求照度标准值不应低于1000lx。

图7-4所示是我国10岁四年级小学生在荧光灯下阅读时的视疲劳与照度的关系。由图可知，当照度低于1000lx，视疲劳将明显上升；而在1000lx时，视疲劳最低。显然，小学教室的理想照度为1000lx，但最低应不低于200lx。

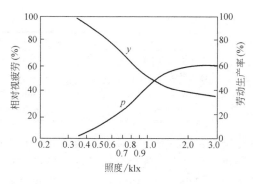

图7-3 我国成年人视疲劳和劳动
生产率与照度的关系

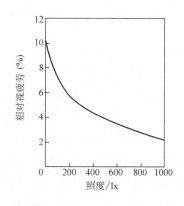

图7-4 我国10岁四年级小学生
视疲劳与照度的关系

国外资料记载的在白炽灯和荧光灯下视疲劳与照度的关系如图7-5、图7-6所示。采用白炽灯照明时，照度在300~1000lx范围内视疲劳最低，在1000lx是劳动生产率最高。用荧光灯照明时，视疲劳最低的照度范围为1000~2000lx，劳动生产率最高的照度是2000lx。

表7-4所示是CIE对不同作业和活动推荐的照度标准。因为相同用途的不同房间或相同作业在不同条件下所需照度可能有显著差别，因此用照度范围来代替单一的照度值会更灵活，每一范围包括照度等级内三个连续的照度值。

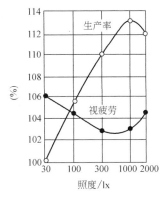

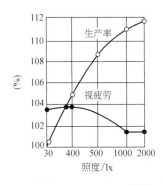

图 7-5　白炽灯下视疲劳和劳动生产率与照度的关系　图 7-6　荧光灯下视疲劳和劳动生产率与照度的关系

表 7-4　CIE 对不同作业和活动推荐的照度

照度范围/lx	作业或活动的类型
20～30～50	室外入口区域
50～75～100	交通区、简单地判别方位或短暂逗留
100～150～200	非连续工作用的房间，例如工业生产监视、贮藏、衣帽间、门厅
200～300～500	有简单视觉要求的作业，如粗加工、讲堂
300～500～750	有中等视觉要求的作业，如普通机加工、办公室、控制室
500～750～1000	有较高视觉要求的作业，如缝纫、检验和试验、绘图室
750～1000～1500	难度很高的视觉作业，如精密加工和装配、颜色辨别
1000～1500～2000	有特殊视觉要求的作业，如手工雕刻、很精细的工件检验
>2000	极精细的视觉作业，如微电子装配、外科手术

CIE 对每种作业都规定了照度范围，以便设计人员根据具体情况选择适当的数值。一般采用所属照度范围的中间值，下列情况采用照度范围内的较高值：

1）作业本身的反射比与对比特别低。

2）纠正工作差错代价昂贵。

3）视觉作业非常严格。

4）精确度或生产率至关重要。

5）工作人员的视觉能力差。

反之，当作业反射比或对比特别高，工作速度或精确度无关紧要，或者是临时性的工作时，则可选用照度范围的下限值。

2. 我国的照度标准

我国近年来在新编照明设计标准《建筑照明设计标准》（GB 50034—2013）时已考虑到使之与国际标准具有一致性，同时也因为我国地域辽阔，各地区经济条件、民族习惯和建筑物的使用效率不同，也将照度值给出一个有三个相邻照度等级值组成的照度范围。这样有助于设计人员灵活地应用照明设计标准。视觉工作对应的照度范围值见表 7-5。

3. 照度均匀度

一般照明时不考虑局部的特殊需要，为照亮整个假定工作面而设计均匀照明。所以，对一般照明还应当提出照度均匀度的要求。照度均匀度以工作面上的最低照度与平均照度值比表示，我国照明标准中规定照度均匀度不得小于 0.7，CIE 和经济发达国家建议的数值是不小于 0.8。

表 7-5　视觉工作对应的照度范围值

视觉工作性质	照度范围/lx	区域或活动类型	适用场所示例
简单视觉工作	≤20	室外交通区,判别方向和巡视	室外道路
	30~75	室外工作区、室内交通区,简单识别物体表征	客房、卧室、走廊、库房
一般视觉工作	100~200	非连续工作的场所(大对比大尺寸的视觉作业)	病房、起居室、候机厅
	200~500	连续视觉工作的场所(大对比小尺寸和小对比大尺寸的视觉作业)	办公室、教室、商场
	300~750	需几种注意力的视觉工作(小对比小尺寸的视觉作业)	营业厅、阅览室、绘图室
特殊视觉工作	750~1500	较困难的远距离视觉工作	一般体育场馆
	1000~2000	精细的视觉工作、快速移动的视觉对象	乒乓球、羽毛球
	≥2000	精细的视觉工作、快速移动的小尺寸视觉对象	手术台、拳击台、赛道终点区

工作房间的一般非工作区域（例如交通区）的平均照度通常不应低于工作区平均照度的 1/3。一般来说，常常不需要也不希望整个室内的照度是均匀的，但当要求整个房间内任何位置都能进行工作时，则均匀的照度又是必不可少的，相邻房间之间的平均照度变化不应超过 5∶1。

4. 空间照度

在交通区、休息区、大多数公共建筑，以及居室等生活用房，照明效果往往用人的容貌是否清晰、自然来评价。在这些场所，适当的垂直照明比水平面的照度更为重要。近年来已经提出两个表示空间照明水平的物理指标——平均球面照度与平均柱面照度，实践证明平均柱面照度有更大的实用性。

7.4.2　舒适的亮度比

人的视野很广，在工作房间里，除工作对象外，作业区、顶棚、墙、人、窗子和灯具等都会进入眼帘，它们的亮度水平和亮度图式会对视觉产生重要影响：

1）构成周围视野的适应亮度。如果它与中心视野亮度相差过大，就会加重眼睛瞬时适应负担，或产生眩光，降低视觉功效。

2）房间主要表面的平均亮度。其分布均匀与否直接影响人对室内空间的形象感受。

所以，无论从可见度还是从舒适感的角度来说，室内主要表面有合理的亮度分布都是完全必要的，它是对工作面照度的重要补充。

在工作房间，作业近邻环境的亮度应当尽可能低于作业本身亮度，但最好不低于作业亮度的 1/3。而周围环境视野（包括顶棚、墙、窗户等）的平均亮度，应尽可能不低于作业亮度的 1/10。灯和白天的窗户亮度，则应控制在作业亮度的 40 倍以内。要实现这个目标，最好统筹考虑照度和反射比这两个因素，因为亮度与二者的乘积成正比。

7.4.3　宜人的光色，良好的显色性

1. 颜色的形成

颜色来源于光。可见光包含的不同波长单色辐射在视觉上反映出不同的颜色。直接看到的光源的颜色称表观色。光投射到物体上，物体对光源的光谱辐射有选择地反射或透射对人眼所产生的颜色感觉称物体色，物体色由物体表面的光谱反射比或透射比和光源的光谱组成共同决定。

2. 颜色的主观属性

颜色包含有彩色和无彩色两大类。任何一种有彩色的表观颜色，都可以按照三个独立的

主观属性分类描述，这就是色调（也称色相）、明度和彩度（也叫饱和度）。

色调是各种颜色彼此区分的特性。各种单色光在白色背景上呈现的颜色，就是光谱色的色调。

明度是指颜色相对明暗的特性，彩色光的亮度越高，人眼越感觉明亮，它的明度就越高。物体色的明度则反映为光反射比的变化，反射比大的颜色明度高，反之明度低。

彩度指的是彩色的纯洁性，可见光谱的各种单色光彩度最高，光谱色掺入白光成分越多，彩度越低。

3. 颜色产生的心理效果

颜色是正常人一生中一种重要的感受，在工作和学习环境中，需要颜色不仅是因为它的魅力和美感，还为个人提供正常的情绪上的排遣。一个灰色的环境几乎没有外观感染力，它趋向于导致人们主观上的不安、内在的紧张和乏味。另一方面，颜色也可使人放松、激动和愉快。而且人的大部分心理上的烦恼都可以归因于内心的精神活动，好的颜色刺激可给人的感官以一种振奋的作用，从而从恐怖和忧虑中解脱出来。良好的光环境离不开颜色的合理设计，颜色对人体产生的心理效果直接影响到光环境的质量。

光源色的选择取决于光环境所要形成的气氛。例如，照度水平低的"暖"色灯光（低色温）接近日暮黄昏的情调，能在室内创造亲切轻松的气氛；而希望紧张、活跃、精神振奋地进行工作的房间，宜于采用"冷"色灯光（高色温），以提供较高照度。

从建筑的功能，或从真实显示装修色彩的艺术效果来说，光源的良好显色性具有重要作用。印染车间、彩色制版印刷、美术品陈列等要求精确辨色的场所自不待言；顾客在商店选择商品、医生察看病人的气色，也都需要真实的显色。

7.4.4　避免眩光干扰

当直接或通过反射看到亮度极高的光源，或者在视野中出现强烈的亮度对比时（先后对比或同时对比），就会感受到使人昏花或刺眼的光，即眩光。产生眩光的原因有两种：

1）由于视野内的亮度分布不适当，即在视野内出现了不同的亮度，形成大的亮度对比。比如在夜里，汽车大灯的灯光可使人睁不开眼，也无法分辨周围的物体。

2）另一种原因是视野内亮度范围不合适，即视野内出现了太亮的发光体。例如夏日晴天的天空，人们仰视晴空时会感到刺眼，这不是由于出现了大的亮度对比，而是出现了大的亮度引起的眩光。

眩光可以损害视觉（失能眩光），也能造成视觉上的不舒适感（不舒适眩光），这两种眩光效应有时分别出现，但多半是同时存在着。对室内光环境来说，不舒适眩光往往比失能眩光出现的机会多，且更难解决。凡是能控制不舒适眩光的措施，一般均有利于消除失能眩光。因此控制不舒适眩光更为重要，只要将不舒适眩光控制在允许限度内，失能眩光也就自然消除了。

眩光对人的生理和心理都有明显的危害，且会对劳动生产率有较大影响，眩光如同噪声，是一种环境污染。尤其是不舒适眩光，它能引起人的视觉疲劳，不仅会影响劳动生产率，甚至造成严重的事故，所以对眩光的研究与控制有着十分重要的意义。

7.4.5　正确的投光方向与完美的造型立体感

一个房间的照明，如果能将室内空间结构特征、室内的人和物清晰而自然地显现出来，这个光环境给人的感受就生动了。照明光线的方向性不能太强，否则会出现令人不愉快的生硬的阴影；但是光线也不应当过分漫射，以致被照物体完全没有立体感，造型平淡无奇。

在照明领域，"造型"这个词说明三维物体在光的照射下所表现的状态。它主要是由光的投射方向及直射光与漫射光的比例决定的。对一件造型艺术品的照明，可以通过选择适当的光源、调整灯光照射方向等手段反复试验，直到满意为止。但是一般建筑光环境设计没有这种优越条件，而且室内的人和物往往还是活动的（如在体育馆里进行球类比赛时奔跑的运动员和球等），照明设备却相对固定，这就要求整个空间都能产生良好的造型立体感。

对造型效果的主观评价，纯粹是心理因素决定的。不过，为了指导设计，需要建立一个能定量表达人们对三维物体造型满意程度的物理指标，同时提供相应的计算和测量方法来预测并检验室内光环境的造型效果。

7.5 光环境测量常用仪器

建筑光学的测试技术是以光度学和色度学为基础的，目前光环境的测量仪器主要以照度计和亮度计为主。

7.5.1 照度计

光环境测量常用的物理测光仪器是光电照度计。最简单的照度计是由硒光电池和微电流计组成的，如图 7-7 所示。硒光电池是把光能直接转换为电能的光电元件。当光线照射到光电池上面时，入射光透过金属薄膜到达硒半导体层和金属薄膜的分界面上，在界面上产生光电效应，光电位差的大小与光电池受光表面的照度有一定的比例关系。这时如果接上外接电路，就会有电流通过，并且可以从微安表上指示出来。光电流的大小取决于入射光的强弱和回路中的电阻。

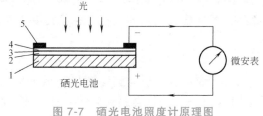

图 7-7 硒光电池照度计原理图
1—金属底板 2—硒层 3—分界面
4—金属薄膜 5—集电环

照度计的分类按光电转换器件来区分，主要有硒（硅）光电池和光电管照度计。其照度值有数字显示或指示针指示两种。无论何种照度计，均由光度探头、测量或转换线路以及示数仪表等组成。

为了使照度测量更趋精确，对照度计和光电电池有以下要求：

（1）线性度 照度计的响应度是探测器光电流或电压的输出值与入射光通量之比，在理想情况下，此比值与光通量输入水平的高低无关，即输出与输入线性相关。在测量范围内，照度计的读数要与投射到光电池的受光面上的光通量成正比。也就是说，用光电流示值与光电池受光面的照度为两个坐标画一张图，它们的关系应当是一条直线。硒光电池的线性度的好坏，除了光电池本身的品质外，主要取决于示数仪表外电路的电阻和受光量；外电路电阻越小，照度越低，线性度越好。

（2）光谱的灵敏度 光的计量是以"平均人眼"共有的光谱光视觉效率 $V(\lambda)$ 特性为基础的。因此，用于物理测光的光探测器也必须具有与 $V(\lambda)$ 一致的光谱灵敏度。但是常用光电池的相对光谱灵敏度与 $V(\lambda)$ 曲线都有相当大的偏差，如图 7-8 所示。采用硅光电池的光谱灵敏度得到的峰值在可见光 $V(\lambda)$ 曲线的峰值附近，这就造成了在测量光谱能量分布不同的光源，特别是测量非连续光谱的气体放电灯产生的照度时，会出现较大的误差。所

以，精密照度计都要给光电池匹
配一个合适的颜色玻璃滤光器，
构成颜色校正光电池。它的光谱
灵敏度与 $V(\lambda)$ 曲线的相符程度
越好，照度测量的精度越高。

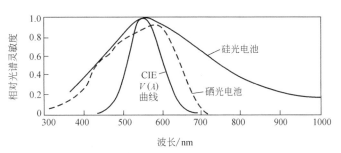

图 7-8　光电池的相对光谱灵敏度与 $V(\lambda)$ 曲线的比较

（3）余弦修正　当光源由倾
斜方向照射到光电池表面时，光
电流输出应当符合余弦法则，即
这时的照度应等于光线垂直入射
时的法线照度与入射角余弦的乘积。但是，由于光电池表面的镜面反射作用，在入射角较大
时，会从光电池表面反射掉一部分光线，致使光电流小于上面所说的正确数值。为了修正这
一误差，通常在光电池上外加一个均匀漫透射材料的余弦校正器，这种光电池组合称为余弦
校正光电池。

现代照度计常用的光探测器有两种：一种是硒光电池，另一种是硅光电池。硅光电池也
叫太阳能电池，它的光电转换效率高，对红外波段的长波辐射很敏感；但是其光谱灵敏度的
峰值仍在可见光范围的 $V(\lambda)$ 峰值附近，因此也适于测光。专门测光用的硅光电池灵敏度
很高，在温度变化和长时间曝光条件下的稳定性和线性均显著高于硒光电池，而且特别适合
在电子放大线路中使用，所以，近年来内装放大器并有数字显示的硅光电池照度计发展
很快。

7.5.2　亮度计

测量光环境或光源亮度用的光电亮度
计有两类。一类是遮筒式亮度计，适合测
量面积较大，亮度较高的目标，其构造原
理如图 7-9 所示。筒的内壁是无光泽的黑色
饰面；筒内设有若干光阑遮蔽杂散反射光。
在筒的一端有一个圆形的窗口，面积是 A；
另一端设光电池 C。通过窗口，光电池可以
接收到光亮为 L 的光源照射。若窗口的亮
度为 L，则窗口的光强为 LA，在光电池上产生的照度则为

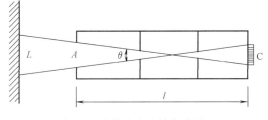

图 7-9　遮筒式亮度计构造原理

$$E = \frac{LA}{l^2} \qquad (7\text{-}7)$$

因而

$$L = \frac{El^2}{A} \qquad (7\text{-}8)$$

如果窗口和光源的距离不大，窗口亮度就等于光源被测部分（θ 角所含面积）的亮度。

当被测目标较小或距离较远时，要采用另一类透镜式亮度计来测量其亮度。这类亮度计
通常设有目视系统，便于测量人员瞄准被测目标，如图 7-10 所示。光辐射由物镜接受并成
像于带孔反射板，光辐射在带孔反射板上分成两路：一路经反射镜反射进入目视系统；另一
路通过小孔、积分镜，进入光探测器。仪器的视角一般在 0.1°~2°，由光阑调节控制。

为了使照度测量更精确，对亮度计有以下要求：

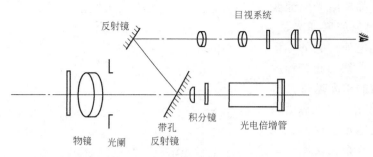

图 7-10   透镜式亮度计简图

（1）光谱响应度   在亮度测量度中，仪器的光谱响应度分布必须与国际照明委员会（CIE）明视觉光谱光效率相一致。

（2）对红外辐射的响应   光度计测量的是可见光区发光体的光亮度值，它不应对红外辐射产生响应。然而，亮度计所用的某些光电探测器件，诸如硅光电二极管，它在近红外区有较强的响应度，如果在红外区的透射比不等于零，则会给测量结果带来显著误差。

（3）对紫外辐射的响应   亮度计除了不能对红外辐射产生响应以外，也不能对紫外辐射产生响应。而亮度计所用的光电倍增管或硅二极管，在紫外区均有不同程度的响应，应加以控制。

在用照度计和亮度计测量光亮度时，各种特性随时都有可能发生变化，使用时应严格地按说明书的要求使用。它们使用时影响其基本特征的因素除以上描述之外，还有绝对光谱响应的不稳定、零点漂移、测量距离变化引起的误差、磁场的影响、电源电压改变所引起的不稳定性以及换挡误差等因素。在实际测量时应尽量控制与避免，为了获得精确的测量结果，要按照有关规定对它们进行测量和检测，定期去计量部门进行校准。

7.6   室内光环境的现场测量

7.6.1   概述

在建筑现场进行光环境的测量是评价光环境的重要手段。其目的是：①检测实际照明效果是否达到预期的设计要求；②了解不同光环境的实质，分析、比较设计经验；③确定是否需要对照明进行改装和维修。

室内光环境测量的主要内容是：①工作面上的各点的照度和采光系数；②室内各表面，包括灯具和家具设备的亮度；③室内主要表面的反射比，玻璃窗的透射比；④灯光和室内表面的颜色。

为了得到正确的测量数据，在着手测量以前，必须检查仪器是否经过校准，确定其误差范围。建议采用精度为二级以上的照度计和亮度计，允许的误差是±8%。

选择标准的测量条件也很重要。天然采光的采光系数测量，应当尽可能在全阴天进行。新建的照明设施要在开灯100h以后再测量其照明效果，因为前100h内灯的光通量衰减很快，光输出不够稳定。开始测量以前，灯也要预开一段时间，使灯的光输出稳定；通常白炽灯需要5min，荧光灯需要15min，HID灯需要30min。因为灯的光通量输出会随着电压的变化而波动，白炽灯尤为显著，所以测量时需要监视并记录照明电源的电压。

说明测量结果的实测调查报告，既要列出翔实的测量数据，也要将测量时的各项实际情况记录下来。包括：

1) 灯、镇流器和灯具的类型、功率和数量。

2) 灯和灯具的使用龄期。

3) 房间的平、剖面图，注明灯具或窗户的位置。

4) 测量时的电源电压。

5) 室内主要表面的颜色和反射比。

6) 天气状况和窗玻璃的透射比。

7) 最近一次维修、擦洗照明设备的日期；灯和灯具的损坏与污染状况。

8) 测量仪器的型号和编号。

9) 测定日期、起止时间、测定人、记录人。

7.6.2 照度测量

1. 照度计的精度

计量器都有精度，精度又称为精确度，是系统误差与随机误差的综合表示，是测量结果与真实值之间接近程度的表示。照度计有一级精度和二级精度。一级精度允许的误差为±4%，二级精度允许的误差是±8%。测量中的误差值给灯照度测量带来了许多问题。以600W的投射灯为例，灯的出产照度为1350lx，用一般照度计测量，当该照度计是以上限+4%为基准来评价灯的照度时，测量结果在1350～1404lx之间的不合格灯则会被判为合格；如果该照度计是以下限-4%为基准来评判灯照度，测量结果在1296～1350lx之间的则会被判为合格。±4%搭配不合格灯可以达到8%。因此，二级精度的照度计，通常不作为法定的照度检测仪表。

2. 照度计测量引起的误差

用数字照度计测量照度时，经常遇到数字不停变化的情况，变化幅度可达1.6%～2.0%，让操作人员无法准确确定数据。即使在确保电源电压稳定的情况下，由于灯本身的细微变化、电网电压波动、环境温度的变化、硅光电池出现疲劳等均可以造成这种现象，特别是硅光电池出现的疲劳随测量时间而变化时，这是硅光电池的固有的特性，它反映在光照度和其他工作条件不变时，照度计的响应值由大到小的变化。

3. 照度计数字跳动的处理

我国标准规定，照度计精度为一级时，允许误差为±4%，由于跨度为8%，实际的操作似有过大之嫌，因此，在测量过程中常提出以下的建议：由于照度计随时间而变化，具有不稳定性，在照度计内设一个电子补偿线路，用于补偿照度计的响应值，使其达到即使随时受到日照的影响响应值也基本不变的效果。

灯光照度测量的误差分析，可以避免生产中对产品的错判或误判，减少损失，可以使光计量校验人员在校量测量器具时做到心中有数。

4. 照度测量方法

在进行工作的房间内，应该在每个工作地点（例如书桌、工作台）测量照度，然后加以平均。对于没有确定工作地点的空房间或非工作房间，如果单用一般照明，通常选0.8m高的水平面作为照度测量面。依据《照明测量方法》（GB/T 5700—2008）中的规定，室内照度的测量方法分为中心布点法和四角布点法两种。这两种方法适用于水平照度、垂直照度或摄像机方向的垂直照度的测量。垂直照度测量应标明测量面的法线方向。

（1）中心布点法 如图7-11所示，将测量区域划分成大小相等的矩形方格（或正方

形），测量每格中心的照度 E_i，则测量区域的平均照度等于各点照度的算术平均值，即

$$E_{av} = \frac{\Sigma E_i}{mn} \qquad (7\text{-}9)$$

式中　E_{av}——测量区域的平均照度（lx）；
　　　E_i——第 i 个测点的照度（lx）；
　　　m、n——横向和纵向的测点数。

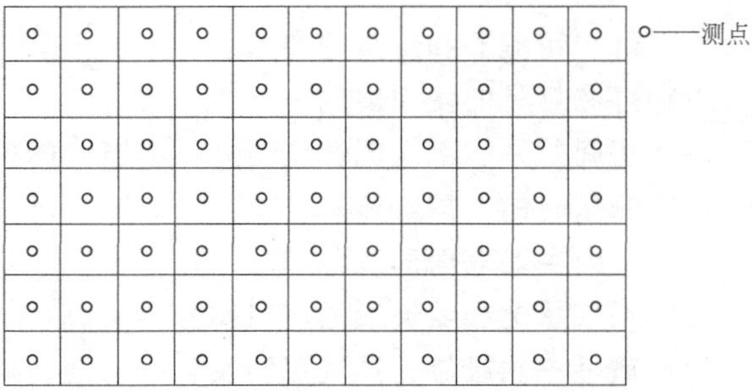

（2）四角布点法　如图 7-12 所示，将测量区域划分成大小相等的矩形方格（或正方形），在矩形网格的 4 个角上分别测量其照度，则测量区域的平均照度为

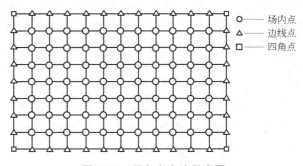

图 7-11　中心布点法示意图

$$E_{av} = \frac{1}{4mn}(\Sigma E_{\theta i} + 2\Sigma E_{0i} + 4\Sigma E_{ii}) \qquad (7\text{-}10)$$

式中　$E_{\theta i}$——测量区域四角点处的测量照度（lx）；
　　　E_{0i}——除 $E_{\theta i}$ 外，网格 4 条外边上各边线点的测量照度（lx）；
　　　E_{ii}——网格内区各场内点的测量照度（lx）。

在划分矩形方格时，每个方格的边长可依据房间的大小确定，小房间每个方格的边长为 1m，大房间可取 2～4m，走道、楼梯等狭长的交通地段沿长度方向中心线布置测点，间距 1～2m；测量平面为地平面或地面以上 150mm 的水平面。

图 7-12　四角布点法示意图

测点数目越多，得到的平均照度值越精确，不过也要花费更多的时间和精力。如果 E_{av} 的允许测量误差为 10%，可以用根据室形指数选择最少测点的办法减少工作量。两者的关系列于表 7-6。若灯具数与表 7-6 给出的测点数恰好相等，必须增加测点。

表 7-6　室形指数与测点数的关系

室形指数 K_r	最少测点数
<1	4
1～2	9
2～3	16
≥3	25

注：$K_r = \dfrac{LW}{h_r(L+W)}$，式中 L、W 为房间的长和宽，h_r 为灯具至测量平面的高度。

当以局部照明补充一般照明时，要按人的正常工作位置来测量工作点的照度，将照度计的光电池置于工作面上或进行视觉作业的操作表面上。

测量数据可用表格纪录，同时将测点位置正确地标注在平面图上，最好是在平面图的测点位置直接记录数据。在测点数目足够多的情况下，根据测得数据画出一张等照度曲线分布图更为理想。

7.6.3　亮度测量

光环境的亮度测量应该是在实际工作条件下进行的。选一个工作地点作为测量位置，从这个位置测量各表面的亮度，将得到数据直接标注在从同一个位置、同一个角度拍摄的室内照片上或以测量位置为观测点的透视图上，如图 7-13 所示。

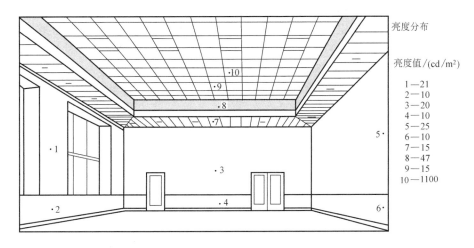

图 7-13　光环境亮度测量数据的表示方法

亮度计的放置高度，以观察者的眼睛高度为准，通常站立时为 1.5m，坐下时为 1.2m。需要测量亮度的表面是人眼经常注视，并且对室内亮度分布图式和人的视觉影响大的表面。这些表面主要是：

1）视觉作业对象。

2）贴临作业的背景，如桌面。

3）视野内的环境：从不同角度看顶棚、墙面、地面。

4）观察者面对的垂直面，例如在眼睛高度的墙面。

5）从不同角度看灯具。

6）中午和夜间的窗户。

测量窗子的亮度时，应对透射过窗子看到的天空和室外景物分别进行测量，估算出它们所占的相应的面积。

亮度的测量方法分为间接法和直接法。间接法常用的有两种：目视比较法和通过测量照度求取亮度。

1. 间接法光度测量

（1）目视比较法的光度测量　测量系统示意图如图 7-14 所示。

测量时，将被测亮度 L_c 的光源与确定亮度 L_v 的比较光源分别投向光度计，且各自照亮光度计的一半视场，调节减光盘开口，观察光度计两半视场的亮度，直到相等为止。然后，用已知标准亮度 L_s 的光源代替被测亮度 L_c 的光源，按同样方法建立起

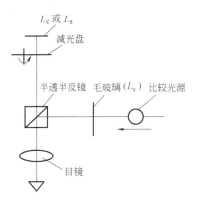

图 7-14　目视比较法测量光度系统示意图

两半视场的光度平衡。最后根据前后两次减光盘的开口度 φ_c 和 φ_s，按以下公式计算出被测亮度

$$L_c = \frac{\varphi_s}{\varphi_c} L_s \tag{7-11}$$

式中　L_c、L_s——被测光源、标准光源的亮度（cd/m²）；

　　　φ_c、φ_s——被测光源亮度、标准光源亮度投射下，减光盘的开口度。

（2）通过测量照度来确定发光面的亮度　图 7-15 给出一种采用照度计测量发光面亮度的简单方法：在发光面前加一透光面积为 A 的光阑，发光面经光阑透光孔发出半辐射，在 S 处用照度计测得照度值为 E，根据测得的照度值 E，可求出代表了面积 A 内亮度的平均值 L。如果光阑开口孔径比光阑与被测面间的距离 r 小得多，则根据照度的定义可得

$$L = \frac{Er^2}{A} \tag{7-12}$$

式中　L——发光面平均亮度（cd/m²）；

　　　E——S 处测得的照度值（lx）；

　　　r——S 处距光阑的距离（m）；

　　　A——透光面积（m²）。

2. 直接法亮度测量

如图 7-16 所示，亮度计的测光系统由物镜 B、光阑 P、视场光阑 C、漫射器和探测器等组成。光阑 P 与探测器的距离固定，紧靠物镜安置，视场光阑 C 和漫射器位于探测器平面上，视场光阑 C 限制待测发光面的面积。对于不同物距的待测表面，通过物镜的调焦，使待测发光面成像在探测器受光面上。通过测量受光面的照度，依据照度和亮度的关系式，求得被测发光面的亮度。

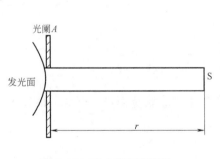

图 7-15　面光源亮度测量

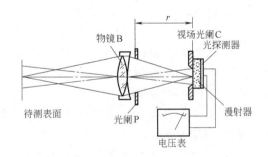

图 7-16　亮度计测光原理图

7.6.4　采光系数的测量

根据定义，采光系数是同一时刻室内照度与室外照度的比值。所以，测量采光系数需要两个照度计，一个测量室内照度，另一个测量室外照度。由于室内的照度随着室外照度的变化而变化，因此，最好是在一天中室外照度相对稳定的时间——上午十时至下午二时进行测量，以减少因室内外两个读数时差所造成的采光系数测量误差。若使用采光系数计进行测量，则可消除这一误差。这种仪器有两个光电池接入，一个放在室内测点位置，另一个放在室外，仪器内装有除法器，可以随时计算两个光电池产生的光电流比值，直接显示采光系数。

由于 CIE 天空是一个标准全阴天空，因此采光系数的测量最好是在全阴天进行，测室外照度的光电池应该平放在周围无遮拦的空旷地段或屋顶上，离开遮拦物的距离 l 至少有光电池平面以上遮挡物高度的六倍远（图 7-17）。如果要在晴天时测量采光系数，必须用一个无光泽的黑色圆板或圆球遮住照射到室外和室内光电池上的日光。它距离光电池约 500mm，直径以形成的日影刚好遮住光电池受光面为宜。在测量过程中，要及时移动遮光器的位置，避免有任何日光直射到光电池上。

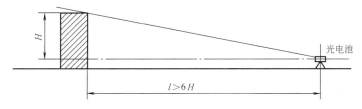

图 7-17　测量室外的照度时，周围遮挡物高度和距离的限制

采光系数测量的测点通常在建筑物典型剖面和 0.8m 高的水平工作面的交线上选定，间距一般是 2~4m，小房间间距取 0.5~1.0m。典型剖面是指房间中部通过窗中心和通过窗间墙的剖面，也可以选择其他有代表性的剖面。

7.6.5　反射比与透射比的测量

某表面的亮度取决于落于其上的光通量与该表面所能反射光线的能力；其反射的光的多少与分布形式则取决于该材料表面的性质，以反射光与入射光的比值来表示，这个比值称为该材料表面的反射比或反射率（Reflectance or Reflection Factor）。完美的黑色表面的反射比为 0，即无论多少光落于其上皆无亮度产生而全被吸收；反之，完美白色表面的反射比为 1（反射率 100%，吸收率 0%）。

现场测光时，如果没有便携式的反射比仪和透射比仪，可采用以下方法来测量反射比或透射比。

1. 亮度计加标准白板测量反射比

测量时将标准白板放置在被测表面，用亮度计测出标准白板的亮度值；保持亮度计的位置不动，移走标准白板，用亮度计测出被测表面的亮度值，通过下式求出被测表面的反射比 ρ，即

$$\rho = \frac{L_c}{L_b} \rho_b \tag{7-13}$$

式中　ρ——被测表面反射比；

　　　L_c——被测表面亮度（cd/m^2）；

　　　L_b——标准白板亮度（cd/m^2）；

　　　ρ_b——标准白板反射比。

2. 照度计加亮度计测量反射比

对于漫反射表面，分别用照度计和亮度计测量被测表面的照度值和亮度值，通过下式计算得到反射比 ρ，即

$$\rho = \frac{\pi L_c}{E_c} \tag{7-14}$$

式中　E_c——被测表面的照度值（lx）。

3. 用照度计间接测量反射比

用照度计测量漫反射表面的反射比时，应选择不受直接光影响的面作为被测面，将照度计的接收器紧贴被测面，测出其入射照度 E_r；然后将接收器的感光面对准同意被测表面的原来位置，逐渐平移离开，待照度值稳定后，测出反射照度 E_f。采用照度计间接测量反射比示意图如图 7-18 所示。通过式（7-15）求得反射比 ρ，即

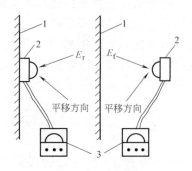

图 7-18 采用照度计间接测量
反射比示意图
1—被测表面 2—接收器 3—照度计

$$\rho = \frac{E_f}{E_r} \tag{7-15}$$

式中 E_r，E_f——被测面的入射、反射照度值（lx）。

4. 用照度计测量透射比

选择天空扩散光照射的窗户（如北向的窗），先将光电池置于窗玻璃外侧一点，面向天空，贴紧玻璃，测得入射光照度 E_i；再将光电池移入窗内，贴紧窗玻璃内侧的同一点，面向窗外，得透射光照度 E_t，则透射比 τ 为

$$\tau = \frac{E_t}{E_i} \tag{7-16}$$

应当注意，在现场测量反射比或透射比时，由于测量对象不是标准试件，所以同一类材料或表面要多测几点，取其平均值。

7.6.6 颜色测量

表面颜色测量的方法主要有两种：

1. 目视比对法

由色觉正常的观测者用蒙塞尔标准色卡与被测表面逐一比对，选出与被测色最接近的色卡，从色卡标注的数据资料上确定被测色的色调、明度和彩度，还可以得知它的色坐标和反射比。按照规定，目视比对应在标准光源照射下，或在北向晴天天空光下进行。不过，在现场灯光下比对也有实用价值。

2. 用反射型色度计测量表面色

这种方法与入射型色度计的区别在于装有一个标准光源。将测光头置于被测表面，打开标准灯，即能测出在标准灯照射下表面色的色坐标。这种仪器还能测量两种颜色的色差，储存测量数据，或将测量数据输入外接计算机进行运算处理。

对于光源色，过去常用色温表测量灯光的颜色。一般摄影用的色温表精度不高，而且不能测量低温色（<2800K）温度值。近年来研制的便携式入射型色度计，内装微型计算机处理测量数据，能直接显示灯光的色坐标的数字，使用方便，根据色坐标，在等温线图（图 7-19）上很容易确定灯光的色温或相关色温。

目前使用比较广泛的现场测色的仪器还有彩色亮度计。这种测光与测色合为一体的精密仪器设有红、绿、蓝三种滤光器，它们分别与光电接收器匹配后的光谱响应符合 CIE 1931 标准色度观察者光谱三刺激值（红、绿、蓝）。通过内装的微机控制、运算、处理，能直接指示出亮度、色坐标和色温等参数。它的优点是不接触被测表面，通过目视系统瞄准测量对象即可进行测量。另外，彩色亮度计测得的数据反映了一个室内环境在选用的光源照射下，经过各表面颜色相互反射后呈现的实际效果，因此更具有实用价值。

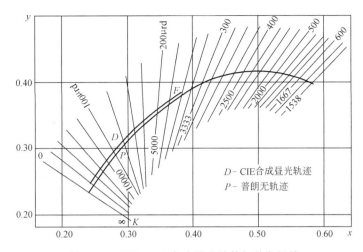

图 7-19　CIE 1931 色度图上的等相关色温线

思　考　题

1. 试述舒适的室内光环境包含的内容。
2. 光的本质是什么？
3. 试述下列物理量的定义及其单位：（1）光通量；（2）照度；（3）亮度；（4）发光强度。
4. 什么是明视觉？什么是暗视觉？
5. 试述制定照度标准的依据。
6. 试述眩光产生的原因和眩光的分类。
7. 试述照度计的工作原理。
8. 试述亮度计的分类和工作原理。
9. 简述建筑室内光环境测量的目的和内容。
10. 如何测量室内照度？布点间距如何确定？
11. 测量亮度的方法有哪些？有哪些主要事项？
12. 反射比和透射比如何定义？有哪些测量方法？
13. 若给建筑物营造一个舒适的光环境，相关参数有哪些？各有哪些要求？
14. 结合所学的知识，简述使用人工光源时，应该注意的使用因素。

第 8 章

燃气参数测量

燃气测量是衡量城市燃气质量、评价燃气用具功能、保证燃气用具安全、促进燃气事业发展的专业技术。燃气测量涉及的内容面较广，本章主要介绍燃气测量基本知识、燃气各参数的测量方法、常用的测量仪表、测量的注意事项等内容。

8.1 燃气参数测量基本知识

燃气是指可以作为燃料的气体，它通常是以可燃气体为主要成分的、多组分的混合气体。可燃成分包括氢气、一氧化碳、甲烷及碳氢化合物（烃类）等；不可燃成分包括二氧化碳、氮气等惰性气体，部分燃气中还含有氧气、水及少量杂质。

燃气的种类很多，主要有天然气、人工燃气、液化石油气、生物气（人工沼气）等。常见燃气成分见表 8-1。

表 8-1 常见燃气成分表

序号	燃气种类	成分体积分数（%）										相对密度 d（空气）
		H_2	CO	CH_4	C_3H_6	C_3H_8	C_4H_{10}	N_2	O_2	CO_2	H_2S	
1	天然气	—	—	98.0	C_mH_n 0.4	0.3	0.3	1.0	—	—	—	0.5750
2	油田伴生气	—	$[C_2H_6]$ [7.4]	80.1	C_mH_n 2.4	3.8	2.3	0.6	—	3.4	—	0.7503
3	焦炉煤气	59.2	8.6	23.4	2.0	—	—	3.6	1.2	2.0		0.3624
4	混合煤气	48.0	20.0	13.0	1.7	—	—	12.0	0.8	4.5		0.5178
5	高炉煤气	1.8	23.5	0.3				56.9	—	17.5		1.0480
6	矿井气	—	—	52.4				36.0	7.0	4.6		0.7860
7	高压气化气	59.3	24.8	14.0		—	0.2	0.8	—	共	0.9	0.3840
8	液化石油气	—	C_4H_8 54.0	1.5	10.0	4.5	26.2	—	—	—		1.9550
9	液化石油气	—	—	—		50.0	50.0	—	—	—		1.8180

本节主要以天然气为例介绍相关的测量内容。

8.1.1 天然气计量标准

天然气在使用过程中，计量是一个十分重要的环节，国际组织颁布了一系列的天然气计量标准，这些标准主要涉及流量计量、物性测量、标准状态条件等各个方面。

1. 流量计量标准

制定天然气流量计量标准的 ISO 技术委员会有：封闭管道中流体流量测量技术委员会（TC30）、石油和润滑油技术委员会（TC28），国际法制计量组织（OIML）的流体量的测量技术委员会（TC8）等，制定的有关标准见表 8-2。

表 8-2 ISO 制定的天然气流量计量标准

序号	标准号	标 准 名 称
1	ISO 5167	用差压装置测量流体流量 总则、孔板、喷嘴和文丘里喷嘴、文丘里管等
2	ISO 9300	采用临界流文丘里喷嘴的气体流量测量
3	ISO 9951	封闭管道中气体流量测量 涡轮流量计
4	ISO 10790	封闭管道中流体流量测量 科里奥利质量流量计
5	ISO/TR 12765	封闭管道中流体流量测量 传播时间法超声流量计
6	ISO/TR 5168	流体流量测量 不确定度的估计
7	ISO/TR 7066-1	流量测量装置校准和使用方面不确定度的估计 第一部分:线性校准关系
8	ISO 7066-2	流量测量装置校准和使用方面的不确定度的估计 第二部分:非线性校准关系
9	R6	气体体积流量计一般规范
10	R31	膜式气体流量计
11	R32	旋转活塞式气体流量计和涡轮气体流量计

2. 物性计量标准

国际标准化组织（ISO）于 1988 年成立了天然气技术委员会（TC193），目前已经形成较为完整的体系，并已制定了一批有关标准。TC 193 迄今已出版了 26 项国际标准，见表 8-3。

表 8-3 ISO/TC 193 制定的天然气物性计量标准

序号	标准号	标 准 名 称
1	ISO 6326-1	天然气中硫化物的测量(1) 一般简介
2	ISO 6326-2	天然气中硫化物的测量(2) 用带电化学检测器的气相色谱仪测量臭味硫化物
3	ISO 6326-3	天然气中硫化物的测量(3) 电位法测量硫化氢、硫醇、硫氧碳等
4	ISO 6326-4	天然气中硫化物的测量(4) 用带火焰光度检测器的气相色谱仪测量硫化氢、硫氧碳、含硫添味剂等
5	ISO 6326-5	天然气中硫化物的测量(5) 林格奈燃烧法
6	ISO 6327	天然气水露点的测量 冷却镜面凝析湿度计法
7	ISO 6568	用气相色谱仪进行天然气简单分析
8	ISO 6570-1	天然气中潜在烃含量测量(1) 原理和要求
9	ISO 6570-2	天然气中潜在烃含量测量(2) 称量法
10	ISO 6974	天然气中氢、永久气体和直至 C8 烃类的气相色谱分析
11	ISO 6975	天然气延伸分析气相色谱法
12	ISO 6976	天然气发热量、密度、相对密度和沃泊指数的计算
13	ISO 6978	天然气中汞含量的测量
14	ISO 10101-1	用卡尔费休法测量天然气中的水(1) 导论
15	ISO 10101-2	用卡尔费休法测量天然气中的水(2) 滴定法
16	ISO 10101-3	用卡尔费休法测量天然气中的水(3) 库仑法
17	ISO 10723	天然气在线分析系统的操作性能评价
18	ISO 13443	ISO 标准参比条件
19	ISO 14111	天然气分析溯源性准则
20	ISO 10715	天然气取样导则
21	ISO 12213-1	天然气压缩因子计算(1) 导论和指南
22	ISO 12213-2	天然气压缩因子计算(2) 用摩尔组成计算
23	ISO 12213-3	天然气压缩因子计算(3) 用物理性质计算
24	ISO 11541	高压下天然气水含量的测量
25	ISO 13686	天然气质量指标
26	ISO 13734	天然气中有机硫化物的要求和检验方法

3. 我国已发布的天然气质量技术指标检测方法及标准

目前我国已发布的天然气质量技术指标检测方法及标准见表 8-4。

表 8-4　我国已颁布的天然气质量技术指标检测方法及标准

检测项目	标准与方法	备注
样品取样	天然气取样导则(GB/T 13609—2017)	方法标准
	天然气自动取样方法(GB/T 30490—2014)	
计量要求	天然气计量系统技术要求(GB/T 18603—2014)	方法标准
	天然气能量的测定(GB/T 22723—2008)	
流量	用标准孔板流量计测量天然气流量(GB/T 21446—2008)	检测标准
	用气体涡轮流量计测量天然气流量(GB/T 21391—2008)	
	用气体超声流量计测量天然气流量(GB/T 18604—2014)	
	用旋进漩涡流量计测量天然气流量(SY/T 6658—2006)	
	用科里奥利质量流量计测量天然气流量(SY/T 6659—2016)	
	用旋转容积式流量计测量天然气流量(SY/T 6660—2006)	
高位发热量 二氧化碳	天然气组成分析　气相色谱法(GB/T 13610—2014)	检测标准
	天然气发热量、密度、相对密度和沃泊指数的计算方法(GB/T 11062—2014)	计算方法
硫化氢	天然气　含硫化合物的测定　第1部分:用碘量法测定硫化氢含量(GB/T 11060.1—2010)	检测标准
	天然气　含硫化合物的测定　第2部分:用亚甲蓝法测定硫化氢含量(GB/T 11060.2—2008)	
	天然气　含硫化合物的测定　第3部分:用乙酸铅反应速率双光路检测　法测定硫化氢含量(GB/T 11060.3—2010)	
	天然气　含硫化合物的测定　第6部分:用电位法测硫化氢、硫醇硫和硫氧化碳含量(GB/T 11060.6—2011)	
	天然气　含硫化合物的测定　第11部分:用着色长度检测管法测定硫化氢含量(GB/T 11060.11—2014)	
	天然气　含硫化合物的测定　第12部分:用激光吸收光谱法测定硫化氢含量(GB/T 11060.12—2014)	
总硫	天然气　含硫化合物的测定　第4部分:用氧化微库仑法测定总硫含量(GB/T 11060.4—2017)	检测标准
	天然气　含硫化合物的测定　第5部分:用氢解-速率计比色法测定总硫含量(GB/T 11060.5—2010)	
	天然气　含硫化合物的测定　第8部分:用紫外荧光光度法测定总硫含量(GB/T 11060.8—2012)	
有机硫	气体燃料和天然气中含硫化合物的测定　气相色谱和化学发光检测法(NB/SH/T 0919—2015)	检测标准
	天然气　含硫化合物的测定　第9部分:用碘量法测定硫醇型硫含量(GB/T 11060.9—2011)	
	天然气　含硫化合物的测定　第10部分:用气相色谱法测定硫化合物(GB/T 11060.10—2014)	
水露点	天然气水露点的测定　冷却镜面凝析湿度计法(GB/T 17283—2014)	检测标准
	天然气中水含量的测定　电子分析法(GB/T 27896—2018)	

8.1.2　天然气计量要求

由于天然气组成成分的特殊性,与其他热工参数测量相比,天然气流量测量有其具体要求:

(1) 对流体流动状态的控制　流量测量的理论是建立在一定的流动状态下,不同类型的流量计有不同的工作原理,对流动状态的要求也各不一样。要准确测量天然气流量,必须按所选择的流量计的要求控制好流态。

(2) 对流体物质属性的控制　不同的流体其物理化学性质不同,对流量计的要求也不同。流量计的结构设计、安装、检定和校准等要求适应天然气的属性。

（3）对流体清洁程度的控制　气体中含有过多的液体和固体微粒，不但对流量计的正常工作有影响，同时也影响流量测量的准确度。不同类型的流量计对流体清洁度的要求不同。

（4）相关参数的准确测量　流量测量是组合测量，要准确测量流量，需要准确测量各相关参数。

（5）应考虑节约能源　天然气的输送是靠压差进行的，计量时，需认真考虑所选流量计的压损。

（6）标准参比条件　无论是体积计量或能量计量，都要求有一个参比条件。目前各国的参比条件各不相同，但可进行换算。

ISO 13223 规定的标准参比条件：101.325kPa、15℃。

美国的标准参比条件：14.7psi、60℉。

欧洲的标准参比条件：101.325kPa、0 或 15℃。

我国的标准参比条件：101.325kPa、20℃。

（7）测量过程中的安全性　由于天然气是易燃、易爆的混合气体，某些天然气还含有有毒的硫化物，故在确保计量准确的同时，安全计量是极其重要的。

8.1.3　天然气计量参数

工程中常常用到的燃气参数如下。

1. 温湿度

在测量燃气参数时，温湿度是将天然气从工作条件换算成标准参比条件必需的参数，某些类型的流量计在计算流量时，也需要温湿度数据。

2. 压力

压力是流量从工作条件换算成标准参比条件必需的参数，也是流量计算不可或缺的状态参数。在计量中常用的压力测量设备是压力变送器。天然气属于一种流体，其压力的测量没有特殊性，具体测量内容参见第 4 章 4.1 节。

3. 流量

流量是燃气测量和使用过程中必不可少的一个重要参数，常常分为体积流量、质量流量和热量（能量）流量三种。

4. 相对密度

燃气的相对密度是在相同压力和温度条件下，燃气的密度与空气密度之比，相对密度又分为工作条件相对密度和标准参考比条件相对密度。标准参比条件下的相对密度 G_r，即为相同状态天然气密度 ρ_n 与空气密度 ρ_a 之比。

$$G_r = \frac{\rho_n}{\rho_a}$$

5. 热值

单位体积的天然气完全燃烧释放出的热量，称为天然气热值（也称天然气发热量），工程中常用单位为 MJ/m^3。天然气热值又分为高位热值和低位热值。

高位热值是指单位体积天然气完全燃烧后，烟气被冷却到燃烧时的天然气温度，燃烧产生的水蒸气完全冷凝释放的热量与燃烧释放的热量总和，也称总热值。

低位热值是指单位体积天然气完全燃烧后，烟气被冷却到燃烧时的天然气温度时，燃烧所释放的热量，也称净热值。与高位热值相比，它不计燃烧产生的水蒸气完全冷凝所释放的热量（即汽化热）。在工程应用中，烟气的温度相对较高，汽化热未被利用，所以，天然气的热值多采用低位热值。

6. 压缩因子

真实气体与理想气体之间的压缩差异存在一个系数，该系数就是压缩因子 Z。

理想气体状态方程　　　　$PV = nRT$

真实气体状态方程　　　　$PV = ZnRT$

气体的组分不同，温度、压力不同，压缩因子也不相同。

压缩因子是不同条件体积换算的必要参数，分为工作条件压缩因子和标准参比条件压缩因子，均通过计算求取。

规定工作条件压缩因子计算方法的标准有：ISO 12213、AGA（美国煤气协会）8 号报告、GB/T 17747 和 AGA NX-19。前三种方法在管输条件下计算的不确定度不大于 0.1%，后一种方法为 0.3% ~ 0.5%。

规定标准参比条件压缩因子计算方法的标准有：ISO 6976，ASTMD 3588 和 GB/T 11062。

我国在天然气流量测量中，一直用卡兹曲线图确定天然气的压缩因子。具体方法是：先分析出天然气的组分，再根据各组分的物理化学参数计算出假对比压力和假对比温度，利用卡兹曲线数据求得压缩因子。

7. 等熵指数

等熵指数 k 是计算燃气流量的物性参数，主要用来计算气体的膨胀系数，可由比定压热容（c_p）和比定容热容（c_V）计算得到。

$$k = \frac{c_p}{c_V} \tag{8-1}$$

等熵指数因气体性质不同而不同，是压力、温度的函数。目前流量测量标准中，天然气比定压热容和比定容热容的计算都是使用甲烷计算值代替。

8. 组成成分

燃气是由多种单一气体组成的混合气体，包括氢气、甲烷、丙烷、丁烷等可燃气体和氮气、二氧化碳等非可燃气体。尽管一些杂质如硫化物、水等也是天然气组成的一部分，但如无特别说明，在成分分析时，不做这些组分分析。

天然气组成成分分析的仪器为气相色谱仪，天然气取样方法标准为《天然气取样导则》（GB/T 13609—2017）。

9. 火焰传播速度

火焰是指燃气与空气混合物（简称可燃混合气体）燃烧时的燃烧反应带。火焰传播速度是指火焰前沿面沿着其法线方向朝邻近未燃气体移动的速度。在绝热与层流条件下，它是可燃混合气体的一个基本的物理化学参数。

以上参数的通用测量方法已在相关章节进行了详细阐述，本章仅针对燃气工程中常用的测量方法、仪表等进行介绍。

8.2　燃气与烟气的湿度测量

燃气中的水分对燃气的性质及计量有一定影响。测量燃气及烟气湿度的仪表主要有以下几种：

1. 燃气称量测湿计

当燃气中的湿度较大时，可以采用如图 8-1 所示的称量测湿计来测量燃气的湿度。测湿计主要由 U 形吸收管、气体流量计、温度计、压力计组成，其中 U 形吸收管内装有只吸收水蒸气、不吸收燃气成分的干燥剂。测量时，含有水分的燃气经燃气入口 4 进入吸收管 1 和 2，燃气中的水分被干燥剂吸收，干燥后的燃气进入气体流量计 3，经过计量后由排气口 5 排至大气或烧掉，如果燃气中含有灰尘，则应在吸收管前加除尘器。

当测出吸收管吸收水分前后的质量与流过的燃气体积后，就可用下式计算出燃气的绝对湿度 d

$$d = \frac{m_2 - m_1}{V}\left(\frac{273+t}{273}\right)\left(\frac{101.3}{p_{atm}+p_g}\right) \tag{8-2}$$

式中　d——燃气的绝对湿度（含湿量）$[g/m^3（干）]$；

m_1、m_2——吸收管吸收水分前后的质量（g）；

t——燃气温度（℃）；

p_g——燃气表压力（kPa）；

p_{atm}——大气压力（kPa）；

V——燃气体积（m^3）。

测量时，需选用不吸收燃气成分的干燥剂（一般情况下，可用氯化钙或五氧化二磷等）。燃气的流动速度需控制在 1L/min 左右，并且保证燃气完全被干燥。最后仔细称量吸收管质量，求得精确的（$m_2 - m_1$）值。

当燃气中水分较少，燃气流量不大时，会产生较大误差；此外，难以准确判断燃气是否完全干燥。所以此方法虽然简单，但只适用于精度要求不高的测量。

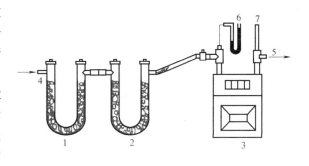

图 8-1　称量测湿计

1、2—吸收管　3—气体流量计　4—燃气入口　5—排气口　6—压力计　7—温度计

2. 燃气露点湿度计

此湿度计的基本原理是测出含有水分的燃气露点温度，从而推算出其绝对湿度。

图 8-2 所示为一个简单测量燃气露点温度的设备。燃气自入口 1 进入 500mL 的玻璃瓶中，然后从出口 2 流出。用橡胶小球 4 向镀镍的薄铜管 3 中鼓入空气，管中装有易挥发液体（苯）。易挥发液体吸收热量后蒸发，使得铜管温度下降。当铜管壁面温度低于燃气露点温度时，在镀镍铜管壁上出现结露现象，此时即可测得结露温度 t_1。停止鼓空气后，铜管表面露珠被蒸发，当露珠蒸发完后，可测得蒸发温度 t_2。t_1 与 t_2 的平均值即为露点温度。据此温度可查得水蒸气分压力，计算出燃气的绝对湿度。

3. 干湿球燃气湿度测量计（燃气干湿表）

对于低压燃气可用燃气干湿表来测量其湿度，燃气干湿表的结构如图 8-3 所示。燃气经过入口 10 进入联箱 8，从出口 11 流出。玻璃杯 7 内存有蒸馏水，通过铜管 5 将纱布 3 湿润。压力表 9 可测得燃气压力。测量时，在出口 11 处接流量计，控制湿球温度计处燃气流速在

2~2.5m/s。如果燃气中含有灰尘，需要在入口前装设除尘器。在使用时，先通入燃气对测量装置进行吹扫，把联箱中原有气体赶走，然后润湿纱布，过 3~4min 即可测量干、湿球温度。应该注意，两支温度计的精度、灵敏度应一致，刻度可取 1/10℃ 或 1/5℃。

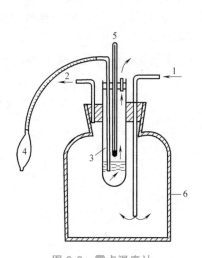

图 8-2　露点湿度计

1—燃气入口　2—燃气出口　3—镀镍薄铜管
4—橡胶小球　5—温度计　6—玻璃容器瓶

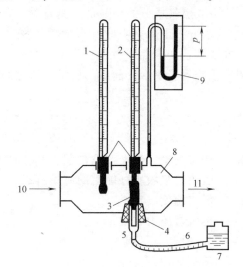

图 8-3　燃气干湿表

1—干球温度计　2—湿球温度计　3—纱布　4—胶塞　5—铜管
6—胶管　7—玻璃杯　8—联箱　9—压力表　10—入口　11—出口

4. 烟气冷凝测湿计

把高温烟气冷却，使其中部分水蒸气凝结下来，此时烟气的绝对湿度相当于饱和含湿量，饱和含湿量与凝结水量相加，即可得到烟气中总的含湿量（绝对湿度）。测量时，测出同一时间内烟气流量、凝结水量及烟气温度，即可用下式计算烟气绝对湿度

$$d = \frac{g}{Vf} + 833 \times \frac{p_{vb}}{p_{atm} + p_g + p_{vb}} \tag{8-3}$$

$$f = \frac{p_{atm} + p_g + p_{vb}}{101.3} \times \frac{273}{273 + t} \tag{8-4}$$

式中　d——烟气绝对湿度（含湿量）[g/m³（干）]；

　　　f——折算系数；

　　　g——凝结水量（g）；

　　　V——烟气流过量（m³）；

　　　t——冷却后烟气温度（℃）；

　　　p_{vb}——根据温度 t 查表得的饱和水蒸气分压力（kPa）；

　　　p_g——烟气表压力（kPa）；

　　p_{atm}——大气压力（kPa）。

5. 气体微量水分仪

当燃气中的水蒸气含量很低时，普通的测湿仪表已难以测量，这时应采用电解湿度计。电解湿度计的基本原理是从被测气体中吸出水分，并将其电解。水的电解过程为

$$2H_2O \xrightarrow{电解} 2H_2 \uparrow + O_2 \uparrow$$

电解湿度计的流程图如图 8-4 所示。气样流经电解池时，所含有的水蒸气被五氧化二磷

膜层吸收并电解。当吸收和电解过程达到平衡时，电解电流与气样中的水蒸气含量成正比，从而可通过测量电解电流得到气样的湿度。此方法是低湿度测量中使用最广泛的方法之一。测量范围通常为 $1\sim1000\mu L/L$。

根据法拉第定律和气体状态方程式，可导出电解电流和气样湿度之间的关系

$$I=\frac{QpT_0FV_r}{3p_0TV_0}\times10^{-4} \qquad (8-5)$$

式中　I——电解电流（μA）；

　　　Q——气样流量（mL/min）；

　　　T_0——零点温度，273.15K；

　　　F——法拉第常数，$F=964.85C/mol$；

　　　p——环境压力（Pa）；

　　　V_r—气样湿度体积比（$\mu L/L$）；

　　　p_0——标准大气压 101325Pa；

　　　T——环境温度（K）；

　　　V_0——摩尔体积，$V_0=22.4L/mol$。

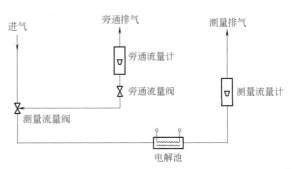

图 8-4　气体微量水分仪典型流程图

8.3　天然气流量计量

8.3.1　概述

天然气流量计量是计量单位时间内流经封闭管道横截面的天然气量。天然气流量的计量经历了体积计量、质量计量和能量计量三个发展阶段。

（1）体积计量　测量时以体积（m^3）作为天然气的计量单位，目前最常用的方法是以标准孔板来测量一定时间内流过管道的天然气体积。由于气体体积随压力和温度的变化而变化，故体积计量必须说明计量时的温度和压力条件，即参比条件。

（2）质量计量　可由质量流量计直接计量流过管道的天然气质量，也可由各种类型的体积流量计与气体密度计相配套来测量，质量计量一般用克（g）作计量单位。质量计量的优点是不用考虑气体的压力和温度状态，但质量流量计对工作环境的要求很高。

近些年来，压缩天然气（CNG）和液化天然气（LNG）快速发展，国内 CNG 和 LNG 加气机普遍采用质量流量计进行流量计量，加气机的检定采用与国际标准一致的质量流量（kg/s）为计量单位。质量计量的天然气标准装置主要包括质量法气体流量标准装置和标准表法气体流量标准装置。前者利用电子天平作为主标准器，主要用于送检加气机和加气机检定装置的检定/校准，后者主要采用质量流量计作为主标准器，用于加气机的现场检定。

（3）能量计量　这是指将天然气的量用发热量来计量，即在体积计量的基础上，结合气体发热量，依据关系式计算出的能量来进行计量。能量计量一般用百万焦耳（MJ）为计量单位。

天然气作为用于燃烧的能源，关键价值在于其提供的热量。而天然气是一种混合气体，

由于产地来源不同，各组分及含量也存在差异，这使得不同来源的同样体积（质量）的天然气，其燃烧产生的能量也不同。因此，从科学公平计量的角度看，天然气能量计量比流量计量更加合理。

天然气能量计量是目前国际上最流行的用于贸易和消费的计量结算方式。北美、南美、欧洲和亚洲大多数国家的天然气贸易、输送和终端消费均采用能量来计量和结算费用。我国目前已初步形成了能量计量体系，流量和发热量测量设备、设备检定技术法规、赋值方法、测量标准、量传和溯源链已日趋完备，可初步满足能量计量的应用要求。但在气体标准物质制备、发热量间接测定技术方面还需进一步提高，法律法规及能量计量标准体系也需进一步完善，管理制度还有待建立，以尽快适应和推广从流量计量到能量计量的转变。

由于天然气组分的复杂，使得天然气在流量测量方面存在不同于其他气体测量的特殊性，主要反映在以下方面：

1）天然气中各组分含量可能因地点或时间变化而变化，这些变化又会导致天然气一系列物性参数发生变化，如密度、压缩因子、等熵指数等，而这些参数均与体积计量密切有关。

2）天然气是一种易燃、易爆气体，故其计量用仪器设备的安装和操作均对组分有特殊要求。

3）在计量管输天然气时，天然气中可能含有的油雾、液滴等杂质可能对临界流喷嘴、标准孔板、涡轮流量计等仪表的计量性能产生影响。

由此可见，天然气计量与其物性测量密切相关。

测量天然气物性的方法可分为两大类：第一类是利用组分分析数据进行计算；第二类是以仪器、仪表直接测量。第二类测量往往要涉及昂贵的设备和复杂的操作，一般实验室不具备实施条件，因而其标准化工作也相对滞后。但国际标准化组织天然气技术委员会已成立了天然气物性测量分委员会，已出台相关文件，对物性测量的范围、标准、程序等做了规定。

8.3.2　流量计量仪表

燃气是气体的一种，用于测量气体流量的仪表很多，如容积式流量计、腰轮流量计、膜式流量计、速度式流量计、涡轮流量计、涡街流量计、旋进漩涡流量计、超声波流量计、差压式流量计、孔板流量计、质量式流量计、科氏质量流量计、旋进漩涡流量计等。第 4 章已介绍了气体流量测量的常用仪表，除此之外，本章主要介绍燃气中用到的一些计量仪表。

燃气计量仪表按计量原理可分为直接计量仪表和间接计量仪表两种。直接计量仪表的内部设有若干个计量室，按计量室的容积大小直接对通过的燃气量进行计量。直接计量仪表分为干式和湿式两种。间接计量仪表没有计量室，它利用燃气流量和时间因素求得累计值。比如，利用气流压差的孔板流量计，利用气流速度的涡轮流量计，利用气流受阻形成涡流的涡流流量计等，这些流量计多用于大流量计量。

燃气计量仪表的选用要素：

1）根据实际需要，比较流量计的性能和功能，按照最优性能价格比的原则选择流量计。

2）选择时应从仪表特性、天然气特性、环境因素、安装因素和经济因素五个方面综合考虑。

目前，家庭用燃气计量仪表多为干式小流量仪表，如膜式燃气表、罗茨燃气表等；商业用的燃气计量仪表对应的流量较大，主要有差压式、速度式和容积式等计量表，典型的为孔板流量计、涡轮流量计、超声流量计、旋进漩涡流量计和腰轮流量计等。

1. 湿式气体流量计（俗称湿式燃气表）

图 8-5 所示为湿式气体流量计的结构示意图。该流量计外部有一个圆筒形外壳 2，内部是一个分成四室的叶轮转子 10，气体由后面的入口 1 进入流量计。气体进入后，推动叶轮转子转动，转子转动一周，气体流过体积等于 5L。叶轮转子还带动指针 6 在刻度盘 5 上转动，同时还通过齿轮 7 带动一套计数机构，在窗口 11 上直接给出气体流过的累积体积数。

流量计内应放入一定量的水，由水位检查器控制水位。调平螺钉 4 与水准泡 8 是用来调整流量计呈水平状态。当流量计长时间不使用时，可以打开放水旋塞 3，将水全部放出。在气体出口 9 处，安置温度计 13 与压力表 14，是用来测量被测气体的温度与压力。另外，可以由注水口 15 向流量计内注水。

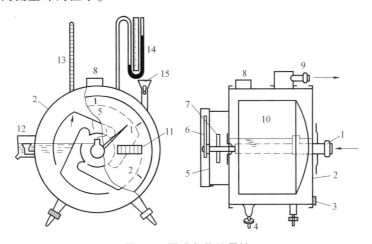

图 8-5　湿式气体流量计

1—入口　2—外壳　3—放水旋塞　4—调平螺钉　5—刻度盘　6—指针　7—齿轮　8—水准泡　9—出口
10—叶轮转子　11—累计数字窗口　12—水位检查器　13—温度计　14—压力表　15—注水口

采用湿式气体流量计的测量步骤如下：

1）接通流量计气路。

2）用调平螺钉 4，根据水准泡 8 的指示将流量计调成水平。

3）将水位调整到适当位置。

4）进行气密性检查，防止漏气。

5）测量。借助秒表测出由流量计初读数 V_1 到流量计终读数 V_2 的时间 τ。

6）计算。在 τ 时间内的气体的平均流量可用下式计算

$$V_\tau = \frac{V_1 - V_2}{\tau} \tag{8-6}$$

式中　V_τ——τ 时间内平均流量（L/min）；

　　V_1、V_2——流量计的终读数与初读数（L）；

　　　　τ——由初读数到终读数的时间（min）。

流量计测出的是在工作压力与温度条件下的气体体积，将其乘上折算系数 f 即得标准体积流量。折算系数 f 可由下式计算

$$f = \frac{273}{273 + t} \times \frac{p_{atm} + H}{101.325} \tag{8-7}$$

式中 t——工作时流量计上的温度（℃）；

H——工作时流量计上的压力（kPa）；

p_{atm}——工作时大气压力（kPa）。

湿式流量计在压力小于 5000Pa、流量小于 0.75m³/h 的测量条件下，测量的准确度较高。

2. 干式气体流量计（俗称干式燃气表）

当测量流体的流量较大时可采用干式气体流量计，这种流量计在城市燃气工程中使用非常广泛，通常称其为干式燃气表。

图 8-6 所示为干式气体流量计原理图。它的外壳是用薄钢板焊成，分上下两层。上层为气体分配室；下层为由皮膜与皮膜板组成的皮囊室（共分 A、B、C、D 四室）。每个室又分别与分配室上所对应的气门进出口的通道相连，进出口的关闭与接通是通过滑阀的移动来控制的。

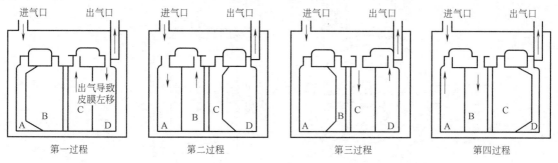

图 8-6　干式气体流量计原理图

第一过程：燃气从表的进气口进入表内，计量室 A 和 B 均不与表的出口通道相连，计量室 B 正处于充满状态，计量室 A 处于完全压缩状态，但此时计量室 D 开启，计量室 C 与表出口通道连通，燃气进入 D 室并在压差的作用下，推动膜片向 C 室方向运动，压缩 C 室内的气体从气门口通向出口。由于联动机构的作用，牵动 A 室、B 室的气门口由关闭状态逐渐移动变成接通状态，当后计量室膜片向左运动到极限位置时，A 室的气门口完全开启，进入了计量的第二过程。

第二过程：计量室 C、D 关闭，计量室 D 处于充满状态，计量室 C 处于完全压缩状态。此时计量室 A 处于开启状态，B 室与表的出口通道连通，燃气进入 A 室并在压差的作用下推动膜片向 B 室方向运动。压缩 B 室内的气体从气门口通向出口，由于联动机构的作用，牵动 C 室、D 室的气门口由关闭状态逐渐移动变成接通状态，当前计量室膜片向右运动到极限位置时，C 室的气门口完全开启，进入了运动的第三过程。

同理，燃气表内膜片的运动继续由第三过程进入到第四过程，再由第四过程返回到第一过程，从而完成一个运动周期。每一个运动周期，燃气表都会进入和排出一定量的燃气，设定计量室的容积，将燃气表膜片运动的周期次数通过适当的传动机构反映到表外的计数器上，即能显示出流过的气体体积。

干式燃气表结构简单，使用方便，并且不容易出现大的差错。但也存在体积过于庞大，不适合计量高压燃气的缺点，这就限制了它的应用范围。小型干式燃气表主要用于家庭燃气计量。

3. 膜式燃气流量计（膜式燃气表）

目前，家庭燃气流量计量采用的多是膜式燃气表。膜式燃气表是干式燃气表的一种，其内部构造和外观如图 8-7 所示，主要由机芯、指示装置、外壳和计数显示器等主要部件组成。

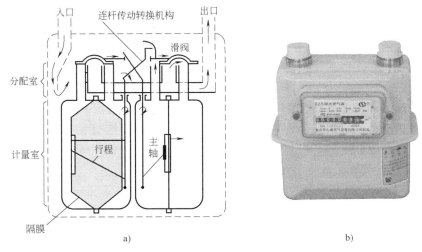

图 8-7　膜式燃气表结构图

a）内部构造图　b）外观图

目前市场上使用的膜式燃气表有两种，一种为传统式的机械式膜式燃气表；另一种为预付费膜式燃气表。机械式膜式燃气表计量通过机械滚轮实现，机械滚轮根据使用的气量进行操作，每使用一个单位量，滚轮计数加一，最终实现气量计量记录。机械式燃气表优点在于计量可靠，质量稳定，缺点在于抄表麻烦，都得人工上门抄表，燃气公司需要投入很多财力人力。

目前，国内外开发生产出一些带有升级功能的智能家用燃气表。例如日本生产的、带有安全功能的家用燃气表，在漏气、流量过大以及地震等情况下都能自动停气。国内的智能燃气表主要有 IC 卡智能燃气表、CPU 卡智能燃气表、射频卡智能燃气表、直读式远传燃气表（有线远传表）以及无线远传燃气表（积成）等这几大类。随着人们生活水平和生活质量的提高，现代化家庭所需要的智能化产品需求，也促使燃气表朝着安全、可靠、智能方便方向发展。

国家标准《膜式燃气表》（GB/T 6968—2011）对燃气表的性能及检验方法都有明确的规定。

8.4　燃气成分分析

燃气是由多种气体组成的混合气体，不同种类燃气的成分不同，它们的特性也不同。通过燃气分析得到各组分的体积百分数后，可以根据各单一气体的特性值确定燃气的特性。因此，燃气成分分析是掌握燃气特性最基本的方法。通过燃气成分分析，可以检查燃气的品质是否符合规定；可以控制燃气的生产过程使之有效、经济地运行；可以计算和控制燃气的燃烧过程，使用气设备在最佳状况下工作。可见，燃气成分分析是燃气工程中需要经常实施的一项工作。

燃气成分分析主要是分析燃气中各种单一气体成分的质量分数或体积分数。气体成分分析方法较多，主要有化学分析法、物理分析方法、色谱分析方法和质谱分析法等，且每种成分分析方法都有其优点和缺点。燃气成分分析目前最常用的方法是气相色谱分析法，人工燃气因其重碳氢化合物成分比较少，也可采用化学吸收法进行燃气成分分析。燃气中含有的硫化氢、氨和萘等杂质成分一般采用化学法进行分析。

　　气相色谱法是一种以气体为流动相的柱色谱分离分析方法，它能分离性质极相似的物质，如同位素、同分异构体、对映体以及组成极复杂的混合物。本书第 5 章中介绍了利用该方法测量空气中的 VOCs，本章介绍利用该方法测量燃气中的气体组分。

8.4.1 气相色谱仪的组成

　　气相色谱仪是一种把混合物分离成单个组分的仪表，常常被用来对样品组分进行鉴定和定量测量。气相色谱仪由气路系统、进样系统、色谱柱、温度控制系统、检测器和信号记录系统等组成，如图 8-8 所示。

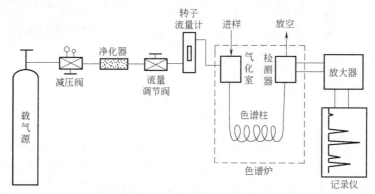

图 8-8　气相色谱仪示意图

　　气相色谱法中把作为流动相的气体称为载气。载气自钢瓶经减压后输出，通过净化器、稳压阀或稳流阀、转子流量计后，以稳定的流量连续不断地流过气化室、色谱柱、检测器，最后放空。被测物质（若液体须在气化室内瞬间气化）随载气进入色谱柱，根据被测组分的不同分配性质，它们在柱内形成分离的谱带，然后在载气携带下先后离开色谱柱进入检测器，转换成相应的输出信号，并记录成色谱图。

　　1. 气路系统

　　气相色谱仪的气路是一个载气连续运行的密闭系统，常见的气路系统有单柱单气路和双柱双气路。单柱单气路适用于恒温分析；双柱双气路适用于程序升温分析。气相色谱常用的载气为氮气、氢气和氦气等。载气的选择主要由检测器性质及分离要求所决定。载气在进入色谱仪前必须经过净化处理。载气中若含有微量水会使聚酯类固定液解聚，载气中的氧在高温下易使某些极性固定液氧化。对电子捕获检测器，载气中水分含量对仪器的稳定性和检测灵敏度的影响更大。某些检测器除载气外还需要辅助气体，如火焰离子化和火焰光度检测器需用氢气和空气作燃气和助燃气。各气路都应有气体净化管。常用的气体净化剂为分子筛、硅胶、活性炭等。

　　载气流量由稳压阀或稳流阀调节控制。稳压阀有两个作用，一是通过改变输出气压来调节气体流量的大小，二是稳定输出气压。恒温色谱中，整个系统阻力不变，用稳压阀便可使色谱柱入口压力稳定。在程序升温中，色谱柱内阻力不断增加，其载气流量不断减少，因此需要在稳压阀后连接一个稳流阀，以保持恒定的流量。色谱柱的载气压力（柱入口压）由压力表指示，压力表读数反映是柱入口压与大气压之差，柱出口压力一般为常压。柱前流量由转子流量计指示，柱后流量必要时可用皂膜流量计测量。

2. 进样系统

天然气的进样通常采用医用注射器或六通阀。

3. 色谱柱

色谱柱是色谱仪的心脏，安装在温控的柱室内，色谱柱有填充柱和开管柱（亦称毛细管柱）两大类。填充柱用不锈钢或玻璃等材料制成，根据分析要求填充合适的固定相。

4. 温度控制系统

温度控制系统用于设置、控制和测量气化室、柱室、检测室等处的温度。

5. 检测器

气相色谱检测器有 10 余种，常用的有热导检测器（TCD）、氢焰离子化检测器（FD）、电子捕获检测器（ECD）、火焰光度检测器（FPD）等。以上四种检测器均为微分型检测器。微分型检测器的特点是被测组分不会在检测器中积累，色谱流出曲线呈正态分布即呈峰形。峰面积或峰高与组分的质量或浓度成比例。

四种常用检测器的性能列于表 8-5 中。

表 8-5　常用检测器的性能

性能＼检测器	热 导	火焰离子化	电子捕获	火焰光度
类　　型	浓度	质量	浓度	质量
通用性或选择性	通用	基本通用	选择	选择
检测限	$10^{-8}\,mg/mL$	$10^{-14}\,g/mL$	$10^{-13}\,g/s$	$10^{-13}\,g/s(P)$ $10^{-11}\,g/s(S)$
线性范围	10^{4}	10^{7}	$10^{2} \sim 10^{4}$	$10^{4}(P)$ $10^{3}(S)$
适用范围	有机物和无机物	含碳有机物	卤素及亲电子物、农药	含硫、磷化合物、农药

8.4.2　定性与定量分析

1. 定性分析

（1）利用保留值定性　这是最常用的也是最简单的方法。在相同条件下，如果标准物质的保留值与被测物中某色谱峰的保留值一致，可初步判断二者可能是同一物质。也可以在样品中加入一已知的标准物质，若某一峰明显增高，则可认为此峰代表该物质。

利用保留值定性必须注意，在同一柱上，不同的物质常常会有相同的保留值，所以单柱定性是不可靠的，常常需要选择极性不同的二根或二根以上柱子再进行比较。若在二根极性不同的柱上，标准物质与被测组分的保留值相同，则可确定该被测组分的存在。

（2）色谱-质谱联用定性　色谱-质谱联用是分离、鉴定未知物最有效的手段。利用气相色谱的高分离能力和质谱的高鉴别能力，将多组分混合物先通过气相色谱仪分离成单个组分，然后逐个送至质谱仪中，获得质谱图。根据质谱图上碎片离子的特征信息和分子裂解规律可推测其分子结构。也可以与标准图谱对照，查找出结构。还可以由色谱与傅里叶变换红外光谱联用，来确定每个峰的归属。现代测试技术还可通过对计算机贮存的质谱图进行检索，查找类同的质谱结构，确定被测组分。

2. 定量分析

色谱定量分析的依据是组分的量（m_i）与检测器的响应信号（峰面积 A_i 或峰高 h_i）存在如下的函数关系

$$m_i = f_i A_i \tag{8-8}$$

要求得组分的量 m_i，则必须求得峰面积和定量校正因子 f_i（简称校正因子）。

（1）峰面积的测量　一个色谱峰的面积，在理想状态下视作一个等腰三角形，利用几何学方法即可求得。但此面积与相应高斯曲线的积分面积比仅为 0.94，因此准确的面积可按下式计算

$$A_i = 1.065hW_{\frac{1}{2}} \tag{8-9}$$

若峰拖尾或前伸，或峰太窄、太矮都会带来测量误差。

目前的色谱仪都配有电子积分仪或微处理机，甚至计算机工作站。

（2）校正因子

1）绝对校正因子。绝对校正因子可由式（8-10）得到

$$f_i = \frac{m_i}{A_i} \tag{8-10}$$

可见，绝对校正因子表示单位峰面积或单位信号所代表的组分量，其值与检测器性能、组分和流动相性质及操作条件等有关。

2）相对校正因子。由于不易得到准确的绝对校正因子，在实际定量分析中采用相对校正因子。组分的绝对正因子 f_i 和标准物的绝对校正因子 f_s 之比即为该组分的相对校正因子 f'_i

$$f'_i = \frac{f_i}{f_s} = \frac{m_i/A_i}{m_s/A_s} = \frac{m_i A_s}{m_s A_i} \tag{8-11}$$

式中　m_i，m_s——组分和标准物的量之比；

　　　A_i，A_s——组分和标准物的峰面积。

3）相对校正因子的测量。相对校正因子一般由实验者自己测量。准确称取组分和标准物，配制成一溶液，取一定体积注入色谱柱，经分离后，测得各组分的峰面积，再由式（8-11）可计算出该组分的相对校正因子。标准物可以另外配置，也可以指定某一被测组分。

相对校正因子与组分和标准物的性质及检测器类型有关，与操作条件无关。

测量相对校正因子时应注意：组分和标准物的纯度应符合色谱分析要求，一般不小于 98%。在某一浓度范围内，响应值与浓度呈线性关系，组分的浓度应在线性范围内。

（3）定量方法

1）归一化法。归一化法简便、准确，且操作条件的波动对结果的影响较小。当样品中所有组分经色谱分离后均能产生可以测量的色谱峰时才能使用。样品中组分的质量分数 P_i 可按下式计算

$$P_i = \frac{m_i}{m} = \frac{m_i}{m_1 + m_2 + \cdots + m_n} = \frac{A_i f'_i}{A_1 f'_1 + A_2 f'_2 + \cdots + A_n f'_n} \tag{8-12}$$

式中，A_1，$\cdots$，A_n 和 f'_1，$\cdots$，f'_n 分别为样品中各组分的峰面积和相对校正因子。

如果样品中各组分的相对校正因子相近，如同分异构体，上式可简化为

$$P_i = \frac{A_i}{A_1 + A_2 + \cdots + A_n}$$

也可采用峰高归一化法

$$P_i = \frac{h_i f'_{h,i}}{h_1 f'_{h,1} + h_2 f'_{h,2} + \cdots + h_n f'_{h,n}} \tag{8-13}$$

式中，$f'_{h,i}$ 为峰高相对校正因子，测量 $f'_{h,i}$ 的方法与 f'_i 同。由于峰高相对校正因子易受操作条件影响，因此必须严格控制实验条件。

2）内标法。选择一种与样品性质相近的物质为内标物，加入到已知质量的样品中，进行色谱分离，测量样品中被测组分和内标物的峰面积，被测组分的质量分数可按下式计算

$$P_i = \frac{m_i}{m} = \frac{m_i}{m_s} \times \frac{m_s}{m} = \frac{A_i f_i}{A_s f_s} \times \frac{m_s}{m} = \frac{A_i f_i'}{A_s f_s'} \times \frac{m_s}{m} \tag{8-14}$$

在测量相对校正因子时，常以内标物本身作为标准物，则 $f_s' = 1$。式中，A_i 和 A_s 分别为样品中被测组分和内标物峰面积；f_i' 为相对校正因子；m 和 m_s 分别为样品和内标物的质量。

内标物色谱峰位置尽量靠近被测组分，但不与其重叠，且其含量应与组分含量接近。

内标法定量准确，对进样量和操作条件控制的要求不很严格，但必须准确称量样品和内标物。此法适用于只需对样品中某几个组分进行定量分析的情况。

3）校准曲线法。用被测组分的纯物质配制一系列不同含量的标准溶液，在一定色谱条件下分别进样分离，测得相对应的响应值（峰高或峰面积），绘制含量-响应曲线，通过原点的直线部分为校准曲线的线性范围。在同样条件下测得被测组分的响应值，再从曲线上查得相应的含量。

在已知样品校准曲线呈线性的前提下，配制一个与被测组分含量相近的标准物，在同一条件下先后对被测组分和标准物进行测量，被测组分的质量分数可按下式计算

$$p_i = \frac{A_i}{A_s} \cdot P_s \tag{8-15}$$

式中，A_i 和 A_s 分别为被测组分和标准物的数次峰面积的平均值；P_s 为标准物的质量分数。也可用峰高代替峰面积进行计算。

校准曲线法要求操作条件稳定，进样体积一致。此法适用于样品的色谱图中无内标峰可插入，或找不到合适的内标物的情况。

8.4.3　天然气气相色谱分析

1. 不同色谱条件下天然气的典型色谱图

天然气中主要有氮气、甲烷、乙烷、二氧化碳、丙烷、异丁烷、正丁烷、异戊烷、正戊烷等常量成分。分析时所选择的色谱工作条件应保证试样中的各成分都能被有效分离，反映在色谱图上就是试样中各成分的色谱峰与相邻成分色谱峰的分离度能满足定量要求。图 8-9~图 8-12 分别为不同色谱条件下天然气的典型色谱图。

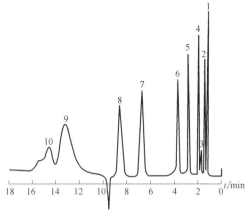

图 8-9　天然气典型色谱图

色谱条件：色谱柱：25%BMEE Chromosorb P；柱长：7m；
柱温：25℃；载气：氢气，40mL/min；进样量：0.25mL
1—甲烷和空气　2—乙烷　3—二氧化碳　4—丙烷
5—异丁烷　6—正丁烷　7—异戊烷　8—正戊烷
9—庚烷及更重组分　10—己烷

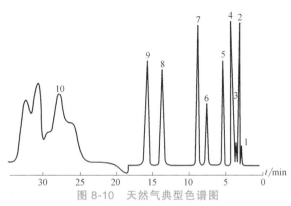

图 8-10　天然气典型色谱图

色谱条件：色谱柱：Silicone 200/500 Chromosorb P AW；柱
长：10m；载气：氢气，40mL/min；进样量：0.25mL
1—空气　2—甲烷　3—二氧化碳　4—乙烷　5—丙烷
6—异丁烷　7—正丁烷　8—异戊烷
9—正戊烷　10—己烷及更重组分

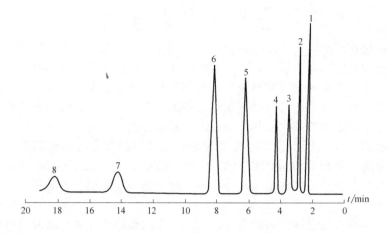

图 8-11　天然气典型色谱图

色谱条件：色谱柱：3m DIDP+6m DMS；载气：氦气，75mL/min；进样量：0.50mL

1—甲烷和空气　2—乙烷　3—二氧化碳　4—丙烷　5—异丁烷　6—正丁烷　7—异戊烷　8—正戊烷

2. 用气相色谱仪分析天然气组分的步骤

（1）仪器准备　按照分析要求，安装好色谱柱。调整操作条件，并使仪器稳定。

（2）线性检查　对于摩尔分数不大于 5% 的组分，可用 2~3 个标准气在大气压下通过进样阀进样，获得组分浓度和响应的数据；对于摩尔分数大于 5% 的组分，可用纯组分或一定浓度的混合气体，在一系列不同的真空压力下，获得组分浓度和响应的数据。将获得的数据进行整理与线性回归，建立其线性。

（3）仪器重复性检查　当仪器稳定后，两次或两次以上连续进标准气检查，每个组分响应值相差应在 1% 以内。

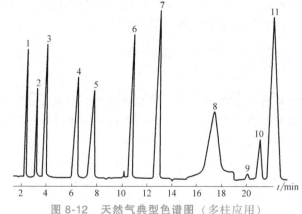

图 8-12　天然气典型色谱图（多柱应用）

色谱条件：色谱柱 1：Squalance, Chromosorb P AW，80~100 目，柱长 3m；色谱柱 2：Porapak N，80~100 目，柱长 2m；色谱柱 3：5 A 分子筛，80~100 目，柱长 2m

1—丙烷　2—异丁烷　3—正丁烷　4—异戊烷　5—正戊烷　6—二氧化碳　7—乙烷　8—己烷及更重组分　9—氧　10—氮　11—甲烷

（4）气样准备　在实验室，样品应在比取样时气源温度高 10~25℃ 的温度下达到平衡。温度越高，平衡所需时间越短（300mL 或更小的样品容器约需 2h）。

（5）进样　为获得检测器对各组分，尤其是甲烷的线性反应，进样量不应超过 0.5mL。采用该范围的进样量，除微量组分外，一般能获得较高的精密度。当组分的摩尔分数不大于 5% 时，进样量可增大到 5mL。

（6）分离乙烷及更重组分、二氧化碳的分配柱操作　使用氦气或氢气作载气，选择合适的进样量进样，并在适当时候反吹重组分。按同样的方法获得标准气相应的响应数据。

（7）分离氧、氮和甲烷的吸附柱操作　使用氦气或氢气作载气，对于甲烷的测量，进样量不得大于 0.5mL，测得气样中氧、氮和甲烷的响应数据。

（8）分离氮气和氢气的吸附柱操作　使用氦气或氩气作载气，进样 1~5mL，获得合适浓度氮和氢标准气的响应数据。

8.4.4　天然气组分浓度计算

1. 数据处理

每个组分浓度的有效数字应按照仪表的精密度和标准气的有效数字进行取舍。气样中任何组分浓度的有效数字位数不应多于标准气中相应组分浓度的有效数字位数。

2. 计算方法

根据规范《天然气的组成分析　气相色谱法》（GB/T 13610—2014）要求，天然气组分浓度计算采用"外标法"。

（1）戊烷及更轻组分浓度计算　测量每个组分的峰高或峰面积，将气样和标准气中相应组分的响应数据换算到同一衰减，气样中 i 组分的浓度 y_i 可按下式计算

$$y_i = y_{bi} \cdot \frac{H_i}{H_{bi}} \tag{8-16}$$

式中　y_{bi}——标准气中 i 组分的摩尔分数（%）；

　　　H_i——气样中 i 组分的峰高或峰面积；

　　　H_{bi}——标准气中 i 组分的峰高或峰面积，H_i 与 H_{bi} 的单位一致。

如果在一定真空压力下导入空气作为氧或氮标准气，则需要按照下式进行压力修正：

$$y_i = y_{bi} \cdot \frac{H_i}{H_{bi}} \cdot \frac{p_a}{p_b} \tag{8-17}$$

式中　p_a——空气进样时的绝对压力（kPa）；

　　　p_b——空气进样时实际的大气压力（kPa）。

（2）己烷及更重组分浓度计算　测量反吹的己烷、庚烷及更重组分的峰面积，并在同一色谱图上测量正、异戊烷的峰面积，将所有测量的峰面积换算到同一衰减，气样中的己烷、庚烷及更重组分的浓度按下式计算

$$y(C_n) = \frac{y(C_5) \cdot A(C_n) \cdot M(C_5)}{A(C_5) \cdot M(C_n)} \tag{8-18}$$

式中　$y(C_n)$——气样中碳数为 n 的组分的摩尔分数（%）；

　　　$y(C_5)$——气样中异戊烷和正戊烷摩尔分数之和（%）；

　　　$A(C_n)$——气样中碳数为 n 的组分的峰面积；

　　　$A(C_5)$——气样中异戊烷和正戊烷的峰面积之和，$A(C_n)$ 和 $A(C_5)$ 单位相同；

　　　$M(C_5)$——戊烷的相对分子质量，取值为 72；

　　　$M(C_n)$——碳数为 n 的组分的相对分子质量，对于己烷，取值为 86，对于庚烷及更重组分，取平均相对分子质量。

如果异戊烷和正戊烷的浓度已通过较小的进样量单独进行了测量，则无须再测。

3. 数据归一化

将每个组分的原始含量值乘以 100，再除以所有组分原始含量值的总和，即为每个组分归一后的摩尔分数。所有组分原始含量值的总和与 100.0% 的差值不应超过 1.0%。

天然气组分计算示例见表 8-6。

表 8-6 天然气组分计算示例

天然气组分	标准气 $y(\%)$	标准气响应数据	气样响应数据	气样 $y(\%)$	气样归一化 $y(\%)$
氦	0.11	135.5	20.9	0.017	0.02
氢	0.11	178.8	20.0	0.012	0.01
氧	0.13	28.9	1.0	0.004	0.00
氮	0.67	116.0	61.0	0.352	0.35
甲烷	92.02	319.8	317.1	91.243	91.14
乙烷	3.91	70.5	103.3	5.729	5.72
二氧化碳	0.57	99.0	32.0	0.184	0.18
丙烷	0.95	65.0	106.7	1.559	1.56
异丁烷	0.46	85.0	56.0	0.303	0.30
正丁烷	0.43	73.0	58.0	0.341	0.34
异戊烷	0.45	402.7	95.4	0.107	0.11
正戊烷	0.43	398.1	72.3	0.078	0.08
己烷及更重组分			219.0	0.189	0.19
总和				100.118	100.00

注: 1. 标准气和气样的响应数据已换算到同一衰减。

2. 己烷及更重组分的平均相对分子质量取值为92。

随着城镇燃气行业的进步和气相色谱技术的发展, 燃气成分气相色谱分析的方法也得到了迅速发展, 主要体现在两个方面:

1) 使用双检测器色谱仪分析人工燃气、天然气、液化石油气成分。燃气进入三氧化二铝毛细管柱, 在一定温度下分离, 用FD检测器检测, 用色谱工作站记录各个成分的信号, 用标准气外标法进行定量分析 $C_1 \sim C_8$ 的烃类。燃气同时用预分离加反吹的方法分析其中的氢、氧、氮、一氧化碳和甲烷, C_2 及以上的成分从预分离柱中反吹出去, 以保护主柱不被重成分污染, 用热导检测器检测, 外标法定量。

2) 多色谱柱和检测器联用。在气相色谱仪上配置了两个分流/不分流进样口、一个FID检测器和两个TCD检测器、七支色谱柱, 允许三个通道同时检测, 可以对永久气体(包括氮气、氧气、氢气、一氧化碳和二氧化碳)和 C_6 以下烃类进行完整的分析。一支氧化铝毛细管色谱柱能很好地分离 $C_1 \sim C_6$ 的烃类, 比 C_6 重的成分通过预柱被反吹出来。使用氦气作载气, 用TCD分析永久气体; 用另一个使用氮气或氩气作载气的TCD分析燃气中的氢气。

8.5 燃气的相对密度测量

8.5.1 测量方法

测量相对密度的方法有以下几种:

(1) 计算法 依据测出的燃气各组分百分比乘以各个组分相对密度之和, 即为燃气相对密度。此法只限于一般计算, 不适用于正规测量。

(2) 称量法 利用天平称出相同压力、相同温度条件下, 相等体积干燃气与干空气的质量, 二者的比值即为燃气的相对密度。此方法直接、简单, 但燃气很轻, 称重困难, 操作天平时容易产生误差。

(3) 本生-希林法 两种不同气体, 在相同的温度和压力条件下, 从同一孔口流出时, 密度比较大的气体的流速必然小于密度比较小的气体, 通过测量两种气体各自的流速, 可以准确测量燃气的相对密度。此方法操作简单, 所用的仪器也不复杂, 是目前通用的测量燃气相对密度的方法。

8.5.2　本生-希林法测量相对密度

1. 测量原理

在相同的温度与压力条件下，具有相等体积、不同种类的气体流过某固定直径的锐孔所需要的时间的平方与气体的密度成正比。

2. 测量所用仪器仪表

1）燃气相对密度计：《城镇燃气热值和相对密度测定方法》（GB/T 12206—2006）规定了测量城镇燃气相对密度采用"本生-希林式气体相对密度计"进行测量，其结构如图 8-13 所示。

2）温度计：量程 0~50℃；最小刻度 0.2℃。

3）秒表：最小刻度 0.1s。

4）大气压力计：水银大气压力指示值，最小刻度 0.01kPa；附带温度计，最小刻度不大于 0.2℃。也可以用精度不低于 0.01kPa 的其他大气压力计。

3. 测量步骤

1）将密度计水平放置，并装满温度与室温相同的水。测试时燃气与空气的温度应与室温相同。

2）向密度计的内筒中注入空气，使内筒中水位降至最低。维持 5min 后，水位位置目测无变化，表示达到气密性要求。

3）打开放气孔阀，放出湿空气后再注入湿空气，直到确认密度计的内筒中充满纯的湿空气为止。

4）打开测试孔阀，使湿空气自测试孔流出，用秒表记录水位由下部刻线到上部刻线所需的时间，精确到 0.05s。

5）再次注入湿空气。按 4）重复两次。当三次记录值相对偏差 $\Delta\tau$ 值超过 1% 时，应重测。相对偏差按下式计算

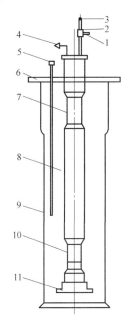

$$\Delta\tau = \frac{\tau_{\max} - \tau_{\min}}{\bar{\tau}} \times 100(\%) \qquad (8\text{-}19)$$

$$\bar{\tau} = \frac{\tau_1 + \tau_2 + \tau_3}{3} \qquad (8\text{-}20)$$

图 8-13　燃气相对密度计结构图

1—放气孔　2—三向阀（空气及燃气出口）
3—测试孔　4—气体入口　5—温度计
6—上部支架　7—上标线　8—玻璃内筒
9—玻璃外筒　10—下标线　11—下部支架

式中　τ_1，τ_2，τ_3——三次记录的时间的数值（s）；

$\bar{\tau}$——平均时间的数值（s）；

$\tau_{\max}$，$\tau_{\min}$——三次记录的时间中最大值与最小值的数值（s）。

6）向密度计的内筒中注入湿燃气，打开三通阀放气阀孔，放出湿燃气。直到确认密度计内筒中充满湿燃气为止。

7）按步骤 4）、5）求出湿燃气通过测试孔的平均时间。

4. 结果计算

根据测量原理可知，湿燃气的相对密度为

$$d_w = \left(\frac{\tau_g}{\tau_a}\right)^2 \tag{8-21}$$

式中 d_w——湿燃气的相对密度；

τ_g——燃气通过锐孔的平均时间（s）；

τ_a——空气通过锐孔的平均时间（s）。

测量过程中，当湿燃气与湿空气均达到饱和状态时，干燃气的相对密度为

$$d = d_w + a \tag{8-22}$$

$$a = \frac{d_s p_s}{p_b + p_p - p_s}(d_w - 1) \tag{8-23}$$

$$p_p = \frac{9.81 \times h}{2} \tag{8-24}$$

式中 d——干燃气真实气体的相对密度；

d_s——温度为 t 时水蒸气真实气体的相对密度；

p_b——测量环境大气压力（Pa）；

p_p——测量过程中气体的平均压力（Pa）；

h——密度计的水位差（mm）；

p_s——测量环境温度下饱和水蒸气分压力（Pa）；

a——换算为干燃气相对密度的修正值。

当两次平行的测量结果 d_1 与 d_2 的相对偏差 Δd 不大于1%时，d_1 与 d_2 的平均值 $\bar{d}$ 即为测量结果。相对偏差按下式计算

$$\Delta d = \frac{d_1 - d_2}{\bar{d}} \times 100(\%) \tag{8-25}$$

$$\bar{d} = \frac{d_1 + d_2}{2} \tag{8-26}$$

式中 d_1、d_2——第一次与第二次的测试值。

8.6 燃气热值测量

8.6.1 燃气热值测量的方法

根据燃气热值的获得方式，燃气热值的测量方法有直接测量和间接测量两种。

（1）直接测量法 常用的方法有水流吸热法、烟气吸热法和金属膨胀法等。烟气吸热法对设备和环境的要求比水流吸热法严格，但准确度和灵敏度高。

1）水流吸热法。利用水流将燃气燃烧产生的热量完全吸收。根据水量与水温的升高即可以求出燃气的热值。这种方法确切可靠，受外界因素干扰较小，是通用的测量燃气热值的方法。《城镇燃气热值和相对密度测定方法》（GB/T 12206—2006）规定了测量燃气热值的方法为水流吸热法。水流吸热法有间歇测量和连续测量两种。

2）烟气吸热法。利用烟气将燃气燃烧产生的热量完全吸收。根据烟气的温度变化推算

出燃气热值。此方法能准确地测出燃气热值的变化，但是需要用水流吸热法来标定。这种方法的优点是反应快，滞后时间比较短。

3）金属膨胀法。利用燃气燃烧产生的热量加热两个同心金属制成的膨胀管，两管的相互位置因温度改变而变化，而此温度受燃气热值的影响，将两管的相互位置变化量放大并记录，即可自动测量燃气热值的变化。用此方法制成的热量计称为"西格马"记录式热量计（Sigma Recording Calorimeter）。

（2）间接测量法　间接测量法是利用组成分析数据进行计算得到燃气的热值。国内外标准有 ISO 6976、ASTMD 3588 和 GB/T 11062。常用的方法主要为计算法。

计算法：将燃气中各可燃组分的热值乘以相应组分的体积分数，各组数据之和即为燃气的热值。其计算公式为

$$H = H_1\gamma_1 + H_2\gamma_2 + \cdots + H_n\gamma_n = \sum_{i=1}^{n} H_i\gamma_i \tag{8-27}$$

式中　　　　　　　H——燃气热值（kJ/m^3）；

$H_1, H_2, \cdots, H_n$——燃气中各可燃组分的热值（kJ/m^3）；

$\gamma_1, \gamma_2, \cdots, \gamma_n$——燃气中各可燃组分的体积分数（%）。

8.6.2　水流吸热法测量热值

本节以水流吸热法为例介绍燃气热值的测量。

1. 测量仪器

根据《城镇燃气热值和相对密度测定方法》（GB/T 12206—2006）规定，采用容克式水流式热量计测量热值，测量装置如图 8-14 所示。

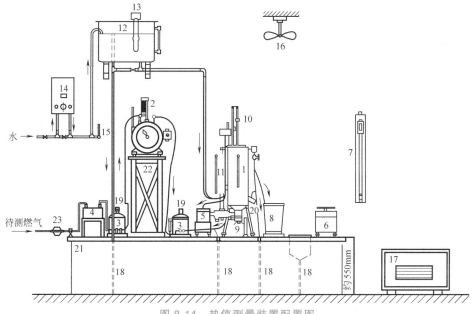

图 8-14　热值测量装置配置图

1—热量计　2—燃气表　3—湿式燃气调压器　4—燃气加湿器　5—空气加湿器　6—电子秤
7—大气压力计　8—水桶　9—量筒　10—测水流温度用温度计　11—测室温用温度计　12—水箱
13—搅拌机　14—水温调节器　15—水温调节用温度计　16—风扇　17—室温调节器　18—排水口
19—砝码　20—排烟口　21—测试台　22—燃气表支架　23—一次压力调节器

整个测量装置主要包含以下部件：

1）热量计。

2）空气加湿器。

3）湿式燃气表：流量 20~1000L/h；最小刻度 0.02L。

4）湿式燃气调压器：用砝码调节出口燃气压力，调压范围为 0.20~0.60kPa。

5）燃气加湿器。

6）温度计：热量计进口与出口采用双层玻璃管的精密水银温度计，温度范围 0~50℃，最小刻度 0.1℃。其他温度计，温度范围 0~50℃，最小刻度 0.2℃。

7）电子秤：标量 8kg，感量 2g 以下。

8）大气压力计：水银大气压力计，大气压力指示值 0.01kPa；附带温度计，最小刻度不大于 0.2℃。也可用精度不低于 0.01kPa 的其他大气压力计。

9）水温控装置（水箱和水温调节器）：水箱容量不宜小于 $0.3m^2$，水流量为 2~3L/min，水温低于室温 (2±0.5)℃。

10）燃烧器的喷嘴：燃烧器的喷嘴出口直径与高位热值、燃气流量的关系见表 8-7。

表 8-7 燃烧器的喷嘴出口直径与高位热值、燃气流量的关系

高位热值/(kJ/m^3)	燃气流量/(L/h)	喷嘴出口直径/mm
62800	65	1.0
54400	75	1.0
46000	90	1.0
37000	110	1.5
29300	140	2.0
21900	200	2.0
16700	250	2.0

11）水桶：盛水容量 8kg。

12）冷凝水量筒：容量 50mL，最小刻度不大于 0.5mL。

13）秒表：最小刻度不大于 0.1s。

2. 测量条件

1）控制燃气热量计的热流量为 3800~4200kJ/h。

2）控制系统中各个仪表（如湿式燃气表等）内的水温与室温相差在 ±0.5℃ 范围内。

3）供给热量计的水温比室温低 (2±0.5)℃，并且每次测量时的温度变化保持在 0.05℃ 以下。

4）调节进入热量计的水量，控制热量计的进出口温差为 10~12℃。

5）调节进入热量计的空气的相对湿度为 (80±5)%。

6）对热量计进出口温度读数 10 次，所用燃气量规定为：

① 高位热值小于 $31400kJ/m^3$ 时，所用燃气量大于 10L。

② 高位热值大于 $31400kJ/m^3$ 时，所用燃气量大于 5L。

3. 操作步骤

1）系统运行约 10min 后，各种参数均应满足测量条件的各项要求，并且热量计出口水温度变化范围应小于 0.2℃。当冷凝水均匀滴下时，开始测量；当燃气表的指针指到某整数时，用量筒收集冷凝水，并记录燃气表读数。

2）燃气表指针指到某整数刻度的瞬时，迅速拨动热量计的水流切换阀，非确认水流向水桶的一侧。应在拨动切换阀的同时，读出热量计的进出口水温。温度值应估读到小数点后

第二位。

3）分 10 次读出热量计的进出口水的温度，并填写热值测量表。

4）当燃气表累计读数达到测量条件中 6）的要求时，拨动切换阀，并确认水流向排水的一侧。

5）当水流出口无水 2h 后，测量水桶内的水的质量，并记录。第一次测量结束。

6）按以上方法重复 2 次，共记录 3 次结果。

7）当燃气表指针经过某整数时，拿开凝结水量筒，记录收集冷凝水期间的燃气量。

8）记录热值测量表中其他数据：

① 记录湿式燃气表上的燃气温度计的读数，精确到 0.1℃。

② 记录室内空气温度（精确到 0.1℃）及大气压力（精确到 0.01kPa）。

③ 记录热量计上的烟气温度，精确到 0.1℃。

4. 结果计算

（1）燃气体积修正系数 f_1

$$f_1 = \frac{273.15}{273.15 + t_g} \times \frac{p_{b0} + p - p_s}{101.325} f \tag{8-28}$$

$$p_{b0} = p_b - a \tag{8-29}$$

式中　f_1——计量参比条件下干燃气的体积换算系数；

　　　t_g——燃气温度（℃）；

　　　p_{b0}——换算到 0℃ 时的大气压力（kPa）；

　　　a——大气压力温度修正值（kPa）；

　　　p_b——实验室内大气压力（kPa）；

　　　p——燃气压力（kPa）；

　　　p_s——燃气温度为 t_g 时水蒸气饱和蒸汽压（kPa）；

　　　f——湿式燃气表的校正系数，根据标准计量瓶对燃气表读数的校正，为标准值与测得值的比值。

（2）换算系数 F

$$F = f_1 f_2 \tag{8-30}$$

$$f_2 = \frac{H_c}{H_y} \tag{8-31}$$

式中　f_2——燃气热量计的修正系数；

　　　H_c——纯燃气按以上介绍的方法测量得到的热值（kJ/m³）；

　　　H_y——已知的、纯燃气的标定热值（kJ/m³），应根据《天然气　发热量、密度、相对密度和沃泊指数的计算方法》（GB/T 11062—2014）要求，换算成真实气体的热值。

　　f_2 值应由计量管理单位验证。

（3）热值计算

$$H_i = 4.1868 \frac{W \Delta t}{V} \tag{8-32}$$

式中　H_i——每一次的测量热值（kJ/m³）；

　　　W——测量所用水量（g）；

　　　V——测量所用燃气量（L）；

Δt——热量计进出口水温的平均温差。

连续测量三次，如果不能满足下式要求，测量值无效，需重新测试

$$\frac{H_{imax} - H_{imin}}{\sum\limits_{i=1}^{3} \dfrac{H_i}{3}} \leqslant 0.010 \qquad (8-33)$$

式中 H_{imax}——测量数值中的最大值（kJ/m^3）；

H_{imin}——测量数值中的最小值（kJ/m^3）；

（4）燃气高位热值

$$H_s = \frac{\sum\limits_{i=1}^{3} H_i}{3} \times \frac{1}{F} \qquad (8-34)$$

式中 H_s——燃气高位热值（kJ/m^3）。

（5）燃气低位热值

$$H_1 = H_s - \frac{1000 l_Q W'}{V' f_1} \qquad (8-35)$$

式中 H_1——燃气低热值（kJ/m^3）；

W'——燃烧 V' 燃气生成的冷凝水量（mL）；

V'——与 W' 对应的燃气耗量（L）；

l_Q——冷凝水的汽化热，$l_Q = 2.5 kJ/g$。

8.7 火焰传播速度和爆炸极限测量

8.7.1 火焰传播速度测量

火焰传播速度也称燃烧速度，是气体燃料最重要的特性参数之一。它与燃烧工况有关，是稳定火焰的重要影响因素，是设计燃气燃烧器及燃烧设备的主要根据，也是判定燃气互换性的基本参数之一。

用点火源点可燃混合物时，产生局部燃烧反应而形成点源火焰。由于反应释放的热量和生成的自由基等活性中心向四周扩散传输，使紧挨着的一层未燃气体着火、燃烧，形成一层新的火焰。反应依次往外扩张，形成瞬时的球形火焰面。图 8-15 所示为静止均匀混合气体中的火焰传播示意图，此火焰面的移动速度称为层流火焰传播速度（或正常火焰传播速度），简称火焰传播速度，用 S_n 表示。未燃气体与已燃气体之间的分界面称为火焰锋面或火焰面，如图 8-16 所示。

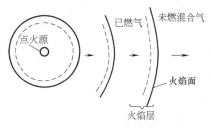

图 8-15 静止均匀混合气体中的火焰传播

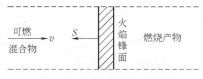

图 8-16 流管中的火焰锋面

火焰正常传播又分为层流火焰传播和紊流火焰传播两种形式。层流火焰传播速度一般为 1~100cm/s，而紊流火焰传播速度在 200cm/s 以上，一般工业技术的燃烧都属于紊流火焰传播。虽然在工程上常见的是紊流状态下的火焰传播，但是在静止介质或层流状态下的法向火焰传播是研究燃烧过程的基本问题，也是讨论紊流火焰传播的基础。

层流火焰传播速度没有精确的理论公式来计算。通常是依靠实验方法测得单一燃气或混合燃气在一定条件下的层流火焰传播速度值，有时也可依照经验公式和实验数据计算混合气的火焰传播速度。

目前尚缺少完全符合层流火焰传播速度定义的测量方法。几乎不可能得到严格的平面状火焰面，所以无法精确测量层流火焰传播速度。

测量层流火焰传播速度的实验方法，一般可归纳为静力法和动力法两类。

1. 静力法

（1）管子法　静力法中最直观的方法是常用的管子法，如图 8-17 所示。测量时，用电影摄影机拍摄下火焰面移动的照片，依据胶片走动的速度和影与实物的转换比例，可算出可见火焰传播速度 S_v。在这种情况下，

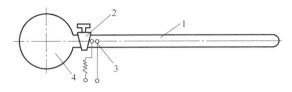

图 8-17　用静力法（管子法）测量 S_n

1—玻璃管　2—阀门　3—火花点火器　4—装有惰性气体的容器

底片上留下的是倾斜的迹印，根据倾斜角可以确定任何瞬间的火焰传播速度 S_n。

由于燃烧时气流的紊动，焰面通常不是一个垂直于管子轴线的平面，而是一个曲面。设 F 为火焰表面积，f 为管子截面积，可得

$$S_v f = S_n F \tag{8-36}$$

$S_v > S_n$。管径越大，紊动越强烈，焰面弯曲度越大，S_v 与 S_n 的差值也越大。

（2）皂泡法　将已知成分的可燃均匀混合气注入皂泡中，点燃中心部分的可燃均匀混合气，形成的火焰面能自由传播（气体可自由膨胀），在不同时间间隔出现半径不同的球状火焰面。用光学方法测量皂泡起始半径和膨胀后的半径，以及相应焰面之间的时间间隔。即可计算出火焰传播速度 S_n。

这种方法的缺点是肥皂液蒸发对混合气湿度的影响。某些碳氢燃料对皂泡膜的渗透性、皂泡球状焰面的曲率变化以及湍流脉动等因素，都会给测量结果带来误差。

另一种类似的方法是球形炸弹法。球弹中可燃混合气点燃后火焰扩散时其内部压力逐步升高，根据记录的压力变化和球状焰面的尺寸，可算得火焰传播速度。

2. 动力法

（1）本生火焰法　本生火焰由内锥和外锥两层焰面组成，内锥面由燃气与预先混合的空气进行燃烧反应而形成的，静止的内锥焰面说明了内锥表面上各点的 S_n（指向锥体内部）与该点气流的法向分速度 v_n 是平衡的。因此，测出 v_n 即可得到 S_n，如图 8-18 所示。内锥面上每一点的速度存在以下关系

$$S_n = v\cos\varphi = v_n \tag{8-37}$$

式中　S_n——某点的法向火焰传播速度（cm/s）；

　　　v——该点的气流速度（cm/s）；

　　　v_n—该点气流速度的法向分速度（cm/s）；

　　　φ——气流速度与焰面法线之间的夹角（°）。

实际上内焰并非是一个几何正锥体，焰面各点上的 S_n 也并不相等。但为了得到比较简单的计算公式，可假定焰面上 S_n 值不变，内焰为几何正锥体，这样便可测得层流火焰传播速度的平均值，且具有足够的准确性。

当混合气出流稳定时，按连续方程有

$$\rho_0 F_0 v_m = \rho_0 v_n F_f = \rho_0 S_n F_f \tag{8-38}$$

式中　F_0——燃烧器出口截面积（m^2）；

　　　v_m——燃气-空气混合物在燃烧器出口处的平均流速（m/s）；

　　　S_n——平均层流火焰传播速度（cm/s）；

　　　F_f——火焰的内锥表面积（m^2）。

设内锥为一底半径为 r、高度为 h 的正锥体，通过测量得到气体流量 L 和火焰内锥高度 h，层流火焰传播速度 S_n 可按下式计算得出

$$S_n = \frac{L_g + L_a}{\pi r \sqrt{r^2 + h^2}} \tag{8-39}$$

式中　L_g——燃气流量（m^3/s）；

　　　L_a——空气流量（m^3/s）。

测量系统如图 8-19 所示，燃气与空气分别经过气体流量计进入燃烧管，根据燃气与空气的流量以及燃气的理论空气量可以算出一次空气系数 α。可调节空气阀或燃气阀得到不同的 α 值。

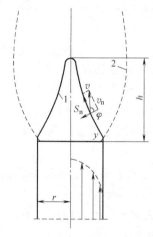

图 8-18　本生火焰示意图

1—内锥面　2—外锥面

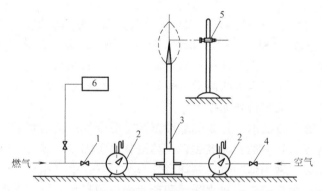

图 8-19　火焰高度测量系统图

1—燃气阀　2—气体流量计　3—燃烧管　4—空气阀
5—测高仪　6—成分分析仪或热量计

最后把相关数据整理成火焰传播速度测试表，格式见表 8-8。

表 8-8　火焰传播速度测试表

日期：		气样来源：					
人员：		性　质：					
燃烧管半径/cm							
	序　号		1	2	3	4	5
室内参数	室内温度/℃						
	大气压力/Pa						

（续）

序　　　号		1	2	3	4	5
燃气参数	燃气温度/(℃ 或 K)					
	燃气压力/Pa					
	燃气密度/(kg/m³)					
	燃气流量计测量流量 L_{gc}/(L/s)					
	燃气流量计修正系数 f_g					
	燃气流量 L_g/(标 L/s)					
空气参数	空气温度/(℃ 或 K)					
	空气压力/Pa					
	空气密度/(kg/m³)					
	流量计空气测量流量 L_{ac}/(L/s)					
	空气流量计修正系数 f_a					
	空气流量 L_a/(L/s)					
燃气性质	燃气热值 Q_{DW}/(kJ/m³)					
	理论空气需要量 V_0/ $[m^3(干空气)/m^3(干燃气)]$					
火焰传播速度	一次空气系数 α					
	火焰高度 h					
	混合气体流量 $L_m = L_g + L_a$					
	火焰传播速度 S_n/(cm/s)					

（2）平面火焰法　如图 8-20 所示，Powling 燃烧器和 Mache-Hebra 喷嘴可提供平面和盘状火焰，此类火焰的面积比较容易精确测量。可燃均匀混合气进入直径较大的圆管，通过装在管口的多孔板或蜂窝格及整流网等，形成出口平面处速度的均匀分布。点燃混合气，即可在管口下游一定位置形成一平面火焰。管口四周用惰性气体将火焰包围，用以限定火焰面的大小。只要准确测得火焰平面的面积和混合气流量，即可求得层流火焰传播速度（$S_n = L_{mix}/F_f$）。

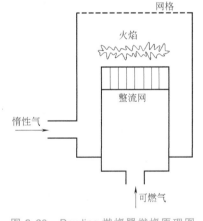

图 8-20　Powling 燃烧器燃烧原理图

此法的优点是火焰的发光区、浓度梯度最大处等都重叠在同一平面上，因而用不同方法测量结果是一致的。气流速度（即火焰传播速度）也可用颗粒示踪法或激光测速法测量。缺点是：

1）为得到真正的平板火焰，蜂窝状的整流网必须装在离火焰很近的地方，距火焰只有 8~15mm，整流网可以达到 200℃，并且把气流也加热，因此造成一定的误差。

2）从稳定的平板火焰的施利尔摄影照片上可以看出，烧嘴的出口处流线有轻微的偏斜，如不加以校正，也会引起误差。

这种方法只适于测量 5~9cm/s 范围内的火焰传播速度，可用来测量和研究接近着火浓度极限的可燃混合物的火焰传播速度。如果用此法测量较高的火焰传播速度，还需要再加一个多孔板来稳定火焰。这会使测试条件复杂化，并引入一系列误差。

（3）其他方法

1）颗粒示踪法。测量火焰传播速度的关键在于准确地测量可燃混合气体流速与火焰的形状。可以采用施利尔摄影法辅助颗粒示踪进行测量。

颗粒示踪法就是在可燃混合气中掺入既能闪光、又不会引起化学反应的细小物质颗粒，并连续加以频闪照射。对频闪照射的粒子进行拍摄，据此确定气流的流线谱。根据示踪间歇的距离和频闪速度，计算出颗粒在气流中的运动速度。示踪颗粒运动是与气体质点运动同步的，颗粒速度即代表该处气流速度。

用摄影方法来确定火焰锥顶半角值（火焰形状），如施利尔摄影法。一般说来，任何使光线在一个较小面积上发生不规则偏射的因素都可以称为施利尔。这种因素可能是由于厚度的改变，也可能是因为密度的变化。施利尔摄影法还可以用简单的实验来说明。在点光源与屏幕之间放置一块质量不均匀的玻璃片，这样在屏幕上就会出现一些亮度不同的区域（亮区与暗区）。应当指出，只有暗区才处于从点光源到不均匀体之间所连的直线上，而亮区却受到其他区域中偏射过来的光线的照射，所以很难在亮区和产生亮区的不均匀体之间建立联系。

典型的施利尔摄影系统如图 8-21 所示。将强度很大的点光源 1 聚集到一个狭缝 2 上，狭缝位于透镜 3 的焦平面中。透镜 3′ 与 3 之间为平行光。需要研究的火焰位于 3′ 与 3 的平行光中。在透镜 3 的集平面中，安置刀口 5，刀口的平面与狭缝的像平行。沿着 K 方向移动刀口。由于衍射等现象的关系，当刀口穿过光焦点（弥散圆）时，光线不是一瞬间就消失，而是沿着整个图形逐渐地并且均匀地变暗，最后消失。当火焰存在不均匀性时，光线的一部分会偏斜，在刀口上面通过，并在屏幕 7 上形成一个不均匀的像。用这种方法看到的是沿着刀口边缘方向走的光线，为了把整个不均匀区的情况都记录下来，需要将刀口转 90°。

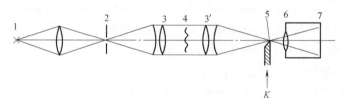

图 8-21　施利尔摄影系统图

1—点光源　2—狭缝　3, 3′—透镜　4—火焰（施利尔）　5—刀口　6—透镜　7—屏幕

透镜的质量要求很高，必须是消色差的，否则必须利用单色光作光源。

施利尔摄影比一般摄影的优点是：曝光时间短（通常可以用 10^{-3} s 的速度拍照），所以用它可拍到一般摄影不能拍到的瞬时火焰照片。用施利尔摄影法确定火焰前沿面较为实际。

从燃烧管流出的气流速度场比较复杂，测速较麻烦且会引起各种误差。如果在燃烧管的出口加一个渐缩燃烧管头部，就能得到均匀的出口气流速度场。在这种条件下，只需测一个速度值。另外，火焰锥边缘是一条直线，用摄影法可以很容易测出火焰锥顶半角值，进而求得火焰传播速度 S_n。

该方法过于复杂，不适于作为经常使用的 S_n 测量方法。但该法证实了 S_n 为一物理常数。

2）激光测速法。激光测速的基本原理和操作方法详见本书第 4 章。

3）根据成分计算法。在没有条件直接测量燃气的火焰传播速度时，也可以通过燃气成分分析，先测出燃气中各成分的体积分数 x_i，然后根据各单一成分的火焰传播速度，再算出混合燃气的火焰传播速度。

$$S_n = \frac{\sum S_{n,i}\alpha_i V_{0,i} x_i}{\sum \alpha_i V_{0,i} x_i} \times \left[1 - F(K_1 + K_1^2 + 2.5 K_2) \right] \tag{8-40}$$

式中　S_n——混合燃气的火焰传播速度（cm/s）；

$\quad\quad S_{n,i}$——i 可燃成分的火焰传播速度（cm/s）；

$\quad\quad V_{0,i}$——i 可燃成分的理论空气需要量（m³）；

α_i——可燃成分的最适合燃烧反应的空气系数；

x_i——可燃成分或非可燃成分的体积分数（%）；

F——可燃成分受惰性气体影响的系数，$F = \dfrac{\sum x_i}{\sum \dfrac{x_i}{f_i}}$；

K_1——N_2 与 O_2 的综合影响系数；

K_2——CO_2 与 O_2 的综合影响系数；

f_i——i 可燃成分受惰性气体影响的系数。

其中

$$K_1 = \frac{x_{N_2} - 3.76 x_{O_2}}{100 - 4.76 x_{O_2}} \tag{8-41}$$

$$K_2 = \frac{x_{CO_2}}{100 - 4.76 x_{O_2}} \tag{8-42}$$

8.7.2　爆炸极限测量

在燃气-空气（或氧气）混合物中，只有当燃气与空气的比例在一定极限范围内时，火焰才有可能传播。若混合比例超过极限范围，即当混合物中燃气浓度过高或过低时，由于可燃混合物的发热能力降低，氧化反应的生成热不足以把未燃混合物加热到着火温度，火焰就会失去传播能力而造成燃烧过程的中断。能使火焰继续不断传播所必需的最低燃气浓度，称为火焰传播浓度下限（或低限）；能使火焰继续不断传播所必需的最高燃气浓度，称为火焰传播浓度上限（或高限）。上限和下限之间就是火焰传播浓度极限范围，或称着火浓度极限。

火焰传播浓度极限范围内的燃气-空气混合物，在一定条件下（例如在密闭空间里）会瞬间完成着火燃烧而形成爆炸，因此火焰传播浓度极限又称爆炸极限。了解燃气-空气混合物的火焰传播浓度极限，对安全使用燃气是很重要的，其值一般由实验测得。

1. 爆炸极限测量仪

爆炸极限测量仪的示意图如图 8-22 所示，它主要由反应管、搅拌装置、点火装置、真空泵、压力计、电磁阀等组成。反应管用硬质玻璃制成，管长（1400±50）mm，管内径（60±5）mm，管壁厚度不小于 2mm，管底部装有通径不小于 25mm 的泄压阀，装置安放在可升温至 50℃ 的恒温箱内。恒温箱前后各有双层门，一层为钢化玻璃，一层为有机玻璃，用以观察实验并起保护作用。

可燃气体和空气混合气体利用电火花引燃，电火花能量应大于混合气的最小点火能。放电电极距离反应管底部不小于 100mm，并处于管横截面中心，电极间距为 3~4mm。

测量步骤：

1）检查密闭性，将装置抽真空至不大于 667Pa（5mmHg）的真空度，然后停泵。5min 后压力计压力降不大于 267Pa（2mmHg），则认为密闭性符合要求。

2）配制混合气。用分压法配制混合气，也可使用其他能准确配气的方式。

3）搅拌。为了使反应管内可燃气在空气中均匀分布，配好气后利用无油搅拌泵搅拌 5~10min。

4）点火。停止搅拌后打开反应管底部泄压阀，然后点火，观察是否出现火焰。点火时恒温箱的玻璃门均应处于关闭状态。

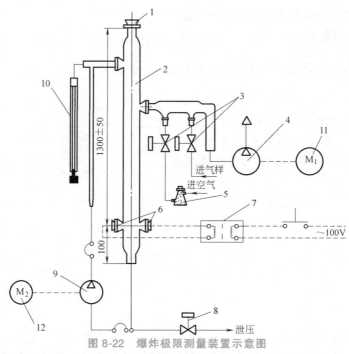

图 8-22 爆炸极限测量装置示意图

1—安全器 2—反应管 3—电磁阀 4—真空泵 5—干燥瓶 6—放电电极
7—电压互感器 8—泄压电磁阀 9—搅拌泵 10—压力计 11—M_1 电动机 12—M_2 电动机

5）用渐进法通过测试确定极限值。测量爆炸下（上）限时，如果在某浓度下未发生爆炸现象，则增大（减少）可燃气体浓度直至测得能发生爆炸的最小（大）浓度；如果在某浓度下发生爆炸现象，则减少（增大）可燃气体浓度直至测得不能发生爆炸的最大（小）浓度。测量爆炸下限时样改变量每次不大于上次进样量的 10%，测量爆炸上限时样品改变量每次不大于上次进样的 2%。

试验中出现以下现象均判定发生了爆炸：

① 火焰非常迅速地传播至管顶。

② 火焰以一定的速度缓慢传播。

③ 在放电电板周围出现火焰，然后熄灭，这表明爆炸极限在这个浓度附近。

在这种情况下，至少重复这个试验 5 次，有一次出现火焰传播。通过重复性操作步骤 5），测得最接近的火焰传播和不传播两点的浓度，并按下式计算爆炸极限值

$$\varphi = \frac{1}{2}(\varphi_1 + \varphi_2) \qquad (8\text{-}43)$$

式中 φ——爆炸极限；

φ_1——传播浓度；

φ_2——不传播浓度。

2. 可燃气体报警器

（1）可燃气体报警器的用途   可燃气体报警器又称气体泄漏检测报警器，是区域安全监视器中的一种预防性报警器。当工业环境、日常生活环境中可燃气体报警器检测到可燃气体浓度达到爆炸下限或上限的临界点时，可燃气体报警器就会发出报警信号，以提醒工作人员采取安全措施，并驱动排风、切断、喷淋系统，防止发生爆炸、火灾、中毒事故。可燃气体报警器经常用在化工厂、燃气站、锅炉房等或者产生可燃性气体的场所。

可燃气体报警器主要用于检测空气中的可燃气体，常见的如氢气（H_2）、甲烷（CH_4）、乙烷（C_2H_6）、丙烷（C_3H_8）、丁烷（C_4H_{10}）、乙烯（C_2H_4）、丙烯（C_3H_6）、丁烯（C_4H_8）、乙炔（C_2H_2）、丙炔（C_3H_4）、丁炔（C_4H_6）、磷化氢（PH_3）等。

（2）可燃气体报警器的类型及工作原理　按照使用环境可以分为工业用气体报警器和家用燃气报警器，按自身形态可分为固定式可燃气体报警器和便携式可燃气体报警器。根据工作原理分为传感器原理报警器、红外线探测报警器、高能量回收报警器。目前使用的多是传感器式报警器。

1）工业用固定式可燃气体报警器由报警控制器和探测器组成，控制器可放置于值班室内，主要对各监测点进行控制，探测器安装于可燃气体最易泄漏的地点，其核心部件为内置的可燃气体传感器，传感器检测空气中气体的浓度。探测器将传感器检测到的气体浓度转换成电信号，通过线缆传输到控制器，气体浓度越高，电信号越强。当气体浓度达到或超过报警控制器设置的报警点时，报警器发出报警信号，并可启动电磁阀、排气扇等外联设备，自动排除隐患。

可燃气体探测器是对单一或多种可燃气体浓度响应的探测器。可燃气体探测器有催化型、红外光学型两种类型。

催化型可燃气体探测器是利用难熔金属铂丝加热后的电阻变化来测定可燃气体浓度。当可燃气体进入探测器时，在铂丝表面引起氧化反应（无焰燃烧），其产生的热量使铂丝的温度升高，而铂丝的电阻率便发生变化。

红外光学型可燃气体探测器是利用红外传感器通过红外线光源的吸收原理来检测现场环境的碳氢类可燃气体。

2）便携式可燃气体报警器为手持式，工作人员可随身携带，检测不同地点的可燃气体浓度。便携式气体检测仪集控制器，探测器于一体，小巧灵活。与固定式气体报警器相比主要区别是便携式气体检测仪不能外联其他设备。

3）家用可燃气体报警器也可以称为燃气报警器，主要用于检测家庭煤气泄漏，防止煤气中毒和煤气爆炸事故的发生。

思 考 题

1. 燃气的种类有哪些？
2. 工程中常用到的燃气参数主要有哪些？
3. 天然气计量与其他热工参数测量相比有何特殊之处？
4. 什么是高位热值和低位热值？
5. 什么是压缩因子？如何确定压缩因子？
6. 常用的燃气和烟气湿度测量装置有哪些？
7. 简述天然气计量的几个发展阶段。
8. 简要说明如何选用燃气流量计量仪表。
9. 燃气计量常用的仪表有哪几类？
10. 简述分析天然气中甲烷浓度的方法、原理和步骤。
11. 测量相对密度的方法有几种？
12. 简述水流吸热法进行燃气热值测量的原理。
13. 何为火焰传播速度？如何测量火焰传播速度？
14. 简述可燃气体报警器与常规燃气测量仪表的区别。

第9章
建筑节能检测

9.1 建筑能耗与建筑节能

9.1.1 建筑能耗

建筑能耗是一个建筑群或建筑物所消耗能源的总称，主要由三大部分组成，即建筑能耗、使用能耗和拆除能耗。因使用能耗持续的时间长、数量大，是实施建筑节能的重点关注对象。

建筑能耗，包括建筑材料的生产、运输、施工所需能耗，即修建建筑物所消耗的能源。

使用能耗，包括供暖、空调、通风、照明、动力、给水排水等所消耗的能源。

拆除能耗，当建筑物达到使用寿命后，将其拆除所需能耗。它也是建筑能耗的主要组成部分。

建筑能耗在一个国家总的能耗中所占的比例是比较大的，据统计，在美国、日本、瑞典和英国等发达国家，建筑能耗约占总能耗的30%，而供暖空调能耗约占建筑能耗的65%。我国建筑能耗已占社会总能耗的20%~25%，且呈逐步上升之势，我国供暖空调耗能指标相当于同等气候条件下发达国家的2~3倍。

建筑能耗是牵动社会经济发展全局的大问题。随着人们生活水平的提高，人们对舒适度的要求越来越高，消耗在暖通空调设备上的能量将越来越多，若不采取有效的节能措施，该能耗所占比例将越来越大。可见，节能已成为整个社会应普遍关注的重要问题。在未来很长一段时间内，大力开展节能工作、积极采取节能措施、有效降低能源消耗、努力营造低碳环境将成为人类的生活主流。

1. 国际建筑能耗状况

据国际能源署（IEA）《世界能源展望2017》数据显示，在新能源政策的大背景下，全球能源需求增速放缓，但截至2040年仍会保持在30%左右的增长速度。表9-1所示是全球主要地区一次能源需求变化情况（2016—2040年）。日本、欧盟等能源机构预计，全球能源消费峰值将出现在2020—2030年。全球化石能源的枯竭是不可避免的，并将在21世纪内基本开采殆尽。能源的短缺、气候的急剧变化迫使建筑能耗强度发生变化，同时，单位面积的建筑能耗及人均能耗也发生相应变化。图9-1所示为全球主要国家建筑能耗强度及总量对比情况。由图可以看出：

1）发展中国家，如中国、巴西、印度建筑能耗强度（单位面积和人均能耗强度）都明显低于发达国家。

2）发达国家能耗强度水平也存在差异：美国人均能耗是日本、韩国和欧洲四国（英国、德国、法国和意大利）等发达国家的2~3倍；俄罗斯单位面积能耗强度最高，超过

80kg（标准煤）/（m²·年）［简称 kg（标准煤）/（m²·a）］，而人均能耗仍和日本、欧洲等国接近。

3）中国人均建筑能耗水平是美国的 1/8，单位面积建筑能耗是美国的 1/4。而从人口总量来看，截至 2010 年，中国人口为 13.4 亿，而美国仅为 3.1 亿，因而，即使人均能耗大大低于美国，中国建筑能耗总量也接近美国的 1/2。

表 9-1　全球主要地区 2016—2040 年一次能源需求变化情况

全球主要地区和国家	一次能源需求变化/Mtoe
欧亚大陆	135
欧洲	−200
中东	480
非洲	485
中美和南美洲	270
东南亚	420
美国	−30
日本	−50
中国	790
印度	1005

注：1Mtoe = 4.1868×10⁴TJ。

2. 我国的建筑能耗形势

（1）我国建筑能耗的现状与趋势　现阶段，我国建筑能耗约占全国能耗总量的 20%，与发达国家相比，我国建筑能耗强度处于低位。我国人均建筑能耗水平是美国的 1/8，单位面积建筑能耗是美国的 1/4。截止到 2014 年，我国总建筑面积约为 560 亿 m²，建筑商品能耗为 8.19 亿 t（标准煤），占全社会能源消费的 20%。预计到 2030 年，中国建筑能耗达到（10~12）亿 t（标准煤），这其中，供暖能耗仅考虑了建筑耗热量，而未包括北方城镇集中供暖系统中热力生产以及输配过程中的损失。各研究机构对我国未来建筑能耗的预测分析如图 9-2 所示。

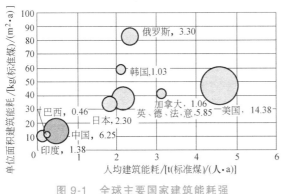

图 9-1　全球主要国家建筑能耗强度及总量比较（2010 年）

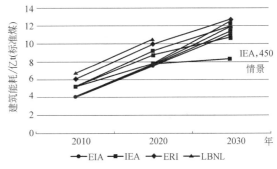

图 9-2　各研究机构对我国未来建筑能耗的预测分析

（2）我国建筑能耗分类　考虑到我国南北地区冬季供暖方式的差别、城乡建筑形式和生活方式的差别以及居住建筑和公共建筑人员活动及能耗设备的差别，将我国的建筑能耗分为北方城镇供暖能耗、城镇住宅能耗（不包括北方城镇供暖）、公共建筑能耗（不包括北方城镇供暖），以及农村住宅能耗四类。我国 2013 年建筑能耗分布情况见表 9-2。

1）北方城镇供暖能耗。北方城镇供暖能耗是我国建筑能耗的重要组成部分，覆盖的范围包括严寒地区和寒冷地区城镇各类建筑。如图 9-3 所示，从 2001—2012 年，尽管供暖能耗强度持续下降，从 22.8kg（标准煤）/m² 降低到 16.1kg（标准煤）/m²（降低近 30%），北方城镇供暖能耗总量仍持续增长。北方城镇供暖面积的增加是供暖能耗总量增长的主要原因。

表 9-2 我国 2013 年各类建筑能耗分布表

能耗分类	宏观参数（面积或户数）	总商品能耗/亿 t（标准煤）	比例
北方城镇供暖	120 亿 m²	1.81	24.0%
公共建筑（不含北方城镇供暖）	99 亿 m²	2.11	27.9%
城镇住宅（不含北方城镇供暖）	2.57 亿户	1.85	24.5%
农村住宅	1.62 亿户	1.79	23.6%
合计	13.6 亿人，约 545 亿 m²	7.56	

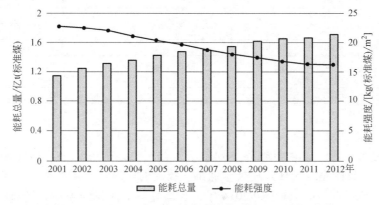

图 9-3 2001—2012 年北方城镇供暖能耗总量与强度

从北方城镇供暖热源的类型来看，包括各种规模的燃煤热电联产、燃气热电联产、燃煤锅炉、燃气锅炉、地源或水源热泵、工业余热和分户供暖（包括分户燃气锅炉、燃煤炉、热泵和电供暖）等形式。北方城镇供暖以各种规模的集中供暖系统为主，约占总的供暖面积的 90%，且趋势是比例越来越大。热电联产的增长速度明显，约有近 40 亿 m² 的建筑采用热电联产供暖。从能源类型来看，燃煤是集中供暖的主要能源形式，燃气在各种供暖系统中的应用也越来越多，这与国家逐步控制煤的用量，大力发展燃气供暖、发电有关。而在北方地区，利用工业余热供暖的面积还较少，未来还有较大的开发潜力。

2）城镇住宅能耗（不包括北方城镇供暖）。城镇住宅能耗（不包括北方城镇供暖）的能源类型包括电、燃气、液化石油气和煤等，服务于城镇住宅中的空调、照明、家电、生活热水、炊事和夏热冬冷地区供暖等需求。由宏观能耗分析模型 TBM 测算（图 9-4），从 2001—2012 年，城镇住宅能耗总量从 0.69 亿 t（标准煤）增长到 1.67 亿 t（标准煤），增长近 1 亿 t（标准煤）。

随着城镇化率的不断提高，城镇居民人口大幅增加，城镇居民户数也显著增长；与此同时，户均能耗也明显增加，如图 9-5 所示，这是城镇住宅建筑能耗总量增长的主要原因。家庭能耗从 447kg（标准煤）/（户·a）增长到 665kg（标准煤）/（户·a）；其中，家庭用电量从 794kW·h/（户·a）增长到 1521kW·h/（户·a），增长近 1 倍，电力在家庭能耗中的比重越来越大。

3）公共建筑能耗（不包括北方城镇供暖）。公共建筑能耗（不包括北方城镇供暖外）（以下简称公共建筑能耗），指在各类公共建筑中服务于空调、通风、照明、办公设备、热水、夏热冬冷地区供暖和其他需求的能耗，不包括北方地区城镇供暖能耗，所用的能源类型

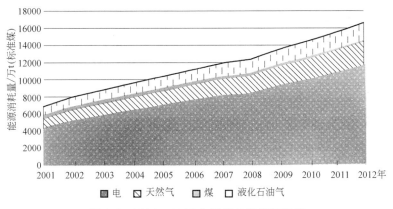

图 9-4　2001—2012 年城镇住宅能耗总量

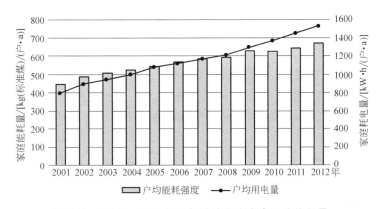

图 9-5　2001—2012 年逐年城镇住宅家庭平均能耗量

主要包括电、天然气和煤等。

如图 9-6 所示，从 2001—2012 年，公共建筑能耗总量从 0.7 亿 t（标准煤）增长到 1.84 亿 t（标准煤），增长约 1.12 亿 t（标准煤），占 2012 年建筑能耗总量的 26.5%。随着各类办公电器和空调设备大量使用，公共建筑中用电量大幅增加，2012 年公共建筑用电量达到 4900 亿 kW·h［合 1.49 亿 t（标准煤）］，超过其能耗总量的 80%。

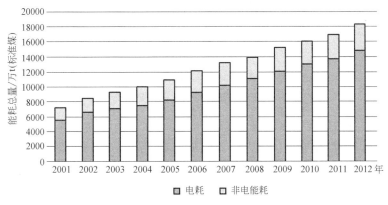

图 9-6　2001—2012 年公共建筑能耗总量

从单位面积能耗强度来看，公共建筑能耗强度是四类建筑能耗中强度最高的（图 9-7），而且近年来一直保持增长的趋势。用电强度的增长，是总的能耗强度增长的主要原因。与此同时，公共建筑面积也在逐年增长。根据国家公布的各项数据测算，2012年公共建筑面积约为83.3亿 m²，相比于2001年的公共建筑面积增长近1倍。

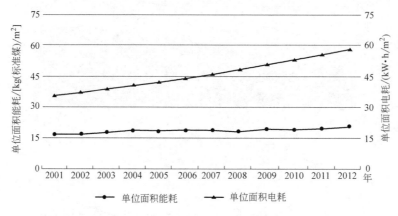

图 9-7　2001—2012 年公共建筑能耗及其中电耗强度

4）农村住宅能耗。我国农村住宅能耗指服务于农民生活的能耗，包括供暖、炊事、照明、家电生活热水及空调等能耗项，不包括服务于农业、养殖业、牧业和林业等所用的能源。从能源类型来看，包括煤、电和液化石油气等商品能源，也包括秸秆、薪柴和沼气等生物质能源。

2001—2012 年，我国农村住宅能耗变化量如图 9-8 所示，农村住宅商品能耗总量从 1.02 亿 t（标准煤）增长到 1.72 亿 t（标准煤）。而生物质能耗总量从 2.32 亿 t（标准煤）降低至 1.17 亿 t（标准煤），减少了约 1.15 亿 t（标准煤）。从总量来看，农村住宅能耗总量减少了。

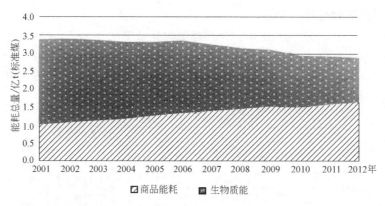

图 9-8　2001—2012 年农村住宅能耗总量

此外，现阶段我国正在加速城镇化建设，社会主义新农村进程也逐步加快，该因素也将促使我国建筑能耗的增加。

（3）我国建筑能耗的特点　从总体上看，我国的建筑能耗有如下特点：

1）不同的地区能耗方式有所不同。北方以供暖能耗为主，而且以集中供暖方式为主，南方以空调照明能耗为主。南方和北方地区的气候差异很大，仅北方地区采用全面的冬季供暖。我国处于北半球的中低纬度，地域广阔，南北跨越严寒、寒冷、夏热冬冷、温和、夏热冬暖等多个气候带。夏季最热月大部分地区室外平均温度超过 26℃，室内需要使用空调；

冬季气候地区差异很大，夏热冬暖地区的冬季年均气温高于 10℃，而严寒地区冬季室内外温差高达 50℃，全年约有 5 个月的时间需要供暖。目前我国北方地区的城镇约 70% 的建筑面积冬季采用了集中供暖方式，而南方大部分地区冬季无集中供暖措施，只是使用了取暖器、空调器、小型锅炉等分散在楼内的供暖方式。建筑能耗中供暖能耗所占份额最大，就北方城镇而言，所消耗的能源折合 1.3 亿 t（标准煤）/年，占我国总的城镇建筑耗能的 52%。

2）城乡住宅能耗差异大。一方面，我国城乡住宅使用的能源种类不同，城市以电、燃气为主，而农村除部分煤、电等商品能源外，在许多地区秸秆、薪柴等生物质能仍为农民的主要能源。另一方面，目前我国城乡居民平均每年消费性支出差异大于 3 倍，城乡居民各类电器保有量和使用时间差异也很大。因此在统计我国建筑能耗时，需将农村建筑能耗分开单独统计。

3）不同规模的公共建筑单位建筑面积能耗差别很大。当单栋面积超过 2 万 m²，采用中央空调时，其单位建筑面积能耗是不采用中央空调的小规模公共建筑能耗的 3~8 倍，并且其能耗特点和主要问题也与小规模公共建筑不同。因此，把公共建筑分为大型公共建筑与一般公共建筑两类。对大型公共建筑单独统计能耗，并分析其能耗特点和节能对策。

4）办公建筑能耗以电力消耗为主。

5）供暖、通风与空调系统绝大部分时间处于部分负荷的运行状态，能效比较低。

6）部分经济发达城市的能耗总量已接近发达国家水平，其中空调能耗呈上升趋势。

9.1.2　建筑节能

1. 建筑节能的定义

20 世纪 70 年代全球爆发石油危机以后，为了节约能源、降低消耗，提出了建筑节能的概念。在国际上建筑节能的内涵变化经历了三个发展阶段：

第一阶段为 Energy Saving in Building，直译为"建筑节能"，意思是节约能源。

第二阶段为 Energy Conservation in Building，直译为"在建筑中保持能源"，意思是减少建筑中能量的散失。

第三阶段为 Energy Efficiency in Building，直译为"提高建筑中的能源利用效率"，不是消极意义上的节省，而是积极意义上的提高利用效率。

在我国，现在仍然将其通称为建筑节能，与国际上交流时中文也用这个词，但是它的含义是第三阶段的意思，翻译为外文时用 Energy Efficiency in Building，即在建筑中合理使用和有效利用能源，不断提高能源利用效率。

建筑节能和节能建筑是两个不同的概念。主要体现为：

（1）涵盖的范围不一样　建筑节能包括了建筑能耗的所有范围，对于集中供暖的住宅主要是从锅炉房到管道输送系统然后到能耗建筑物的效率。节能的主要内容包括锅炉的燃烧转换效率、管道输送效率及建筑物的耗热量。而节能建筑是针对建筑物本身的耗热性能提出的概念，自身被包含在建筑节能的范围内。

（2）评价指标不同　建筑节能的评价指标是指耗煤量指标，也叫暖通空调能耗指标，它是指为保持室内温度、湿度要求需由暖通空调设备供给、用于建筑物暖通空调所消耗的标准煤量（简称暖通空调耗煤量），同时包括系统运行所消耗的能量，单位是 kg（标准煤）/m²。我国节能战略目标中提到的第二步实现节能 50%、第三步实现节能 65% 的目标就是根据这个统计方法来计算的。节能建筑是按有关的建筑节能设计标准设计并按标准施工建造的建筑物，评价节能建筑的指标是建筑物的耗热量指标，单位是 W/m²。

（3）计算方法不同　建筑节能与节能建筑的耗热量指标计算公式不同。

2. 建筑节能的意义

（1）能源的重要性与严峻形势　能源是发展国民经济、改善人民生活、推动社会进步的重要物质基础。人类在认识和有效利用方面有四次重大突破，即火的发明、蒸汽机的发明、电能的利用、原子能的开发与使用。每次重大突破都推动了经济和科学技术的发展。如 20 世纪 50 年代世界总能耗以标准煤计相当于 26 亿 t，70 年代增长到 72 亿 t，80 年代增长到 80 亿吨。70 年代世界总能源的构成中石油及天然气占 2/3，按这样的消耗速度世界石油及天然气总储量只能维持几十年。另外，石油和天然气资源在地球上的分布不均匀，主要来源于中东。按 20 世界 90 年代统计，工业发达国家约 11 亿人口，消耗能量超过 70 亿 t（标准煤），平均每人 6t 多，而发展中国家包括中东在内约 28 亿人，平均每人仅半吨标准煤。全世界煤炭储量约 10 万亿 t，按现有技术和经济条件可开采的储量约 6000 亿吨，仅相当于地质储量的 6%。

我国是一个能源生产大国，1996 年生产的一次性能源已达 12.6 亿 t（标准煤），但人均能源占有率不足世界水平的一半。我国经济已进入高速发展阶段，有关专家预测 2030 年我国能源需求量约为 60 亿 t（标准煤），而能源产量仅为 50 亿 t（标准煤）左右，采用先进技术，加速新能源与可再生能源的开发利用，预计到那时能源的供应量约为 20 亿 t（标准煤），这之间的差额就需要靠节能来完成。

（2）能源消耗对环境的影响　近年来，全世界越来越关心燃烧矿物燃料所产生的污染问题。因为它所排放的硫和氮的氧化物，如 SO_x、NO_y 等危害人体健康，造成环境酸化，危及食物链和生物的生存环境，也毁坏包括钢铁、油漆，塑料、水泥、砖砌体、镀锌钢材、石材等多种建筑材料。所排放的 CO_2 对地球向宇宙发出的长波造成障碍，对大气臭氧层的破坏严重，对地球起到类似温室的作用，导致全球气候变暖。在 1750 年以前，地球表面 CO_2 的含量为 0.28%（体积分数），预计地球平均每 2000 年升温约 0.5℃。到了 1990 年地球表面 CO_2 的含量为 0.354%（体积分数）。在过去 100 多年内，地球表面温度就升高了约 0.5℃。到 21 世纪预计每 10 年可能要增温 0.3～0.5℃，也就是说全球平均气温增加速度将大大加快。中美等国科学家在喜马拉雅山希夏邦马峪的达索普冰川（Dasuopu Glacier）钻取冰样分析表明，20 世纪末到 21 世纪初是最近 1000 年中最热的 10 年。世界气象组织 2000 年底发表公报指出，从 1860 年开始全球平均气温统计以来的 140 年中，在 10 个全球平均高峰年中，有 8 个出现在 1900 年以后，其中 1998 年是最热的年份，创历史最高水平。在我国自 1986 年出现明显的"暖冬"以来，暖冬不断，2001—2002 年已是第 16 个暖冬。预计地球变暖的过程将比过去 100 万年发生的更快。这对人类和生物界是个非常严重的威胁。地球变暖将使全世界生态环境发生重大变化，如极地融缩、冰川消失、海面升高、洪水泛滥、干旱频发、风沙肆虐、物种灭绝、疾病流行等。这些生态灾难已经降临，在世界各地频繁发生并将愈演愈烈，以致危及人类的生存。

矿物燃料的燃烧使空气中的悬浮颗粒增加，致使太阳辐射强度减弱。同时城区的日照持续时间明显减少，并且逐渐向城市中心递减。例如在 1961—1969 年间，英国伦敦外围的日照持续时间平均每天 4.33h，而在该城市中心地区仅 3.60h；以色列特拉维夫（港口城市）在 1964—1973 年间，总的太阳辐射强度已减少 7%。由于我国的能源结构是以煤炭为主，因此太阳辐射强度减弱的现象也特别明显。南京在 1980—1992 年间平均年日照时数比 1961—1969 年间减少了 15.7%，在 1980—1992 年间太阳的年总辐射强度比 1960—1974 年间减少了 33%。

因此，节约能源并不仅是为了发展经济、解决资源短缺而提出的一项举措，也是对人类赖以生存的地球环境进行保护的一项严峻而又迫切的任务。

我国建筑节能工作虽然起步较晚，但已经取得很大的成效。根据住房和城乡建设部给出的数据，在新建建筑执行节能强制性标准方面，2013 年，全国新增节能建筑 $1.44×10^9 m^2$，可形成 1300 万 t（标准煤）节能能力；全国城镇累计建成节能建筑 $8.8×10^9 m^2$，约占城镇民用建筑面积的 30%，共形成 8000 万 t（标准煤）节能能力。在既有居住建筑节能改造方面，财政部与住房和城乡建设部安排 2013 年度北方供暖地区既有居住建筑供暖计量及节能改造计划 $1.44×10^8 m^2$，截至 2013 年年底，各地共计完成改造面积 $2.24×10^8 m^2$。除此之外，政府还制定了一系列的政策法规，各省也都在积极开展建筑节能工作。当然，和发达国家相比，我国还有很大差距，仍需继续努力。

9.2　建筑节能检测基础

建筑节能检测的目的是为了通过实测取得节能技术指标与参数，用以评价建筑物的节能效果。常用的检测方法有两种：热源法和建筑热工法。

热源法：在热源或冷源处直接测取供暖耗煤量与耗电量，然后求出建筑物的耗热量指标和耗冷量指标。

建筑热工法：在建筑物中直接测取建筑物的耗热量和耗冷量，然后求出供暖耗煤量指标与耗电量指标。

对于绝热材料及其构件绝热性能的测试方法，可采用稳态热箱法、动态热箱法和热流计法等常用方法。根据不同的要求和条件，可在实验室或在现场检测。

9.2.1　建筑节能设计标准、规范、规定与政策

进入 21 世纪以来，我国大力推行建筑节能政策，并把建筑节能作为一段时间内政府工作的主要任务。各省市十分重视建筑节能工作，制定了明确的节能目标和实施步骤，出台了一系列的标准、规范、规定和政策。现在建筑节能检测依据的标准规范由三大部分构成：国家建筑节能标准、专业标准、地方标准。从数据来看，不同的省市，其节能标准也不同，许多省市的标准甚至比国家标准还要高。在进行节能检测和评价时需根据各省市的节能标准对检测对象进行客观评价。部分地区、省市的节能标准参见附录 11。

1. 国家标准、规范、规定与政策（简称国家标准）

1)《工业建筑节能设计统一标准》（GB 51245—2017）。

2)《建筑节能工程施工质量验收规范》（GB 50411—2007）。

3)《公共建筑节能设计标准》（GB 50189—2015）。

4)《住宅建筑规范》（GB 50368—2005）。

5)《民用建筑热工设计规范》（GB 50176—2016）。

6)《建筑照明设计标准》（GB 50034—2013）。

7)《建筑外窗气密、水密、抗风压性能分级及检测方法》（GB/T 7106—2008）。

8)《建筑外门窗保温性能分级及检测方法》（GB/T 8484—2008）。

9)《建筑外窗采光性能分级及检测方法》（GB/T 11976—2015）。

10)《建筑气候区划标准》（GB 50178—1993）。

11)《屋面工程技术规范》（GB 50345—2012）。

12)《民用建筑太阳能热水系统应用技术标准》(GB 50364—2018)。

13)《生活锅炉热效率及热工试验方法》(GB/T 10820—2011)。

14)《建筑幕墙气密、水密、抗风压性能检测方法》(GB/T 15227—2007)。

15)《城市居住区规划设计标准》(GB 50180—2018)。

16)《建筑幕墙》(GB/T 21086—2007)。

17)《绿色建筑评价标准》(GB/T 50378—2014)。

18)《中华人民共和国节约能源法》(中华人民共和国主席令第90号)。

19)《民用建筑节能条例》(中华人民共和国国务院令第530号)。

20)《国务院办公厅关于开展资源节约活动的通知》(国办发〔2004〕30号)。

21)《民用建筑节能管理规定》(建设部令第143号)。

2. 行业标准、规范、规定与政策 (简称专业标准)

1)《居住建筑节能检测标准》(JGJ/T 132—2009)。

2)《公共建筑节能检测标准》(JGJ/T 177—2009)。

3)《公共建筑节能改造技术规范》(JGJ 176—2009)。

4)《夏热冬冷地区居住建筑节能设计标准》(JGJ 134—2010)。

5)《严寒和寒冷地区居住建筑节能设计标准》(JGJ 26—2010)。

6)《夏热冬暖地区居住建筑节能设计标准》(JGJ 75—2012)。

7)《建筑外窗气密、水密、抗风压性能现场检测方法》(JG/T 211—2007)。

8)《蒸压加气混凝土建筑应用技术规程》(JGJ/T 17—2008)。

9)《既有居住建筑节能改造技术规程》(JGJ/T 129—2012)。

3. 地方标准、规范、规定与政策 (简称地方标准)

(1) 北京市

1)《民用建筑节能现场检验标准》(DB 11/T 555—2015)。

2)《公共建筑节能施工质量验收规程》(DB 11/510—2017)。

3)《居住建筑节能设计标准》(DB 11/891—2012)。

4)《公共建筑节能设计标准》(DB 11/687—2015)。

5)《绿色建筑评价标准》(DB 11/T 825—2015)。

6)《北京市民用建筑节能管理办法》(北京市人民政府令第256号)。

(2) 上海市

1)《上海市建筑节能管理办法》(2005年上海市人民政府令第50号)。

2)《进一步加强上海民用建筑工程项目建筑节能管理若干意见》(沪建建〔2005〕212号)。

3)《关于印发〈上海市公共建筑建设项目初步设计方案建筑节能审查要点〉等实施文件的通知》(沪建建管〔2005〕076号)。

4)《上海市建设和交通委员会关于进一步加强本市民用建筑节能设计技术管理的通知》(沪建交〔2006〕765号)。

5)《住宅建筑节能检测评估标准》(DG/TJ 08—801—2004)。

6)《住宅建筑围护结构节能应用技术规程》(DG/TJ 08—206—2002)。

7)《关于印发〈上海民用建筑外墙保温工程应用导则〉的通知》(沪建安质监〔2007〕第020号)。

(3) 天津市

1)《天津市公共建筑节能设计标准》（DB 29—153—2014）。

2)《天津居住建筑节能设计标准》（DB 29—1—2013）。

3)《天津市民用建筑围护结构节能检测技术规程》（DB 29—88—2014）。

4)《天津市建筑节能门窗技术标准》（DB 29—164—2013）。

5)《天津市民用建筑节能工程施工质量验收规程》（DB 29—126—2014）。

6)《天津市绿色建筑设计标准》（DB 29—205—2015）。

（4）江苏省

1)《江苏省居住建筑热环境和节能设计标准》（DGJ 32/J 71—2014）。

2)《建筑节能标准—民用建筑节能工程现场热工性能检测标准》（DGJ 32/J 23—2006）。

3)《江苏省绿色建筑设计标准》（DGJ 32/J 173—2014）。

4)《绿色建筑工程施工质量验收规范》（DGJ 32/J 19—2015）。

5)《公共建筑节能设计标准》（DGJ 32/J 96—2010）

（5）浙江省

1)《居住建筑节能设计标准》（DB 33/1015—2015）。

2)《浙江省绿色建筑设计标准》（DB 33/1092—2016）。

（6）广东省

1)《夏热冬暖地区居住建筑节能设计标准》广东省实施细则（DBJ 15—50—2006）。

2)《公共建筑节能设计标准》广东省实施细则（DBJ 15—51—2007）。

3)《广东省民用建筑节能条例》（2011）。

4)《广东省绿色建筑评价标准》（DBJ/T 15—83—2017）。

（7）湖南省

1)《湖南省居住建筑节能设计标准》（DBJ 43/001—2017）。

2)《湖南省公共建筑节能设计标准》（DBJ 43/003—2017）

3)《湖南省绿色建筑评价标准》（DBJ 43/T 314—2015）

4)《湖南省绿色建筑评价技术细则》（2017）

5)《湖南省民用建筑节能条例》（2010）。

其他省市均有各自的标准、规范、规定及政策，不再一一列举。

9.2.2　建筑节能检测的基本内容

1. 建筑节能检测的对象及主要参数

在建筑节能检测与评价过程中，温度、流量、热流量、导热系数等热工参数是评价建筑节能的主要技术性能指标，本节主要介绍温度、流量、热流量等几个基本参数的基本概念。

（1）温度参数　温度是表征物体冷热程度的物理量，而物体的冷热程度又是由物体内部分子热运动的激烈程度及分子的平均动能所决定的。因此，严格地说温度是物体分子平均动能大小的标志。

（2）流量参数　流量是指单位时间流过某一界面的流量，或在某一截面的流体量，前面称为瞬时流量，简称流量，后者称为累计流量（或总量）。

在建筑节能检测中，为了准确地掌握锅炉、空调、通风管道等的运行情况，需要检测系统中的流动介质（如液体、气体或蒸汽、固体粉末、热流等）的流量，以便为建筑节能的推广和实施提供可靠的依据。所以流量参数在节能检测中十分重要。

（3）热流量参数　热流量是一定面积的物体两侧存在温差时，单位时间内由导热、对流、辐射方式通过该物体所传递的热量。通过物体的热流量与两侧温度差成正比，与厚度成反比，并与材料的导热性能有关。单位面积的热流量为热流通量。在稳态导热条件下通过物体热流通量不随时间改变，其内部不存在热量的蓄积；在不稳态导热条件下通过物体的热流通量与内部温度分布随时间变化而变化。

2. 建筑节能检测的内容

建筑节能检测按检测场所分有实验室检测和现场检测两部分。实验室检测的对象主要是建筑结构材料、保温隔热材料、建筑构件；现场检测的对象是建筑构件、建筑物、供暖供冷系统。由于有完善的检测标准、规程，确定的设备，实验条件易于控制等有利条件，实验室检测部分相对容易完成。现场检测部分由于起步较晚，技术上的积累和经验较少，现场条件复杂不易控制，是当前建筑节能检测工作的重点内容，也是难点。

我国地域广阔，气候差异很大。建筑气候上将我国分为五个大的建筑气候区：严寒地区、寒冷地区、夏热冬冷地区、夏热冬暖地区、温和地区。每个地区对建筑节能的要求不一样，实施建筑节能的技术措施不一样，应用的节能材料不一样，验收和检测的项目不同、技术指标也不同，采用的方法就不同。如严寒地区和寒冷地区建筑节能主要考虑节约冬季供暖能耗，因此采用高效保温材料和高热阻门窗作为建筑物的围护结构，以求达到最佳的保温效果，这类工程节能验收的主要内容是检测墙体、屋面的传热系数；夏热冬暖地区建筑节能主要考虑夏季空调能耗，采取的技术措施是为了提高围护结构的热阻以求达到最佳的隔热性能，这类工程节能验收的主要内容是围护结构传热系数和内表面最高温度；夏热冬冷地区则既要考虑节约冬季供暖能耗又要降低夏季空调能耗，建筑节能的检测就更复杂。同时，同一气候区域的建筑物又有几种形式，检测内容也不同。不同地区、不同建筑物建筑节能检测项目的主要内容见表 9-3～表 9-5。

（1）严寒和寒冷地区　该地区建筑节能检测项目的主要内容见表 9-3。

表 9-3　严寒和寒冷地区建筑节能检测项目

序号	范围分类	必检项	宜检项
1	试点居住建筑	1. 建筑物冬季平均室温 2. 建筑物外围护结构热工缺陷 3. 建筑物外围护结构热桥部位内表面温度 4. 建筑物围护结构主体部位传热系数 5. 建筑物外窗窗口整体气密性能 6. 建筑物年供暖耗热量	1. 建筑物年空调耗冷 2. 建筑物外围护结构
2	试点居住小区	1. 冬季平均室温 2. 建筑物外围护结构热工缺陷 3. 建筑物外围护结构热桥部位内表面温度 4. 建筑物围护结构主体部位传热系数 5. 建筑物外窗窗口整体气密性能 6. 供暖系统室外管网水力平衡度 7. 供暖系统补水率 8. 外管网热输送效率 9. 外管网供水温降 10. 供暖锅炉运行效率 11. 供暖系统实际耗电输热比期望值 12. 建筑物年供暖耗热量	1. 建筑物年空调耗冷量 2. 建筑物外围护结构隔热性能

（续）

序号	范围分类	必检项	宜检项
3	非试点居住建筑	1. 建筑物冬季平均室温 2. 建筑物外围护结构热工缺陷 3. 建筑物外围护结构热桥部位内表面温度 4. 建筑物外窗窗口整体气密性能 5. 建筑物年供暖耗热量	1. 建筑物外围护结构主体部位传热系数 2. 建筑物外围护结构隔热性能 3. 建筑物年空调耗冷量
4	非试点居住小区	1. 建筑物冬季平均室温 2. 建筑物外围护结构热工缺陷 3. 建筑物外围护结构热桥部位内表面温度 4. 建筑物外窗窗口整体气密性能 5. 供暖系统室外管网水力平衡度 6. 供暖系统补水率 7. 室外管网供水温降 8. 供暖系统实际耗电输热比期望值 9. 建筑物年供暖耗热量	1. 建筑物外围护结构主体部位传热系数 2. 建筑物外围护结构隔热性能 3. 室外管网热输送效率 4. 供暖锅炉运行效率 5. 建筑物年空调耗冷量

（2）夏热冬冷地区　该地区建筑节能检测项目的主要内容见表 9-4。

表 9-4　夏热冬冷地区建筑节能检验项目

序号	范围分类	必检项	宜检项
1	试点居住建筑	1. 建筑物外围护结构隔热性能 2. 建筑物外窗窗口整体气密性能 3. 建筑物外窗遮阳设施 4. 建筑物年空调耗热量 5. 建筑物年空调耗冷量	1. 建筑物冬季平均室温 2. 建筑物外围护结构热工缺陷 3. 建筑物外围护结构热桥部位内表面温度 4. 建筑物外窗遮阳系数
2	试点居住小区	1. 建筑物冬季平均室温 2. 建筑物外围护结构热工缺陷 3. 建筑物外围护结构隔热性能 4. 建筑物外围护结构主体部位传热系数 5. 建筑物外窗窗口整体气密性能 6. 供暖系统室外管网水力平衡度 7. 供暖系统补水率 8. 室外管网供水温降 9. 室外管网热输送效率 10. 供暖锅炉运行效率 11. 供暖系统实际耗电输热比期望值 12. 建筑物年空调耗热量 13. 建筑物年空调耗冷量	1. 建筑物外围护结构热桥部位内表面温度 2. 建筑物外窗遮阳设施

（3）夏热冬暖地区　该地区建筑节能检测项目的主要内容见表 9-5。

表 9-5　夏热冬暖地区建筑节能检验项目

序号	范围分类	必检项	宜检项
1	试点居住建筑	1. 建筑物外围护结构隔热性能 2. 建筑物外窗窗口整体气密性能 3. 建筑物外窗遮阳设施 4. 建筑物年空调耗冷量	1. 建筑物外围护结构热工缺陷 2. 建筑物外围护结构主体部位传热系数
2	非试点居住建筑	1. 建筑物外围护结构隔热性能 2. 建筑物外窗窗口整体气密性能 3. 建筑物外窗遮阳设施 4. 建筑物年空调耗冷量	建筑物外围护结构主体部位传热系数

（4）温和地区　温和地区居住建筑的节能检验项目暂无规定，可根据实际情况参照其他建筑气候区的标准执行。

总之，各地区各类建筑物和建筑小区一般情况下需检测的项目有以下15项：

1）平均室温。

2）外围护结构热工缺陷。

3）外围护结构热桥部位内表面温度。

4）主体部位传热系数。

5）外窗窗口整体气密性能。

6）年供暖耗热量。

7）年空调耗冷量。

8）外围护结构隔热性能。

9）室外管网水力平衡度。

10）供暖系统补水率。

11）室外管网热输送效率。

12）室外管网供水温降。

13）供暖锅炉运行效率。

14）供暖系统实际耗电输热比期望值。

15）建筑物外窗遮阳设施。

9.2.3　建筑节能检测的方法

建筑节能检测是竣工验收的重要内容，其目的是为了通过实测来评价建筑物的节能效果。由于建筑节能的最终效果是节约建筑物使用过程中消耗的能量，因而评价建筑节能是否达标，首先要得到建筑物的耗能量指标。目前得到建筑物耗能量指标的方法有两种：直接法和间接法。

1. 直接法

在热源（冷源）处直接测取供暖耗煤量指标（耗电量指标），然后求出建筑物的耗热量（耗冷量）指标的方法称为热（冷）源法，又称为直接法。

直接法主要测定试点建筑和示范小区，评价对象是试点建筑和示范小区。根据检测对象的使用状况，分析评定试点建筑和示范小区内建筑所采用的设计标准、所使用的建筑材料、结构体系、建筑形式等等因素对能耗的影响，进而分析建筑物、室外管网、能耗设备等耗能建筑的耗能率、能量输送系统的效率、能量转换设备的效率，计算能量转换、能量输送、耗能目标物占供暖（制冷）过程总能耗的比率，分析各个环节的运行效率和节能潜力。这种方法检测的内容较多，不仅要检测建筑物、能量转换、输送系统的技术参数，还要检测记录当地气候数据，内容繁多复杂，并且耗时长，一般要贯穿整个供暖季或空调季。因为试点建筑和示范小区带有一种"试验"的性质，它是就某种材料或是某种结构体系或是设计标准等某种特定目的进行试验的工程项目，既然是试点示范工程，就担负着推广普及前的试验工作，根据这些试验工程的测试结果来验证试验的目的是否达到，为下一步能否推广普及提出结论性意见及应该采取的修订措施。因此，对这种类型建筑工程的检测以直接法为主进行全面检测，目的是获得一个正确、全面、系统的试验结果，这个结果是试验工程项目投资的目的，也是推广普及的依据。

2. 间接法

通过检测建筑物热工指标和计算得到建筑物的耗热量（耗冷量）指标，然后参阅当地气象数据、能耗设备的效率，计算出被测建筑物的供暖耗煤量（耗电量）指标的方法称为建筑热工法，又称为间接法。

应用间接法获得建筑物耗热量指标时需要进行实际测量和根据热工规范要求计算两方面的工作。整个工作分为三个步骤：

1）实测建筑物围护结构传热系数，主要是墙体、屋顶、地下室顶板。

2）实测建筑物气密性。

3）根据标准规范给出的建筑物耗热量计算公式算出所测建筑物的耗热量指标和耗煤量指标。

间接法主要用于测定一般的建筑工程，检测的目的是为了考查施工过程是否严格按施工图设计方案进行，采用的墙体材料和保温材料的有关参数是否符合设计取值，施工质量是否合格。这种检测是工程验收的一部分，被测对象的结果具有单件性，只对自身有效，不会对别的工程造成影响。这类工程项目的检测方法要求简捷实用、耗时短，检测内容以关键部位为主，大多采用建筑热工法。

间接法通过检测得到建筑物的耗能量指标，具体内容详见建筑耗热量指标的测定。

9.2.4　建筑物节能达标的判定

建筑物是否节能的判定思路是通过现场及实验室检测或建筑能耗计算软件得出建筑构件的传热性能指标或建筑物的能耗指标，将其与现行的建筑节能设计规范和标准的规定值进行比较，满足要求即可判定被测建筑物是节能的，反之则是不节能的。

目前有四种方法可用来判定目标建筑物的节能性能，分别是耗热量指标法、规定性指标法、性能性指标法、比较法。四种方法运用的指标不尽相同，在实际工作中针对具体的建筑物特点可以选择相应的方法。

1. 耗热量指标法

耗热量指标法判定的依据是建筑物的耗热量指标。用直接法测量建筑物耗热量指标时，测得的建筑物耗热量指标，符合建筑节能设计标准要求时，评定该建筑物为符合建筑节能设计标准，反之为不符合建筑节能设计要求。

用间接法检测和计算得到建筑物耗热量指标时，采用实测建筑物围护结构传热系数和房间气密性，计算在标准规定的室内外计算温差条件下建筑物单位耗热量，符合建筑节能设计标准要求时，评定该建筑物为符合建筑节能设计标准，反之为不符合建筑节能设计标准。

2. 规定性指标法

规定性指标法（也叫构件指标法），是指建筑物的体形系数和窗墙面积比符合设计要求时，围护结构各构件的传热系数等指标达到设计标准，则该建筑为节能建筑。

主要的构件部位有：屋顶、外墙、不供暖楼梯间、窗户（含阳台门上部）、阳台门下部门芯板、楼梯间外门、地板、地面、变形缝等。

3. 性能性指标法

性能性指标由建筑热环境的质量指标和能耗指标两部分组成，对建筑的体形系数、窗墙面积比、围护结构的传热系数等不做硬性规定，设计人员可自行确定具体的技术参数。建筑物同时满足建筑热环境质量指标和能耗指标的要求，即为符合建筑节能要求。

4. 比较法

在对建筑构件的热工性能进行检测后，按建筑节能设计标准最低档参数（窗墙面积比，窗户、屋顶、外墙传热系数等），计算出标准建筑物的耗热量、耗冷量或者耗能量指标。然后将测得的构件传热系数代入同样的计算公式，计算出建筑物的耗热量、耗冷量或者耗能量指标。如果建筑物的指标小于标准建筑指标值,则该建筑即为节能达标建筑。

9.2.5　建筑节能检测机构及其要求

1. 建筑物节能检测必要条件

对建筑物进行现场节能检测,应在下列有关技术文件准备齐全的基础上进行:

1) 审图机构对工程施工图节能设计的审查文件。

2) 工程竣工设计图和技术文件。

3) 由具有建筑节能相关检测资质的检测机构出具的对从施工现场随机抽取的外门(含阳台门)、户门、外窗及保温材料所做的性能复验报告(即门窗传热系数、外窗的气密性能等级、玻璃及外窗的遮阳系数、保温材料的导热系数、密度、比热容和强度等)。

4) 热源设备、循环水泵的产品合格证和性能检测报告。

5) 热源设备、循环水泵、外门(含阳台门)、户门、外窗及保温材料等生产厂商的质量管理体系认证书。

6) 外墙墙体、屋面、热桥部位和供暖管道的保温施工做法或施工方案。

7) 有关的隐蔽工程施工质量的中间验收报告。

2. 建筑节能检测机构资质

根据国家工程质量检测管理的有关规定,检测机构是具有独立法人资格的中介机构。国务院建设主管部门负责对全国质量检测活动实施监督管理,并负责制定检测机构资质标准。省、自治区、直辖市人民政府建设主管部门负责对本行政区域内的质量检测活动实施监督管理,并负责检测机构的资质审批。市、县人民政府建设主管部门负责对本行政区域内的质量检测活动实施监督管理。

检测机构应当按规定取得相应的资质证书,从事检测资质规定的质量检测业务。检测机构资质按照其承担的检测业务内容分为专项检测机构资质和见证取样检测机构资质。

建筑节能检测机构是工程检测机构中从事建筑节能检测、建筑能效评定的专业机构。有新成立的专门进行建筑节能检测的机构(站或中心、所、公司等),也有的是原来从事建筑工程检测的机构增购设备、培训人员扩项从事建筑节能检测业务,不论哪种形式的机构在从事建筑节能检测业务之前必须取得相应的资质。

建筑节能检测机构的资质证书主要有两个,一个是建设主管部门核发的专项业务检测资质;另一个是质量技术监督部门核发的计量认证证书。前者要求机构具备的是机构能够开展的业务范围,后者要求机构运行的能力和质量保证措施。

3. 人员资格

建筑节能检测机构的检测人员必须满足所从事工作的数量和能力的需要。建筑节能专项资质管理部门要求主要管理人员具有相关专业工作经验并具有工程师以上职称,技术(质量)负责人具有一定时间的相关专业工作经验并具有高级工程师以上职称;操作人员必须进行专门的专业培训,培训内容包括建筑热工基础知识、常用建筑材料(包括墙体主体材料和保温系统材料)的性能、检测基础知识、仪器设备工作原理及操作知识、相关的技术规范标准等,经过考核合格后方可从事其岗位工作,所有检测人员必须持证上岗。

4. 设备配备

建筑节能检测机构的设备配备应能满足开展建筑节能检测业务的要求,主要设备包括实验室检测设备和现场检测设备。其中实验室检测设备包括材料导热系数检测设备和建筑构件热阻、门窗性能等检测设备。现场检测设备包括墙体传热系数、热工缺陷、门窗性能等检测设备。基本设备配置见表 9-6。

表 9-6　建筑节能检测机构基本设备配备表

序号	仪器名称	检测内容	备注
1	导热系数测试系统	材料导热系数	
2	墙体保温性能试验装置	墙体热阻、传热系数	
3	电子天平		
4	万能试验机		
5	便携式黏结强度检测仪		
6	电热鼓风干燥箱		
7	低温箱		
8	门窗保温性能试验装置	门窗传热系数	
9	外保温系统耐候性试验装置		
10	建筑节能工程现场检验设备		
11	数据采集仪	温度、热流值采集储存	
12	外窗三性现场检验设备	抗风压、气密性、水密性	
13	红外热像仪	热工缺陷	
14	热流计	热流量	
15	温度传感器	温度	
16	热球风速仪	风速	
17	流量计	流量	

5. 资质申请程序

（1）建筑节能专项检测　申请建筑节能检测资质的机构应当向省、自治区、直辖市人民政府建设主管部门提交下列申请材料：

1）《检测机构资质申请表》一式三份，申请表要求的基本内容有：①检测机构法定代表人声明；②检测机构基本情况；③法定代表人基本情况；④技术负责人基本情况；⑤检测类别、内容及具备相应注册工程师资格人员情况；⑥专业技术人员情况总表；⑦授权审核、签发人员一览表；⑧主要仪器设备（检测项目）及其检定/校准一览表；⑨检查审批情况。

2）工商营业执照原件及复印件。

3）与所申请检测资质范围相对应的计量认证证书原件及复印件。

4）主要检测仪器、设备清单。

5）技术人员的职称证书、身份证和社会保险合同的原件及复印件。

6）检测机构管理制度及质量控制措施。

（2）计量认证　建筑节能检测机构在取得建设主管部门的专项检测资质后，按下面的要求和程序申请计量资质，然后才能开展检测业务。

国家对检测机构申请计量认证和审查认可中规定，取得检测资质的检测机构必须申请计量认证和审查认可。

检测机构在向国家认监委和地方质检部门申请首次认证、复查换证时，应遵循以下办事程序。

1）受理范围：从事下列活动的机构应当通过资质认定：①行政机关做出的行政决定提供具有证明作用的数据和结果的；②司法机关做出裁决提供具有证明作用的数据和结果的；③仲裁机构做出仲裁决定提供具有证明作用的数据和结果的；④社会公益活动提供具有证明作用的数据和结果的；⑤经济或者贸易关系人提供具有证明作用的数据和结果的；⑥其他法定需要资质认定的。

2）许可依据。依据《中华人民共和国计量法》《中华人民共和国计量法实施细则》

《中华人民共和国标准化法》《中华人民共和国标准化法实施条例》《中华人民共和国产品质量法》《中华人民共和国认证认可条例》《实验室和检查机构资质认定管理办法》等。

3）申请条件：①申请单位应依法设立，独立、客观、公正地从事检测、校准活动，能承担相应的法律责任，建立并有效运行相应的质量体系；②设有与其从事检测、校准活动相适应的专业技术人员和管理人员；③有固定的工作场所，工作环境应能保证检测、校准数据和结果的真实、准确；④有正确进行检测、校准活动所需要的并且能够独立调配使用的固定和可移动的检测、校准设备设施；⑤满足《实验室资质认定评审准则》的要求。

4）申请材料的主要内容：①实验室概况；②申请类型及证书状况；③申请资质认定的专业类别；④实验室资源，包括实验室总人数、实验室资产情况、实验室总面积、申请资质认定检测能力表等；⑤主要信息表，包括授权签字人申请表、组织机构框图、实验室人员一览表、仪器设备（标准物质）配置一览表等；⑥主要文件，包括典型检测报告、质量手册、程序文件、管理体系内审质量记录、管理评审记录等；⑦其他证明文件、独立法人和实验室法人地位证明文件（首次、复查）、法人授权文件、实验室设立批文、最高管理者的任命文件、固定场所证明文件（适用时）、检测/校准设备独立调配的证明文件（适用时）、专业技术人员和管理人员劳动关系证明（适用时）、从事特殊检测/校准人员资质证明、实验室声明、法律地位证明等。

5）申请工作程序：①全国性的产品质量检验机构，应向国务院计量行政部门提出计量认证申请；②地方性产品质量检验机构，应向省、自治区、直辖市人民政府计量行政部门提出计量认证申请。

申请过程中，申请单位必须提供质量认证/审查认可（验收）申请书和产品质量检验机构仪器设备一览表。

9.3 建筑材料及构件的节能检测

建筑能耗的降低除了在建筑中使用低能耗设备，采用节能设计以外，更多的是使新建建筑和改造建筑合理采用建筑节能材料，通过节能材料的大量使用直接降低建筑能耗。

所谓建筑节能材料就是指维持建筑物日常使用过程中能耗低的材料，通过改变材料自身的特性来达到建筑节能的目的。建筑节能材料是否节能，在一定程度上是相对的，只有在考虑多方面的因素，如建筑环境、建筑的地理位置等综合因素的条件下，才能发挥节能材料的节能作用。

目前国内外建筑节能材料的种类可谓是琳琅满目，按材料化学成分可分为有机节能材料和无机节能材料；按使用时间的先后可分为传统节能材料和新型节能材料；按节能材料使用位置可分为主墙体节能材料、外墙保温材料、门窗节能材料。目前大部分节能材料是按材料使用位置进行区分，这种分类与实际运用相结合，有利于对节能材料的细分和正确利用。

9.3.1 建筑节能材料热工性能

建筑节能材料具有多种基本特性，包括物理特性、化学特性等，其热工特性是研究的重点。建筑节能材料的热工特性主要包含以下内容。

1. 导热性

当建筑材料两面存在温度差时，热量从材料一面通过材料传导至另一面的性质，称为材料的导热性，用导热系数 λ 表示。

导热系数是指在稳定传热条件下，1m 厚的材料，两侧表面的温差为 1K，单位时间内通过 1m² 面积传递的热量，用 λ 表示，单位为 W/(m·K)（K 可用℃代替）。其数学计算公式为

$$\lambda = \frac{q}{-\mathrm{grad}t} \tag{9-1}$$

式中　λ——导热系数 [W/(m·K)]；

　　　q——热流密度（W/m²）；

　　$\mathrm{grad}t$——温度梯度（K/m）。

工程计算采用的材料的导热系数值一般由实验测定。

2. 热容量和比热容

材料在受热时吸收热量或冷却时放出热量的性质称为材料的热容量。单位质量材料温度升高或降低 1K 所吸收或放出的热量称为热容量系数或比热容。比热容的计算式如下

$$c = \frac{Q}{m(T_2 - T_1)} \tag{9-2}$$

式中　c——材料的比热容 [J/(g·K)]；

　　　Q——材料吸收或放出的热量（热容量）（J）；

　　　m——材料的质量（g）；

　$T_2 - T_1$——材料受热或冷却前后的温差（K）。

3. 热阻和传热系数

热阻是材料层（墙体或其它围护结构）抵抗热流通过的能力，为材料厚度与导热系数的比值，热阻的定义及计算式为

$$R = d/\lambda \tag{9-3}$$

式中　R——材料层热阻（m²·K/W）；

　　　d——材料层厚度（m）；

　　　λ——材料的导热系数 [W/(m·K)]。

热阻的倒数 $1/R$ 称为材料层（墙体或其他围护结构）的传热系数。传热系数是指材料两面温度差为 1K 时，在单位时间内通过单位面积的热量。

4. 材料蓄热系数

在建筑材料中，把某一匀质半无限大材料一侧受到谐波热作用时，迎波面（即直接受到外界热作用的一侧表面）上接受的热流振幅 A_q 与该表面的温度振幅 A_θ 之比，称为材料的蓄热系数。按传热学理论，其计算式为

$$s = \frac{A_q}{A_\theta} = \sqrt{\frac{2\pi\lambda c\rho}{Z}} \tag{9-4}$$

式中　s——材料的蓄热系数 [W/(m²·K)]；

　　　ρ——材料的干密度（kg/m³）；

　　　Z——温度波动周期（h）。

当波动周期为 24h 时，则

$$s_{24} = 0.51\sqrt{\lambda c\rho} \tag{9-5}$$

材料的蓄热系数是指直接受到热作用的一侧表面，对谐波热作用反应的敏感程度的一个特性指标。也就是说，如果在同样的谐波热作用下，蓄热系数 s 越大，表面温度波动越小。由式（9-4）可知，s 不仅与材料的热物理性能（λ、c 和 ρ）有关，还取决于外界热作用的

波动周期。对同一种材料来说，热作用的波动周期越长，材料的蓄热系数越小，因此引起壁体表面温度的波动也越大。

围护结构内表层材料的蓄热系数还决定着室内气温与内表面温度的关系，特别是在通风的情况下，s 值大，室温与表面温度就有着明显的差别，这是因为在通风的建筑内，室内气温接近于室外气温，而来自墙体内部的热流可使内表面保持较高的温度水平。如 s 值小，来自墙体内的热流少，材料的蓄热量也小，因此内表面温度便紧随室内气温而变动。此外，当间歇供暖或间歇供冷时，s 值也决定着室内气温的变化特性。供暖系统运转时，材料 s 值高的建筑其室温上升较慢，但系统关闭时，室温下降也较慢。反之，如 s 值小，上述情况正好相反。

5. 热惰性指标

材料层的热惰性指标用 D 表示，它是表征材料层受到波动热作用后，背波面（若波动热作用在外侧，则指其内表面）上的温度波动剧烈程度的一个指标，也就是说明材料层抵抗温度波动能力的一个特性指标。显然，它取决于材料层迎波面的抗波动能力和波动作用传至背波面时所受到的阻力。其值为

$$D = Rs \tag{9-6}$$

由式（9-6）可知，热惰性指标 D 是量纲一的量。对于由若干层材料组成的多层结构，该结构的热惰性指标，可由各分层的热惰性指标总和而得。

6. 材料的温度变形性

材料的温度变形是指温度升高或降低时材料的体积变化。除个别材料以外，多数材料在温度升高时体积膨胀，温度下降时体积收缩。这种变化表现在单向尺寸时，为线膨胀或线收缩，用线膨胀系数（α）描述其变化程度。材料的单向线膨胀量或线收缩量计算公式为

$$\Delta l = (t_2 - t_1)\alpha l \tag{9-7}$$

式中　　Δl——线膨胀或线收缩量（mm 或 m）；

　　$t_2 - t_1$——材料升（降）温前后的温度差（K）；

　　　α——材料在常温下的平均线膨胀系数（1/K）；

　　　l——材料的初始长度（mm 或 m）。

9.3.2　建筑材料的分类

1. 按建筑材料的使用位置分类

一般分为主墙体材料、外墙保温材料和门窗材料三类。

（1）主墙体材料

1）加气混凝土砌块。加气混凝土砌块是以水泥、石灰等钙质材料、石英砂、粉煤灰等硅质材料和铝粉、锌粉等发气剂为原料，经磨细、配料、搅拌、浇筑、发气、切割、压蒸等工序生产而成的轻质混凝土材料。该类产品材料来源广泛、材质稳定、强度较高、质轻、易加工、施工方便、造价较低，而且保温、隔热、隔声、耐火性能好，是迄今为止能够同时满足墙材革新和节能 50% 要求的唯一单材料墙体。但是在寒冷地区还存在着隔气防潮、防止内部冷凝受潮、面层冻融损坏等问题。

2）EPS 砌块。EPS 砌块是用阻燃型聚苯乙烯泡沫塑料模块作模板和保温隔热层，而中芯浇筑混凝土的一种新型复合墙体。该类砌块具有构造灵活，结构牢固，施工快捷方便，综合造价低，节能效果好等优点，在国外颇为流行。常用于 3~4 层以下民用建筑、游泳池、高速公路隔离墙、旅馆建筑等。该模块有两种类型，即标准型和转角型，基本尺寸为

1200mm×240mm×300mm，沿长度方向均匀分布 5 个方圆形孔（尺寸 150mm×l50mm），底部和顶部开有半方圆孔，孔洞相互贯通，可浇筑混凝土，形成隐形梁柱框架结构。

3）混凝土空心砌块。目前我国大都使用 190mm×190mm×390mm 和 240mm×190mm×390mm 两种标准型混凝土空心砌块，但最大问题是其模数与建筑模数不一致，给建筑施工带来很多不便。随着黏土实心砖的禁用，混凝土空心砌块将会得到更加广泛的运用，但前提是必须解决模数不一致的问题。

4）模网混凝土。模网混凝土是由蛇皮网、加肋、折钩拉筋构成开敞式空间网架结构，网架内浇筑混凝土而制成。可广泛用于工业及民用建筑、水工建筑物、市政工程以及基础工程等。常用的建筑模网主要有钢筋网、钢丝网、钢板网和纤维网等，但各种建筑模网根据本身材质以及规格尺寸的不同而用于不同的场合，比如钢筋网主要是用于工厂预制的各种规格混凝土大板（墙板、楼板等），纤维板主要用于低碱玻璃 GRC 墙板，钢丝网主要用于非承重构件，如泰伯板。钢板网是在高强度钢丝焊接的三维空间钢丝网架中填充阻燃型聚苯乙烯泡沫塑料芯板而制成的网架板，它既有木结构的灵活性，又有混凝土结构的高强度和耐久性，具有轻质、节能、保温、隔热、隔声等多种优良性能，且便于运输、组装方便、施工速度快，并能有效地减轻建筑物负荷，增大建筑使用面积，是理想的轻质节能承重墙体材料。

5）纳土塔（RASTRA）空心墙板承重墙体。纳土塔空心墙板承重墙体是由聚苯乙烯、水泥、添加剂和水制成的隔热吸声水泥聚苯乙烯空心板构件经黏合组装而成的墙体。整个墙体的内部构成纵横上下左右相互贯通的孔槽，孔槽浇筑混凝土或穿插钢筋后再浇筑混凝土，在墙内形成刚性骨架。纳土塔板只是同体积混凝土质量的 1/6，可减少对基础的荷载，节约建筑物基础的投资，在同样的地基承载能力下，可增加建筑物的层数。纳土塔板无钢筋混凝土墙体的平均抗压强度为 20.8MPa（5 层楼以下的均不需要配筋），配钢筋混凝土墙体的平均抗压强度为 32~35MPa。配钢筋混凝土墙体柱的平均抗压强度为 36~40MPa，而且纳土塔板导热系数只有 0.083W/(m·K)，保温隔热性能好。耐火试验显示纳土塔板耐火极限为 4h，属非燃烧体，满足防火规范对防火墙耐火极限的要求。

（2）外墙保温材料　外墙保温节能主要是以保温绝热材料作为建筑围护结构的重要组成部分，依靠保温材料的保温隔热性能，阻止热量的传递来达到节能的目的。开发和应用高效的保温绝热材料是促进建筑节能的有效措施。绝热就是要最大限度地阻止热流的传递，因此，要求绝热材料必须具有大的热阻和小的导热系数。从材料的结构上看，当材料的表观密度降低、孔隙率增大、材料内部的孔隙为大量封闭的微小孔时，材料的导热系数是比较小的。

外墙的保温方式根据保温层位置的不同，可分为外墙外保温、外墙内保温和中空夹芯复合墙体保温三种。目前常用的保温绝热材料主要有：聚苯乙烯泡沫塑料板（EPS、XPS）、泡沫玻璃、膨胀珍珠岩、岩（矿）石棉板、玻璃棉毡、海泡石，以及超轻的聚苯颗粒保温料浆等。这些材料共同的特点就是在材料内部有大量的封闭孔，它们的表观密度都比较小。

1）岩棉。岩（矿）石棉和玻璃棉有时统称为矿物棉。岩棉是以精选的玄武岩或辉绿岩为主要原料，经高温熔制而成的无机人造纤维。岩棉制品具有良好的保温、隔热、吸声、耐热、不燃等性能和良好的化学稳定性。岩棉有三种绝热方式：内绝热、中间夹芯绝热和外绝热。但岩棉的质量优劣相差很大，保温性能好的密度低，其抗拉强度也低，耐久性比较差。

2）玻璃棉。玻璃棉与岩棉在性能上有很多相似之处，但其手感好于岩棉，可改善工人的劳动条件，但价格较岩棉高。目前我国的玻璃棉产量仅为美国的 1/60。

3）聚苯乙烯泡沫塑料。聚苯乙烯泡沫塑料是以聚苯乙烯树脂为主要原料，经发泡剂发泡而制成的内部具有无数封闭微孔的材料。其表观密度小，导热系数小，吸水率低，隔声性能好、机械强度高，而且结构均匀。因此，在外墙保温中的使用量较大。

4）硬质聚氨酯泡沫塑料。硬质聚氨酯泡沫塑料具有非常优越的绝热性能，导热系数极低［仅为 0.025W/（m·K）］且其特有的闭孔结构使其具有更优越的耐水气性能，不需要额外的绝缘防潮，能简化施工程序，降低工程造价。但存在价格较高、易燃等缺点，从而限制了其使用范围。

5）硅酸盐复合绝热砂浆。硅酸盐复合绝热砂浆是一种新型墙体保温材料，以精选海泡石、硅酸铝纤维为主原料，附以多种优质轻体无机矿物为填料，在数种添加剂的作用下经细纤化、扩散膨胀、混溶、粘接等多种工艺深度复合而成的灰白色黏稠浆状物。此种材料显著特点为：保温隔热性能好，施工简便（直接涂抹），解决了板材拼接处罩面层开裂现象。

6）水泥聚苯板（块）。水泥聚苯板是近年开发的轻质高强保温材料，是采用聚苯乙烯泡沫颗粒、水泥、发泡剂等搅拌浇筑成型的一种新型保温板材。这种材料密度小、强度高、破损少、施工方便，有韧性、抗冲击，还具有耐水、抗冻性能，保温性能优良。实测表明以240mm 砖墙复合 50~70mm 厚水泥聚苯板，其热工性能可超过 620mm 砖墙保温效果。该类防火、阻燃材料应用到任何部位、任何情况下均可达到防火阻燃的效果，并符合国家标准。但这种材料的密度、强度和导热系数之间存在着相互制约的关系，配比中各成分量的变化对板材的性能都有显著的影响。由于板材的收缩变形，有些板材上墙后仍在收缩，板缝处理难度较大。

7）胶粉聚苯颗粒保温材料。胶粉聚苯颗粒保温材料是由胶凝材料和聚苯颗粒轻骨料分别按配比包装组成。该材料固化后导热系数低［一般小于 0.060W/（m·K）］，密度小，热工性能好，具有良好的耐热性，充分考虑了热应力、水、火、风压及地震力的影响，其界面砂浆采用无空腔和逐层渐变柔性释放应力的技术路线，可有效地解决抗裂难题。

（3）门窗材料　外门、外窗所使用的材料是影响其热量传递的主要因素。因建筑物中的外门很少，所以一般重点研究外窗，而对外窗的节能性能影响最大的就是其使用的材料——玻璃的性能。

1）玻璃。目前，国内外研究并推广使用的节能玻璃主要有以下三种：

① 中空玻璃。中空玻璃中间充灌氪气、氩气或者空气，导热系数很低，具有优异的保温性能。从性能和经济方面综合考虑，中空玻璃内腔以充灌氩气为佳。我国常用的中空玻璃有两种：槽式中空玻璃和复合胶条式中空玻璃，现在多采用后者。中空玻璃是实现门窗节能的重要途径，目前我国中空玻璃的使用普及率不足1%，以中空玻璃逐渐代替普通玻璃将是必然趋势。

② 真空玻璃。门窗玻璃材料从单片玻璃、中空玻璃，发展到真空玻璃已是第三代产品。真空玻璃与中空玻璃相似，不同之处在于真空玻璃空腔内的气体非常稀薄，几乎接近真空。真空玻璃的隔声性能、透光折减系数均优于中空玻璃。对空调节能性能进行比较发现，真空玻璃比中空玻璃、单片玻璃分别节电 16%~18%、29%~30%。

③ 镀膜玻璃。镀膜玻璃通常是在玻璃表面镀上一层金属薄膜，来改变玻璃的透射系数和反射系数，还可以同中空玻璃、真空玻璃结合使用。近年来发展起来的镀膜低辐射玻璃，对 380~780nm 的可见光具有较高的透射率，可以保证室内的能见度，同时，对红外光具有较高的反射率，达到保温节能效果。

2）门窗框材料。

① 塑钢型材门窗框扇。塑钢型材门框是以聚氯乙烯（PVC）树脂为主原料，加上一

定比例的高分子改性剂、发泡剂、热稳定剂、紫外线吸收剂和增塑剂等挤出成型，然后通过切割、焊接或螺纹连接的方式制成，再配装上密封胶条、毛条、五金件等。超过一定长度的型材空腔内需要用钢衬（加强筋或细钢条）增强。该类框扇密度小、导热系数低、保温性能好、耐腐蚀、隔声、防振、阻燃性能优良。但 PVC 塑料线膨胀系数高，窗体尺寸不稳定影响气密性；PVC 塑料冷脆性高，不耐高温，使得该类门窗材料在严寒和高温地区使用受到限制；而且 PVC 塑料刚性差，弯曲模量低，不适于大尺寸窗及高风压场合。

② 塑铝型材框扇。它是在铝合金型材内注入一条聚酰胺塑料隔板，以此将铝合金型材分离形成断桥，来阻止热量的传递。此种节能框扇由于聚酰胺塑料隔板将铝合金型材隔断，形成冷桥，从而在一定程度上降低了窗体的导热系数，因而具有较好的保温性能。铝合金型材弯曲模量高，刚性好，适宜大尺寸窗及高风压场合使用；铝合金型材耐寒耐热性能好，使得塑铝框扇可用在严寒和高温地区，在冬季温差 50℃ 时门窗也不会产生结露现象，并且，隔声性能保持在 30~40dB。但铝合金型材线膨胀系数较高，窗体尺寸不稳定，对窗户的气密性能有一定影响；铝合金型材耐蚀性能差，适用环境范围受到限制。

③ 玻璃钢型材框扇。玻璃钢是将玻璃纤维浸渍了树脂的液态原料后，经过模压法预成型，然后将树脂固化而成的。玻璃钢型材同时具有铝合金型材的刚度和 PVC 型材较低的热传导性，具有低的线膨胀系数，且和玻璃及建筑主体的线膨胀系数相近，窗体尺寸稳定，门窗的气密性能好；玻璃钢型材导热系数低，玻璃钢窗体保温性能好；玻璃钢型材对热辐射和太阳辐射具有隔断性，隔热性能好；耐腐蚀，适用环境范围广泛；弯曲模量较高，刚性较好，适宜较大尺寸窗或较高风压场合使用。玻璃钢型材耐寒热，使得玻璃钢门窗可以广泛应用在严寒和高温地区；玻璃钢型材质量轻，强度高，隔声性能好，可随意着色，使用寿命长（普通 PVC 寿命为 15 年，而玻璃钢寿命为 50 年），是国家重点鼓励发展的节能产品。

2. 按材料的出现时期分类

按材料的出现时期，节能材料一般分为传统节能材料和新型节能材料，本书主要介绍新型建筑节能材料。

（1）传统建筑节能材料 传统建筑节能材料目前在大中城市已经很少使用，主要用在一些小城市和农村，并且其中一些材料现在已经不再属于节能材料，本书不再介绍。

（2）新型建筑节能材料 目前新型节能材料很多，主要是构筑墙体、窗、门的新型保温材料和结构材料，本书重点介绍几种新型墙体节能材料。

1）外墙保温及饰面系统（EIFS）。该系统最先应用于商业建筑，随后开始在民用建筑中应用。目前，EIFS 在商业建筑外墙中占 17%，在民用建筑外墙中占 3.5%，并且在民用建筑中正以每年 17%~18% 的速度增长。EIFS 是多层复合的外墙保温系统，在民用建筑和商业建筑中一般是 1~4in 厚（1in=2.54cm），该部分以合成黏结剂或机械方式固定于建筑外墙；中间部分是持久的、防水的聚合物砂浆基层，此基层主要用于保温板上，以玻璃纤维网来增强并传达外力的作用。

2）隔热水泥模板外墙系统（ICFS）。此材料可用于民用建筑和商业建筑，是高性能的墙体、楼板和屋面材料。板材的中间是聚苯乙烯泡沫或聚亚安酯泡沫夹芯层，一般 4~8in 厚，两面根据需要可采用不同的平板面层，例如在房屋建筑中两面可以采用工程化的胶合板类木制产品。用此材料建成的建筑具有强度高、保温效果好、造价低、施工简单、节约能源保护环境的特点。

3）建筑保温绝热板系统（SIPS）。该产品是一种绝缘模板系统，主要由循环利用的聚苯乙烯泡沫塑料和水泥类的胶凝材料制成模板，用于现场浇筑混凝土墙或基础。施工时在模板内部水平或垂直配筋，墙体建成后，该绝缘模板将作为永久墙体的一部分，形成在墙体外部和内部同时保温绝热的混凝土墙体。混凝土墙面外包的模板材料满足了建筑外墙所需的保温、隔声、防火等要求。

4）混凝土空心砌块。混凝土空心砌块是由胶凝材料、骨料按一定比例经机械成型，养护而成的块材。在材料组成上有以砂石作为骨料的混凝土空心承重砌块；有以浮石、火山渣、天然煤矸石为骨料的混凝土轻型空心砌块、保温砌块、装饰砌块、铺路混凝土砌块等。其热阻值大，且具有很好的保温特性。通常所使用的实心黏土砖作为建筑材料其热阻值仅为 $0.316m^2 \cdot K/W$，而新型双排孔混凝土空心砌块其热阻值比实心黏土砖提高了 13.3%。如果使用三排或多排，其阻热性更佳。其原理就是利用空气间层这一固有的隔热特性，提高墙体的隔热能力。此外以空心砌块作为墙体材料，白天可以吸收太阳能并将其储存在砌块中的空心部分，晚上释放热量，从而减少能耗。

（3）相变建筑节能材料　相变材料（PCM）应用于建筑材料的热能存储始于20世纪80年代，随着PCM与石膏板、水泥板、混凝土及其他建筑材料的结合，热能存贮已被应用到建筑结构的轻质材料中。早期的研究主要集中于便宜易得的无机水合盐上，但由于其严重的过冷与析出问题，限制了其在建筑材料领域的实际应用。为了避免无机相变材料的上述问题，人们又将研究重点集中到低挥发性的无水有机物，如聚乙二醇、脂肪酸和石蜡衍生物等，尽管它们的价格高于普通水合盐且单位热存储能力低，但其稳定的物理化学性能、良好的热行为和可调的相变温度都使其在节能建材领域具有广泛的应用前景。目前，国内关于相变建筑材料的研究和应用还只停留在实验阶段。

9.3.3　建筑构件

建筑构件是指构成建筑物的各个要素。如果把建筑物看成是一个产品，建筑构件就是这个产品中的零件。建筑物中的构件主要有楼（屋）面、墙体、门窗、柱子、基础等。本节分别对墙体、门窗等构件的热工性能进行阐述，并对各构件的检测参数和节能标准进行介绍。

1. 外墙

外墙是组成外围护结构的重点部分，也是建筑节能检测中的重点内容。外墙结构是否节能直接关系到建筑整体能耗的大小。

（1）外墙墙体类型

1）外墙按其主体结构所用的材料分类，目前主要有：加气混凝土外墙、黏土空心砖外墙、黏土（实心）砖外墙、混凝土空心砌块外墙、钢筋混凝土外墙、其他非黏土砖外墙等。

2）外墙按其保温材料分类，可分为单一材料节能外墙、复合节能外墙。复合节能外墙是由绝热材料与传统外墙材料或某些新型外墙材料复合构成。与单一材料节能外墙相比，复合节能外墙由于采用了高效绝热材料而具有更好的热工性能，但其造价比一般的节能材料要高很多。根据绝热材料在外墙中的位置，这类外墙又可分为内保温外墙、外保温外墙和夹芯保温外墙几种形式，如图9-9所示。

（2）外墙节能参数　外墙节能参数主要是指外墙墙体及保温材料的传热热阻和传热系数。据资料介绍，大多数国家规定的建筑物传热系数都小于 $0.6W/(m^2 \cdot K)$，如瑞典规定外墙传热系数为 $0.17W/(m^2 \cdot K)$，加拿大规定外墙传热系数为 $0.27 \sim 0.38W/(m^2 \cdot K)$，丹麦规定外墙传热系数为 $0.30 \sim 0.35W/(m^2 \cdot K)$，英国规定外墙传热系数为 $0.45W/(m^2 \cdot K)$ 等。从以上数据可以看出国际上对外墙的热工性能要求较高，外墙热工性能的好坏直接影响

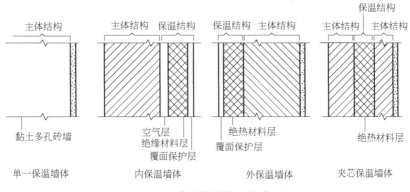

图 9-9 节能墙体的几种类型

建筑节能的效果，也直接关系到能源的有效利用。

2. 门窗

在建筑围护结构的四大部件（门窗、墙体、屋面、地面）中，门窗的绝热性能最差（表 9-7），设置冬夏季空调供暖的建筑物，通过外门窗形成的室内冷热负荷在总负荷中占有比较大的比例，是影响建筑节能的主要因素之一。因此，增强门窗的保温隔热性能，减少门窗能耗，是改善室内热环境质量和提高建筑节能水平的重要环节。另一方面，建筑门窗承担着隔绝与沟通室内外两种环境的任务，不仅要求它具有良好的绝热性能，同时还应具有采光、通风、装饰、隔声、防火等多项功能。因此，在技术处理上相对于其他围护部件，难度更大，涉及的问题也更为复杂。

表 9-7 我国目前典型围护部件的传热系数

部件名称	构件形式	传热系数 $K/[W/(m^2 \cdot K)]$
外墙	黏土、页岩实心砖 240mm	1.95
	黏土、页岩实心砖 370mm	1.57
屋面	混凝土通风屋面	1.45
外窗	单玻璃金属窗	6.40
地面	土壤	0.30
门	金属门	6.40
	木门	2.70

从建筑节能的角度看，建筑外窗一方面是能耗大的构件，另一方面也是得热构件，即通过太阳光投射入室内而获得太阳热能，因此，应该根据当地的建筑气候条件、功能要求以及其他围护部件的情况来选择适当的门窗材料、窗型和相应的节能技术，这样才能取得良好的节能效果。

（1）门窗的类型

1）按门窗的材料种类可分为铝合金门窗、玻璃钢门窗、铝塑复合门窗等。在国家节能政策的推动下，涌现了一大批新型环保节能门窗。

2）按门窗的结构形式分类。门可分为：卷帘门、密闭门、平开门、弹簧门、折叠门、推拉门、转门以及子母门等。窗可分为：圆形窗、弧形窗、多页窗、单页窗、推拉窗等。门窗的结构形式在一定程度上与建筑的协调性和整体的美观性有关，但门窗的结构形式对建筑内空间的热舒适性的影响很大。

3）根据窗体是否遮阳又可分为有遮阳措施的窗户和无遮阳措施的窗户。窗体进行遮阳可大大降低夏季太阳辐射和对流换热，从而减小夏季室内冷负荷，达到节能的目的。

（2）门窗的节能检测参数与标准　对门窗进行节能检测时，除了检测其传热系数和热阻外，还需要进行门窗的保温性能、气密性检查和测量窗墙面积比，这些参数是衡量门窗是否节能的重要指标。

1）传热系数和热阻。各热工气候区建筑内对热环境有要求的房间，其外门窗的传热系数和热阻宜符合表9-8的规定。

表9-8　建筑外门窗传热系数和热阻限值

气候区	传热系数 K/[W/(m^2·K)]	热阻 R/(m^2·K/W)
严寒A区	≤2.0	≥0.50
严寒B区	≤2.2	≥0.45
严寒C区	≤2.5	≥0.40
寒冷A区	≤3.0	≥0.33
寒冷B区	≤3.0	≥0.33
夏热冬冷A区	≤3.5	≥0.29
夏热冬冷B区	≤4.0	≥0.25
夏热冬暖地区	—	—
温和A区	≤3.5	≥0.29
温和B区	—	—

注：1. 本表的依据为《民用建筑热工设计规范》（GB 50176—2016）。
　　2. 门窗的传热系数应按《民用建筑热工设计规范》附录C第C.5节的规定进行计算。计算门窗的传热系数时，应采用建筑工程所在地的冬季计算参数，所采用的边界条件应根据冬季计算参数按照现行行业标准《建筑门窗玻璃幕墙热工计算规程》（JGJ/T 151—2008）的规定计算确定。

2）保温性能。2008年，我国出台了《建筑外门窗保温性能分级及检测方法》（GB 8484—2008），在这个规范中，依据外窗的传热系数，将其保温性能划分为10个等级，见表9-9。

表9-9　外窗保温性能分级

等级	传热系数 K/[W/(m^2·K)]	等级	传热系数 K/[W/(m^2·K)]
1	$K \geq 5.0$	6	$2.5 > K \geq 2.0$
2	$5.0 > K \geq 4.0$	7	$2.0 > K \geq 1.6$
3	$4.0 > K \geq 3.5$	8	$1.6 > K \geq 1.3$
4	$3.5 > K \geq 3.0$	9	$1.3 > K \geq 1.1$
5	$3.0 > K \geq 2.5$	10	$K < 1.1$

3）窗户的气密性。建筑窗户的气密性是指空气通过窗户（关闭状态）的性能，是表征窗户节能的重要性能指标之一。由于窗户在框与扇、扇与扇、扇框与镶嵌材料之间都存在缝隙，如不加以密封，空气就会自由通过这些缝隙，产生能量损失。因此，提高窗户的气密性是降低门窗能耗的重要方法。按照《建筑外门窗气密、水密、抗风压性能分级及检测方法》（GB/T 7106—2008）划分的气密性等级（表9-10），国家节能设计标准《夏热冬冷地区居住建筑节能设计标准》（JGJ 134—2010）对我国外窗气密性等级做出规定，见表9-11。

表9-10　建筑外门窗气密性能分级表

分级	1	2	3	4	5	6	7	8
单位缝长分级指标值 q_1/[m^3/(m·h)]	$4.0 \geq q_1 > 3.5$	$3.5 \geq q_1 > 3.0$	$3.0 \geq q_1 > 2.5$	$2.5 \geq q_1 > 2.0$	$2.0 \geq q_1 > 1.5$	$1.5 \geq q_1 > 1.0$	$1.0 \geq q_1 > 0.5$	$q_1 \leq 0.5$
单位面积分级指标值 q_2/[m^3/(m^2·h)]	$12 \geq q_2 > 10.5$	$10.5 \geq q_2 > 9.0$	$9.0 \geq q_2 > 7.5$	$7.5 \geq q_2 > 6.0$	$6.0 \geq q_2 > 4.5$	$4.5 \geq q_2 > 3.0$	$3.0 \geq q_2 > 1.5$	$q_2 \leq 1.5$

上述指标仅反映窗户本身的气密性能，在建筑工程中，还存在窗框与窗墙之间的缝隙，

也需采取密封措施，从而提高窗户的实际气密性。

表 9-11　节能标准对门窗气密性的要求

建筑层数	气密性等级	空气渗透量 q_1 /[m³/(m·h)]	空气渗透量 q_2 /[m³/(m²·h)]
低层和多层(1~6 层)	4	≤2.5	≤7.5
中高层和高层(7~30 层)	6	≤1.5	≤4.5

4）窗墙面积比。窗墙面积比是指窗户洞口面积与房间立面单元面积（即建筑层高与开间定位线围成的面积）之比。一般情况下，窗户的保温隔热性能比外墙差很多，而且窗和墙连接的周边又是冷风渗透的主要部位，窗墙面积比越大，供暖能耗也越大。因此，从降低能耗和提高室内热舒适的角度出发，应限制窗墙面积比。表 9-12 为我国居住建筑节能设计标准提出的建筑窗墙面积比限值。

表 9-12　不同朝向外窗的窗墙面积比限值

朝向	窗墙面积比		
	严寒地区	寒冷地区	夏热冬冷地区
北	0.25	0.30	0.40
东、西	0.30	0.35	0.35
南	0.45	0.50	0.45
每套房间允许一个房间(不分朝向)	—	—	0.60

注：1. 表中的窗墙面积比应按开间计算。表中的"北"代表从北偏东小于 60°至北偏西小于 60°范围；"东、西"代表从东或西偏北小于 30°至偏南小于 60°范围；"南"代表从南偏东小于 30°至偏西小于 30°的范围。

　　2. 表中数据参考规范《严寒和寒冷地区居住建筑节能设计标准》（JGJ 26—2010）和《夏热冬冷地区居住建筑节能设计标准》（JGJ 134—2010）。

5）窗口的建筑外遮阳系数。窗口的建筑外遮阳系数是指窗口有建筑外遮阳时透入室内的太阳辐射得热量与在相同条件下没有建筑外遮阳时透入的室内太阳辐射得热量的比值。窗口外遮阳分为：水平遮阳、垂直遮阳、挡板遮阳三种基本遮阳方式。

6）外窗自身的遮阳系数。外窗自身的遮阳系数是指在给定条件下，太阳辐射透过外窗所形成的室内得热量与相同条件下相同面积的标准窗玻璃（3mm 普通玻璃）所形成的太阳辐射得热量之比。常用 SC（Shading Coefficient of Window）表示。

普通窗本身的遮阳系数 SC 可近似地取为窗玻璃的遮阳系数 S_e 乘以窗玻璃面积 A_g 除以整窗面积 A。即

$$SC = \frac{S_e A_g}{A} \tag{9-8}$$

式中　S_e——透明部分的遮阳系数，按照《建筑玻璃　可见光透射比、太阳光直接透射比、太阳能总透射比、紫外线透射比及有关窗玻璃参数的测定》（GB/T 2680—1994）测试和计算；

　　　　A_g——透明部分的面积（m²）；

　　　　A——整窗的面积（m²）。

非透明部分的遮阳系数为

$$SC = \frac{\rho K}{16.5} \tag{9-9}$$

式中　K——非透明部分的平均传热系数 [W/(m²·K)]；

　　　　ρ——非透明部分外表面的平均太阳辐射吸收系数。

3. 屋面

（1）屋面的类型

1）按其保温层所在位置分类，目前主要有：单一保温屋面、外保温屋面、内保温屋面和夹芯屋面四种类型，目前大多数采用外保温屋面。

2）按保温层所用材料分类，目前主要有：加气混凝土保温屋面，乳化沥青珍珠岩保温屋面，憎水型珍珠岩保温屋面，聚苯板保温屋面，水泥聚苯板保温屋面，岩棉、玻璃棉板保温屋面，浮石砂保温屋面，彩色钢板聚苯乙烯泡沫夹芯保温屋面，彩色钢板聚氨酯硬泡夹芯保温屋面等。

（2）屋面性能参数与节能标准　屋面保温层设计主要是考虑保温材料的导热系数和防水性，选用的屋面保温材料应考虑屋面的承重能力。对于屋面保温材料需要考虑的性能指标主要有：热惰性指标 D 值、热阻 R、传热系数 K、憎水性以及材料的堆密度等。

屋面保温、隔热工程设计和施工，应符合建筑节能的有关规定、建筑屋面的传热系数和热惰性指标均应符合现行《民用建筑热工设计规范》（GB 50176—2016）、《公共建筑节能设计标准》（GB 50189—2015）、《严寒和寒冷地区居住建筑节能设计标准》（JGJ 26—2010）、《夏热冬暖地区居住建筑节能设计标准》（JGJ 75—2012）和《夏热冬冷地区居住建筑节能设计标准》（JGJ 134—2010）等有关规定。

公共建筑屋面传热系数限值见表9-13，供暖居住建筑屋面传热系数限值和热惰性指标见表9-14，屋面建筑保温工程材料标准应按表9-15中的规定选用。

表9-13　公共建筑屋面传热系数限值

建筑气候分区	体形系数≤0.3 传热系数 $K/[W/(m^2 \cdot K)]$	0.3<体形系数≤0.4 传热系数 $K/[W/(m^2 \cdot K)]$	传热系数 $K/[W/(m^2 \cdot K)]$
严寒地区 A 区	≤0.30	≤0.30	—
严寒地区 B 区	≤0.45	≤0.35	—
寒冷地区	≤0.55	≤0.45	—
夏热冬冷地区	—	—	≤0.70
夏热冬暖地区	—	—	≤0.90

表9-14　供暖居住建筑屋面传热系数限值和热惰性指标

供暖期室外平均温度（℃）和建筑气候分区	体形系数≤0.3 传热系数 $K/[W/(m^2 \cdot K)]$	体形系数>0.3 传热系数 $K/[W/(m^2 \cdot K)]$	传热系数 $K/[W/(m^2 \cdot K)]$ 和热惰性指标 D
2.0～-2.0	0.8	0.60	—
2.0～-2.0	0.7	0.50	—
2.0～-2.0	0.6	0.40	—
2.0～-2.0	0.5	0.30	—
2.0～-2.0	0.4	0.25	—
夏热冬冷地区	—	—	$K \leq 1.0, D \geq 3.0$ $K \leq 0.8, D \geq 2.5$
夏热冬暖地区	—	—	$K \leq 1.0, D \geq 2.5$ $K \leq 1.5$

注：1. 当屋顶 K 值满足要求，但 D 值不满足要求时，应按《民用建筑热工设计规范》（GB 50176—2016）第6.2.1条和6.2.2条来验算隔热设计要求。

　　2. $D<2.5$ 的轻质屋顶还应满足《民用建筑热工设计规范》（GB 50176—2016）所规定的隔热要求。

表9-15　现行屋面建筑保温工程材料标准

类　别	标准名称	标准号
聚苯乙烯泡沫塑料	绝热用模塑聚苯乙烯泡沫塑料	GB/T 10801.1—2002
	绝热用挤塑聚苯乙烯泡沫塑料（XPS）	GB/T 10801.2—2018

（续）

类　别	标准名称	标准号
硬质聚氨酯泡沫塑料	建筑绝热用硬质聚氨酯泡沫塑料	GB/T 21558—2008
	喷涂聚氨酯硬泡体保温材料	JC/T 998—2006
无机硬质绝热制品	膨胀珍珠岩绝热制品	GB/T 10303—2015
	泡沫玻璃绝热制品	JC/T 647—2014
矿物纤维绝热制品	建筑绝热用玻璃棉制品	GB/T 17795—2008
	建筑用岩棉绝热制品	GB/T 19686—2015
保温材料试验方法	塑料　用氧指数法测定燃烧行为	GB/T 2406.1—2008 GB/T 2406.2—2009
	建筑材料不燃性试验方法	GB/T 5464—2010
	矿物棉及其制品试验方法	GB/T 5480—2017
	无机硬质绝热制品试验方法	GB/T 5486—2008
	建筑材料及制品燃烧性能分级	GB 8624—2012
	硬质泡沫塑料压缩性能的测定	GB 8813—2008
	硬质泡沫塑料开孔与闭孔体积百分率试验方法	GB 10799—2008

4. 地面

（1）地面类型　地面按其是否直接接触土壤分为两类：

1）不直接接触土壤的地面，又称地板，其中又分为接触室外空气的地板和不供暖地下室上部的地板，以及底部架空的地板等。

2）直接接触土壤的地面。

（2）地面性能参数及节能标准　根据地面的保温要求对不同形式的地面保温规范给出不同的节能标准。

1）节能标准对地面的保温应满足相关规范要求。对于接触室外空气的地板（如骑楼、过街楼的地板），以及不供暖地下室上部的地板等，应采取保温措施，使地板的传热系数小于或等于规范中的规定值。

2）对于直接接触土壤的非周边地面，一般不需做保温处理，其传热系数即可满足规范的要求；对于直接接触土壤的周边地面（即从外墙内侧算起 2.0m 范围内的地面），应采取保温措施，使地面的传热系数小于或等于 $0.30W/(m^2 \cdot K)$。

5. 分户墙

目前分户墙的热工性能尚未引起人们的重视，在居住建筑和公共建筑的节能设计标准中均未对其传热系数的限值进行规定，分户墙的节能指标也暂未列入节能验收和检测的内容。但随着分户热计量政策的落实，分户墙体热工性能也越来越受到关注，对分户墙体热阻、传热系数等性能指标的规定也将很快落实。

9.3.4　建筑材料与构件的热工参数检测

1. 温度检测

温度是建筑材料热工参数中最基本的参数之一，也是建筑节能检测过程中必须检测的参数。其具体的检测方法详见第 3 章 3.1。

2. 热流量检测

热流量是计算建筑材料或构件导热系数的一个重要参数，热流量检测结果的准确与否直接关系到节能效果的评价。所以热流量检测是建筑节能检测的一个重要环节，在检测时必须认真、仔细地按照要求进行。具体检测方法详见第 3 章 3.3。

3. 材料导热系数检测

材料的导热系数（也称为热导率）是反映其导热性能的物理量，它不仅是评价材料热力学特性的依据，而且是材料在工程应用时的一个重要设计依据。

测定建筑材料导热系数的方法可分为两类：稳定热流法和非稳定热流法。

（1）稳定热流法 稳定热流法的基本原理是将材料试件置于稳定的一维温度场中，根据稳定热流强度、温室梯度和导热系数之间的关系来确定材料的导热系数 λ。工程检测中常用的方法有防护热板法、热流计法和圆管法等。

根据 FourierJ. 导热基本定律，有

$$q = -\lambda \operatorname{grad} t \tag{9-10}$$

按一维稳态导热的方法来处理，假定高温侧的温度为 t_1，低温侧的温度为 t_2，则有

$$\frac{\mathrm{d}^2 t}{\mathrm{d}x^2} = 0 \tag{9-11}$$

墙体两侧给出的边界条件为 $t\mid_{x=0} = t_1$，$t\mid_{x=\delta} = t_2$。结合 FourierJ. 定律可得到

$$q = -\lambda \frac{\mathrm{d}t}{\mathrm{d}x} = \lambda \frac{t_1 - t_2}{\delta}$$

$$\lambda = \frac{q\delta}{t_1 - t_2} \tag{9-12}$$

而 $$R = \frac{\delta}{\lambda} \qquad K = \frac{1}{R} = \frac{\lambda}{\delta} \tag{9-13}$$

式中 q——稳定热流强度（kW/m^2）；

λ——导热系数 [$W/(m \cdot K)$]；

K——传热系数 [$W/(m^2 \cdot K)$]；

R——热阻（$m^2 \cdot K/W$）；

δ——试件厚度（m）；

$t_1 - t_2$——材料试件两侧面的温度差（℃）。

稳定热流法原理比较简单，计算方便，然而它需要复杂的设备，而且为使热流达到稳定所需的试验时间较长，一般要 4h 以上。由于试件两面存在一定的温度差，不可避免地会在试件中引起水分的迁移和重新分布，材料的导热系数与它的含湿量关系很大。因此，这一方法不适用于测定潮湿材料的导热系数。此外，稳定热流法对试件表面的平整度要求非常严格，表面不平整会给测试结果带来相当大的误差。

稳定热流法又分为防护热板法、热流计法和圆管法等。

1）防护热板法。防护热板法是运用一维稳态导热过程的基本原理测定材料导热系数的方法，可以用来测定材料的导热系数及其与温度的关系，检测方法及装置、试样的要求按照《绝热材料稳态热阻及有关特性的测定 防护热板法》（GB/T 10294—2008）进行。

a. 测试原理。防护热板法的检测设备是根据在一维稳态情况下通过平板的导热量 Q 与平板两面的温差 ΔT 成正比，与平板的厚度 δ 成反比，以及与导热系数 λ 成正比的关系来设计的。

在稳态条件下，防护热板装置的中心计量区域内，在具有平行表面的均匀板状试件中，形成以两个平行平板为界的无限大平板的恒定热流。

为保证中心计量单元建立一维热流和准确测量热流密度，加热单元应分为在中心的计量单元和由隔缝分开的环绕计量单元的防护单元，并且需要有足够的边缘绝热和外防护套，特

别是在远高于或低于室温时运行的装置，必须设置外防护套。

通过薄壁平板的稳定导热量为

$$Q = \frac{\lambda}{\delta} \Delta TA \qquad (9\text{-}14)$$

式中　Q——通过薄壁平板的热量（W）；

　　　λ——薄壁平板的导热系数 $[W/(m \cdot K)]$；

　　　δ——薄壁平板的厚度（m）；

　　　A——薄壁平板的面积（m^2）；

　　　ΔT——薄壁平板的热端和冷端温差（℃）。

测试时，如果将平板两面温差 $\Delta T = (t_R - t_L)$、平板厚度 δ、垂直于热流方向的导热面积 A 和通过平板的热流量 Q 测定出来，就可以根据下式得出导热系数

$$\lambda = \frac{Q\delta}{\Delta TA} \qquad (9\text{-}15)$$

通过式（9-15）所得的导热系数为当时的平均温度下材料的导热系数，平均温度按下式计算

$$\bar{t} = \frac{1}{2}(t_R - t_L) \qquad (9\text{-}16)$$

式中　$\bar{t}$——测试材料导热系数的平均温度（℃）；

　　　t_R——被测试件的热端温度（℃）；

　　　t_L——被测试件的冷端温度（℃）。

b. 测试装置。根据上述原理可建造两种形式的防护热板装置：双试件式和单试件式。双试件装置中，在两个近似相同的试件中夹一个加热单元，试件的外侧各设置一个冷却单元，热流由加热单元分别经两侧试件传给两侧的冷却单元（图 9-10a）。单试件式装置中加热单元的一侧用绝热材料和背防护单元代替试件和冷却单元（图 9-10b），绝热材料的两表面应控制温差为零，无热流通过。

c. 试件。

a）试件尺寸。根据所使用装置的形式从每个样品中选取一或两块试件。选取两块试件时，应该尽可能一样，最好是从同一试样上截取，厚度差别应小于2%。试件的尺寸要能够完全覆盖加热单元的表面。试件的厚度应是实际使用的厚度或大于能给出被测材料热性质的最小厚度。

b）试件制备。固

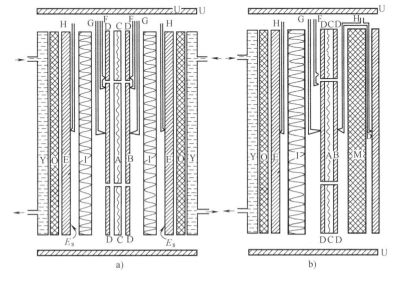

图 9-10　防护热板法测试装置

a）双试件装置　b）单试件装置

H—冷却单元表面测温热电偶　M—背防护单元温差热电偶

体材料试件的表面应用适当方法加工平整，使试件与面板能紧密接触。

某些实验室将导热系数高的试件加工成与所用装置计量单元、防护单元尺寸相同的中心和环形两部分或将试件制成与中心计量单元尺寸相同，而隔缝和防护单元部分用合适的绝热材料代替。这些技术的理论误差应另行分析，在这种情况下，计算中所用的计量面积 A 应为

$$A = A_m + \frac{1}{2}\frac{\lambda_g}{\lambda}A_g \qquad (9\text{-}17)$$

式中　A_m——计量部分面积（m^2）；

A_g——隔缝面积（m^2）；

λ_g——面对隔缝部分材料的导热系数 [$W/(m \cdot K)$]；

λ——试件的导热系数 [$W/(m \cdot K)$]。

由膨胀系数大而质地硬的材料制作的试件，在承受温度梯度时会极度翘曲，会引起附加热阻、产生误差或毁坏测试装置。因此，测定这类材料需要特别设计的装置。

测定松散材料时，试件的厚度至少为松散材料中的颗粒直径的 10 倍。称取经状态调节过的试样，按材料产品标准的规定制成要求密度的试件。

某些材料在试件准备过程中有材料损失，要求在测定前重称试件，这种情况下，测定后确定盒子和盖子的质量以计算测定时材料的密度。

试件制备完成后，必须将其放在干燥器或通风烘箱里，以材料产品标准中规定的温度或对材料适宜的温度将试件调节到恒定的质量。热敏感材料（如 EPS 板）不应暴露在能改变试件性质的温度下，当试件在给定的温度范围内使用时，应在这个温度范围的上限、空气流动并控制的环境下调到恒定的质量。

d. 实验测定。

a）测量质量。用合适的仪器测定试件质量，准确到±0.5%，称量后立即将试件放入装置中进行测定。

b）测量厚度。刚性材料试件（如混凝土试件）厚度的测定可在放入装置前进行；容易发生变形的软体材料试件（如泡沫塑料）厚度由加热单元和冷却单元位置确定。

c）密度测定。由测量得到的试件质量、厚度及边长等数据计算确定试件的密度。有些材料（如低密度纤维材料）测量以计量面积为界的试件密度可能更精确，这样可得到较正确的热性质与材料密度之间的关系。

d）温差选择。热流量传递的多少与试件两侧的温差有关，实验过程中温差的选择应注意：按照材料产品标准中的要求；按被测定试件或样品的使用条件；确定温度与热性质之间的关系时，温差要尽可能小 5～10K；当要求试件内的传质减到最小时，按测定温差所需的准确度选择最低温差。

e）热流量的测定。测量施加于计量面积的平均电功率，精确到±0.2%。输入功率的随机波动、变动引起的热板表面温度波动或变动，应小于热板和冷板间温差的±0.3%。

e. 结果计算。

a）密度。按下式计算测定试件的密度 ρ。

$$\rho = m/V \qquad (9\text{-}18)$$

式中　ρ——测定时干试件的密度（kg/m^3）；

m——干燥后试件的质量（kg）；

V——干燥后试件所占有的体积（m^3）。

b）热阻和传热系数。热阻和传热系数可按下式计算

$$R = \frac{A(T_1 - T_2)}{Q} \qquad\qquad K = \frac{1}{R} = \frac{Q}{A(T_1 - T_2)} \tag{9-19}$$

式中　R——试件的热阻（$m^2 \cdot K/W$）；

　　K——试件的传热系数 [$W/(m^2 \cdot K)$]；

　　Q——加热单元计量部分的平均热流量，其值等于平均发热功率（W）；

　　T_1——试件热面温度平均值（K）；

　　T_2——试件冷面温度平均值（K）。

c）导热系数。导热系数（热导率）按式（9-15）计算。

f. 检测报告。实验结果处理完后，应出具完整的检测报告，并加盖检测机构的公章和检测资质章。检测报告应包括以下方面的内容：①材料的名称、标志和物理性能；②试件的制备过程和方法；③试件的厚度，应注明由热冷单元位置确定或测量试件的实际厚度；④材料的密度；⑤测定时试件的平均温差及确定温差的方法；⑥测定时的平均温度和环境温度；⑦试件的导热系数；⑧测试日期和时间；⑨实验检测人员和检测报告审核人员签名。

2）热流计法。热流计法的检测方法及装置、试样的要求按照《绝热材料稳态热阻及有关特性的测定　热流计法》（GB/T 10295—2008）进行。

a. 热流计法测量原理。当热板和冷板在恒定温度的稳定状态下，热流计装置在热流传感器中心测量部分和试件中心部分建立类似于无限大平壁中存在的单向稳定热流。假定测量时具有稳定的热流密度为 q、平均温度 T_m 和温差 ΔT，用标准试件测得的热流量为 Q_s、被测试件热流量为 Q_u，则标准试件热阻 R_s 和被测试件热阻 R_u 的比值为

$$\frac{R_u}{R_s} = \frac{Q_s}{Q_u} \tag{9-20}$$

如果满足确定导热系数的条件，且试件厚度 d 为已知，可根据式（9-15）计算出试件的导热系数。

b. 测试装置。热流计装置的典型布置如图 9-11 所示。装置由加热单元、一个（或两个）热流传感器、一块（或两块）试件和冷却单元组成，其检测系统如图 9-12 所示。

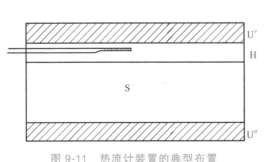

图 9-11　热流计装置的典型布置

S—检测试件　U′、U″—冷却和加热器　H—热流传感器

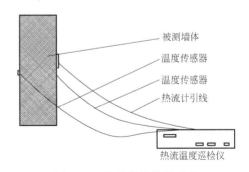

被测墙体

温度传感器

温度传感器

热流计引线

热流温度巡检仪

图 9-12　热流计法检测系统

c. 试件。

a）试件尺寸。热流计法对试件尺寸的要求与防护热板法的要求完全一样。

b）试件制备。试件表面应该用适当的方法加工平整，使试件和工作表面之间能够紧密接触。对于硬质材料，试件的表面应该做得和与其接触的工作表面一样平整，并且整个表面

的平面度公差应在试件厚度的±2%之内。

当试件用硬质材料制成，并且热阻小于 $0.1m^2 \cdot K/W$ 时，应采用热电偶测量试件的温差，试件的厚度应该取两侧热电偶中心之间垂直于试件表面的平均距离。

试件制备完成后，必须按被测材料的产品标准中规定或在对试件合适的温度下，把试件放在干燥器中或者通风烘箱中调节到恒定的质量。热敏感材料不应暴露在会改变试件性质的温度下。如试件在给定的温度范围内使用，则应在这个温度范围的上限、空气流动控制的环境下，调节到恒定的质量。

d. 实验检测。

a）质量测量。用合适的仪器测量试件的质量，误差不超过±0.5%。测定后，应立即把试件放入装置内。

b）厚度测定。实验时用仪器直接测量试件的厚度或测量板和热流传感器间隙的尺寸，所得结果即为试件厚度。

c）温差选择。热流计法对温差的要求与防护热板法的要求完全一样。

d）热流和温度测量。观察热流传感器平均温度和输出电势、试件平均温度以及温差来检查热平衡状态。热流计装置达到热平衡所需的时间与试样的密度、比热容、厚度和热阻的乘积以及装置的结构密切相关。在达到平衡以后，测量试件的热流密度值和热冷面的温度值。

e. 结果计算。

a）密度。按式（9-18）计算测定试件的密度 ρ。

b）热阻。热阻 R 按下式计算

$$R = \frac{\Delta T}{fe} \tag{9-21}$$

式中 ΔT——试件热面积和冷面积的温度差（K）；

f——热流计的标定系数 $[W/(m^2 \cdot V)]$；

e——热流计的输出（V）。

c）导热系数。导热系数 λ 按下式计算

$$\lambda = fe \times \frac{d}{\Delta T} \tag{9-22}$$

f. 检测报告。实验结果处理完后，应出具完整的检测报告，并加盖检测机构的公章和检测资质章。检测报告应包括以下方面的内容：①材料的名称、标志和物理性能；②试件的制备过程和方法；③试件的厚度，应注明由热、冷单元位置，确定或测量试件的实际厚度；④材料的密度；⑤测定时试件的平均温差及确定温差的方法；⑥测定时的平均温度和环境温度；⑦试件的导热系数；⑧测试日期和时间；⑨实验检测人员和检测报告审核人员签名。

3）圆管法。圆管法是根据长圆筒壁一维稳态导热原理直接测定单层或多层圆管绝热结构导热系数的一种方法。要求被测材料应该可以卷曲成管状，并能包裹于加热圆管外侧，由于该方法的原理是基于一维稳态导热模型，故在测试过程中应尽可能在试样中维持一维稳态温度场，以确保能获得准确的导热系数。为了减少由于端部热损失产生的非一维效应，常用的圆管式导热仪大多采用辅助加热器，即在测试段两端设置辅助加热器，以保证在允许的范围内轴向温度梯度相对于径向温度梯度的大小，从而使测量段具有良好的一维温度场特性。该方法在日常的检测工作中使用得比较少，故不做详细介绍。

（2）非稳定热流法 稳态导热系数的测定方法需要较长的稳定时间，只能测定干燥材

料的导热系数。对于工程上实际应用的含有一定水分的材料的导热系数则无法测定。稳定热流法的缺点使得这一方法的推广应用受到一定的局限。20 世纪 70 年代以来国内外对于非稳定热流测试材料导热系数方法的研究进展很快，我国建筑科学研究院建筑物理研究所研制的测量材料热物理性能的热脉冲法装置简单、试验时间短、精确度高，可以同时测出材料的导热系数、热扩散率和比热容等参数。这一方法在国内已获得推广使用，国家颁布的《民用建筑热工设计规范》（GB 50176—2016）建议以"热脉冲法"作为建筑材料导热系数测量的标准测试方法之一。

热脉冲法是以非稳态热流原理为基础，在材料试件中给以短时间的加热，使试验材料的温度发生变化，根据其变化的特点就可以算出待测材料的三个热物理参数——导热系数、热扩散率和比热容。

假定有一空心砌块，其宽度比厚度要大得多，则可将空心砌块作为一无限大物体，当只考虑试件沿 x 方向有温度变化，而在另外两个方向（y 和 z 方向）温度没有变化时，有

$$\frac{\partial t}{\partial y} = 0, \quad \frac{\partial t}{\partial z} = 0 \tag{9-23}$$

此时 FourierJ. 导热微分方程的形式为

$$\frac{\partial t(x,\tau)}{\partial \tau} = a\frac{\partial^2 t(x,\tau)}{\partial x^2} \tag{9-24}$$

假定初始温度 $t_{(x,0)} = t_0 = $ 常数。

当在物体中间（$x = 0$ 处）作用一个瞬时的平面热源，则物体的温度升高为

$$\theta_{(x,\tau)} = \frac{q}{c2\sqrt{\pi a\tau}}e^{\frac{-x^2}{4a\tau}}d\tau \tag{9-25}$$

$$\theta_{(x,\tau)} = t_{(x,\tau)} - t_0$$

式中　q——热流密度（kW/m^2）；

　　　　τ——时间（h）；

　　　　c——物体的比热容 [$J/(kg \cdot K)$]；

　　　　a——物体的热扩散率（m^2/h）；

　　　　x——离开热源面的距离（m）。

如果物体内的加热时间从 0 到 τ_1，则在这段加热时间内任一时刻 τ' 的温度升高为

$$\begin{aligned}\theta'_{(x,\tau')} &= \int_0^{\tau'}\frac{q}{c2\sqrt{\pi a\tau}}e^{\frac{-x^2}{4a\tau}}d\tau \\ &= \frac{q\sqrt{a\tau'}}{\lambda\sqrt{\pi}}\left[e^{\frac{-x^2}{4a\tau}} - \sqrt{\pi}\times\frac{x}{2\sqrt{a\tau'}}\mathrm{erfc}\left(\frac{x}{2\sqrt{a\tau'}}\right)\right]\end{aligned} \tag{9-26}$$

令 $B_{(y)} = e^{\frac{-x^2}{4a\tau}} - \sqrt{\pi}\times\frac{x}{2\sqrt{a\tau'}}\mathrm{erfc}\left(\frac{x}{2\sqrt{a\tau'}}\right) = e^{-y^2} - \sqrt{\pi}\,y\,\mathrm{erfc}(y)$

$$y = \frac{x}{2\sqrt{a\tau'}}$$

式中，$\mathrm{erfc}(y) = \frac{2}{\sqrt{\pi}}\int_y^\infty e^{-y^2}dy$ 为高斯误差补函数。

则式（9-26）可以写成如下形式

$$\theta'_{(x,\tau')} = \frac{q\sqrt{a\tau'}}{\lambda\sqrt{\pi}}B_{(y)} \tag{9-27}$$

式中　$\lambda = ac\rho$——物体的导热系数 $[kW/(m^2 \cdot K)]$。

当加热停止后某一时刻 τ_2，在热源面（$x=0$ 处）上的温度升高为

$$\theta_{2(0,\tau_2)} = \int_0^{\tau_2} \frac{q}{c2\sqrt{\pi a\tau}}d\tau - \int_0^{\tau_2-\tau_1} \frac{q}{c2\sqrt{\pi a\tau}}d\tau$$

$$= \frac{q\sqrt{a}\left(\sqrt{\tau_2} - \sqrt{\tau_2-\tau_1}\right)}{\lambda\sqrt{\pi}} \tag{9-28}$$

由式（9-27）和式（9-28）经过整理后得

$$B_{(y)} = \frac{\theta'_{(x,\tau')}\left(\sqrt{\tau_2} - \sqrt{\tau_2-\tau_1}\right)}{\theta_{2(0,\tau_2)}\sqrt{\tau'}} \tag{9-29}$$

式（9-29）中的温度 $\theta'_{(x,\tau')}$、$\theta_{2(0,\tau_2)}$ 和时间 τ'、τ_1、τ_2 都能在试验过程中测量出来，从而就可以算出 $B_{(y)}$ 值，利用 $B_{(y)}$ 值与 y^2 的对应关系就可以求出 y^2 值。因为

$$y^2 = \frac{x^2}{4a\tau'}$$

所以，经变换可以求得热扩散率 α 为

$$\alpha = \frac{x^2}{4\tau'y^2} \tag{9-30}$$

将式（9-30）整理后，可得到计算材料导热系数 λ 的公式为

$$\lambda = \frac{q\sqrt{a}\left(\sqrt{\tau_2} - \sqrt{\tau_2-\tau_1}\right)}{\theta_{2(0,\tau)}\sqrt{\pi}} \tag{9-31}$$

9.4　建筑物节能效果现场检测

9.4.1　围护结构传热系数检测

建筑物的围护结构，通常指外围护结构，包括外墙、屋面、窗户、阳台门、外门以及不供暖的隔墙和户门等。

传热系数是围护结构的一个重要热工性能参数，它既是衡量围护结构隔热性能好坏的重要指标，又是计算围护结构得失热量的主要依据。围护结构的传热系数 K 值越小，通过围护结构传递的热量越少，则保温性能越好，因而是建筑物耗能的重要基本参数。

1. 检测方法

目前，国内外关于围护结构传热系数的测定方法主要有：热流计法、热箱法、非稳态法和红外热像仪法等。

（1）热流计法　热流计法是利用温差和热流量之间的对应关系进行热流量的测定。美国试验与材料标准 ASTMC1046-95（2007）和 ASTMC1195-55 都对热流计法做了较详细的规定。热流计法也是我国现行检测的首选方法。

1）热流计检测原理。热流计是建筑能耗测定中常用仪表，用来测量建筑物和各种保温材料的传热量及物理性能参数。采用热流计检测建筑墙体保温性能的基本原理是：在被测部

位至少布置 2 块热流计，在热流计的周围布置热电偶，对应的另一表面上也相应布置热电偶，通过导线把所测试的各部分连接起来，将测试信号直接输入微机，通过计算机数据处理，可打印出热流量值及温度读数。热流计检测系统如图 9-12 所示，它通过瞬变期，达到稳定状态（计量时间包括足够数量的测量周期），获得所要求精度的测试数值。

当热流通过被测壁面板时，因热阻的存在，使温度梯度沿厚度方向衰减，导致壁板两侧产生温差 $\Delta T = T_1 - T_2$，即通过热流计的热流为稳定一维大平板导热，不考虑向四周的扩散。用热流计测量出通过壁板的热流量，依据式（9-12）最终计算出导热系数。

2）热流计法的操作方法。用热流计法检测墙体传热系数时，主要测量记录的参数是通过墙体的热流值和被测墙体内外环境、内外表面的温度值。热流量值由热流计测量，热流计测量的是热电势值，通过热流计的测头系数换算得到通过墙体的热流量；温度由热电偶或热电阻测量。将热流计粘贴在被测墙体高温侧，供暖期检测时室内温度高于室外环境，因此一般将热流计粘贴在室内，热电偶贴在热流计的四周及对应面。为了保证接触良好，并且拆装方便，常用胶液、石膏、润滑脂（黄油）或凡士林粘贴。然后将热流计和热电偶连接到数据采集仪上，将巡检仪数据上传到微机，利用数据处理软件如 Excel、Origin 或金山电子表格进行计算，得到被测部位的传热系数以及温度、传热系数与时间的曲线。

3）热流计法的局限性。热流计法用于检测墙体的传热系数准确性较高，但受季节的限制，只能在供暖期进行检测。如果是非供暖区的建筑物或是供暖地区非供暖期竣工的建筑物，则不能采用此方法进行节能检测。可见，热流计法虽然准确性较高，但适用条件很严格，其使用受到限制。

（2）热箱法

1）热箱法检测原理。热箱法是基于一维稳态传热的原理在试件两侧的箱体（热箱和冷箱）内分别建立所需的温度、风速和辐射条件，达到稳定状态后，测量空气温度、试件内壁的表面温度及输入到计量箱的功率，然后根据式（9-19）计算出试件的传热系数。

2）检测方法。热箱法现场检测在墙体的被测部位内侧用热箱模拟供暖建筑室内条件，并使热箱内和室内空气温度保持一致，另一侧为室外自然条件，维持热箱内温度高于室外温度 8℃以上，这样被测部位的热流总是从室内向室外传递，当热箱内加热量与通过被测部位的传递热量达平衡时，通过测量热箱的加热量得到墙体的传热量，经计算即可得到被测部位的传热系数。

操作条件与方法：

a. 根据被测建筑物的施工图选取检测部位，不应靠近梁、板、柱等热桥处，被测房间门窗完好无损。

b. 将热箱体与被测墙体部位紧密接触，为达到密闭，通常在热箱背面用撑竿顶牢。

c. 固定温度传感器。固定室外墙表温度传感器，使其位于对应面热箱的中心位置，紧贴墙表，用锡纸遮挡，避免日光直射；固定室外环境温度传感器，使其位于对应面热箱的中心位置，离开墙表 10～20cm 的阴影下，并安装防辐射罩，避免日光直射；固定室内空气温度传感器，使其位于被测房间中央，距墙面 1.5m 处，并安装防辐射罩。

d. 将温度传感器和热箱连接到功率温度检测仪进行测量。

e. 放置热箱的房间采用电暖气加热，使热箱内与室内温度差小于 0.4℃，室内外温度差应控制在 10℃以上，热箱内温度大于室外最高温度 8℃以上，若室外平均空气温度在 20℃以上，则应使用冷箱。

f. 室外空气相对湿度必须在 60% 以下，风力小于 3 级。

g. 宜在外墙保温施工完成，且墙体达到干燥状态后进行现场测试。

h. 用计算机设定控制温度、采集数据的形式，记录时间间隔及采集时间。采集仪自动记录热箱的耗电量、热箱内温度、室内温度、室外温度、墙体测试部位内外表面温度、室外湿度等参数。

i. 检测周期为72~96h，温度测量范围为20~50℃，采集该周期内稳定状态不小于24h的所有数据。

测量结束后由仪器自动计算出传热系数，也可由人工用计算机进行数据处理，计算出被测部位的传热系数。

3）热箱法的特点。热箱法基本不受温度的限制，只要室外平均空气温度在25℃以下，相对湿度在60%以下，热箱内温度大于室外最高温度8℃以上就可以测试。但完成一套房间检测需要的仪器设备多，安装搬运的工作量大，特别是热桥与不规则部位无法测试。

（3）非稳态法 非稳态法中应用最普遍的是常功率平面热源法。

1）常功率平面热源法检测原理。常功率平面热源法是非稳态法中一种比较常用的方法，适用于建筑材料和其他隔热材料热物理性能的测试。其现场检测的方法是在墙体内表面人为地加上一个合适的平面恒定热源，对墙体进行一定时间的加热，通过测定墙体内外表面的温度响应，辨识出墙体的传热系数，原理如图9-13所示。绝热盖板和墙体之间的加热部分由5层材料组成，加热板C_1、C_2和金属板E_1、E_2对称地各布置两块，控制绝热层两侧温度相等，以保证加热板C_1发出的热量都流向墙体，E_1板起到对墙体表面均匀加热的作用。墙体内表面测温热电偶A和墙体外表面测温热电偶D记录逐时温度值。该系统用人工神经网络方法（Artificial Neural Network，ANN）仿真求解，其过程分为以下几个步骤：

a. 该系统设计的墙体传热过程是非稳态的三维传热过程，这一过程受到墙体内侧平面热源的作用和室内外空气温度变化的影响。有针对性地编制非稳态导热墙体的传热程序，建立墙体传热的求解模型，输入多种边界条件和初始条件，利用已编制的三维非稳态导热墙体的传热程序进行求解，可以得到加热后墙体的温度场数据。

b. 将得到的温度场数据和对应的边界条件、初始条件共同构成样本集对网络进行训练。试验能测得的墙体温度场数据只是墙体内外表面的温度，因此将测试过程中的以下5个参数作为神经网络的输入

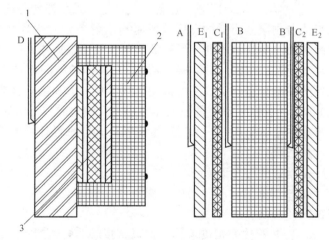

图 9-13 常功率平面热源法现场检测墙体传热系数示意图
1—试验墙体 2—绝热盖板 3—绝热层
A—墙体内表面测温热电偶 B—绝热层两侧温热电偶
C_1、C_2—加热板 D—墙体外表面测温热电偶 E_1、E_2—金属板

样本：室内平均温度、室外平均温度、热流密度、墙体内外表面温度；将墙体的传热系数作为输出样本进行训练。

c. 网络经过一定时间的训练达到稳定状态，将各温度值和热流密度值输入，由网络即可反射出墙体的传热系数。

2）常功率平面热源法的特点。由于此方法是非稳态法检测物体热性能的一种方法，可

以大大缩短实际检测时间，而且能减小室外空气温度变化给传热过程带来的影响。

在实验室用非稳态法检测材料的热性能较为广泛，但是用来进行现场检测还要做大量的工作，包括设备开发、系统编程、神经网络训练和训练效果评定等，工作技术性要求较高，测试结果的稳定性、重复性都需要有大量、可靠的数据来支撑。

（4）红外热像仪法　红外检测属于无损检测的范畴，它以不破坏被检目标的使用性能为前提，应用相关的物理、化学知识，对各种工程材料、零部件、成品、半成品及运行中的设备进行有效的检验和测试，借以评价它们的有关性能。

1）红外热像仪法检测原理。红外法主要是应用红外热像仪进行检测，红外热像仪是利用红外探测器、光学成像物镜和光机扫描系统（目前先进的焦平面技术则省去了光机扫描系统）接受被测目标的红外辐射能量分布图形，反映到红外探测器的光敏元件上。在光学系统和红外探测器之间，有一个光机扫描机构对被测物体的红外热像进行扫描，并聚焦在单元或分光探测器上，由探测器将红外辐射能转换成电信号，经放大处理、转换成标准视频信号，通过电视屏或监测器显示红外热像图。

2）红外热像仪法的优点。用红外法检测墙体热阻主要有下列优点：

a. 能够直观地显示出物体表面温度（热流计法只能测试物体表面某一小区域或某一点的温度值），同时测量出物体表面各点温度的高低，并以图像形式显示出来。

b. 温度分辨率高，能准确区分很小的温差（可达 $0.01℃$）。

c. 红外热像仪输出的视频信号包含目标的大量信息，可用多种方式显示出来。

d. 可进行数据存储、输出视频信号，可用数字存储器存储，或用录像带记录，这样既可作为资料长期保存，又便于计算机做运算处理。

e. 现场测温时只需对准目标摄取图像，并将上述信息存储到机内的 PC 卡上，即完成全部操作，操作简单易行。

3）红外热像仪法的缺点。红外热像仪能够快速准确地测量物体表面的温度，但是无法测得热流量值。因此，在实际检测中需要与其他测试方法配合使用。

2. 节能效果判别原则

建筑物围护结构传热系数的判定应遵守以下原则：

1）当建筑物有设计指标时，检测得到的各部位的传热系数应该满足设计要求。

2）当建筑物围护结构传热系数无设计指标时，检测得到的各部位的传热系数应不大于当地建筑节能设计标准中规定的限值要求。

3）当上部为住宅建筑，下部为商业建筑的综合商住楼进行节能判定时，应分别满足住宅建筑和公共建筑节能设计要求。

9.4.2　外围护结构隔热性能检测

1. 检测方法

（1）检测内容　按随机抽样的规定抽取检验批中的房间，检测记录屋顶和东西墙内最高温度的逐时值，同时检测室外气温的逐时值，然后根据这两个温度判定建筑物隔热性能是否合格。

（2）检测仪器　检测的参数有室内外空气温度、内外表面温度、室外风速、室外太阳辐射强度。

温度用铜-康铜热电偶检测，配以温度巡检仪作数据显示记录仪；室外风速用热球风速仪检测；室外太阳辐射强度用天空辐射表检测。

（3）检测条件

1）检测期间室外气候条件应符合下列规定：

a. 检测开始前两天应为晴天或少云天气。

b. 检测日应为晴天或少云天气，水平面的太阳辐射照度最高值不低于《民用建筑热工设计规范》（GB 50176—2016）给出的当地夏季太阳辐射照度最高值的 90%。

c. 检测日室外最高逐时空气温度不宜低于《民用建筑热工设计规范》（GB 50176—2016）给出的当地夏季室外计算温度最高值 2.0℃。

d. 检测日室外风速不应超过 6m/s。

2）隔热性能现场检测仅限于居住建筑物的屋面和东（西）外墙。

3）隔热性能现场检测应在土建工程完工一个月后进行。

2. 节能效果判别原则

建筑物屋顶和东（西）外墙的内表面逐时最高温度不大于室外逐时空气温度最高值为合格。

9.4.3 外围护结构热工缺陷检测

1. 检测方法

（1）检测内容　建筑物外围护结构热工缺陷检测应包括建筑物外围护结构外表面热工缺陷检测和建筑物外围护结构内表面热工缺陷检测。

（2）检测仪器　建筑物围护结构热工缺陷采用红外热像仪进行检测。红外热像仪及其温度测量范围应符合现场测量要求。红外热像仪的相应波长应在 8.0~14.0um，传感器温度分辨率不应低于 0.1℃，温差测量不确定度应小于 0.5℃。

（3）检测条件

1）检测前 24h 内，任意时刻室外空气温度的与检测初始时的室外空气温度之差波动应不超过 10℃。且建筑物外围护结构两侧的温差不宜低于 10℃。

2）检测期间，与检测初始时空气温度相比，任意时刻室外空气温度变化不应超过 ±5℃，室内空气温度变化不应超过 ±2℃。

3）当 1h 内室外风速（采样时间间隔为 30min）变化超过 2 级时不应进行检测。

4）检测开始前 12h 内，受检的外围护结构表面不应受到太阳直射。当检测外围护结构内表面的热工缺陷时，其内表面要避免灯光的直射。

5）室外空气相对湿度大于 75% 或空气中粉尘含量异常时，不得进行外表面的热工缺陷检测。

2. 节能效果判别原则

1）受检围护结构外表面缺陷区域与受检表面面积的比值应小于 20%，且单块缺陷面积应小于 0.5m^2。

2）受检围护结构内表面因缺陷区域导致的能耗增加值应小于 5%，且单块缺陷面积应小于 0.5m^2。

当受检围护结构某个表面缺陷满足 1）、2）要求时，则判定该申请检验批合格。当受检围护结构某一外表面不满足上述第 1）条规定，或当受检围护结构某一内表面不满足第 2）条规定时，应对不合格的受检表面进行复检，若复检结果合格，则判定该申请检验批合格，若复检结果仍不合格，则判定该申请检验批不合格。

9.4.4　窗户遮阳性能检测

1. 检测方法

（1）检测内容　检测固定遮阳设施的结构尺寸、安装角度，活动遮阳设施的活动、转动范围，遮阳材料的光学特性，将检测结果与设计值进行比较，以比较结果来判定遮阳设施是否满足要求。

（2）检测仪器　遮阳设施的结构尺寸、安装角度、活动、转动范围等用满足测量长度和角度要求的量具即可，遮阳材料的太阳光反射比和太阳光直接透射比用分光光度计测量。

（3）操作方法　固定遮阳设施的结构尺寸、安装角度，活动遮阳设施的活动、转动范围按设计要求进行检测，遮阳材料的太阳光反射比和太阳光直接透射比光学特性按照国家标准《建筑玻璃　可见光透射比、太阳光直接透射比、太阳能总透射比、紫外线透射比及有关窗玻璃参数的测定》（GB/T 2680—1994）规定的方法进行检测。

2. 节能效果判别原则

受检外窗遮阳设施的结构尺寸、安装角度，活动遮阳设施的活动、转动范围，遮阳材料的光学特性都达到设计值，则判定该受检外窗遮阳设施合格；凡受检外窗遮阳设施有一项指标不满足设计要求，则判定该受检外窗遮阳设施不合格。

9.4.5　外窗及窗口气密性检测

1. 检测方法

（1）检测内容　现场利用密封板、围护结构和外窗形成静压箱，通过供风系统从静压箱抽风或向静压箱吹风在检测对象两侧形成正压差或负压差。在静压箱引出测量孔测量压差，在管路上安装流量测量装置测量空气渗透量，在外窗外侧布置适量喷嘴进行水密试验，在适当位置安装位移传感器测量杆件变形。

（2）检测仪器　窗口整体气密性检测过程中应用的主要仪表是差压表、空气流量表以及环境参数（温度、室外风速和大气压力）检测仪表；室内外温度用热电偶检测，用数据记录仪记录；室外风速用热球风速仪测量；大气压力用气压计检测。仪器安装位置如图 9-14 所示，图 9-14a 装置是以外窗洞口为受检对象，图 9-14b 装置是以受检外窗所在房间为受检对象。

（3）检测条件　建筑物外窗窗口整体气密性能的检测应在室外风速不超过 3.3m/s 的条件下进行。

2. 节能效果判别原则

1）建筑物窗洞与外窗本体的结合部不漏风，外窗窗口单位空气渗透量不应大于外窗本体的相应指标，检测结果判为合格。

2）当受检外窗中有一樘检测结果的平均值不满足第 1）条规定时，应另外随机抽取受检外窗，抽样规则不变，如果检测结果满

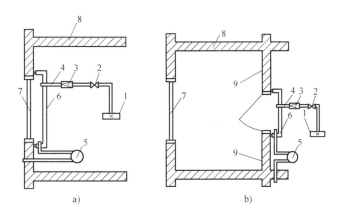

图 9-14　窗口气密性现场检测装置布置

1—送风机或排风机　2—风量调节阀　3—流量计　4—送风管或排风管

5—差压表　6—密封板或塑料膜　7—外窗　8—墙体　9—住户内墙

足第 1）条要求，则判定该检验批为合格，否则判定为不合格。

3）第一次抽取的受检外窗中，不合格的受检外窗数量超过一樘时，应判该检验批不合格。

9.4.6 围护结构外墙节能构造检测

1. 检测方法

（1）检测内容　验证外墙保温材料的种类和保温层厚度是否符合设计要求，检查保温层构造做法是否符合设计和施工方案要求。

（2）检测仪器　钻芯检验所用的工器具主要是空心钻头，钻头直径 70mm；钢直尺，分度 1mm；数码相机等。

（3）操作方法

1）围护结构的外墙节能构造检测应采用钻芯法检测，可采用空心钻头，从保温层一侧钻取直径 70mm 的芯样。钻取芯样深度为钻透保温层到达结构层或基层表面，必要时可钻透墙体。当外墙的表层坚硬不易钻透时，也可局部剔除坚硬的面层后钻取芯样。但钻取芯样后应恢复原有外墙的表面装饰层。

2）钻取芯样时应尽量避免冷却水流入墙体内及污染墙面。从空心钻头中取出芯样时应谨慎操作，以保持芯样完整。当芯样严重破损难以准确判断节能构造或保温层厚度时，应重新取样检测。

2. 节能效果判别原则

对钻取的芯样，应该进行以下检查：

1）保温材料种类及保温层构造做法可通过观察比较芯样和设计图，必要时可采取其他手段进行判断。

2）在垂直于芯样表面（外墙面）的方向上实测芯样保温层厚度，当实测芯样厚度的平均值达到设计厚度的 95% 及以上且最小值不低于设计厚度的 90% 时，应判定保温层厚度符合设计要求；否则，应判定保温层厚度不符合设计要求。

9.4.7 能耗设备性能和效率参数的检测

《建筑节能工程施工质量验收规范》（GB 50411—2007）中规定了对能耗设备进行系统节能性能现场检测的内容，共有 9 项：

1）室内温度。

2）供暖系统室外管网水力平衡度。

3）供暖系统补水率。

4）室外管网的热输送效率。

5）各风口的风量。

6）通风与空调系统的总风量。

7）空调机组的水流量。

8）空调系统冷热水、冷却水总流量。

9）平均照度与照明功率密度。

其中 1）~4）可按《居住建筑节能检测标准》（JGJ/T 132—2009）中规定的方法进行检验；5）~8）可按《通风与空调工程施工质量验收规范》（GB 50243—2016）规定的方法进行检验；9）中照度按照《照明测量方法》（GB/T 5700—2008）规定的方法进行检验，照明功率密度通过检测区域内发光灯具的安装总功率除以被检测区域面积而得到。

9.5　建筑节能技术应用与节能效果综合评价

9.5.1　国内外建筑节能技术及其应用

1. 国外建筑节能技术及其应用

国外建筑节能技术研究与应用的新进展主要体现在建筑设计节能技术、建筑设备节能技术和热回收、废热及可再生能源利用技术三方面。

（1）建筑设计节能技术

1）建筑物节能设计技术。国外建筑物节能技术注重建筑设计、建筑围护结构、建筑材料及密封性，节能系统采用相关的技术手段来维持建筑体能——建筑从与其共生的环境中汲取的储存在建筑体内的能量，降低建筑整个寿命周期中的能耗。

a. 广泛应用计算机技术进行建筑节能方案优化设计。从建筑整个寿命周期考虑建筑总体能耗的设计理念得到了当前国外专业界的一致认可，尽可能利用有限资源来达到最优能耗和最舒适健康的环境是每个设计人员的最终目标。如对围护结构及其供暖、通风、空调、制冷（Heating Ventilation Air-conditioning Cooling，HVAC）系统进行优化设计研究，利用 Energy Plus 模拟程序和 Gen Opt（the Generic Optimization Program）优化程序两种工具来降低房间供暖所必需的总能耗（包括投资因素），以尽可能低的能耗来满足人们对建筑环境的使用要求。

遗传算法 EA（Evolutionary Algorithm）已被广泛应用于工程优化，如我国香港学者 Fong 等人利用启发式仿真与遗传程序 EP（Evolutionary Programming）耦合的方法对当地一个 HVAC 系统的冷冻水和新风温度进行重新设置，结果表明可节能 7%。利用遗传程序 EP 和遗传策略 ES（Evolutionary Strategy）的评价性能以及工程模拟功能进行分析研究，再用传统的检测方法来对这两种方法的性能效果及不同参数的再结合运行进行试验校正，结果表明：算法重新组合的 EP 具有很好的优化功能，在 HVAC 系统中能通过优化设置达到改善能源管理控制的目的。

b. 充分利用自然环境进行建筑节能设计。日本于 20 世纪 90 年代提出了"与环境共生住宅"的理念，注重建筑立面设计技术、自然采光、通风技术、太阳能供电系统、分区空调系统（工作区和非工作区）、智能照明系统、分区热水供暖和制冷系统、水回收系统等技术措施，设计与环境、气候协调的建筑是节能的重要方法。如对两幢相邻建筑的设计，可从太阳辐射的角度研究建筑高度和设计之间的关系。随着两幢建筑之间的空隙增加，靠近空隙的建筑外立面的太阳辐射值减少，为了降低建筑表面的太阳辐射，设计建筑立面（除了北墙之外）高宽比小于 2∶1 并根据需要增设遮阳装置可达到节能目的。

2）建筑材料节能设计技术。建筑围护结构是建筑和与其共生环境之间发生热交换的直接途径，是节能设计研究的重点。

a. 采用复合墙体结构技术增加墙体保温隔热性能。复合墙体结构技术，是指在墙体的主要结构基础上采用高效保温隔热材料附着或填入墙体内，以提高墙体的热阻，改善整个墙体的热工性能。根据复合材料与主体结构位置的不同，分为外墙内保温技术、外墙外保温技术及夹芯保温技术。

英国在墙体节能上采用两种做法：一是在传统的砌块墙体上钻眼，向空气间层内喷入轻质散状保温材料，如聚苯颗粒或岩棉等，直至将空气间层全部填充满，墙体保温效能可大大提高；二是在外墙上进行外保温，如英国的贝丁顿零能耗发展项目，简称 BedZED（Bed Zero-energy Development）。该项目位于伦敦附近的萨顿市，由英国著名的生态建筑师 Bill Dunster 设计。在此小区设计中，为了减少建筑能耗，设计者采用了一种零供暖住宅模式。围护结构采用夹层墙体，中间为 300mm 的保温层填充空腔，外层采用防水砖块或防水木结构，两边用不锈钢固定。保温层的传热系数为 $0.1W/(m^2 \cdot K)$，能够有效隔热和吸收太阳能。利用市政污水处理厂下面的污泥加上其他垃圾和黏土，可生产出一种新型的陶瓷砖，与传统的陶瓷砖相比，采用这种新型的生态砖，能耗可降低 49%，太阳能的利用增加 14%。

b. 注重发挥新型保温建材的不同使用功能。当前国外使用的节能建材品种很多，而且对各种保温材料的选择及在建筑各个部位上的用法和构造等各不相同。例如，德国 BASF 公司开发的两种新型保温材料 NEOPOR 和挤塑聚苯替代品 PERIPO，前者可以降低产品汲水率和导热系数，后者应用在建筑物 ±0.00 以下地下室的外墙部分，起挡土和保温作用；美国也在加强研究真空超级隔热围护结构和无 CFC（Chloro Fluoro Carbon）高效泡沫隔热保温材料及先进的蓄热材料。Marcelo Izquierdo 对马德里的 $80m^2$、$150m^2$ 及 $300m^2$ 三种面积的住宅保温层厚度进行实验研究，发现最优的保温层厚度与用户、保温层的物理特性、成本以及建筑物和保温层的寿命期有关。

3）门窗材料及密封性技术。法国的新建住宅大多采用 PVC 塑料窗，一般装有中空玻璃或充氩气中空玻璃，周边嵌橡胶密封条，窗框与墙体接缝处采用现场发泡聚氨酯封严。英国的门窗制作要求和安装精度高，构造严密，门窗上必须设置密封条，有的新建房屋门窗甚至设有 2~3 道密封条，密封条材料有弹性和耐久性均佳的橡胶、塑料或化学纤维。美国则加强先进的充气多层窗、低反射率和热反射窗玻璃、耐久反射涂层的研究开发。为保证室内空气流通，荷兰和瑞典的建筑往往采用铝合金纸板窗，窗的上下开有很多小孔，和室内的排风管和进气管相连，以保证室内空气畅通。

在双层玻璃窗中充空气和氩气，节能效果可大大提高。可采用洁净空气双层玻璃窗、洁净氩气双层玻璃窗、洁净高得热系数的空气双层 low-E（e2 = 0.1）玻璃窗、洁净高得热系数的氩气双层 low-E（e2 = 0.1）玻璃窗、洁净低得热系数的空气双层 low-E（e2 = 0.04）玻璃窗、洁净低得热系数的氩气双层 low-E（e2 = 0.04）玻璃窗等技术，对青铜色空气双层玻璃窗、青铜色氩气双层玻璃窗进行的比较。研究表明：在供暖季节，为了降低供暖能耗，应尽可能选用导热系数小的填充介质或 low-E 的放射系数低的边框；在制冷季节，窗户系统的得热系数是主要影响因素；在过渡季节，应首选具有 low-E，且放射系数低的窗户系统。此外，玻璃窗上配有外挂式 PVC 保温帘或金属卷帘以便关闭后起到遮挡光线、隔离太阳辐射热、保温和降低噪声对室内干扰等作用。

（2）建筑设备节能技术 建筑设备主要是指用户为改善居住环境条件而增设的设备，通常包括供暖、通风、空调、制冷及照明等，其中的 HVAC 设备能耗在整个建筑能耗中占有相当大比例。

国外的科研人员曾对某建筑应用大量的节能技术（图 9-15），该建筑的双层玻璃金字塔式中庭采用了绿色能源技术，包括通风冷却技术、地板加冷却塔制冷技术和储存雪制冷技术，系统通过中庭的温度控制，具有环保节能优点。该设计的核心技术是基于气候的绿色能源技术，运行结果表明：从 2004 年 7 月到 8 月该系统共计用了 1427t 雪来制冷，相当于一台 368kW 的冷水机组满负荷运行 360h 的制冷效果。

Galgaere 大学对一幢采用辐射制冷技术、面积为 $17500m^2$ 建筑的节能设计研究表明，减

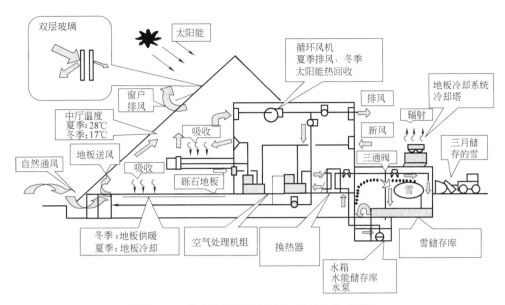

图 9-15　某建筑绿色能源供给 HVAC 技术系统

少围护结构外表面的得热和开发利用混凝土地板的蓄冷性能而储存的低品位冷源是提高采用辐射制冷建筑节能的重要因素；而在建筑外表面涂有一层亲水性极强的光催化剂来冷却建筑物表面，通过水分蒸发带走的潜热来降低建筑物的冷负荷，采用这种新冷却系统能使建筑物的表面温度平均降低 8.2℃（最大值可达 9.2℃）。

　　利用水蒸发辐射冷却吊板制冷系统对具有高性能的绝热墙体和带外遮阳窗户的建筑进行试验，结果表明，由水蒸发产生的辐射冷却系统具有很好保温效果。Jae-Sik Kang 等科研人员尝试用一种新的预制干式无管地板辐射供暖系统（与建筑一体化）取代目前既有建筑的湿式地板辐射供暖系统，实际工程验证表明：达到相同的室内环境条件，干式无管地板辐射供暖系统（35~40℃的供水）比湿式地板辐射供暖系统的供水温度降低 10~15℃，其传热能力提高 50%，由于锅炉的供给热水温度从 60℃降到 45℃，系统效率的提高使新系统比现有系统的能耗减少 20%~30%。

　　（3）热回收、废热及可再生能源利用技术　HVAC 系统产生的废热本身含有很多能量，直接排放不当会对环境产生污染，同时还会造成大量能量浪费，采用双管制热回收 VAV 系统具有较好节能潜力，不会产生交叉污染问题。在节约能源和保护环境方面，太阳能、地热能、风能、生物质能等可再生能源的利用至关重要。以太阳能光伏发电 PV（photovoltaic）系统为例，白天发电并入当地电网，晚上电网承担当地用电负荷，不需要任何维修费用。在建筑地热能利用领域，一方面可利用高温地热能发电或直接用于供暖和热水供应，另一方面可借助地源热泵和地道风系统利用低温地热能。风能发电较适用于多风海岸线山区和易引起强风的高层建筑，2002 年，丹麦在 Horns Rev 建成第一座大型海上风电场，2003 年，又在 Nysted 建成了第二座海上风电场；德国的 Borkum West 和 Butendiek 两个海上风电场也于 2010 年建成，但在建筑领域较为常见的风能利用形式是自然通风方式。

　　2. 国内建筑节能技术及其应用

　　（1）外墙保温技术　20 世纪 90 年代初，外墙保温技术开始在我国推广使用并表现出良好的保温和节能效果。其主要方法是在建筑物基层墙体的外侧设置保温层（一般为厚度 60mm 的聚苯泡沫板），在保温层外面做装饰层。基层墙体和聚苯板之间用专用黏结剂连接，聚苯板用尼龙锚栓固定，然后在保温层外抹聚合物水泥砂浆保护层，并压入耐碱涂塑玻璃纤维网格布，最外层用抗裂腻子和涂料找平和装饰。

1）外墙保温技术的优点。根据对外墙保温技术实际使用效果进行测试，发现该技术具有如下优点：

a. 节能效果明显。由于保温层的敷设具有连续性，可以避免传统墙体结构所产生的热桥现象，而且聚苯板的导热系数较小，只有 0.041W/(m·K)，能够有效地减少室内的热损失和冷损失。采取该保温措施后，在冬季比较寒冷的东北地区，居住建筑的节能效果可以达到 50%，在北京地区则能达到 65%。

b. 可以减小墙体厚度和减轻墙体质量，从而增大房屋的使用面积。采用外墙保温技术后，在满足节能要求的前提下，可以使普通砖墙的厚度从 490mm 减小为 320mm，从而增加使用面积 2%~4%，同时也节约了土地等资源的消耗。

c. 能够增加室内环境的舒适度，并能延长建筑物的使用寿命。由于采取了外保温技术，使得墙体的蓄热能力增大，当室外温度发生变化时，复合墙体的蓄热可以缓冲室内温度的变化，使人感到相对舒适；而且由于基层墙体的温度变化得比较平缓，产生的热应力也大大减小，使得基层墙体产生裂缝和变形的可能性降低，因此能够延长建筑物的使用寿命。

d. 施工工艺简单，使用范围广泛。该技术既适用于多层建筑，又适用于高层建筑；既能满足新建筑物的节能要求，也能满足旧建筑的墙体改造；通过采取一定的技术措施和工艺，还能满足建筑立面设计的装饰要求。

2）外墙保温技术的缺点。虽然该技术具有上述许多优点，但在使用中也发现存在着一定的问题，主要有：

a. 和普通墙体结构相比造价较高。由于该技术还没有在大范围推广使用，受批量和原材料的影响，主材聚苯板和辅材黏结剂、抹面胶浆等材料的价格还比较高，因此综合造价也比较高。根据地区不同，采用外墙保温技术和普通墙体结构相比，每平方米外墙的造价要偏高 30%~40%。

b. 对主辅材料之间的匹配要求比较高，工序较多，工期较长。为保证工程质量，采用的聚苯板和黏结材料、锚固材料和外层涂料之间必须有较好的相容性，而且施工工序也比较多，施工周期也相对较长。

外墙保温技术虽然在推广和应用中还存在着不足，但随着技术的不断完善和国家对建筑节能要求的不断提高，外墙保温技术一定会得到更加广泛的应用。

（2）太阳能光电和光热技术 太阳能作为清洁的可再生能源，越来越受到人们的重视，应用领域也越来越广泛。据统计，我国 2/3 以上国土面积的年日照时间在 2200h 以上，年辐射总量在 502 万 kJ/m² 以上，为太阳能的利用创造了丰富的资源和有利条件。根据太阳能的特点和实际应用的需要，目前在建筑节能方面的应用可分为光电转换和光热转换两种形式。

1）太阳能光电技术。太阳能光电技术是指利用太阳能电池将白天的太阳能转化为电能由蓄电池储存起来，晚上在放电控制器的控制下释放出来，供室内照明和其他设备使用，其转换原理如图 9-16 所示。

从图 9-16 中可以看出，太阳能光电转换系统主要由太阳能电池、充放电控制器、蓄电池、负荷等部分组成。其中，光电池组件由多个单晶硅或多晶硅单体电池通过串并联组成，

图 9-16 光电转换基本原理

其主要作用是把光能转化为电能；充放电控制器主要用来控制蓄电池的充电和放电，并具有反向放电保护功能和极性反接电路保护功能，还能够实现对系统的监控和数据采集；蓄电池为系统的储能设备，它的主要作用是将太阳能电池所产生的电能储存起来，在用户需要时提供能源。

2）太阳能光热技术。太阳能光热技术是指将太阳辐射能转化为热能进行利用的技术。太阳能光热技术的利用通常可分为直接利用和间接利用两种形式。

常见的直接利用方式有：

a. 利用太阳能空气集热器进行供暖或物料干燥。

b. 利用太阳能热水器提供生活热水。

c. 基于集热-储热原理的间接加热式被动太阳房。

d. 利用太阳能加热空气产生的热压增强建筑通风。

目前，太阳能光热技术比较成熟且应用比较广泛的是蔬菜温室大棚、中药材和果脯干燥及太阳能热水器等。其他几种技术还处于研究开发阶段，且由于一次性投资较大，尚未大范围推广和应用。

太阳能间接利用的形式主要有：①太阳能吸收式制冷；②太阳能吸附式制冷；③太阳能喷射式制冷。但目前也还处于研究阶段，有的仅仅制造出了样机，尚未形成定型产品和批量生产。

3）太阳能光热和光电技术的优点。太阳能作为一次能源和可再生能源，和传统化石燃料相比有如下优势：

a. 对环境没有污染。由于传统化石燃料（煤、石油和天然气）在使用过程中排出大量的有毒有害物质，会对水、土壤和大气造成严重污染，形成温室效应和酸雨，严重危害到人类的生存环境和身体健康，因此急需开发出新的比较清洁的替代能源，而太阳能作为一种比较理想的清洁能源，正受到世界各国的日益重视。

b. 资源丰富。太阳是一个巨大的能量源，每秒辐射到地球上的能量相当于 500 万吨标准煤，和人类存在的时间相比，太阳能可以说是一种久远和无尽的能源。随着化石燃料（煤、石油和天然气）的不断开采和消耗，能源的供应越来越紧张，具有丰富来源的太阳能的开发和利用就显得越发重要和紧迫。

c. 可免费使用。人类可以通过专门的技术和设备将光能转化为热能或电能，就地加以利用，为人类造福。而且人类利用这一取之不尽的能源也是免费的。

4）太阳能光热和光电技术的缺点。虽然太阳能光热和光电技术具有许多优势，但太阳能能流密度受季节、地点和气候等多种因素影响而不能维持常量，且用于太阳能转换的设备投资较高，其技术尚需进一步完善。因此，目前除太阳能热水器和温室大棚的利用比较普及和成熟外，主、被动太阳房，太阳能发电和太阳能制冷等技术尚处于示范性实验阶段，距离大规模推广应用，走进百姓日常生活还有相当大的距离，近期内尚无法取代常规能源的主导地位。

（3）地源热泵技术　地源热泵技术是以地热（冷）源作为热泵装置的热源或热汇，对建筑进行供暖或制冷的技术。地源热泵通过输入少量的高品位电能，可实现能量从低温热源向高温热源的转移，冬季对室内供暖，夏季则对室内制冷，实现对建筑物的空气调节。地源热泵系统工作原理如图 9-17 所示。

根据地源热泵所采用热源和热汇的形式不同，可将其大致分为以下三种类型，即大地耦合式热泵 GCHP（Ground-Coupled Heat Pump）、地下水热泵 GWHP（Ground Water Heat Pump）

和地表水热泵 SWHP（Surface Water Heat Pump）。

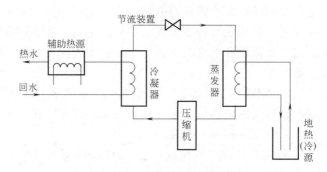

图 9-17　地源热泵系统工作原理

1）大地耦合式热泵。大地耦合式热泵就是以地表浅层的土壤作为热源或热汇，它与传统的空气源热泵 ASHP（Air Source Heat Pump）相比，具有如下优势：

a. 相对于地表的空气和水而言，一定深度地下土壤的温度波动较小，更适合作为热泵的热源和热汇，保证系统能稳定和高效运行。

b. 用地下土壤作为热源和热汇可以部分或全部代替传统空调系统中的冷却塔和锅炉，节省常规能源，并能减少对环境造成的污染。

c. 大地耦合式热泵不存在除霜问题，与土壤的热交换也不需要风机，因此能够减少噪声污染。

d. 可以和太阳能集热装置联合使用，发挥土壤巨大的蓄热和蓄冷能力，获得较好的供暖和制冷效果。

但是大地耦合式热泵也存在着以下缺点：一是土壤的传热性能较差，需要较大的传热面积，从而导致占地面积较大；二是埋设在地下的管道造价较高，且维修不便；三是当地下换热器周围受热干燥后，传热能力下降，影响系统的正常运行。

2）地下水热泵。地下水热泵是以地下深井水作为热源或热汇来对建筑物进行供暖或制冷的技术，也是迄今为止技术最成熟、应用最为广泛的一种地源热泵技术，它具有如下优势：

a. 占地面积小，布局紧凑。由于该系统与地下水之间的热交换是通过水井系统实现的，不需要在地下敷设大量管道，因此系统的占地面积较小。

b. 相对大地耦合式热泵系统，不需要埋设地下热交换设备，只需要一对较高流量的抽水井和回灌井，其造价相对较低。

c. 不会造成地面沉降。在系统运行过程中，只要将地下水回灌到蓄水层，保持地层中含水量不变，即可保证不会引起地面的沉降。

d. 技术比较成熟，推广相对容易。由于地下水热泵技术已在许多商业系统中使用多年，积累了不少经验，形成了系列产品，技术和施工都相对完善和成熟，比较容易推广。

e. 系统运行相对稳定。由于深井水位较低，水温随季节和气候的变化很小，利用井水作为热源或热汇对建筑物进行供暖和制冷时，系统比较稳定，对热泵的运行也比较有利。

该系统存在的问题是：①当利用地下井水作为冷源或热源时，其水温会受到一定限制；②如钻井施工不佳或水质较差，可能造成地下水污染，且回灌井的选址需要考虑到水文地质条件等因素；③由于水泵取水位置一般较深，因此水泵的运行费用比较高。

3）地表水热泵。地表水热泵技术是利用地表的小溪、池塘、河流或湖泊等水源作为热源和热汇对建筑进行空调的热泵技术。由于地表水温度随季节、气候等因素影响较大，不能完全保证系统在严冬季节的供暖需要，因此需要安装辅助加热装置，采用双联热泵供暖系统。

在系统运行时，可以将换热器置于水中，通过制冷剂的循环吸收地表水的热量，也可以通过盐水循环间接获取热量。但这两种方式均需要对置于地表水中的换热器进行定期清理，以保证换热效率。此外，还可以用泵抽取地表水送入热泵的蒸发器进行热交换，但在进入水泵前需要对地表水进行过滤。

采用地源热泵技术对建筑物进行供暖、空调，既可以节省能源，又可以减少环境污染，而且运行费用也大大降低。实际运行效果表明，与传统空调设备相比，运行费用和能耗减少30%～40%，因此具有广阔的发展前景。

（4）热管在建筑废热（冷）回收中的应用技术　热管作为一种具有低热阻、大能流密度的高效传热元件，在化工、冶金、建材等领域的余热回收中得到了广泛应用，并表现出明显的优势，但在建筑节能中的应用研究还处于起步阶段，缺乏成熟的技术支持。

热管回收废热和废冷技术，是指利用热管换热器将建筑物空调系统排放的废热或废冷进行回收，用来预热或预冷新风，从而达到节能的目的。

1）建筑废热（冷）能流的特征。虽然流入建筑物的能源形式有多种，但经过能量转换后，最终都以废气、废水或通过围护结构散热等形式排出，并具有如下特点：

a. 具有一定的温度，所含热（冷）量较大。对于大型建筑物，一般都设有集中排风和进风系统，排出气体的温度和湿度接近室内的温度和湿度，排出废气中所含的热量或冷量可达总负荷的30%～40%，有较高的利用价值。

b. 废热（冷）的排放和利用在时间上相一致。建筑废热（冷）的排放具有一定周期性，与新风的处理时间同步，因此在利用时不需要采取蓄热措施，且排风管道与新风管道往往布置在一起或相距较近，为废热（冷）的回收利用创造了条件，比较简单方便。

c. 废热（冷）与所需能源的品位比较接近，可以利用热管内部工质相变换热和低热阻的特点充分回收利用。

2）热管换热器的优点。和普通换热器相比，热管换热器具有以下优点：

a. 效率高，节能效果明显。由于热管内部是靠工质的相变传热，热阻小，导热能力强，可实现小温差传热，提高换热效率。

b. 热管壁温可调性强。在设计热管换热器时，可以通过调整蒸发段和冷凝段的长度来调节加热面和冷却面的大小，进而控制加热段和冷却段的热流密度，实现对热管壁温的控制。

c. 可以利用热管的单向导热性控制热流方向，在不利条件下能自动终止热交换过程，避免热损失。

d. 能够防止新风和排风的交叉污染。由于热管的吸热段和放热段是二次间壁换热，即使有个别热管的一端因腐蚀而穿透，仍能保证新风和排风之间不会出现互相混合而产生交叉污染，因此用热管换热器回收废热（冷），具有适应范围广、环境适应性强等优点，可用于医院等特殊场合。

3）热管技术在建筑节能中应用的形式。热管技术在建筑节能中应用的形式有多种，主要有：

a. 用于自然通风和集中排风的热（冷）回收。对于大规模和人员密度高的公共建筑，如医院、宾馆等公共场所和有特殊工艺要求的生产车间，换气频率较高，换气量较大，排出的热量和冷量也较大，有较高的回收利用价值，可以利用热管换热器对废热或废冷进行回收，用于对新风的预热或预冷。根据实测，对大型建筑，排气所带走的能量占总负荷的30%～40%，如果采用该技术加以回收，可使空调系统节能7%以上。

b. 用于太阳能热水器。普通的集热板式太阳能热水器容易发生冬天冻裂，夜间热量逆向传递等缺陷，而真空管热管太阳能热水器则由于其结构和单向传热的特点，完全可以克服这些缺点。据统计，目前我国年产销太阳能热水器 600 多万 m^2，产值达 50 多亿元，太阳能热水器的保有量超过 2700 万 m^2，其中真空管热管型热水器所占比例逐渐增加，已成为世界上最大的产销国。

c. 用于太阳能空调。太阳能空调器虽然具有节能、环保和运行费用低等优势，但由于该系统设备体系比较庞大，一次性投资高，加之传统集热器的效率和温度都比较低，因此直接影响太阳能空调器的发展。用真空管热管作为太阳能集热器的传热元件，能够把集热器温度从 70℃ 提高到 120℃，大大提高了集热器的热性能，为太阳能空调的发展提供了技术基础；而且随着热管技术的不断完善和广泛使用，热管集热器的价格将不断降低，为太阳能空调器的大规模应用提供了经济基础。

4）热管技术在实际应用中存在的问题。虽然热管技术用于建筑节能具有许多优势，且前景诱人，但在实际应用中仍有一些问题需要解决。一是用于大型建筑废热（冷）回收时，会增大排风和进风的流动阻力，从而需增大风机的压头；二是设备投资加大，且需要占用一定空间。

（5）低温地板辐射供暖技术　低温地板辐射供暖是使加热的低温热水流经铺设在地板层中的管道，并通过管壁的热传导对其周围的混凝土地板加热。低温地板以辐射方式向室内传热，从而达到舒适的供暖效果。低温地板辐射供暖系统工作原理如图 9-18 所示。

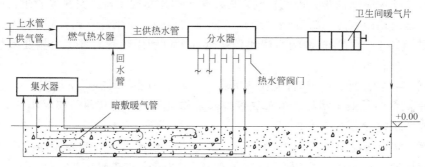

图 9-18　低温地板辐射供暖系统工作原理

1）低温地板辐射供暖的特点：

a. 高效节能。该系统可利用余热水作为热媒，且辐射供暖方式较对流供暖方式换热效率更高，若设计按 16℃ 参数选用，可达 20℃ 的供暖效果，热媒在流动过程中属于低温传送，输送过程中热量损失小。

b. 使用寿命长，安全可靠，不易渗漏。交联管经过长期静水压试验，连续使用寿命可达 50 年以上，同时在施工中采用整根管铺设，地下不留接口，消除渗漏隐患。

c. 解决了大跨度和矮窗式建筑物的供暖需求。如在宾馆大厅、影剧院、体育馆、育苗（种）等场所应用，效果十分理想，也为设计者开拓了设计思路，增加了设计手段。

d. 供暖十分舒适。实践证明，在相同舒适感的情况下，地板供暖比散热器供暖的室内温度低，减少了供暖热负荷；另外，地板供暖设计水温低，可利用其他供暖系统或空调系统的回水、余热水、地热水等低品位能源；热媒温度低，在输送过程中热量损失小。室内地面温度均匀，梯度合理。由于室内温度由下而上逐渐递减，地面温度高于呼吸线温度，给人以脚暖头凉的良好感觉。

e. 室内卫生条件得以改善。由于采用辐射散热方式，不使污浊空气对流。

　　f. 不占用使用面积。这不仅仅节省了为装饰散热器及管道设备所花的费用，同时增加了居室的有效利用面积。

　　g. 热容量大，热稳定性好。低温地板辐射供暖在间歇供暖的条件下温度变化缓慢。

　　h. 维护运行费用低，管理操作运行简便，安全可靠。在系统运行期间，只需定期检查过滤器，其运行费用仅为系统微型泵的电力消耗。

　　i. 供暖系统易调节和控制，便于实现单户计量。按北欧经验，用热计量收取热费代替按面积收取热费的方法可以节约能源 20%~30%，采用地板辐射供暖时，由于单户自成供暖系统，只要在分配器处加上热计量装置，即可实现单户计量。

　　2）低温地板辐射供暖在住宅中应用存在的问题。由于目前地板供暖的管材，国产化过程中存在生产设备投资大等因素限制，使短期内关键部件尚需依赖进口，因此价位较高，应用范围受到一定限制。从技术角度看，地板供暖在住宅中的应用最小占 60mm 的标高，所以建筑物每层需增加层高 60~100mm。地板辐射供暖构造层结构如图 9-19 所示。

　　地板供暖属于隐蔽工程，可维修性较差，一旦通水渗漏维修难度较大，需要专业人员用专用设备查漏和修复。

　　(6) 相变蓄热材料应用技术　由于现代建筑的围护结构大部分为轻质材料，热容小，室内温度昼夜波动大，这不仅影响着室内环境的舒适度，而且也增大了空调的负荷，造成能源的消耗加大。

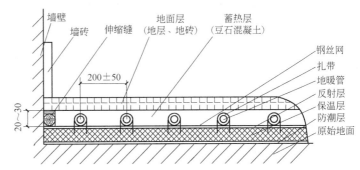

图 9-19　地板辐射供暖构造层结构剖视图

如果向普通建筑材料中加入相变蓄热材料，就可以制成具有较高热容的轻质建筑材料，减小室内温度的波动，达到降低能量消耗的目的。

　　利用相变材料制作建筑物的围护结构，如蓄热墙或蓄热地板，在冬季，白天可以将照在外墙或通过窗户进入室内的太阳能储存在蓄热材料中，晚上则由蓄热材料向室内释放热量，从而使室内温度波动减小；在夏季，可通过窗帘的遮挡和相变蓄热材料的吸热作用，延缓室温的升高，增加居住环境的舒适度，而且也能够降低用于室内空调的能量消耗。

　　(7) 区域热电（冷）联供技术　热电（冷）联供系统是热电设备利用煤、天然气等能源，通过锅炉（或燃烧室）燃烧，然后通过蒸汽轮机、燃气轮机等设备，首先将产生的具有较高品位的蒸汽通过汽轮机发电，然后利用汽轮机的抽汽或排汽，冬季向用户供暖、夏季利用吸收式制冷机向用户供冷形成的联产系统。由于可以实现能源的梯级利用，并满足多种不同品位的能源需求，区域热电（冷）联供系统在负荷特性匹配较好时可以获得比传统单独的电力或燃气空调系统都高的能源利用效率，同时作为分布式能源系统可以有效地缓解传统大电网的风险，平衡电力和天然气等不同能源的供应压力。

　　1）热电（冷）联供方式。

　　a. 背压式热电（冷）联产系统。电厂锅炉生产的蒸汽送入背压式汽轮机做功后，一部分排汽供给供热系统热用户使用或者通入预热器，另一部分可以送入溴化锂吸收式制冷机制取 7~12℃ 冷冻水供给需要制冷的用户。这种系统由于调节功能差，所以只在少数小型热电企业中应用。

　　b. 抽凝式热电（冷）联产系统。电厂锅炉生产的蒸汽送往抽凝式汽轮机做功，其中部分蒸汽在做功后被抽出供给供暖用户和制冷用户使用，余下的蒸汽在汽轮机中继续膨胀做功，尾汽在凝汽器中凝结成水，返回锅炉继续使用。该系统可以根据热（冷）负荷的变化来调节通过凝汽器的蒸汽流量，便于运行管理和调节负荷，现在多数热电厂采用这种系统形式进行生产调度。

　　c. 凝汽式热电（冷）联产系统。该系统与一般凝汽式发电设备不同之处是它提高了凝汽式汽轮机的排汽压力，使凝汽器出口水温提高到 75~80℃，这样直接可以将热水供给冷热用户，夏季也可以直接送至单效热水型吸收式制冷机制取冷冻水供给用户。该系统的特点是充分利用了凝汽的热量，从而提高了能源系统的总热效率，冬季的节能效果较好，但夏季的能源利用效率不高。

　　d. 汽轮机发电和离心式制冷机的热电（冷）联产系统。电厂锅炉生产的蒸汽送入背压式（或抽凝式）汽轮机发电，背压排汽（或抽汽）由供暖系统供给热用户，也可以送至吸收式制冷机制取冷冻水供应空调用户；生产的电力可以部分或全部驱动离心式制冷机制取冷冻水。该系统可以较好地满足供冷供暖需求，在一些大型区域供暖供冷系统中有所应用。

　　e. 燃气轮机热电（冷）联产系统。燃气轮机热电（冷）联产多用于楼宇，但是也有部分大型调峰燃气轮机电站使用热电（冷）联产。过程是将燃烧室燃烧的高温烟气通入汽轮机带动叶轮做功发电后，其排出的烟气经过减压降温后进入吸收式制冷机制冷。该系统的好处是利用余热锅炉可以根据负荷大小调节供热（冷）量，而且充分利用排出烟气可以提高燃气轮机的能源利用效率，降低运行成本。

　　2）热电（冷）联产系统的能效。热电（冷）联产系统的本质是回收发电系统过去被丢弃的排热、废热或余热，以提高综合能效，即在保证发电效率的前提下充分利用余热。如果为了用热而用电，就是本末倒置了。尤其是楼宇热电（冷）联产，所用的发电机组功率比较小，效率远远比不上大型电厂的大发电机组。它的优势在于能源的综合利用效率高和就近供能。而发挥其综合效率的关键是系统合理的配置和科学的运行。因此热电（冷）联产机组的研发固然重要，但用户侧的系统集成和末端合理应用则是更重要的环节。

　　热电（冷）联产系统从用户侧考虑，实际是用天然气取代电力作为建筑的能源。因此楼宇级的热电（冷）联产系统应优先采取以电定热而不宜采用以热定电的运行模式，首先提高设备的发电效率，其次尽量利用回收得到的废热满足供暖供冷需求，以提高系统整体的能源利用效率和经济性。由于各地的电力和天然气价格相差很大，因此技术经济分析时必须因地制宜地根据当地实际情况进行计算。

　　（8）既有建筑节能改造技术　既有建筑节能改造问题是一个综合性的问题，涉及的范围较广、层面较多。在我国夏热冬冷地区，由于对该地区进行的研究工作不多，因此，在节能改造经验方面积累不足。在参照相关地区的改造经验和方法时，对既有建筑的节能改造应把握以下几个原则：一是对改造的必要性、可行性以及投入收益比进行科学论证，改造收益大于改造成本时方可改造；二是建筑围护结构改造应当与供暖系统改造同步进行；三是符合建筑节能设计标准要求；四是充分考虑采用可再生能源对既有建筑的节能改造。既有建筑节能改造分以下几个步骤进行：①对整个建筑进行系统测试，全面调查和采集数据，分析既有建筑物的能耗现状，定性分析部位的节能潜力；②然后通过对既有建筑的全年（尤其是夏、冬两季）动态能耗模拟，计算和测定能耗数据的分析，依照相关节能设计标准规范的要求，制定既有建筑物节能改造方案，同时通过技术分析，对比各种节能措施的节能效果，确定最优的综合改造方案；③按照既定方案实施节能改造工程；④运行一个周期后对系统进行评估，总结节能效果，按照计算结果，计算应支付的节能承包的费用。

1) 围护结构节能改造。

a. 外墙节能改造。由于外墙外保温和外墙内保温相比，具有十分明显的优点，既有建筑外墙节能改造一般采用外墙外保温形式。外墙改造后最小热阻值应符合相关标准的规定。改造做法及构造要求，按设计要求进行。

b. 屋面节能改造。屋面保温隔热改造做法及构造要求应符合设计要求，其改造后的保温热阻值应符合当地有关标准的规定。屋面的节能改造施工，其构造较外墙改造简单容易得多。施工时应注意施工荷载及所增加的自重荷载对屋面板结构的影响；当采用坡屋面改造时，也应考虑其抗震构造要求。屋面的节能改造施工及其节能处理，须符合现行国家规范《屋面工程质量验收规范》（GB 50207—2012）中的有关要求，其施工质量须符合有关标准规范的规定。

c. 既有非节能住宅建筑应尽量提高门窗的节能效果，减少外墙的节能分配。门窗在围护结构中是耗能较高的部分，传统的塑钢窗、木窗或铝合金窗热桥严重、气密性差。在夏季，由于遮阳不足，门窗的隔热性能较差，室外热量通过门窗传至室内。对于外门窗的节能改造，可以采取在既有门窗不动的基础上安装新的节能门窗，最后再拆除旧门窗（或采用双层窗）的方式，以保证建筑物在改造过程中的使用功能。合理地选用玻璃，可提高建筑外窗保温隔热性能。门窗的设置应有利于自然通风。改造所用门窗，应有相关部门出具的"三性"（空气渗透性、雨水渗漏性、抗风压性）的检测证书，其性能应符合当地有关标准的规定，且应符合国家相关规范的要求。做好门窗框周边与墙体间的密封处理，减少冷热桥现象。同时，做好遮阳措施，减少室外阳光等辐射热传递。

2) 供暖制冷节能改造。减少建筑供暖制冷所需的能源消耗以及加强运行维护管理，也是既有建筑节能改造的路径之一。由于暖通空调系统的形式很多，设备产品较多，系统的设计与运行技术要求较高，对原来系统的运行状况，如能耗指标、运行费用、维护费用、设备性能及空调质量等要有充分认识。在确定改造方案时，与建筑、装修一起，充分考虑建筑结构对空调热负荷的影响，尽量利用建筑物的方位、形状和平面布置来减少建筑物的空调负荷。对空调系统及设备的选用，也应尽量采用新型、较成熟的节能技术：①冷热源设备应尽量采用热泵机组。热泵的种类有很多，应具体结合当地气候及资源（包括电力、土壤、水源、蒸汽等）环境加以选择；②对采取峰谷分时电价政策的地区，可考虑冰蓄冷技术等；③采用节能的空调方式，如变风量空调系统、低温送风方式。根据建筑物内冷热负荷偏差较大的特点，可采用分层、分区等的空调方式。

对改造工程的施工，应严格把握工程的施工质量，不得随意更改设计方案，严格控制风管的制作和安装质量，风管系统安装完毕应进行严密性测试，并达到规范要求；严格把握保温工程的施工质量，其质量的优劣直接影响保温效果和使用寿命，应认真合理地组织系统的调试，达到设计的要求。

3) 节能改造的综合效果评价。在节能改造项目建设过程中及竣工后，需要对部分材料、构件、建筑物的热工性能、暖通空调系统效果进行检测。通过对既有建筑节能改造前节能计算与实测、设计方案预定数据及节能改造后相关数据的测定，得出节能改造前后的能耗差异，以及节能改造后实际节能数值与设计方案预定节能数值间的差异，同时，也可以计算出节能投资的收益率。得出的数据及改造经验为其他既有建筑的节能改造提供参考数据，同时，也有利于促进既有建筑节能改造工作的开展。通过对既有建筑物的节能改造，改善了建筑物的保温隔热性能，提高了人们的居住品质和工作环境，降低了建筑物使用能耗，减少温室效应，使改造后的建筑物实现低能耗的运行，也缓解社会经济发展的矛盾，确保国民经济的可持续发展。

9.5.2 影响建筑节能效果的因素

建筑节能是一个系统工程，影响建筑物能耗的因素很多，从大的方面来讲有三个方面是决定性的：所处环境、建筑物本身的构造、运行管理。具体来讲，建筑节能与建筑物所处的地理位置、所处区域的建筑气候特征、建筑物本身的构造特点、供暖供冷系统、建筑物运行管理等有关，相同面积、相同构造、相同节能措施的建筑物在不同的地方具有不同的能耗指标，不能进行简单的数值比较。对于一个既定区域的建筑物而言，影响因素有：区域建筑气候特征、建筑物小区环境（建筑物朝向、建筑物布局、建筑形态等）、建筑物构造、供暖系统（锅炉效率、管道系统效率、供暖方式）、运行管理等。建筑物是建筑能耗的主体，它本身的构造对建筑能耗影响因素主要有：体形系数、传热系数、窗墙比、门窗气密性等。

1. 建筑物体形系数

体形系数是指建筑物的外表面积与其所包围的体积之比，反映建筑物在体积一定的情况下，与室外进行热交换的面积大小，室内外热交换量随体形系数的增大而增大。

体形系数对建筑能耗影响十分明显，体形系数由 0.4 减少到 0.3，外围护结构的传热损失可减少 25%。《严寒和寒冷地区居住建筑节能设计标准》（JGJ 26—2010）中规定：建筑物体形系数宜控制在 0.30 及 0.30 以下；若体形系数大于 0.30，则屋顶和外墙应加强保温。《夏热冬冷地区居住建筑节能设计标准》（JGJ 134—2010）中规定：条式建筑物的体形系数不应超过 0.35，点式建筑物的体形系数不应超过 0.40。

2. 围护结构传热系数

围护结构传热系数是表征建筑传热特征的主要参数之一，在国家有关标准及地方标准中，都采用围护结构传热系数作为评价建筑节能的主要依据之一，并设置了相应的限值。在建筑物轮廓尺寸和窗墙面积比不变条件下，单位供暖耗热量随围护结构传热系数的降低而降低。采用高效保温墙体、屋顶和门窗等，节能效果显著。

3. 窗墙面积比

窗墙面积比（即窗户洞口面积与房间立面单元面积的比值）对建筑能耗的影响，取决于窗与外墙之间热工性能的差异，相差越大，影响越显著。对于传统的 240mm 厚砖墙，单层金属窗的住宅楼，每平方米窗的年冷暖能耗是同面积外墙的 3.6 倍左右，而夏季造成的空调用电负荷是外墙的 5 倍左右。若窗墙面积比由 0.4 减少为 0.3，每平方米建筑面积年冷暖耗电量可减少 5kW·h，节能效果非常显著。但当采用塑料单层普通中空玻璃窗，再加上有效的外遮阳措施后，每平方米窗的年冷暖能耗只有外墙的 1.8 倍，夏季造成的空调用电负荷只有外墙的 2.5 倍，每平方米建筑面积年冷暖耗电量只减少 1kW·h，减少窗墙面积比的节能效果大幅度下降。窗墙面积比还影响自然通风和自然采光。不合理地缩小窗墙面积比，增加的照明和通风能耗会超过减少的冷暖能耗。另外，窗墙面积比还影响建筑立面及居住者的视觉感受和心理感受。

4. 门窗的气密性

门窗的密封程度直接影响建筑内部的冷暖能耗，提高门窗的气密性可有效降低空调、供暖的冷热负荷，降低建筑能耗。

9.5.3 建筑节能效果评价

建筑节能的效果仅仅靠节能检测是不够的，必须有行之有效的评价方法，即根据检测所得的各项指标对建筑节能做出科学的评价。

1. 建筑节能评价指标系统制定原则

影响建筑节能效果的因素多，评价难度大，建立建筑节能评价指标体系时应遵循以下原则：

1）科学性原则。影响建筑物节能效果的因素较多，只有坚持科学性原则，获得的信息才具有可靠性和客观性，评价的结果才会真实有效，才会准确反映建筑物的节能状况。

2）可行性原则。选定的评价指标，应当可以量化并便于数据采集，应使评价程序和工作尽量简化，避免纷繁复杂，影响评价效果。

3）全面性原则。为实现全面性的综合评价，应选取具有代表性的指标。选取时应从被评价对象的各个方面入手，尽可能做到备选因素全面、多样，既要做到相对全面，又要突出重点。要通过反复比较，筛选出影响建筑节能状况的主要因素。

4）差异性原则。我国区域发展不平衡，区域间自然条件差异大，应考虑不同地域的特殊性。同时，人们对事物发展变化的特征与规律的认识具有相对性，因此，这种基于对事物变化的认识而建立起来的评价系统也具有相对性，必须随社会发展而变化，不断地修改补充评价指标体系。

5）稳定性原则。建立评价指标体系时，选取指标的变化应有规律性，受偶然因素影响而变化较大的指标不能入选。

按照上述指导原则，只有针对节能评价对象的具体特点和评价目的，才能建立正确的建筑节能评价指标体系。

2. 建筑节能评价指标系统

（1）规定性指标　由于建筑能耗、建筑热环境质量、室内空气质量和气候环境、建筑热工性能、建筑功能、规划布局等众多因素之间存在错综复杂且互相影响的关系，因此，建筑节能参数的确定难度较大。工程界和有关部门在总结工程实践经验和科学研究成果的基础上，针对典型工程条件，对工程的关键参数值做出规定，以标准、规范的形式给出，即规定性指标。

衡量建筑是否节能，可以用规定性指标，即由建筑围护结构传热系数、建筑体形系数、窗墙比等指标来做出评价。通过对围护结构测试，并根据测试分析评价以下指标：外墙平均传热系数和屋面、地面、门窗传热系数宜小于相关标准规定的限值；热桥内表面温度应达到不出现结露的要求；门窗的气密性等级宜满足相关标准的限定要求；各朝向的窗墙面积比宜满足相关标准的要求；建筑体形系数宜满足相关标准的规定限制；建筑围护结构宜具有较好的热惰性。

（2）耗能系统总性能指标　对各耗能系统的总性能进行规定，即不具体规定建筑局部的热工性能，允许设计者在某个环节有一定的突破，但在整个综合能耗上满足规定，从而给设计者较大自由发挥的空间。如围护结构的综合指标有综合传热值 OTTV（Overall Thermal Transfer Value）、周边全年负荷系数 PAL（Perimeter Annual Load）。空调系统的综合评价指标有空调能量消费系数 CEC/AC（Coefficient of Energy Consumption for Air Conditioning）等。该指标满足了设计者自由设计和建筑节能规范控制两方面的需求。

（3）综合性指标　规定性指标在一定范围内是普遍适用的、合理的。可每个工程都有其不同于普遍情况的特殊性，因此，规定性指标对适用范围内的某个具体工程往往不是最佳的。

除了规定性指标体系外，建筑节能评价还有一套并行的指标体系，即节能综合指标体系。

1) 建筑热环境质量指标。居室温度夏季控制在 26~28℃，冬季控制在 16~18℃；冬夏季换气次数取 1.0 次/h。考虑到一般住宅极少控制湿度、风速等参数，故没有对其做出要求，但实际上，在空调器运行的情况下，这些参数会明显改善。

2) 建筑能耗指标。如按夏热冬冷地区传统围护结构，即 240mm 砖墙，架空通风屋面，单层金属窗，在保证主要居室温度冬季 18℃、夏季 26℃ 的条件下，冬季能效比为 1 的电暖气供暖，夏季用额定制冷工况能效比为 2.2 的空调器降温，计算出典型建筑全年供暖空调耗电量，作为基础能耗，在这个基础上，降低 50% 后作为节能建筑的能耗指标。节能建筑的能耗指标与供暖度日数、空调度日数之间呈近似的线形关系。夏热冬冷地区建筑节能的性能性指标，即建筑物节能综合指标的权限值为：按供暖度日数 HDD18 和空调度日数 CDD26 的供暖年耗电量和空调年耗电量。

3) 综合影响建筑能耗的因素较多，主要包括建筑围护结构、空调系统、其他建筑设备等，通过建筑能耗的统计数据，以建筑实际的能耗数据（如耗电量、耗煤量、天然气消耗量等）作为表达建筑能耗现状的指标。这类指标计算（统计）方法明确、客观，能够比较广泛地从各个侧面反映出建筑的综合能耗性能，而且可以方便地转化为经济指标，直接与建筑运行的成本相关联，比较容易被接受和运用。但这种笼统地评价，并没有考虑到影响建筑能耗的各个相互关联的因素，给出的一个绝对指标不足以反映建筑节能的潜力。常用的建筑物能耗现状综合评价指标见表 9-16。

表 9-16 常用建筑物能耗现状综合评价指标

指　　标	单　　位	应　　用
单位面积建筑年能耗	kW·h/(m²·年)	建筑每年最终的能耗
单位容积建筑年能耗	kW·h/m³	
人均千小时能耗	kW·h/人均千小时	便于和建筑设计阶段能耗比较
单位面积年电耗量	kW·h/m²	计算建筑年耗电量
单位面积一次能耗	kW·h/m²	将各种能源转化成一次能源
峰值能耗	W/m²	整栋建筑所有类型能耗总和
人均年能耗	kW·h/人	仅考虑人员密度的能耗数据
（单个房间）单位面积人均能耗	kW·h/(人·m²)	比较建筑不同区域之间的绝对能耗
单位度日数年能耗	kW·h/(℃·天)	供暖和电耗比较的气象修正数据
模拟年能耗	kW·h/年	模拟软件模拟建筑年能耗，在±20%范围内

(4) 年能耗指标　年能耗指标是建立在建筑能耗模拟上的年能耗评价，最有代表意义的是 ASHARE 90.1 提出的能量费用预算法。其基本方法是根据实际设计的建筑物构造标准建筑物，能耗模拟计算软件分别计算设计建筑物的年能耗费用 DEC (Design Energy Consumption) 和标准建筑物的年能耗费用 SEC (Standard Energy Consumption)，如果计算结果满足 DEC≤SEC 则认为达到了要求，否则就得采取一定的节能措施和节能设计方法按照设计建筑物的现场条件修改设计建筑物，直到上式成立。

由于标准建筑物随着设计建筑物的不同而不同，标准建筑物的年能耗费用（SEC）指标也将随着建筑物的不同而变化。这种变动指标的年能耗评价方法有着灵活、较合理的优点，而且能对整栋建筑能耗进行精确模拟。其缺点除计算比较麻烦外，还存在如下两个问题：

1) 模拟计算存在误差。目前，所有的模拟计算都是在设定的理想参数（气象条件、室内温度等）下进行计算，不能反映建筑实际运行状态下的能耗状况。一方面建筑模型本身就有一定的误差；另一方面在实际计算过程中，对一些无法实际测量的数据取缺省值也会给计算的结果增加不可靠性。例如，天气条件所带来的影响，精确模拟所依据的是若干年气象数据综合之后形成的典型气象年数据，但实际的气候条件却是多变的。一些偶然的极不利的天气条件（如极冷或极热），都会造成建筑能耗与模拟计算有较大的差距。

除了输入参数和计算模型本身的不足外，还有一些无法量化的、对建筑能耗存在较大影响的因素也无法反映在模拟结果中。比如，工作人员的行为方式，也即工作人员的节能意识（是否能在日常工作和生活中处处注意到主动节能，或者造成大量无意识的能源浪费）；此外，建筑设备的管理、维护和保养不到位，即使一些高能效的设备也很可能难以得到充分的利用，不能有效发挥应有的节能效果。

以上任一个方面均会造成模拟能耗与实际能耗较大的差距，如果几个因素同时起作用，与实际能耗的偏离可能就会更大。即建筑能耗的模拟本身与建筑（尤其是既有建筑）的实际能耗存在着一定的误差。

2）专业性过强。对建筑及其能耗系统进行模拟，虽然是建筑能耗系统效率评价的一种有效方法，但以此为基础的众多评价工具（即各种评价软件），大多是针对专业人员（如建筑师、暖通设备工程师）设计的，建筑的实际使用者或者业主及物业管理单位一般未配备建筑能源系统相关专业知识的人员，操作专业评价软件有一定困难。

思 考 题

1. 什么是建筑能耗？它由哪些内容组成？
2. 简述建筑节能与节能建筑的区别。
3. 我国建筑能耗分为哪几类？各有何特点？
4. 在实施建筑节能检测时，需要测量的参数有哪些？
5. 建筑节能检测采用的方法有哪些？每种方法检测的内容是什么？
6. 判别建筑物达到建筑节能标准的方法有哪些？
7. 建筑节能检测机构申办检测资质需要具备哪些条件？
8. 评价建筑节能材料的参数有哪些？
9. 建筑构件有哪几种？各自的节能指标有何规定？
10. 围护结构传热系数的检测方法有哪些？
11. 外围护结构的热工缺陷如何进行检测和判别？
12. 建筑中能耗设备节能检测的内容有哪些？
13. 国外普遍采用的建筑节能技术主要有哪几种？
14. 我国研发的建筑节能技术有哪些？
15. 影响建筑节能的因素有哪些？
16. 评价建筑节能效果的指标有哪些？
17. 现需要新建一幢 8 层、建筑高度为 41.6m、建筑面积 102800m^2 的商场，如果由你主持设计工作，设计过程中你将采取哪些有效的节能技术措施和节能建筑材料？

第 10 章
建筑环境综合测试技术及应用

建筑环境与能源应用工程专业经常需要用到一些系统或设备的性能参数，这些性能参数中有些是单一参数，通过单一测量即可得到；有些是多个参数的综合，需要借助综合测试手段才能得到。本章介绍一些系统、设备性能参数的测量，凡涉及单个参数测量的可参见本书前面章节介绍的内容。

10.1 暖通空调风系统性能参数检测

在暖通空调系统中，冷（热）源与末端装置相对独立，最终向空调房间送冷（热）基本都是通过空气流动的形式来实现的。另外，为保证空调室内人员的健康以及舒适度，空调房间的新风补充、换气、防排烟等也是通过空气的运行来进行的。因此，暖通空调风系统性能检测是暖通空调系统检测中的一个重要内容。

暖通空调风系统性能检测内容主要包括风机单位风量耗功率检测、新风量检测和定风量系统平衡度检测。

10.1.1 风机单位风量耗功率检测

风机单位风量耗功率的检测参数有风管风量、电动机功率。风机单位风量耗功率的检测仪器有风管风量用皮托管和微压计；当动压小于 10Pa 时，宜采用数字式风速计；电动机功率用功率表检测。

风机单位风量耗功率的检测数量应符合下列规定：抽检的比例不应少于空调机组总数的 20%；不同风量的空调机组抽检数量不应少于 1 台。

风机单位风量耗功率的检测方法应符合下列规定：

1）风机单位风量耗功率的检测，应在空调通风系统正常运行工况下进行。

2）风量检测应采用风管风量检测方法，检测截面应选在气流比较均匀稳定的地方。

3）风管风量测量断面应选择在机组出口或入口直管段上，测量位置与上游局部阻力部件的距离不小于 5 倍管径或风管长边尺寸（对于矩形风管），并与下游局部阻力部件的距离不小于 2 倍管径或风管长边尺寸（对于矩形风管）。

4）检测截面内测点的位置和数目主要根据风管形状而定。对于矩形风管，应将截面划分为若干个相等的小截面，并使各小截面尽可能接近于正方形，测点位于小截面的中心处，小截面的面积不得大于 0.05m²。在圆形风管内测量平均风速时，应根据管径的大小，将截面划分成若干个面积相等的同心圆环，每个圆环上测量 4 个点，且这 4 个点必须位于相互垂直的两个直径上。圆形风管的测点布置见图 10-1 和表 10-1，矩形风管的测点布置见图 10-2 和表 10-2。

5）当采用皮托管测量时，皮托管的直管必须垂直管壁，皮托管的测头应正对气流方向且与风管的轴线平行。测量过程中，应保证皮托管与微压计的连接软管通畅、无漏气。

6）风机的风量应为吸入端风量和压出端风量的平均值，且风机前后的风量之差不应大于 5%。

7）风机的输入功率应在电动机输入线端同时进行测量。

8）风机单位风量耗功率应按下式进行计算

$$W_s = \frac{N}{L} \tag{10-1}$$

式中　W_s——风机单位风量耗功率［W/（m³/h）］；

　　　　N——风机的输入功率（W）；

　　　　L——风机的实际风量（m³/h）。

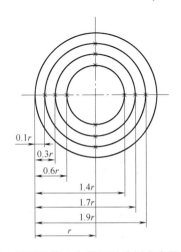

图 10-1　圆形风管 3 个圆环时的测点布置示意图

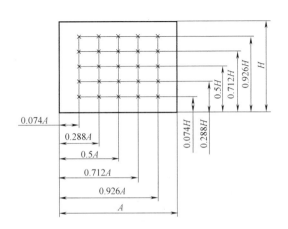

图 10-2　矩形风管 25 个测点时的布置示意图

表 10-1　圆形风管截面测点布置

风管直径/mm	≤200	>200 且 ≤400	>400 且 <700	≥700
圆环个数	3	4	5	5~6
测点编号	\multicolumn{4}{c}{x/r（x 为测点到管壁的距离；r 为风管半径）}			
1	0.10	0.10	0.05	0.05
2	0.30	0.20	0.20	0.15
3	0.60	0.40	0.30	0.25
4	1.40	0.70	0.50	0.35
5	1.70	1.30	0.70	0.50
6	1.90	1.60	1.30	0.70
7	—	1.80	1.50	1.30
8	—	1.90	1.70	1.50
9	—	—	1.80	1.65
10	—	—	1.95	1.75
11	—	—	—	1.85
12	—	—	—	1.95

表 10-2　矩形风管截面测点布置

横线数	每条线上的测点数	X/A 或 X/H	横线数	每条线上的测点数	X/A 或 X/H
5	1	0.074	5	4	0.712
	2	0.288		5	0.926
	3	0.500	6	1	0.061

（续）

横线数	每条线上的测点数	X/A 或 X/H	横线数	每条线上的测点数	X/A 或 X/H
6	2	0.235	7	2	0.203
	3	0.437		3	0.366
	4	0.563		4	0.500
	5	0.765		5	0.634
	6	0.939		6	0.797
7	1	0.553		7	0.947

注：X 为测点到管壁距离；A 为矩形风管截面长；H 为矩形风管截面高。

节能检测中，风机单位风量耗功率的限值见表 10-3。

表 10-3　风机的单位风量耗功率限值　　　　　[单位：$W/(m^3/h)$]

系统形式	办公建筑		商业、旅馆建筑	
	粗效过滤	粗、中效过滤	粗效过滤	粗、中效过滤
两管制定风量系统	0.42	0.48	0.46	0.52
	0.47	0.53	0.51	0.58
两管制变风量系统	0.58	0.64	0.62	0.68
	0.63	0.69	0.67	0.74
普通机械通风系统	0.32			

10.1.2　新风量的检测

新风量是衡量室内空气质量的一个重要参数，新风量直接影响空气的流通和室内空气污染的程度。把握好室内新风量，保证室内空气质量，才能营造良好健康的室内环境。

暖通空调风系统新风量的检测数量应符合下列规定：暖通空调风系统新风量的抽检比例不少于新风系统数量的 20%；不同风量的新风系统抽检数量不应少于 1 个。

暖通空调风系统新风量的检测方法应符合以下规定：

1）检测应当在系统正常运行后进行，且所有的风口应处于正常开启状态。

2）新风量检测应采用风管风量检测方法，并应符合现行行业标准《公共建筑节能检测标准》（JGJ/T 177—2009）附录 E 中的有关规定。

节能检测中，新风量检测值的允许偏差不应超过 ±10%。

10.1.3　定风量系统平衡度的检测与风量调节

一个暖通空调送风系统往往有多条干管、分支管和多个风口。设计时，每个风口的风量常常设计为相等或确定的值。但由于风机出口到每一个风口的阻力不同，使得每个风口的出风量各不一样。为了达到设计的要求，需要对每条支路或每个风口进行平衡度检测，并通过调节使得其风量满足设计要求。

定风量系统平衡度的检测数量应符合下列规定：每个一级支管路均应进行定风量系统平衡度的检测；当其余支路小于或等于 5 个时，应当全数检测；当其余支路大于 5 个时，应按照近端 2 个、中间区域 2 个、远端 2 个的原则进行检测。

定风量系统平衡度的检测方法应符合下列规定：

1）检测应在系统正常运行后进行，且所有的风口应处于正常开启状态。

2）风系统检测期间，受检风系统的总风量应维持恒定且宜为设计值的 100%~110%。

3）风量检测应采用风管风量检测方法，也可采用风量罩风量检测方法，并应符合现行行业标准《公共建筑节能检测标准》（JGJ/T 177—2009）附录 E 中的有关规定。

风系统平衡度按下式进行计算

$$FHB_j = \frac{G_{a,j}}{G_{d,j}}$$ （10-2）

式中 FHB_j——第 j 个支路的风系统平衡度；

　　$G_{a,j}$——第 j 个支路的实际风量（m^3/h）；

　　$G_{d,j}$——第 j 个支路的设计风量（m^3/h）；

　　j——支路的编号。

节能检测中，定风量系统 90% 的受检支路平衡度应为 0.9~1.2。

1. 测量与调节原理

本节以图 10-3 所示的典型送风系统为例介绍相关内容。

由流体力学可知，风管的阻力与风量的平方成正比，即

$$\Delta p = SQ^2$$ （10-3）

式中 Δp——风管的阻力（mH_2O，$1mH_2O = 9.8kPa$）；

　　Q——系统管网的风量（m^3/s）；

　　S——阻抗（s^2/m^5），是综合反映系统管网阻力特性的系数。

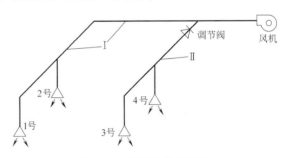

图 10-3 典型送风系统图

S 值与风管的局部阻力、摩擦阻力等有关。当风管中的风量发生变化而其他条件不变时，S 值基本不变。

分支干管 Ⅰ 与分支干管 Ⅱ 的阻力分别为 Δp_1 和 Δp_2，其中

$$\Delta p_1 = S_1 Q_1^2, \Delta p_2 = S_2 Q_2^2$$

在额定设计状态下，要求分支干管 Ⅰ 和分支干管 Ⅱ 的阻力平衡，理想状态是 $\Delta p_1 = \Delta p_2$，即 $S_1 Q_1^2 = S_2 Q_2^2$，则

$$\frac{Q_1}{Q_2} = \sqrt{\frac{S_2}{S_1}}$$ （10-4）

从以上公式可以看出，各分支管路上的风量只与其阻抗有关。当分支管路 Ⅰ、Ⅱ 确定，且调节阀 1 和调节阀 2 不动，各分支管路的阻抗即为常数。因此，当分支干管 Ⅰ 的风量发生变化时，分支干管 Ⅰ 与分支干管 Ⅱ 中的流量总是按一定的比例（$\sqrt{S_2/S_1}$ = 常数）进行分配的。这就是空调系统的风量调节的原理。该原理同样适用于同一管路上的几个风口。

2. 测量方法

各送风口风量的测量采用热电风速仪。为使散流器的气流稳定，便于准确测量，风口与分支管之间用一小段短管连接。将出口断面分成若干小断面（小断面面积 $\leq 0.05m^2$），测出每一小断面中心处的风速 v_i，就能求出其平均风速 $\bar{v}$。平均风速为

$$\bar{v} = \sum_{i=1}^{n} \frac{v_i}{n}$$

送风口的风量 Q 为

$$Q = 3600 F \bar{v}$$

式中，F 为风口截面面积。

3. 测量与调节步骤

1）启动风机，将系统中各阀门开至最大位置。

2）初步测出各送风口的送风量，计算出实测风量与设计风量的百分比，并记录在表10-4 中。

表 10-4　各送风口初测风量记录表

风口编号	测量风量/（m³/s）						设计风量	测量风量/设计风量（%）
	测试次数					平均		
	1	2	3	4	5			
1 号								
2 号								
3 号								
4 号								

3）风量调节。风量调节是在各分支干管中进行的。每一支分支干管以初测风量与设计风量之比最小的风口作为基准风口，逐个调节其他风口，使各风口风量的测量值与基准风口风量的测量值之比接近对应的要求值之比。

风量调节一般从离风机最远的分支干管开始，如图 10-3 中的分支干管 Ⅰ。在基准风口（假定为 1 号风口）与调节风口（2 号风口）处用两套仪器同时测量各自的风量，调节 2 号风口阀门，使二者的测量值之比接近 1，并按与表 10-4 类似的格式绘制表格，将测量数据记录于表中。

以同样方法进行分支干管 Ⅱ 上各风口的风量调节。

进行分支干管 Ⅰ 及分支干管 Ⅱ 流量的调节，用两套仪器同时测量分支干管 Ⅰ 的基准风口（1 号）风量及分支干管 Ⅱ 的基准风口（3 号）风量，调整调节阀的开启度使这两个风口测试风量之比接近于设计风量之比，并按与表 10-4 类似的格式绘制表格，将测量数据记录表中。

对记录于表中的测量数据进行分析，当各风口的测量风量偏离设计风量较大时，重复上述调节步骤，直至测量风量接近于设计风量为止。

10.2 暖通空调水系统性能参数检测

暖通空调水系统性能检测是暖通空调系统运行检测的重要内容，不仅对于建筑物的节能效果有着直接影响，而且与空调运行费用的高低有直接关系。

1. 水系统性能的检测内容

暖通空调水系统性能检测内容主要包括冷水（热泵）机组实际性能系数检测、水系统回水温度一致性检测、水系统供水和回水温差检测、水泵效率检测、冷源系统能效系数检测等。另外还包括锅炉运行效率、补水率、管道系统保温性能检测等。

2. 水系统性能检测的一般规定

根据现行规范的要求，在进行暖通空调水系统性能检测时应符合以下规定。

1）暖通空调水系统的各项性能检测，应当在系统实际运行的状态下进行。

2）冷水（热泵）机组及其水系统性能检测工况应符合下列规定：

① 冷水（热泵）机组运行正常，系统负荷不宜小于实际运行最大负荷的 60%，且运行机组负荷不宜小于其额定负荷的 80%，并处于稳定状态。

② 冷水出水温度应当在 6~9℃。

③ 水冷冷水（热泵）机组冷却水温度应在 29~32℃，风冷冷水（热泵）机组要求室外干球温度在 32~35℃。

3）锅炉及其水系统各项性能检测工况应符合下列规定：

① 锅炉运行正常。

② 燃煤锅炉的日平均运行负荷率不应小于 60%，燃油和燃气锅炉瞬时运行负荷率不应小于 30%。

4）锅炉运行效率、补水率检测方法，应按照现行行业标准《居民建筑节能检测标准》（JGJ/T 132—2009）中的有关规定执行。

5）暖通空调系统管道的保温性能检测，应按照现行国家标准《建筑节能工程施工质量验收规范》（GB 50411—2007）中的有关规定执行。

3. 冷水（热泵）机组实际性能系数检测

（1）检测数量

1）对于 2 台机以下（含 2 台）同型号的机组，应至少抽取 1 台。

2）对于 3 台机以下（含 3 台）同型号的机组，应至少抽取 2 台。

（2）检测方法要求

1）在检测工况下，应每隔 5~10min 读 1 次数，连续测量 60min，并应取每次读数的平均值作为检测值。

2）供冷（热）量测量时，温度计设在靠近机组的进出口处，可以减少由于管道散热所造成的热损失；超声波流量计应设在距上游局部阻力构件 10 倍管径、距下游局部阻力构件 5 倍管径处。

3）电驱动压缩机的蒸汽压缩机冷水（热泵）机组的输入功率应在电动机输入线端测量。

（3）检测结果评价　检测出的冷水（热泵）机组实际性能系数可与现行国家标准《公共建筑节能设计标准》（GB 50189—2015）中有关规定进行比较以判定机组的节能性。

4. 水系统回水温度一致性检测

与水系统集水器相连的一级支管路，均应进行水系统回水温度一致性检测。检测位置应在系统集水器处；检测的持续时间不应少于 24h，检测数据记录间隔不应大于 1h。节能检测持续时间内，冷水系统支管路回水温度间的允许偏差为 1℃；热水系统支管路回水温度间的允许偏差为 2℃。

5. 水系统供水和回水温差检测

检测工况下启用的冷水机组或热源设备，均应进行水系统供水和回水温差检测。冷水机组或热源设备的供水和回水温度应同时进行检测；测点应布置在靠近被测机组的进出口处，测量时应采取减少测量误差的有效措施；在检测工况下，应每隔 5~10min 读 1 次数，连续测量 60min，并应取每次读数的平均值作为检测值。在节能检测工况下，水系统供水和回水温差检测值不应小于设计温差的 80%。

6. 水泵效率检测

系统启用的循环水泵均应进行效率检测，水泵效率的检测方法应符合下列规定：

1）在检测工况下，应每隔 5~10min 读 1 次数，连续测量 60min，并应取每次读数的平均值作为检测值。

2）流量测点宜设在距上游局部阻力构件 10 倍管径，且距下游局部阻力构件 5 倍管径处，压力测点应设在水泵进出口压力表处。

3）水泵的输入功率应在电动机输入线端测量，输入功率检测可参阅《公共建筑节能检测标准》（JGJ/T 177—2009）中的有关规定。

4）水泵效率可按下式进行计算

$$\eta = \frac{V\rho g\Delta H}{3.6P} \qquad (10\text{-}5)$$

式中　η——水泵的效率；

　　　V——水泵平均水流量（m^3/h）；

　　　ρ——水的平均密度（kg/m^3），可根据水温由物性参数表查取；

　　　g——自由落体加速度，取$9.8m/s^2$；

　　ΔH——水泵进出口平均压差（m）；

　　　P——水泵平均输出功率（kW）。

5）在节能检测工况下，水泵效率检测值应大于设备铭牌值的80%。

7. 冷源系统能效系数检测

冷源系统能效系数是指冷源系统单位时间供冷量与单位时间冷水机组、冷水泵、冷却水泵和冷却塔风机能耗之和的比值。从这个定义可以看出，要得到能效系数，需要检测系统的制冷量和系统的能耗。系统能耗就是系统用电设备能耗，不包括空调系统的末端设备能耗。系统的制冷量的检测方法、需要的仪器设备和计算方法，与"供冷（热）量"相同。

所有独立的冷源系统均应进行冷源系统能效系数检测，冷源系统能效系数检测方法应符合下列规定：

1）在检测工况下，应每隔5~10min读1次数，连续测量60min，并应取每次读数的平均值作为检测值。

2）供冷（热）量测量时，温度计设在靠近机组的进出口处，可以减少由于管道散热所造成的热损失；超声波流量计应设在距上游局部阻力构件10倍管径、距下游局部阻力构件5倍管径处。

3）冷源系统供冷量可按式（10-12）进行计算。

4）冷水机组、冷水泵、冷却水泵和冷却塔风机的输入功率，应在电动机输入线端同时测量，检测期间各用电设备的输入功率应进行平均累加。其检测方法与"冷水（热泵）机组"相同。

冷源系统能效系数（EER_{sys}）可按下式进行计算

$$EER_{sys} = \frac{Q_0}{\Sigma P_i} \qquad (10\text{-}6)$$

式中　EER_{sys}——冷源系统能效系数（kW/kW）；

　　　Q_0——冷源系统提供的制冷量（kW）；

　　　ΣP_i——冷源系统各用电设备的输入功率之和（kW）。

节能标准中，冷源系统能效系数的检测值应符合表10-5中的规定。

表10-5　冷源系统能效系数限值

类型	单台额定制冷量 /kW	冷源系统能效系数/（kW/kW）	类型	单台额定制冷量 /kW	冷源系统能效系数/（kW/kW）
水冷冷水机组	<528	2.30	风冷或蒸发冷却	≤50	1.80
	528~1163	2.60		>50	2.00
	>1163	3.10			

10.3　组合式空调机组性能参数测量

依据《组合式空调机组》（GB/T 14294—2008）中的定义，组合式空调机组是由各种空气处理功能段组装而成的一种空气处理设备，能够完成空气运输、混合、加热、冷却、去湿、过滤、消声、热回收等一种或几种处理功能。每一种功能段为具有对空气进行一种或几种处理功能的单元体。常见组合式空调机组功能段有空气混合、均流、过滤、冷却、一次和二次加热、去湿、加湿、送风、回风、喷水、消毒、热回收等，其组合方式如图 10-4 所示。

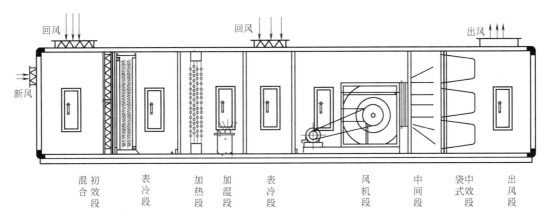

图 10-4　组合式空调机组组装图

组合式空调机组出厂标注的技术参数主要包括额定风量、机外静压、机组全静压、额定供冷量、额定供热量、漏风率、噪声、箱体变形率和断面风速均匀度等，工程使用过程中重点关注的参数有额定风量、机外余压、额定供冷量或额定供热量和噪声等性能参数。

1. 额定风量

额定风量是指在标准空气状态下，单位时间通过机组的空气体积流量，单位为 m^3/h 或 m^3/s。当前最常用的测量方法是动力测压法，即采用皮托管和压力计为测量仪器，选择测量断面，测量断面尺寸，布置断面测点，测得各测点的动压值，求得断面的平均动压，从而计算得到断面风速和流过断面的风量。

2. 机外余压

机外余压是指组合式空调机组内的风机所提供的压力克服了机组内部各功能段的阻力后能够提供给空调系统的压力，单位为 Pa。

3. 额定供冷量或额定供热量

测量空调机组的额定供冷量或额定供热量采用焓差法。

由湿空气的状态参数和湿空气的焓-湿图可知，当确定了湿空气的 2 个独立参数后，该状态下湿空气的其他参数也为确定的值。通过测量组合式空调机组出风的温湿度，结合机组的额定风量，可计算得到机组的额定供冷量或额定供热量。具体的计算过程如下。出风状态的变化过程如图 10-5 所示。

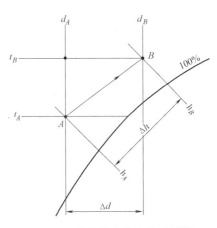

图 10-5　出风状态的变化过程图

组合式空调机组的回风为室内空气,其状态点为 B 点,出风状态点为 A 点,则机组的额定供冷量或额定供热量为

$$Q = G(h_B - h_A) \tag{10-7}$$

式中　Q——机组的额定供冷量或额定供热量（kW）;

　　　G——机组的额定风量（kg/s）;

　　　h_B——室内回风焓值（kJ/kg）;

　　　h_A——出风焓值（kJ/kg）。

由此可见,通过测量 A 点的温度和湿度值就可以计算得到机组额定供冷量或额定供热量。

4. 噪声

随着人们对环境要求的日益提高,对空调系统噪声的关注也日趋增加。组合式空调机组的噪声主要来源于空气经风机加压时产生的振动和空气流经各功能段、流线发生改变时与接触面产生的振动。机组的风量、风压越大,产生的噪声值也越大。

10.4　水泵与风机性能参数测量

水泵和风机是输送流体介质的动力机械,其原理是利用电动机运转对流体做功,提高流体排出口压力。本节以离心泵为例介绍水泵性能参数的测量。

水泵的性能参数主要有电动机转数、流量、扬程、轴功率、总效率及水泵的特性曲线。

1. 特性曲线

对应某一额定转速 n,将水泵的实际扬程 H、轴功率 P、总效率 η 与泵的出水流量 Q 之间的关系用曲线来表示,该曲线称为水泵的特性曲线。它能反映水泵的实际工作性能,可作为选择水泵的依据。

水泵特性曲线分为 Q-H 曲线、Q-P 曲线和 Q-η 曲线,对应的函数关系分别为

$$H = f_1(Q) \qquad P = f_2(Q) \qquad \eta = f_3(Q)$$

这些函数关系均可通过测量得到。离心水泵的性能曲线如图 10-6 所示。

从水泵的特性曲线可知,对应于任何一个流量,都可以在曲线上找出一组与其相对的扬程、功率、效率和汽蚀余量值,这一组参数称为工作状态,简称工况或工况点。水泵最高效率点的工况称为最佳工况点,最佳工况点一般为设计工况点。一般水泵的额定参数即设计工况点和最佳工况点相重合或很接近。在实践中选高效率区间运行,既节能,又能保证水泵正常工作。可见,了解水泵特性曲线相当重要。

2. 扬程 H

水泵的扬程是指水泵所输送的单位质量的流体从进口到出口所增加的能量除以重力加速度,单位为 m。其计算式为

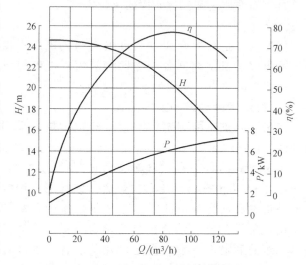

图 10-6　离心水泵性能曲线图

$$H = Z_2 - Z_1 + \frac{p_2 - p_1}{\gamma} + \frac{v_2^2 - v_1^2}{2g} \quad (10\text{-}8)$$

式中　H——水泵的实际扬程（m）；

　$Z_2 - Z_1$——流体进出口之间的高度差（m）；

　　　p_2——水泵出口压力（Pa）；

　　　p_1——水泵入口压力（Pa）；

　　　γ——水的容重（N/m³）；

　v_1、v_2——水泵进出口流速（m/s）。

当水泵的进出口管径相同时，$v_2 = v_1$，上式变为

$$H = Z_2 - Z_1 + \frac{p_2 - p_1}{\gamma} \quad (10\text{-}9)$$

3. 轴功率（水泵的输入功率）P

$$P = P_电 \, \eta_电 \quad (10\text{-}10)$$

式中　$P_电$——电动机功率（W）；

　$\eta_电$——电动机效率，通常取值为 0.90。

4. 全效率 η

为表示输入的轴功率 P 被流体的利用程度，常常用全效率来计算。

$$\eta = \frac{P_e}{P} \times 100\% \quad (10\text{-}11)$$

式中　P_e——有效功率（kW），$P_e = \gamma QH / 1000$。

风机的各性能参数与水泵的性能参数一致，其测试方法也类同。

10.5　冷水机组性能参数测量

暖通空调工程中常用的冷水机组的种类有：活塞式冷水机组；螺杆式冷水机组；离心式冷水机组；溴化锂吸收式冷水机组；热泵式冷水机组。

冷水机组常用的性能参数包括：

1）制冷量。

2）冷水的进出口温度、冷水的压力损失、冷水流量。

3）冷却水的进出口温度、冷却水的压力损失、冷却水流量。

4）机组的耗电功率。

5）机组的能效比（EER）。

上述性能参数中温度、压力损失及电功率的测量简单，本节只介绍机组制冷量与冷水流量、冷却水的冷量与流量、机组的能效比（EER）等参数。

1. 机组制冷量与冷水流量

通过测量冷水机组的冷水流量和冷水的供回水温差即可测出机组的制冷量。计算公式如下

$$Q_0 = \frac{1}{3600} c_p \rho G_L \Delta t_L \quad (10\text{-}12)$$

式中　Q_0——冷水机组的制冷量或冷水提供的冷量（kW）；

　　　c_p——冷水的比定压热容，$c_p = 4.186 \text{kJ}/(\text{kg} \cdot \text{℃})$；

　　　ρ——水的密度，$\rho = 1000 \text{kg}/\text{m}^3$；

　　　G_L——冷水流量（m^3/h）；

　　　Δt_L——冷水的供回水温差（℃），常用温差取7℃。

在工程应用过程中，冷水机组生产供应企业一般会标定好机组的制冷量，当已知制冷量后，依据上述计算公式即可得到冷水流量。

2. 冷却水冷量与流量

在整个机组的制冷系统中，理论上的能量守恒为

$$机组制冷量 + 耗电量 = 冷却水冷量$$

冷却水冷量的计算公式与制冷量的计算公式类同，为

$$Q_{LQ} = \frac{1}{3600} c_p \rho G_{LQ} \Delta t_{LQ} \tag{10-13}$$

式中　Q_{LQ}——冷却水提供的冷量即冷却水通过冷却塔从室外空气中吸收的冷量（kW）；

　　　c_p——冷却水的比定压热容，$c_p = 4.186 \text{kJ}/(\text{kg} \cdot \text{℃})$；

　　　ρ——冷却水的密度（$1000 \text{kg}/\text{m}^3$）；

　　　G_{LQ}——冷却水流量（m^3/h）；

　　　Δt_{LQ}——冷却水的供回水温差（℃）。

由此可见，依据能量守恒，通过测量机组的制冷量和耗电量可以测量冷却水需提供的冷量，再根据式（10-13）即可得到冷却水流量。也可通过测量冷却水流量对机组的实际制冷量进行校核。

3. 机组的能效比（EER）

能效比（EER）的定义为：机组的制冷量与机组耗电量的比值。即：EER = 制冷量/耗电量。

依据能效比的定义，将测量得到的冷水机组的制冷量与耗电量相比较，即可得到能效比（EER）。

1）以电源为动力的冷水（热泵）机组的能效比（EER_d）应按下式进行计算

$$\text{EER}_d = \frac{Q_0}{P} \tag{10-14}$$

式中　EER_d——电驱动压缩机的蒸汽压缩循环冷水（热泵）机组的能效比；

　　　P——检测工况下机组平均输入功率（kW）。

2）溴化锂吸收式冷水机组的能效比（EER_x）应按下式进行计算

$$\text{EER}_x = \frac{Q_0}{\dfrac{Wq}{3600} + P} \tag{10-15}$$

式中　EER_x——溴化锂吸收式冷水机组的能效比；

　　　W——检测工况下机组平均燃气消耗量（m^3/h），或燃油消耗量（kg/h）；

q——燃料发热值（kJ/m^3 或 kJ/kg）；

P——检测工况下机组平均电力消耗量（折算成一次能）（kW）。

10.6　冷却塔性能参数测量

10.6.1　冷却塔工作原理与分类

冷却塔是利用环境空气的吸湿特性和蒸发冷却原理使得冷水机组冷凝器中的冷却循环水降温以获得循环冷却水的装置。温度较高的冷却水从塔上部向下喷淋，与自下而上的湿空气流接触。装置中部有填料，用以增大两者的接触面积和接触时间。冷却水与空气间进行着复杂的传热与传质过程，总的效果是水分蒸发，吸收汽化热，使水温降低。

冷却塔的分类方式有如下几种：

1）按空气与水的接触方式分：开式冷却塔和闭式冷却塔。

2）按水与空气流动方向分：逆流式、横流式、喷射式和蒸发式等四种，其中喷射式冷却塔设备尺寸偏大，造价较高而在工程中较少使用。

3）按制造的主要材料分：玻璃钢冷却塔和金属冷却塔。

4）按外形分：方形冷却塔和圆形冷却塔。

5）按水质条件分：清水冷却塔和浊水冷却塔。

本节以工程中常用的开式、逆流式、方形玻璃钢清水冷却塔为例介绍有关参数的测量。

10.6.2　冷却塔参数测试装置

性能参数测量所用的测试装置如图 10-7 所示。

10.6.3　测量点布置与测量数据

1. 测量点布置

1）进出口水温分别在冷却塔的进口管和冷却塔的储水器中测得。

2）冷却水流量在冷却塔出口管处测得。

3）进风口风速、干球温度，相对湿度均在冷却塔吸风口测得。

4）出风口干球温度、湿球温度均在冷却塔出风口处测得。

5）噪声在冷却塔出风口风机处测得。

6）气象参数在冷却塔附近测得。

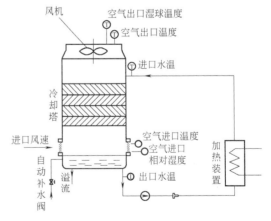

图 10-7　冷却塔性能参数测试装置图

2. 测量数据

测量过程中需要测量得到的测量数据有：

1）进入冷却塔的空气状态参数（干球温度 t_1、相对湿度 Φ_1）。

2）流出冷却塔的空气状态参数（干球温度 t_2、相对湿度 Φ_2）。

3）进入冷却塔空气中干空气的质量流量 G_k 和体积流量 V_k。

4）循环冷却水的质量流量 G_{LQ} 及进出冷却塔的冷却水温度 t_{w1}、t_{w2}。

10.6.4　测量冷却塔性能参数

冷却塔的传热传质性能指标主要有冷却效率、冷却能力、汽水比、交换数、容积散质系数、比电耗和噪声，工业测量中，还需考核塔的漂水率。工程应用中关注的性能参数为：冷却效率、冷却能力、汽水比、补水量、电机功率和噪声等。因电机功率与噪声的测量方法在前面已有介绍，本节只介绍冷却效率、冷却能力、汽水比和补水量四个性能参数的测量。

1. 冷却塔效率 η_v

冷却塔效率 η_v 的定义为：循环冷却水实际进出口温差与冷却水进口温度和进入冷却塔空气湿球温度的差值的比值（进入冷却塔空气的湿球温度 t_{s1} 是冷却水在冷却塔内可能被冷却到的最低极限温度），其表达式如下

$$\eta_v = \frac{t_{w1}-t_{w2}}{t_{w1}-t_{s1}} \times 100\% \tag{10-16}$$

式中　t_{w1}——循环冷却水进入冷却塔的温度（℃）；

　　　t_{w2}——循环冷却水流出冷却塔的温度，即冷却塔接水盘内水的温度（℃）；

　　　t_{s1}——进入冷却塔空气的湿球温度（℃），该湿球温度可直接测量，也可通过测量进入冷却塔的空气状态参数，查阅焓湿图得到。

2. 冷却塔冷却能力 Q

冷却塔的冷却能力定义为：冷却水通过冷却塔在单位时间内被带走的热量。该部分热量是因为冷却水中的少量水需要吸收汽化热变成水蒸气进入空气中，而这些汽化热是由冷却水本身提供，冷却水释放出这些汽化热后，自身的温度将降低。冷却能力的计算公式为

$$Q = G_{LQ} c_p (t_{w1}-t_{w2}) \tag{10-17}$$

式中　Q——冷却塔冷却能力；

　　　G_{LQ}——循环冷却水的质量流量（kg/s）；

　　　c_p——冷却水的比定压热容，$c_p = 4.186kJ/(kg \cdot ℃)$。

3. 汽水比 λ

汽水比即为进入冷却塔的空气质量流量 G_{SK} 和循环水的质量流量 G_{LQ} 之比，其定义式为

$$\lambda = \frac{G_{SK}}{G_{LQ}} \tag{10-18}$$

4. 冷却塔补水量 ΔG

单位时间内空气流经冷却塔后湿空气中水蒸气的增量即为冷却塔的补水量。依据该定义可知：

冷却塔入口湿空气中的水蒸气含量为 $G_R = G_K d_1$

冷却塔出口湿空气中的水蒸气含量为 $G_C = G_K d_2$

冷却塔的补水量为

$$\Delta G = G_C - G_R = G_K d_2 - G_K d_1 = G_K(d_2 - d_1) \tag{10-19}$$

式中　ΔG——冷却塔补水量（kg/s）；

　　　G_R——冷却塔入口湿空气中的水蒸气含量（kg/s）；

　　　G_C——冷却塔出口湿空气中的水蒸气含量（kg/s）；

　　　G_K——流经冷却塔的干空气质量流量（kg/s）；

　　　d_1——冷却塔入口湿空气的含湿量［kg/kg（干空气）］，可依据测量得到的入口湿

空气状态参数，查焓-湿图得到；

d_2——冷却塔出口湿空气的含湿量 [kg/kg（干空气）]，可依据测量得到的出口湿
空气状态参数，查焓-湿图得到。

10.7 换热器性能参数测量

在建筑环境与能源应用工程中，经常需要在系统和它的周围环境或者同一系统的不同部
分进行热量交换，实现热量交换的设备称为换热器。换热器的种类很多，按照换热器的工作
原理可以将其分为间壁式、直接接触式、蓄热式和热管式等类型。间壁式换热器又称表面式
换热器，在此类换热器中，热、冷介质不直接接触，不相互掺混，彼此在各自独立的空间内
流动，热量通过固体壁面由热流体传递给冷流体。间壁式换热器是应用最广泛、使用量最大
的一类。建筑环境与能源应用工程专业中应用到的表面式冷却器、过热器、省煤器、散热
器、暖风机、燃气气化器、冷凝器、蒸发器等均属此类。随着国家对节能工作的日趋重视，
如何有效提高换热器的换热性能成为行业研究的重要方向之一，对间壁式换热器的研究也日
趋增多。本节以间壁式换热器为例介绍换热器性能参数的测量。

10.7.1 测量装置

换热器性能参数的测量需通过实验测试台完成。常用实验测试台的原理如图 10-8 所示。

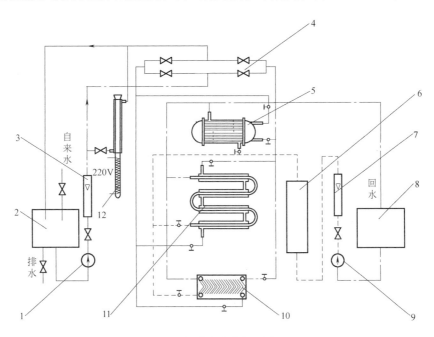

图 10-8 换热器性能参数测试原理图

1—冷水泵　2—冷水箱　3—冷水转子流量计　4—冷水顺逆流换向阀组　5—管壳式换热器　6—电加热热水箱
7—热水转子流量计　8—回水箱　9—热水泵　10—板翅式换热器　11—套管式换热器　12—玻璃热管换热器

实验测试台中分别设置了管壳式换热器、套管式换热器、板翅式换热器和玻璃热管换热
器等四种。热水通过电加热，冷热流体的进出口温度巡检仪测量，采用温控仪控制和保护加
热温度。

整个实验测试台的操控台如图10-9所示。

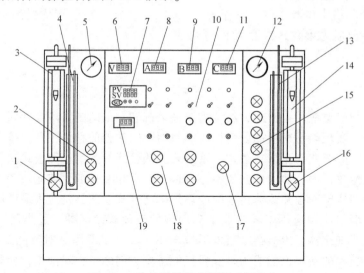

图 10-9 换热器性能参数测试操控台

1—热水流量调节阀 2—管壳、套管、板翅式换热器冷水调节阀组 3—冷水转子流量计 4—冷水出口压力计
5—冷水进口压力表 6—电压表 7—温度巡检仪 8—A相电流表 9—B相电流表 10—水泵及加热开关组
11—C相电流表 12—热水进口压力表 13—热水出口压力计 14—热水转子流量计 15—管壳、套管、板翅式
换热器热水调节阀组 16—热水流量调节阀 17—热管热水流量阀 18—顺逆流换向阀门组 19—温度控制仪表

10.7.2 性能参数

换热器的性能参数主要有总传热系数、对数传热温差和热平衡误差等。为了测得换热器的以上性能参数，需要测量以下参数：

1）冷热流体的质量流量。

2）热流体的进出口温度。

3）冷流体的进出口温度。

4）换热器的换热面积。

10.7.3 测试步骤

将测试台调试好后，按以下步骤进行数据测试：

1）打开换热器的冷水、热水阀门，关闭其他阀门。

2）向冷热水箱充水，禁止水泵无水运行。

3）接通电源，启动热水泵（为了提高热水温升速度，可先不启动冷水泵），并尽可能地调小热水流量到合适的程度。

4）将加热器开关分别打开（热水泵开关与加热开关已进行连锁，热水泵启动，加热才能供电）。

5）启动冷水泵，并调节好合适的流量。

6）用巡检仪观测温度，待冷热流体的温度基本稳定后，即可测取相应测温点的温度值，同时读取冷热流体流经转子流量计的流量数，并做好测试结果记录。

对换热器而言，有时需要改变流体的流动方向（顺-逆流），当流体流动方向发生改变时，需另外再独立测试，不可马上进行数据测量。

10.7.4　性能参数测试结果整理

依据测量得到的有效数据，可计算以下结果：

1）热流体释放的热量

$$Q_1 = c_{\rho 1} m_1 (t_1 - t_1') \tag{10-20}$$

2）冷流体吸收的热量

$$Q_2 = c_{\rho 2} m_2 (t_2 - t_2') \tag{10-21}$$

3）换热器的平均换热量

$$Q = \frac{Q_1 + Q_2}{2} \tag{10-22}$$

4）热平衡误差

$$\Delta = \frac{Q_1 - Q_2}{Q} \times 100\% \tag{10-23}$$

5）对数平均温差

$$\Delta t_m = \frac{\Delta t_{max} - \Delta t_{min}}{\ln \dfrac{\Delta t_{max}}{\Delta t_{min}}} \tag{10-24}$$

6）传热系数

$$K = \frac{Q}{A \Delta t_m} \tag{10-25}$$

式中　　　Q——平均换热量（W）；

Q_1，Q_2——热冷流体的放热量和吸热量（W）；

$c_{\rho 1}$，$c_{\rho 2}$——热冷流体的比定压热容 [kJ/(kg·℃)]；

m_1，m_2——热冷流体的质量流量（kg/s），是根据转子流量计读数得到的体积流量换算成的质量流量；

t_1，t_1'——热流体的进出口温度（℃）；

t_2，t_2'——冷流体的进出口温度（℃）；

Δt_m——对数平均温差（℃）；

Δt_{max}，Δt_{min}——热冷流体进出口温差（$\Delta t_1 = t_1 - t_1'$，$\Delta t_2 = t_2' - t_2$）中的最大值和最小值（℃），当热冷流体为顺流时 $\Delta t_{max} = t_1 - t_1'$，$\Delta t_{min} = t_2' - t_2$；

A——换热器的换热面积（m²）；

K——换热器传热系数 [W/(m²·℃)]。

10.8　散热器性能参数测量

散热器是室内某些功能区域需要进行供暖时采用的主要热交换设备。散热器和换热器的热交换原理相同，但形式有所区别。换热器一侧的流体往往是受迫运动，有一定的机械动力来驱使流体进行流动换热，而散热器一侧的空气是通过自然对流的方式。

供暖热介质在机械动力的作用下在散热器的管道内流动，通过散热器与室内空气进行热交换，将室内空气加热，从而补充房间内的热量损失，使室内保温需要的温度。常用的供暖热介质主要有热水和蒸汽，本节介绍以大气压下低于沸点的低温水为热介质的散热器性能参数的测量。

10.8.1 热水散热器的性能参数

散热器主要技术参数见表 10-6。有些参数可直接测量得到，散热器的换热量和传热系数需要通过间接测量得到。直接测量参数的方法可参照前面章节的内容，散热量和传热系数的计算关系式如下

$$Q = M_s c_s \rho_s (T_1 - T_2) \tag{10-26}$$

式中 Q——散热器的散热量，一般取房间的热负荷（W）；

    ρ_s——水的密度（1000kg/m³）；

    c_s——水的比热容，取常量 4187J/(kg·℃)；

    M_s——散热器的水流量（m³/s）；

    T_1——散热器的热水进口温度（℃）；

    T_2——散热器的热水出口温度（℃）。

表 10-6 散热器主要技术参数表

1	散热器型号	符号	单位	数值
2	额定工况下的散热量	Q	W	
3	传热系数	K	W/(m²·℃)	
4	单片散热面积	f	m²	
5	单片质量	m_r	kg	
6	单片水容量	m_s	kg	
7	总片数	n		
8	总散热面积	A	m²	
9	总质量	M_r	kg	
10	总水容量	M_s	kg	

散热量也可以采用下式计算

$$Q = KA \Delta t_m \tag{10-27}$$

式中 K——散热器的传热系数 [W/(m²·℃)]；

    A——散热器的总散热面积（m²）；

  Δt_m——散热器内热水与室内空气的对数平均温差（℃）。

由于流经散热器的空气温度一般难以确定，所以对数平均温差也难求得。考虑到实际生活中关心的是房间内空气的平均温度，同时影响散热器散热量的主要因素是热媒平均温度 t_{pj} 与室内空气温度 t_n 的差值，因此工程上常将式（10-27）改写为

$$Q = KA(t_{pj} - t_n) \tag{10-28}$$

结合式（10-22）和式（10-24），散热器的传热系数为

$$K = \frac{M_s c_s \rho_s (T_1 - T_2)}{A(t_{pj} - t_n)} \tag{10-29}$$

依据 ISO 标准要求，热媒为低温热水时，至少要进行三个工况的测试。在测量时可依次取散热器进出口热水平均温度为（80±3）℃、（65±5）℃、（50±5）℃。每次测试在相同流量下进行，每一工况下测试时间不少于 1h，每次测试间隔时间不大于 10min。当散热器进出口热水平均温度与基准点空气温度之差 $\Delta T = 64.5$℃时（即标准工况：进水温度 95℃、回水温度 70℃、室温 18℃），计算得出的散热量即为标准散热量，用该标准散热量作为散热器的热

工性能指标，来评价和对比散热器热工性能的优劣。

10.8.2　试验装置

热水散热器热工性能需要在按照 ISO 标准制造的试验台上依据统一的测试条件对散热器进行性能测试。热水散热器性能试验装置如图 10-10 所示。

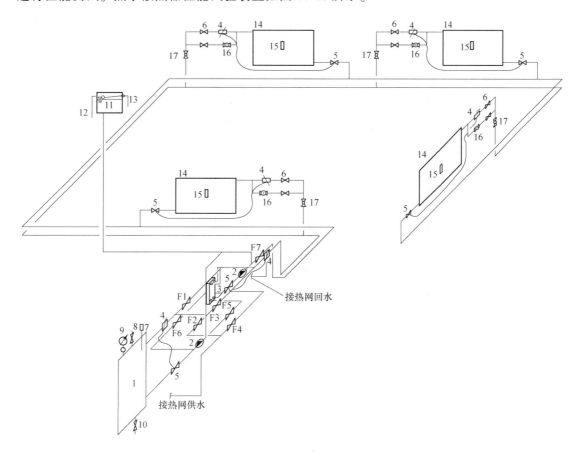

图 10-10　热水散热器性能试验装置示意图

1—电锅炉　2—水泵　3—板式换热器　4—机械式热量表　5—测头专用阀　6—球阀　7—铂电阻
8—放气阀　9—压力表　10—泄水阀　11—膨胀水箱　12—溢流管　13—上水管　14—铝合金散热器
15—电子式热分配表　16—温控阀　17—锁闭阀

热水散热器性能试验的热水流量测量系统采用高精度的电子秤，即用电子秤测出一段时间内流经散热器的水流量。采用这样的测量方法所产生的由于测量时间的误差、电磁阀的切换过程中的误差、电子秤本身所具有的误差均较小。流量测量精度达到±0.017%，满足和超过了 ISO 标准中±0.5%的要求。

对计算出的热量精度要求为±0.5%，散热器进出口的温度测量精度为±0.2℃。

10.8.3　测量步骤与数据记录

1）将被测散热器的主要技术参数填入表 10-6 中。
2）打开水冷式空调系统冷却水阀门，并启动制冷系统，使测试温度达到所需温度。
3）接通电加热器和水泵，使系统中水的温度达到要求的稳定温度。

4）利用流量计下边的阀门调节到测试流量。

5）当散热器的热媒进出口温度不变，室温不变，流量达到规定时，即可开始测量。

根据 ISO 标准规定，在稳定状态下的测量数据有效，而根据稳定条件的要求，由人工来完成判稳、检测的工作量很大，并且人工来完成最后的数据处理也比较麻烦，为此采用微型计算机测量系统进行自动巡回检测，并编制了相应的检测、判稳及数据处理软件，实现了热水散热器性能的自动测定。

6）数据处理时，利用最小二乘法编制的数据处理软件，在完成三个工况的测试后，由此软件将存盘数据读入、回归，整理成公式。

7）实验完毕应关闭冷水机组、切断电加热器电源、关闭水泵，同时关闭水循环管上的全部阀门和冷却水系统的冷却水阀门。关闭微型计算机测量系统的电源，并检查各水路和电路是否关闭。

思 考 题

1. 暖通空调风系统性能检测的内容主要有哪些？如何检测？
2. 暖通空调水系统性能检测的内容主要有哪些？有何具体要求和规定？
3. 冷源系统能效系数的定义是什么？如何测量？
4. 组合式空调机组的性能参数有哪几个？如何检测？
5. 水泵的特性曲线有何意义？如何调整水泵效率至最高？
6. 冷水机组的能效比如何定义？不同动力形式的机组，其能效比如何测量？
7. 冷却塔的效率和冷却能力有何区别？如何测量？
8. 换热器性能检测的参数有哪些？
9. 散热器的性能参数有哪些？
10. 散热器的传热系数如何检测？有何具体要求？

附　　录

附录 1　常用热电偶简要技术数据

| 热电偶名称 | 分度号 | 热电极材料 | | | 20℃时的热电偶丝电阻系数/(Ω·mm²/m) | 100℃时的热电势/mV | 使用温度/℃ | | 允许误差/℃ | | | | 等级 |
		极性	识别	化学成分（名义）			长期	短期	温度	误差	温度	误差	
铂铑10-铂	S	正	稍硬	Pt:90% Rh:10%	0.25	0.645	1300	1600	0~1100	±1	1100~1600	±[1+(t−1100)×0.003]	I
		负	柔软	Pt:100%	0.13				0~600	±1.5	600~1600	±0.25%t	II
镍铬-镍硅	K	正	不亲磁	Ni:90% Cr:9%~10% Si:0.4% 余 Mn,Co	0.7	4.095	1100	1300	0~400	±1.6	400~1100	±0.4%t	I
		负	稍亲磁	Ni:97% Si:2%~3% Co:0.4%~0.7%	0.23				0~400	±3	400~1300	±0.75%t	II
镍铬-康铜	E	正	色暗	同 K 正极	0.7	6.317	600	800	0~400	±4	400~800	±1%t	II
		负	银白色	Ni:40% Cu:60%	0.49								
铂铑30-铂铑6	B	正	较硬	Pt:70% Rh:30%	0.25	0.033	1600	1800			600~1700	±0.25%t	II
		负	较软	Pt:94% Rh:6%	0.23				600~800	±4	800~1700	±0.5%t	III
铜-康铜	T	正	红色	Cu:100%	0.017	4.277	350	400	−40~350	±0.5 或 ±0.4%t			I
		负	银白色	Cu:60% Ni:40%	0.49				−40~350	±1 或 ±0.75%t			II
									−200~40	±1 或 ±1.5%t			III

附录 2　常用热电偶分度表

附表 2-1　铂铑 10-铂热电偶分度表（冷端温度为 0℃）分度号为 S

热端温度/℃	0	10	20	30	40	50	60	70	80	90
	热电势/mV									
0	0.000	0.055	0.113	0.173	0.235	0.299	0.365	0.432	0.502	0.573
100	0.645	0.719	0.795	0.872	0.950	1.029	1.109	1.190	1.273	1.356
200	1.440	1.525	1.611	1.698	1.785	1.873	1.962	2.051	2.141	2.232
300	2.323	2.414	2.506	2.599	2.692	2.786	2.880	2.974	3.069	3.164
400	3.260	3.356	3.452	3.549	3.645	3.743	3.840	3.938	4.036	4.135
500	4.234	4.333	4.432	4.532	4.632	4.732	4.832	4.933	5.034	5.136
600	5.237	5.339	5.442	5.544	5.648	5.751	5.855	5.960	6.064	6.169
700	6.274	6.380	6.486	6.592	6.699	6.805	6.913	7.020	7.128	7.236
800	7.345	7.454	7.563	7.673	7.782	7.892	8.003	8.114	8.225	8.336
900	8.448	8.560	8.673	8.786	8.899	9.012	9.126	9.240	9.355	9.470

（续）

热端温度/℃	0	10	20	30	40	50	60	70	80	90
	热电势/mV									
1000	9.585	9.700	9.816	9.932	10.048	10.165	10.282	10.400	10.517	10.635
1100	10.754	10.872	10.991	11.110	11.229	11.348	11.467	11.587	11.707	11.827
1200	11.947	12.067	12.188	12.308	12.429	12.550	12.671	12.792	12.913	13.034
1300	13.155	13.276	13.397	13.519	13.640	13.761	13.880	14.004	14.125	14.247
1400	14.368	14.489	14.610	14.731	14.852	14.973	15.094	15.215	15.336	15.456
1500	15.576	15.697	15.817	15.937	16.057	16.176	16.296	16.415	16.534	16.653
1600	16.771									

附表 2-2　铂铑-铂热电偶分度表（冷端温度为0℃）LB-3

工作温度/℃	0	1	2	3	4	5	6	7	8	9
	mV									
0	0.000	0.005	0.011	0.016	0.022	0.028	0.033	0.039	0.044	0.050
10	0.056	0.061	0.067	0.073	0.078	0.084	0.090	0.096	0.102	0.107
20	0.113	0.119	0.125	0.131	0.137	0.143	0.149	0.155	0.161	0.167
30	0.173	0.179	0.185	0.191	0.198	0.204	0.210	0.216	0.222	0.229
40	0.235	0.241	0.247	0.254	0.260	0.266	0.273	0.279	0.286	0.292
50	0.299	0.305	0.312	0.318	0.325	0.331	0.338	0.344	0.351	0.357
60	0.364	0.371	0.377	0.384	0.391	0.397	0.404	0.411	0.418	0.425
70	0.431	0.438	0.445	0.452	0.459	0.466	0.473	0.479	0.486	0.493
80	0.500	0.507	0.514	0.521	0.528	0.535	0.543	0.550	0.557	0.564
90	0.571	0.578	0.585	0.593	0.600	0.607	0.614	0.621	0.629	0.636
100	0.643	0.651	0.658	0.665	0.673	0.680	0.687	0.694	0.702	0.709
110	0.717	0.724	0.732	0.739	0.747	0.754	0.762	0.769	0.777	0.784
120	0.792	0.800	0.807	0.815	0.823	0.830	0.838	0.845	0.853	0.861
130	0.869	0.876	0.884	0.892	0.900	0.907	0.915	0.923	0.931	0.939
140	0.946	0.954	0.962	0.970	0.978	0.986	0.994	1.002	1.009	1.017
150	1.025	1.033	1.041	1.049	1.057	1.065	1.073	1.081	1.089	1.097
160	1.106	1.114	1.122	1.130	1.138	1.146	1.154	1.162	1.170	1.179
170	1.187	1.195	1.203	1.211	1.220	1.228	1.236	1.244	1.253	1.261
180	1.269	1.277	1.286	1.294	1.302	1.311	1.319	1.327	1.336	1.344
190	1.352	1.361	1.369	1.377	1.386	1.394	1.403	1.411	1.419	1.428
200	1.436	1.445	1.453	1.462	1.470	1.479	1.487	1.496	1.504	1.513
210	1.521	1.530	1.538	1.547	1.555	1.564	1.573	1.581	1.590	1.598
220	1.607	1.615	1.624	1.633	1.641	1.650	1.659	1.667	1.676	1.685
230	1.693	1.702	1.710	1.719	1.728	1.736	1.745	1.754	1.763	1.771
240	0.780	1.788	1.797	1.805	1.814	1.823	1.832	1.840	1.849	1.858
250	1.867	1.876	1.884	1.893	1.902	1.911	1.920	1.929	1.937	1.946
260	0.955	1.964	1.973	1.982	1.991	2.000	2.008	2.017	2.026	2.035
270	2.044	2.053	2.062	2.071	2.080	2.089	2.098	2.107	2.116	2.125
280	2.134	2.143	2.152	2.161	2.170	2.179	2.188	2.197	2.206	2.215
290	2.224	2.233	2.242	2.251	2.260	2.270	2.279	2.288	2.297	2.306
300	2.315	2.324	2.333	2.342	2.352	2.361	2.370	2.379	2.388	2.397
310	2.407	2.416	2.425	2.434	2.443	2.452	2.462	2.471	2.480	2.489
320	2.498	2.508	2.517	2.526	2.535	2.545	2.554	2.563	2.572	2.582
330	2.591	2.600	2.609	2.619	2.628	2.637	2.647	2.656	2.665	2.675
340	2.684	2.693	2.703	2.712	2.721	2.730	2.740	2.749	2.759	2.768
350	2.777	2.787	2.796	2.805	2.815	2.824	2.833	2.843	2.852	2.862
360	2.871	2.880	2.890	2.899	2.909	2.918	2.928	2.937	2.946	2.956
370	2.965	2.975	2.984	2.994	3.003	3.013	3.022	3.031	3.041	3.050
380	3.060	3.069	3.079	3.088	3.098	3.107	3.117	3.126	6.136	3.145
390	3.155	3.164	3.174	3.183	3.193	3.202	3.212	3.221	3.231	3.240
400	3.250	3.260	3.269	3.279	3.288	3.298	3.307	3.317	3.326	3.336
410	3.346	3.355	3.365	3.374	3.384	3.393	3.403	3.413	3.422	3.432
420	3.441	3.451	3.461	3.470	3.480	3.489	3.499	3.509	3.518	3.528
430	3.538	3.547	3.557	3.566	3.576	3.586	3.595	3.605	3.615	3.624
440	3.634	3.644	3.653	3.663	3.673	3.682	3.692	3.702	3.711	3.721
450	3.731	3.740	3.750	3.760	3.770	3.779	3.789	3.799	3.808	3.818
460	3.828	3.838	3.847	3.857	3.867	3.877	3.886	3.896	3.906	3.916
470	3.925	3.935	3.945	3.955	3.964	3.974	3.984	3.994	4.003	4.013
480	4.023	4.033	4.043	4.052	4.062	4.072	4.082	4.092	4.102	4.111
490	4.121	4.131	4.141	4.151	4.161	4.170	4.180	4.190	4.200	4.210

（续）

热端温度/℃	0	1	2	3	4	5	6	7	8	9
	mV									
500	4.220	4.229	4.239	4.249	4.259	4.269	4.279	4.289	4.299	4.309
510	4.318	4.328	4.338	4.348	4.358	4.368	4.378	4.388	4.398	4.408
520	4.418	4.427	4.437	4.447	4.457	4.467	4.477	4.487	4.497	4.507
530	4.517	4.527	4.537	4.547	4.557	4.567	4.577	4.587	4.597	4.607
540	4.617	4.627	4.637	4.647	4.657	4.667	4.677	4.687	4.697	4.707
550	4.717	4.727	4.737	4.747	4.757	4.767	4.777	4.787	4.797	4.807
560	4.817	4.827	4.838	4.848	4.858	4.868	4.878	4.888	4.898	4.908
570	4.918	4.928	4.938	4.949	4.959	4.969	4.979	4.989	4.999	5.009
580	5.019	5.030	5.040	5.050	5.060	5.070	5.080	5.090	5.101	5.111
590	5.121	5.131	5.141	5.151	5.162	5.172	5.182	5.192	5.202	5.212
600	5.222	5.232	5.242	5.252	5.263	5.273	5.283	5.293	5.304	5.314
610	5.324	5.334	5.344	5.355	5.365	5.375	5.386	5.396	5.406	5.416
620	5.427	5.437	5.447	5.457	5.468	5.478	5.448	5.499	5.509	5.519
630	5.530	5.540	5.550	5.561	5.571	5.581	5.591	5.602	5.612	5.622
640	5.633	5.564	5.653	5.664	5.674	5.684	5.695	5.705	5.715	5.725
650	5.735	5.745	5.756	5.766	5.776	5.787	5.797	5.808	5.818	5.828
660	5.839	5.849	5.859	5.870	5.880	5.891	5.901	5.911	5.922	5.932
670	5.943	5.953	5.964	5.974	5.984	5.995	6.005	6.016	6.026	6.036
680	6.046	6.056	6.067	6.077	6.088	6.098	6.109	6.119	6.130	6.140
690	6.151	6.161	6.172	6.182	6.193	6.203	6.214	6.224	6.235	6.245
700	6.256	6.266	6.277	6.287	6.298	6.308	6.319	6.329	6.340	6.351
710	6.361	6.372	6.382	6.392	6.402	6.413	6.424	6.434	6.445	6.455
720	6.466	6.476	6.487	6.498	6.508	6.519	6.529	6.540	6.551	6.561
730	6.572	6.583	6.593	6.604	6.614	6.624	6.635	6.645	6.656	6.667
740	6.677	6.688	6.699	6.709	6.720	6.731	6.741	6.752	6.763	6.773
750	6.784	6.795	6.805	6.816	6.827	6.838	6.848	6.859	6.870	6.880
760	6.891	6.902	6.913	6.923	6.934	6.945	6.956	6.966	6.977	6.988
770	6.999	7.009	7.020	7.031	7.041	7.051	7.062	7.073	7.084	7.095
780	7.105	7.116	7.127	7.138	7.149	7.159	7.170	7.181	7.192	7.203
790	7.213	7.224	7.235	7.246	7.257	7.268	7.279	7.289	7.300	7.311
800	7.322	7.333	7.344	7.355	7.365	7.376	7.387	7.397	7.408	7.419
810	7.430	7.441	7.452	7.462	7.473	7.484	7.495	7.506	7.517	7.528
820	7.539	7.550	7.561	7.572	7.583	7.594	7.605	7.615	7.626	7.637
830	7.648	7.659	7.670	7.681	7.692	7.703	7.714	7.724	7.735	7.746
840	7.757	7.768	7.779	7.790	7.801	7.812	7.823	7.834	7.845	7.856
850	7.867	7.878	7.889	7.901	7.912	7.923	7.934	7.945	7.956	7.967
860	7.978	7.989	8.000	8.011	8.022	8.033	8.043	8.054	8.066	8.077
870	8.088	8.099	8.110	8.121	8.132	8.143	8.154	8.166	8.177	8.188
880	8.199	8.210	8.221	8.232	8.244	8.255	8.266	8.277	8.288	8.299
890	8.310	8.322	8.333	8.344	8.355	8.366	8.377	8.388	8.399	8.410
900	8.421	8.433	8.444	8.455	8.466	8.477	8.489	8.500	8.511	8.522
910	8.534	8.545	8.556	8.567	8.579	8.590	8.601	8.612	8.624	8.635
920	8.646	8.657	8.668	8.679	8.690	8.702	8.713	8.724	8.735	8.747
930	8.758	8.769	8.781	8.792	8.803	8.815	8.826	8.837	8.849	8.860
140	8.871	8.883	8.894	8.905	8.917	8.928	8.939	8.951	8.962	8.974
950	8.985	8.996	9.007	9.018	9.029	9.041	9.052	9.064	9.075	9.086
960	9.098	9.109	9.121	9.132	9.144	9.155	9.160	9.178	9.189	9.201
970	9.212	9.223	9.235	9.247	9.258	9.269	9.281	9.292	9.303	9.314
980	9.326	9.337	9.349	9.360	9.372	9.383	9.395	9.406	9.418	9.429
990	9.411	9.452	9.464	9.475	9.487	9.498	9.510	9.521	9.593	9.545
1000	9.556	9.568	9.579	9.591	9.602	9.613	9.624	9.636	9.648	90659
1010	9.671	9.682	9.694	9.705	9.717	9.729	9.740	9.752	9.764	9.775
1020	9.787	9.798	9.810	9.822	9.833	9.845	9.856	9.868	9.880	93891
1030	9.902	9.914	9.925	9.937	9.949	9.960	9.972	9.984	9.995	10.007
1040	10.019	10.030	10.042	10.054	10.066	10.077	10.089	10.101	10.112	10.124
1050	10.136	10.147	10.159	10.171	10.183	10.194	10.205	10.217	10.299	10.240
1060	10.252	10.264	10.276	10.287	10.299	10.311	10.323	10.334	10.346	10.358
1070	10.370	10.382	10.393	10.405	10.417	10.429	10.441	10.452	10.464	10.476
1080	10.488	10.500	10.511	10.523	10.535	10.547	10.559	10.570	10.582	10.594
1090	10.605	10.617	10.629	10.640	10.652	10.664	10.676	10.688	10.700	10.711

（续）

工作端温度/℃	0	1	2	3	4	5	6	7	8	9
	mV									
1100	10.723	10.735	10.747	10.759	10.771	10.783	10.794	10.806	10.818	10.830
1110	10.842	10.854	10.866	10.878	10.899	10.901	10.913	10.925	10.937	10.949
1120	10.961	10.973	10.985	10.996	11.008	11.020	11.032	11.044	11.056	11.068
1130	11.080	11.092	11.104	11.115	11.127	11.139	11.151	11.163	11.175	11.187
1140	11.198	11.210	11.222	11.234	11.246	11.258	11.270	11.281	11.293	11.305
1150	11.317	11.329	11.341	11.353	11.365	11.377	11.389	11.401	11.413	11.425
1160	11.437	11.449	11.461	11.473	11.485	11.497	11.509	11.521	11.533	11.545
1170	11.556	11.568	11.580	11.592	11.604	11.616	11.628	11.640	11.652	11.664
1180	11.676	11.688	11.699	11.711	11.723	11.735	11.747	11.759	11.771	11.783
1190	11.795	11.807	11.819	11.831	11.843	11.855	11.867	11.879	11.891	11.903
1200	11.915	11.927	11.939	11.951	11.963	11.975	11.987	11.999	12.011	12.023
1210	12.035	12.047	12.059	12.071	12.083	12.095	12.107	12.119	12.131	12.143
1220	12.155	12.167	12.180	12.192	12.204	12.216	12.228	12.220	12.252	12.263
1230	12.275	12.287	12.299	12.311	12.323	12.335	12.347	12.339	12.371	12.383
1240	12.395	12.407	12.419	12.431	12.443	12.455	12.467	12.449	12.491	12.503
1250	12.515	12.527	12.539	12.552	12.564	12.576	12.588	12.600	12.612	12.624
1260	12.636	12.648	12.660	12.672	12.684	12.696	12.708	12.720	12.732	12.744
1270	12.756	12.768	12.780	12.792	12.804	12.816	12.828	12.840	12.851	12.863
1280	12.875	12.887	12.899	12.911	12.923	12.935	12.947	12.959	12.971	12.983
1290	12.996	13.008	13.020	13.032	13.044	13.056	13.068	13.080	13.092	13.104
1300	13.116	13.128	13.140	13.152	13.164	13.176	13.188	13.200	13.212	13.224
1310	13.236	13.248	13.260	13.272	13.284	13.296	13.308	13.320	13.332	13.344
1320	13.356	13.368	13.380	13.392	13.404	13.415	13.427	13.439	13.451	13.463
1330	13.475	13.487	13.499	13.511	13.523	13.535	13.547	13.559	13.571	13.583
1340	13.595	13.607	13.619	13.631	13.643	13.655	13.667	13.679	13.691	13.703
1350	13.715	13.727	13.739	13.751	13.763	13.775	13.787	13.799	13.811	13.823
1360	13.835	13.847	13.859	13.871	13.883	13.895	13.907	13.919	13.931	13.943
1370	13.955	13.967	13.979	13.990	14.002	14.014	14.026	14.038	14.050	14.062
1380	14.074	14.086	14.098	14.109	14.121	14.133	14.145	14.157	14.169	14.181
1390	14.193	14.205	14.217	14.229	14.241	14.253	14.265	14.277	14.289	14.301
1400	14.313	14.325	14.337	14.349	14.361	14.373	14.385	14.397	14.409	14.421
1410	14.433	14.445	14.457	14.469	14.480	14.492	14.504	14.516	14.528	14.540
1420	14.552	14.564	14.576	14.588	14.599	14.611	14.623	14.635	14.647	14.659
1430	14.671	14.683	14.695	14.707	14.719	14.730	14.742	14.754	14.766	14.773
1440	14.790	14.802	14.814	14.826	14.838	14.850	14.874	14.874	14.886	14.898
1450	14.910	14.921	14.933	14.945	14.957	14.969	14.993	14.993	15.005	15.017
1460	15.029	15.041	15.053	15.065	15.077	15.088	15.112	15.112	15.124	15.136
1470	15.148	15.160	15.172	15.184	15.195	15.207	15.230	15.230	15.242	15.254
1480	15.266	15.278	15.290	15.302	15.314	15.326	15.350	15.350	15.361	15.373
1490	15.385	15.397	15.409	15.421	15.433	15.445	15.469	15.469	15.481	15.492
1500	15.504	15.516	15.528	15.540	15.552	15.564	15.576	15.588	15.599	15.611
1510	15.623	15.635	15.647	15.659	15.671	15.683	15.695	15.706	15.718	15.730
1520	15.742	15.754	15.766	15.778	15.790	15.802	15.813	15.824	15.836	15.848
1530	15.860	15.872	15.884	15.895	15.907	15.919	15.931	15.943	15.955	15.967
1540	15.979	15.990	16.002	16.014	16.026	16.038	16.050	16.062	16.073	16.085
1550	16.097	16.109	16.121	16.133	16.144	16.156	16.168	16.180	16.192	16.204
1560	16.216	16.227	16.239	16.251	16.263	16.275	16.287	16.298	16.310	16.322
1570	16.334	16.346	16.358	16.369	16.381	16.393	16.404	16.416	16.428	16.439
1580	16.451	16.463	16.475	16.487	16.499	16.510	16.522	16.534	16.546	16.558
1590	16.569	16.581	16.593	16.605	16.617	16.629	16.640	16.652	16.664	16.676
1600	16.688									

附表 2-3　镍铬-镍硅热电偶分度表（冷端温度为 0℃）EU-2

工作端温度/℃	0	1	2	3	4	5	6	7	8	9
	mV									
−50	−1.86									
−40	−1.50	−1.54	−1.57	−1.60	−1.64	−1.68	−1.72	−1.75	−1.79	−1.82
−30	−1.14	−1.18	−1.21	−1.25	−1.28	−1.32	−1.36	−1.40	−1.43	−1.46
−20	−0.77	−0.81	−0.84	−0.88	−0.92	−0.96	−0.99	−1.03	−1.07	−1.10
−10	−0.39	−0.43	−0.47	−0.51	−0.55	−0.59	−0.62	−0.66	−0.70	−0.74
−0	−0.00	−0.04	−0.08	−0.12	−0.16	−0.20	−0.23	−0.27	−0.31	−0.35
+0	0.00	0.04	0.08	0.12	0.16	0.20	0.24	0.28	0.32	0.36
10	0.40	0.44	0.48	0.52	0.56	0.60	0.64	0.68	0.72	0.76
20	0.80	0.84	0.88	0.92	0.96	1.00	1.04	1.08	1.12	1.16
30	1.20	1.24	1.28	1.32	1.36	1.41	1.45	1.49	1.53	1.57
40	1.61	1.65	1.69	1.73	1.77	0.82	1.86	1.90	1.94	1.98
50	2.02	2.06	2.10	2.14	2.18	2.23	2.27	2.31	2.35	2.39
60	2.43	2.47	2.51	2.56	2.60	2.64	2.68	2.72	2.77	2.81
70	2.85	2.89	2.93	2.97	3.01	3.06	3.10	3.14	3.18	3.22
80	3.26	3.30	3.34	3.39	3.43	3.47	3.51	3.55	3.60	3.64
90	3.68	3.72	3.76	3.81	3.85	3.89	3.93	3.97	4.02	4.06
100	4.10	4.14	4.18	4.22	4.26	4.31	4.35	4.39	4.43	4.47
110	4.51	4.55	4.59	4.63	4.67	4.72	4.76	4.80	4.84	4.88
120	4.92	4.96	5.00	5.04	5.08	5.13	5.17	5.21	5.25	5.29
130	5.33	5.37	5.41	5.45	5.49	5.53	5.57	5.61	5.65	5.69
140	5.73	5.77	5.81	5.85	5.89	5.93	5.97	6.01	6.05	6.09
150	6.13	6.17	6.21	6.25	6.29	6.33	6.37	6.41	6.45	6.49
160	6.53	6.57	6.61	6.65	6.69	6.73	6.77	6.81	6.85	6.89
170	6.93	6.97	7.01	7.05	7.09	7.13	7.17	7.21	7.25	7.29
180	7.33	7.37	7.41	7.45	7.49	7.53	7.57	7.61	7.65	7.69
190	7.73	7.77	7.81	7.85	7.89	7.93	7.97	8.01	8.05	8.09
200	8.13	8.17	8.21	8.25	8.29	8.33	8.37	8.41	8.45	8.49
210	8.53	8.57	8.61	8.65	8.69	8.73	8.77	8.81	8.85	8.89
220	8.93	8.97	9.01	9.06	9.09	9.14	9.18	9.22	9.26	9.30
230	9.34	9.38	9.42	9.46	9.50	9.54	9.58	9.62	9.66	9.70
240	9.74	9.78	9.82	9.86	9.90	9.95	9.99	10.03	10.07	10.11
250	10.15	10.19	10.23	10.27	10.31	10.35	10.40	10.44	10.48	10.52
260	10.56	10.60	10.64	10.68	10.72	10.77	10.81	10.85	10.89	10.93
270	10.97	11.01	11.05	11.09	11.13	11.18	11.22	11.26	11.30	11.34
280	11.38	11.42	11.46	11.51	11.55	11.59	11.63	11.67	11.72	11.76
290	11.80	11.84	11.88	11.92	11.96	12.01	12.05	12.09	12.13	12.17
300	12.21	12.25	12.29	12.33	12.37	12.42	12.46	12.50	12.54	12.58
310	12.62	12.66	12.70	12.75	12.79	12.83	12.87	12.91	12.96	13.00
320	13.04	13.08	13.12	13.16	13.20	16.25	13.29	13.33	13.37	13.41
330	13.45	13.49	13.53	13.58	13.62	13.66	13.70	13.74	13.79	13.83
340	13.87	13.91	13.95	14.00	14.04	14.08	14.12	14.16	14.21	14.25
350	14.30	14.34	14.38	14.43	14.47	14.51	14.55	14.59	14.64	14.68
360	14.72	14.76	14.80	14.85	14.89	14.93	14.97	15.01	15.06	15.10
370	15.14	15.18	15.22	15.27	15.31	15.35	15.39	15.43	15.48	15.52
380	15.56	15.60	15.64	15.69	15.73	15.77	15.81	05.85	15.90	15.94
390	15.99	16.02	16.06	16.11	16.15	16.19	16.23	16.27	16.32	16.36
400	16.40	16.44	16.49	16.53	16.57	16.63	16.66	16.70	16.74	16.79
410	16.83	16.87	16.91	16.96	17.00	17.04	17.08	17.12	17.17	17.21
420	17.25	17.29	17.33	17.38	07.42	17.46	17.50	17.54	17.59	17.63
430	17.67	17.71	17.75	17.79	17.84	17.88	17.92	17.96	18.01	18.05
440	18.09	18.13	18.17	18.22	18.26	18.30	18.34	18.38	18.43	18.47
450	18.51	18.51	18.60	18.64	18.68	18.73	18.77	18.81	18.85	18.90
460	18.94	18.98	19.03	19.07	19.11	19.16	19.20	19.24	19.28	19.33
470	19.37	19.41	19.45	19.50	19.54	19.58	19.62	19.66	19.71	19.75
480	19.79	19.83	19.88	19.92	19.96	20.01	20.05	20.09	20.13	20.18
490	20.22	20.26	20.31	20.35	20.39	20.44	20.48	20.52	20.56	20.61

（续）

工作端温度/℃	0	1	2	3	4	5	6	7	8	9
					mV					
500	20.65	20.69	20.74	20.78	20.82	20.87	20.91	20.95	20.99	21.04
510	21.08	21.12	21.16	21.21	21.25	21.29	21.33	21.37	21.42	21.46
520	21.50	21.54	21.59	21.63	21.67	21.72	21.76	21.80	21.84	21.89
530	21.93	21.97	22.01	22.06	22.10	22.14	22.18	22.22	22.27	22.31
540	22.35	22.39	22.44	22.48	22.52	22.57	22.61	22.65	22.69	22.74
550	22.78	22.82	22.87	22.91	22.95	23.00	23.04	23.08	23.12	23.17
560	23.21	23.25	23.29	23.34	23.38	23.42	23.46	23.50	23.55	23.59
570	23.63	23.67	23.71	23.75	23.79	23.84	23.88	23.92	23.96	24.01
580	24.05	24.09	24.14	24.18	24.22	24.27	24.31	24.35	24.39	24.44
590	24.48	24.52	24.56	24.61	24.65	24.69	24.73	24.77	24.82	24.86
600	24.90	24.94	24.99	25.03	25.07	25.12	25.15	25.19	25.23	25.27
610	25.32	25.37	25.41	25.46	25.50	25.54	25.58	25.62	25.67	25.71
620	25.75	25.79	25.84	25.88	25.92	25.97	26.01	26.05	26.09	26.14
630	26.18	26.22	26.26	26.31	26.35	26.39	26.43	26.47	26.52	26.56
640	26.60	26.64	26.69	26.73	26.77	26.82	26.86	26.90	26.94	26.99
650	27.03	27.07	27.11	27.16	27.20	27.24	27.28	27.32	27.37	27.41
660	27.45	27.49	27.53	27.57	27.62	27.66	27.70	27.74	27.79	27.83
670	27.87	27.91	27.95	28.00	28.04	28.08	28.12	28.16	28.21	28.25
680	28.29	28.33	28.38	28.42	28.46	28.50	28.54	28.58	28.62	28.67
690	28.71	28.75	28.79	28.84	28.88	28.92	28.96	29.00	29.05	29.09
700	29.13	29.17	29.21	29.26	29.30	29.34	29.38	29.42	29.47	29.51
710	29.55	29.59	29.63	29.68	29.72	29.76	29.80	29.84	29.89	29.93
720	29.97	30.01	30.05	30.10	30.14	30.18	30.22	30.26	30.31	30.35
730	30.39	30.43	30.47	30.52	30.56	30.60	30.64	30.68	30.73	30.77
740	30.81	30.85	30.89	30.93	30.97	31.02	31.06	31.10	31.14	31.18
750	31.22	31.26	31.30	31.35	31.39	31.43	31.47	31.51	31.56	31.60
760	31.64	31.68	31.72	31.77	31.81	31.85	31.89	31.93	31.98	32.02
770	32.06	32.10	32.14	32.18	32.22	32.26	32.30	32.34	32.38	32.42
780	32.46	32.50	32.54	32.59	32.63	32.67	32.71	32.75	32.80	32.84
790	32.87	32.91	32.95	33.00	33.04	33.09	33.13	33.17	33.21	32.25
800	33.29	33.33	33.37	33.41	33.45	33.49	33.53	33.57	33.61	33.65
810	33.69	33.73	33.77	33.81	33.85	33.90	33.94	33.98	34.02	34.06
820	34.10	34.14	34.18	34.22	34.26	34.30	34.34	34.38	34.42	34.46
830	34.51	34.54	34.58	34.62	34.66	34.71	34.75	34.79	34.83	34.87
840	34.91	34.95	34.99	35.03	35.07	35.11	35.16	35.20	35.24	35.28
850	35.32	35.36	35.40	35.44	35.48	35.52	35.56	35.60	35.64	35.68
860	35.72	35.76	35.80	35.84	35.88	35.93	35.97	36.01	36.05	36.09
870	36.13	36.17	36.21	36.25	36.29	36.33	36.37	36.41	36.45	36.49
880	36.53	36.57	36.61	36.65	36.69	36.73	36.77	36.81	36.85	36.89
890	36.93	36.97	37.01	37.05	37.09	37.13	37.17	37.21	37.25	37.29
900	37.33	37.37	37.41	37.45	37.49	37.53	37.57	37.61	37.65	37.69
910	37.73	37.77	37.81	37.85	37.89	37.93	37.97	38.01	38.05	38.09
920	38.13	38.17	38.21	38.25	38.29	38.33	38.37	38.41	38.45	38.49
930	38.53	38.57	38.61	38.65	38.69	38.73	38.77	38.81	38.85	38.89
940	38.93	38.97	39.01	39.05	39.09	39.13	39.16	39.20	39.24	39.28
950	39.32	39.36	39.40	39.44	39.48	39.52	39.56	39.60	39.64	39.68
960	39.72	39.76	39.80	39.83	39.87	39.91	39.94	39.98	40.02	40.06
970	40.10	40.14	40.18	40.22	40.26	40.30	40.33	40.37	40.41	40.45
980	40.49	40.53	40.57	40.61	40.65	40.69	40.72	40.76	40.80	40.84
990	40.88	40.92	40.96	41.00	41.04	41.08	41.11	41.15	41.19	41.23

（续）

工作端 温度/℃	0	1	2	3	4	5	6	7	8	9
						mV				
1000	41.27	41.31	41.35	41.39	41.43	41.47	41.50	41.54	41.58	41.62
1010	41.66	41.70	41.74	41.77	41.81	41.85	41.89	41.93	41.96	42.00
1020	42.04	42.08	42.12	42.13	42.20	42.24	42.27	42.31	42.35	42.39
1030	42.43	42.47	42.51	42.55	42.59	42.63	42.66	42.70	42.74	42.78
1040	42.83	42.87	42.90	42.93	42.97	43.01	43.05	43.09	43.13	43.17
1050	43.21	43.25	43.29	43.32	43.35	43.39	43.43	43.47	43.51	43.55
1060	43.59	43.63	43.67	43.69	43.73	43.77	43.81	43.85	43.89	43.93
1070	43.97	44.01	44.05	44.08	44.11	44.15	44.19	44.22	44.26	44.30
1080	44.34	44.38	44.42	44.45	44.49	44.53	44.57	44.61	44.64	44.68
1090	44.72	44.76	44.80	44.83	44.87	44.91	44.95	44.99	45.02	45.06
1100	45.10	45.14	45.18	45.21	45.25	45.29	45.33	45.37	45040	45.44
1110	45.48	45.52	45.55	45.59	45.63	45.67	45.70	45.74	45.78	45.81
1120	45.85	45.89	45.93	45.96	46.00	46.04	46.08	46.12	46.15	46.19
1130	46.23	46.27	46.30	46.34	46.38	46.42	46.45	46.49	46.53	46.56
1140	46.60	46.64	46.67	46.71	46.75	46.79	46.82	46.86	46.90	46.93
1150	46.97	47.01	47.04	47.08	47.12	47.16	47.19	47.23	47.27	47.30
1160	47.34	47.38	47.41	47.45	47.49	47.53	47.56	47.60	47.64	47.67
1170	47.71	47.75	47.78	47.82	47.86	47.90	47.93	47.94	48.01	48.04
1180	48.08	48.12	48.15	48.19	48.22	48.26	48.30	48.33	48.37	48.40
1190	48.44	48.48	48.51	48.55	48.59	48.63	48.66	48.70	48.74	48.77
1200	48.81	48.85	48.88	48.92	48.95	48.99	49.03	49.06	49.10	49.13
1210	49.17	49.21	49.24	49.28	49.31	49.35	49.39	49.42	49.46	49.49
1220	49.53	49.57	49.60	49.64	49.67	49.71	49.75	49.78	49.82	49.85
1230	49.89	49.93	49.96	50.00	50.03	50.07	50.11	50.14	50.18	50.21
1240	50.25	50.29	50.32	50.36	50.39	50.43	50.47	50.50	50.54	50.59
1250	50.61	50.65	50.68	50.72	50.75	50.79	50.83	50.86	50.90	50.93
1260	50.96	51.00	51.03	51.07	51.10	51.14	51.18	51.21	51.25	51.28
1270	51.32	51.35	51.39	51.43	51.46	51.50	51.54	51.57	51.61	51.64
1280	51.67	51.71	51.74	51.78	51.81	51.85	51.88	51.92	51.95	51.99
1290	52.02	52.06	52.09	52.13	52.16	52.20	52.23	52.27	52.30	52.33
1300	52.37									

附表 2-4　镍铬-考铜热电偶分度表（冷端温度为 0℃）EA-2

工作端 温度/℃	0	1	2	3	4	5	6	7	8	9
						mV				
−50	−3.11									
−40	−2.50	−2.56	−2.62	−2.68	−2.74	−2.81	−2.87	−2.93	−2.99	−3.05
−30	−1.89	−1.95	−2.01	−2.07	−2.13	−2.20	−2.26	−2.32	−2.38	−2.44
−20	−1.27	−1.33	−1.39	−1.46	−1.52	−1.58	−1.64	−1.70	−1.77	−1.83
−10	−0.64	−0.70	−0.77	−0.83	−0.89	−0.96	−1.02	−1.08	−1.14	−1.21
−0	−0.00	−0.06	−0.13	−0.19	−0.19	−0.32	−0.38	−0.45	−0.51	−0.58
+0	0.00	0.07	0.13	0.20	0.26	0.33	0.39	0.46	0.52	0.59
10	0.65	0.72	0.78	0.85	0.91	0.98	1.05	1.11	1.18	1.24
20	1.31	1.38	1.44	1.51	1.57	1.64	1.70	1.77	1.84	1.91
30	1.98	2.05	2.12	2.18	2.25	2.32	2.38	2.45	2.52	2.59
40	2.66	2.73	2.80	2.87	2.94	3.00	3.07	3.14	3.21	3.28
50	3.35	3.42	3.49	3.56	3.63	3.70	3.77	3.84	3.91	3.98
60	4.05	4.12	4.19	4.26	4.33	4.41	4.48	4.55	4.62	4.69
70	4.76	4.83	4.90	4.98	5.05	5.12	5.20	5.27	5.34	5.41
80	5.48	5.56	5.63	5.70	5.78	5.85	5.92	5.99	6.07	6.14
90	6.21	6.29	6.36	6.43	6.51	6.58	6.65	6.73	6.80	6.87

（续）

工作端温度/℃	0	1	2	3	4	5	6	7	8	9
	mV									
100	6.95	7.03	7.10	7.17	7.25	7.32	7.40	7.47	7.54	7.62
110	7.69	7.77	7.84	7.91	7.99	8.06	8.13	8.21	8.28	8.35
120	8.43	8.50	8.53	8.65	8.73	8.80	8.88	8.95	9.03	9.10
130	9.18	9.25	9.33	9.40	9.48	9.55	9.63	9.70	9.78	9.85
140	9.93	10.00	10.08	10.16	10.23	10.31	10.38	10.46	10.54	10.61
150	10.69	10.77	10.85	10.92	11.00	11.08	11.15	11.23	11.31	11.38
160	11.46	11.54	11.62	11.69	11.77	11.85	11.93	12.00	12.08	12.16
170	12.24	12.32	12.40	12.48	12.55	12.63	12.71	12.79	12.87	12.95
180	13.03	13.11	13.19	13.27	13.36	13.44	13.52	13.60	13.68	13.76
190	13.84	13.92	14.00	14.08	14.16	14.25	14.34	14.42	14.50	14.58
200	14.66	14.74	14.82	14.90	14.98	15.06	15.14	15.22	15.30	15.38
210	15.48	15.56	15.64	15.72	15.80	15.89	15.97	16.05	16.13	16.21
220	16.30	16.38	16.46	16.54	16.62	16.71	16.79	16.86	16.95	17.03
230	17.12	17.20	17.28	17.37	17.45	17.53	17.62	17.70	17.78	17.87
240	17.95	18.03	18.11	18.19	18.28	18.36	18.44	18.52	18.60	18.68
250	18.76	18.84	18.92	19.01	19.09	19.17	19.26	19.34	19.42	19.51
260	19.59	19.67	19.75	19.84	19.92	20.00	20.09	20.17	20.25	20.34
270	20.42	20.50	20.58	20.66	20.74	20.83	20.91	20.99	21.07	21.15
280	21.24	21.32	21.40	21.49	21.57	21.65	21.73	21.82	21.90	21.98
290	22.07	22.15	22.23	22.32	22.40	22.48	22.57	22.65	22.73	22.81
300	22.90	22.98	23.07	23.15	23.23	23.32	23.40	23.49	23.57	23.66
310	23.74	23.83	23.91	24.00	24.08	24.17	24.25	24.34	24.42	24.51
320	24.59	24.68	24.76	24.85	24.93	25.02	25.10	25.19	25.27	25.36
330	25.44	25.53	25.61	25.70	25.78	25.86	25.95	26.03	26.12	26.21
340	26.30	26.38	26.47	26.55	26.64	26.73	26.81	26.90	26.98	27.07
350	27.15	27.24	27.32	27.41	27.49	27.58	27.66	27.75	27.83	27.92
360	28.01	28.10	28.19	28.27	28.36	28.45	28.54	28.62	28.71	28.80
370	28.88	28.97	29.06	29.14	29.23	29.32	29.40	29.49	29.58	29.66
380	19.75	29.83	29.92	30.00	30.09	30.17	30.26	30.34	30.43	30.52
390	30.61	30.70	30.79	30.87	30.96	31.05	31.13	31.22	31.30	31.39
400	31.48	31.57	31.66	31.74	31.83	31.92	32.00	32.09	32.18	32.26
410	32.34	32.43	32.52	32.60	32.69	32.78	32.86	32.95	33.04	33.13
420	33.21	33.30	33.39	33.49	33.56	33.65	33.73	33.82	33.90	33.99
430	34.07	34.16	34.25	34.33	34.42	34.51	34.60	34.68	34.77	34.85
440	34.97	35.03	35.12	35.20	35.29	35.38	35.46	35.55	35.64	35.72
450	35.81	35.90	35.98	36.07	36.15	36.24	36.33	36.41	36.50	36.58
460	36.67	36.76	36.84	36.93	37.02	37.11	37.19	37.28	37.37	37.45
470	37.54	37.63	37.71	37.80	37.89	37.98	38.06	38.15	38.24	38.32
480	38.41	38.50	38.58	38.67	38.76	38.85	38.93	39.02	39.11	39.19
490	39.28	39.37	39.45	39.54	39.63	39.72	39.80	39.89	39.98	40.06
500	40.15	40.24	40.32	40.41	40.50	40.59	40.67	40.76	40.85	40.93
510	41.02	41.11	41.20	41.28	41.37	41.46	41.55	41.64	41.72	41.81
520	41.90	41.99	42.08	42.16	42.25	42.34	42.43	42.52	42.60	42.69
530	42.78	42.87	42.96	43.05	43.14	43.23	43.32	43.41	43.49	43.57
540	43.67	43.75	43.84	43.93	44.02	44.11	44.19	44.28	44.37	44.46
550	44.55	44.64	44.73	44.82	44.91	44.99	45.08	45.17	45.26	45.35
560	45.44	45.53	45.62	45.71	45.80	45.89	45.97	46.06	46.15	46.24
570	46.33	46.42	46.51	46.60	46.69	46.78	46.86	46.95	47.04	47.13
580	47.22	47.31	47.40	47.49	47.58	47.67	47.75	47.84	47.93	48.02
590	48.11	48.20	48.29	48.38	48.47	48.56	48.65	48.74	48.83	48.91

工作端温度/℃	0	1	2	3	4	5	6	7	8	9
	mV									
600	49.01	49.10	49.18	49.27	49.36	49.45	49.54	49.63	49.71	49.80
610	49.89	49.98	50.07	50.15	50.24	50.32	50.41	50.50	50.59	50.67
620	50.76	50.85	50.94	51.02	51.11	51.20	51.29	51.38	51.46	51.55
630	51.64	51.73	51.81	51.90	51.99	52.08	52.16	52.25	52.34	52.42
640	52.51	52.60	52.69	52.77	52.86	52.95	53.04	53.13	53.21	53.30
650	53.39	53.48	53.56	53.65	53.74	53.83	53.91	54.00	54.09	54.17
660	54.26	54.35	54.43	54.52	54.60	54.69	54.77	54.86	54.95	55.03
670	55.12	55.21	55.29	55.38	55.47	55.56	55.64	55.73	55.82	55.91
680	56.00	56.09	56.17	56.26	56.35	56.44	56.52	56.61	56.70	56.78
690	56.87	56.96	57.04	57.13	57.22	57.31	57.39	57.48	57.57	57.66
700	57.74	57.83	57.91	58.00	58.08	58.17	58.25	58.34	58.43	58.51
710	58.57	58.69	58.77	58.86	58.95	59.04	59.12	59.21	59.30	59.38
720	59.47	59.56	59.64	59.73	59.81	59.90	59.99	60.07	60.16	60.24
730	60.33	60.42	60.50	60.59	60.68	60.77	60.85	60.94	61.03	61.11
740	61.20	61.29	61.37	61.46	61.54	61.63	61.71	61.80	61.89	61.97
750	62.06	62.15	62.23	62.32	62.40	62.49	62.58	62.66	62.75	62.83
760	62.92	63.01	63.09	63.18	63.26	63.35	63.44	63.52	63.61	63.69
770	63.78	63.87	63.95	64.04	64.12	64.21	64.30	64.38	64.47	64.55
780	64.64	64.73	64.81	64.90	64.98	65.07	65.16	65.24	65.33	65.41
790	65.50	65.59	65.67	65.76	65.84	65.93	66.02	66.10	66.19	66.27
800	66.36									

附录3　常用热电阻分度表

附表 3-1　WZB 型铂热电阻分度表

$R_0 = 46\Omega$　　规定分度号：BA1

$A = 3.96847 \times 10^{-3}\ 1/℃$　　$B = -5.847 \times 10^{-7}\ 1/℃^2$　　$C = -4.22 \times 10^{-12}\ 1/℃^4$

温度/℃	0	1	2	3	4	5	6	7	8	9
	电阻值/Ω									
-200	7.95	—	—	—	—	—	—	—	—	—
-190	9.96	9.76	9.56	9.36	9.16	8.96	8.75	8.55	8.35	8.15
-180	11.95	11.75	11.55	11.36	11.16	10.96	10.75	10.56	10.36	10.16
-170	13.93	13.73	13.54	13.34	13.14	12.94	12.75	12.55	12.35	12.15
-160	15.90	15.70	15.50	15.31	15.11	14.92	14.72	14.52	14.33	14.13
-150	17.85	17.65	17.46	17.26	17.07	16.87	16.68	16.48	16.29	16.09
-140	19.79	19.59	19.40	19.21	19.01	18.82	18.63	18.43	18.24	18.04
-130	21.72	21.52	21.33	21.14	20.95	20.75	20.56	20.37	20.17	19.98
-120	23.63	23.44	23.25	23.05	22.87	22.68	22.48	22.29	22.10	21.91
-110	25.54	25.35	25.16	29.97	24.78	24.59	24.40	24.21	24.02	23.82
-100	27.44	27.25	27.06	26.87	26.68	26.49	26.30	26.11	25.92	25.73
-90	29.33	29.14	28.95	28.76	28.57	28.38	28.19	28.00	27.82	27.63
-80	31.21	31.02	30.83	30.64	30.45	30.27	30.08	29.89	29.70	29.51
-70	33.08	32.89	32.70	32.52	32.33	32.14	31.96	31.77	31.58	31.39
-60	34.94	34.76	34.57	34.38	34.20	34.01	33.83	33.64	33.45	33.27
-50	36.80	36.62	36.43	36.24	36.06	35.87	35.69	35.50	35.32	35.13
-40	38.65	38.47	38.28	38.10	37.91	37.73	37.54	37.36	37.17	36.99

（续）

温度/℃	0	1	2	3	4	5	6	7	8	9
	电阻值/Ω									
-30	40.50	40.31	40.13	39.95	39.76	39.58	39.39	39.21	39.02	38.84
-20	42.34	42.15	41.97	41.79	41.60	41.42	41.24	41.05	40.87	40.68
-10	44.17	43.99	43.81	43.62	43.44	43.26	43.07	42.89	42.71	42.52
-0	46.00	45.82	45.63	45.45	45.27	45.09	44.90	44.72	44.54	44.35
0	46.00	46.18	46.37	46.55	46.75	46.91	47.09	47.28	47.46	47.64
10	47.82	48.01	48.19	48.37	48.55	48.73	48.91	49.09	49.28	49.46
20	49.64	49.82	50.00	50.18	50.37	50.55	50.73	50.91	51.09	51.27
30	51.45	51.63	51.81	51.99	52.18	52.36	52.54	52.72	52.90	53.08
40	53.26	53.44	53.62	53.80	53.98	54.16	54.34	54.52	54.70	54.88
50	55.06	55.24	55.42	55.60	55.78	55.96	56.14	56.32	56.50	56.68
60	56.86	57.04	57.22	57.39	57.57	57.75	57.93	58.11	58.29	58.47
70	58.65	58.83	59.00	59.18	59.36	59.54	59.72	59.90	60.07	60.25
80	60.43	60.61	60.79	60.97	61.14	61.32	61.50	61.68	61.86	62.04
90	62.21	62.39	62.57	62.74	62.92	63.10	63.28	63.45	63.63	63.81
100	63.99	64.16	64.34	64.52	64.70	64.87	65.05	65.22	65.40	65.58
110	65.76	65.93	66.11	66.28	66.46	66.64	66.81	66.99	67.16	67.34
120	67.52	67.69	67.87	68.05	68.22	68.40	68.57	68.75	68.93	69.10
130	69.28	69.45	69.63	69.80	69.98	70.15	70.33	70.50	70.68	70.85
140	71.03	71.20	71.38	71.55	71.73	71.90	72.08	72.25	72.43	72.60
150	72.78	72.95	73.12	73.30	73.47	73.65	73.82	74.00	74.17	74.34
160	74.52	74.69	74.87	75.04	75.21	75.39	75.56	75.53	75.91	76.08
170	76.26	76.43	76.60	76.77	76.95	77.12	77.29	77.47	77.64	77.81
180	77.99	78.16	78.33	78.05	78.68	78.85	79.02	79.19	79.37	79.54
190	79.71	79.88	80.05	80.23	80.40	80.57	80.75	80.92	81.09	81.26
200	81.43	81.60	81.78	81.95	82.12	82.29	82.46	82.63	82.81	82.98
210	83.15	83.32	83.49	83.66	83.83	84.00	84.18	84.35	84.52	84.69
220	84.86	85.03	85.20	85.37	85.54	85.71	85.88	86.05	86.22	86.39
230	86.56	86.73	86.90	87.07	87.24	87.41	87.58	87.75	87.92	88.09
240	88.26	88.43	88.60	88.77	88.94	89.11	89.28	89.45	89.62	89.79
250	89.96	90.12	90.29	90.46	90.63	90.80	90.97	91.14	91.31	91.48
260	91.64	91.81	91.98	92.15	92.32	92.49	92.66	92.82	92.99	93.16
270	93.33	93.50	93.66	93.83	94.00	94.17	94.33	94.50	94.67	94.84
280	95.00	95.17	95.34	95.51	95.67	95.84	96.01	96.18	96.34	96.51
290	96.68	96.84	97.01	97.18	97.34	97.51	97.68	97.84	98.01	98.18
300	98.34	98.51	98.68	98.84	99.01	99.18	99.34	99.51	99.67	99.84
310	100.01	100.17	100.34	100.50	100.67	100.83	101.00	101.17	101.33	101.50
320	101.66	101.83	101.99	102.16	102.32	102.49	102.82	102.82	102.98	103.15
330	103.31	103.48	103.64	103.81	103.97	104.14	104.30	104.46	104.63	104.79
340	104.96	105.12	105.29	105.45	105.61	105.78	105.94	106.11	106.27	106.43
350	106.60	106.76	106.92	107.09	107.25	107.42	107.58	107.74	107.90	108.07
360	108.23	108.39	108.56	108.72	108.88	109.05	109.21	109.38	109.54	109.70
370	109.86	110.02	110.19	110.35	110.51	110.67	110.84	111.00	111.16	111.32
380	111.84	111.65	111.81	111.97	112.13	112.29	112.46	112.62	112.78	112.94
390	113.10	113.26	113.43	113.59	113.75	113.91	114.07	114.23	114.39	114.56
400	114.72	114.88	115.04	115.20	115.36	115.52	115.68	115.84	116.00	116.16
410	116.32	116.48	116.64	116.80	116.97	117.13	117.29	117.45	117.61	117.77
420	117.93	118.09	118.25	118.41	118.57	118.73	118.89	119.04	119.20	119.36
430	119.52	119.68	119.84	120.00	120.16	120.32	120.48	120.64	120.80	120.96
440	121.11	121.27	121.43	121.59	121.75	121.91	122.07	122.23	122.38	122.54
450	122.70	122.86	123.02	123.18	123.33	123.49	123.65	123.81	123.96	124.12
460	124.28	124.44	124.60	124.76	124.91	125.07	125.23	125.39	125.54	125.70
470	125.86	126.02	126.17	126.33	126.49	126.64	126.80	126.96	127.11	127.27
480	127.43	127.58	127.74	127.90	128.05	128.21	128.37	128.52	128.68	128.84
490	128.99	129.14	129.30	129.46	129.61	129.77	129.92	130.08	130.23	130.39
500	130.55	130.70	130.86	131.02	131.17	131.33	131.48	131.63	131.79	131.95

（续）

温度/℃	0	1	2	3	4	5	6	7	8	9
	电阻值/Ω									
510	132.10	132.26	132.40	132.57	132.72	132.88	133.03	133.19	133.34	133.50
520	133.65	133.81	133.96	134.12	134.27	134.43	134.58	134.73	134.89	135.04
530	135.20	135.35	135.50	135.66	135.81	135.97	136.12	136.27	136.43	136.58
540	136.73	136.89	137.04	137.19	137.35	137.50	137.65	137.81	137.96	138.11
550	138.27	138.42	138.57	138.73	138.88	139.03	139.18	139.33	139.48	139.64
560	139.79	139.94	140.10	140.25	140.40	140.55	140.70	140.86	141.01	141.16
570	141.32	141.47	141.62	141.77	141.92	142.07	142.22	142.38	142.53	142.68
580	142.83	142.98	143.13	143.28	143.44	143.59	143.74	143.89	144.04	144.19
590	144.34	144.49	144.64	144.79	144.94	145.09	145.24	145.40	145.55	145.70
600	145.85	146.00	146.15	146.30	146.45	146.60	146.75	146.90	147.05	147.20
610	147.35	147.50	147.65	147.80	147.95	148.10	148.24	148.39	148.54	148.69
620	148.84	147.99	149.14	149.29	149.44	149.59	149.74	149.89	150.03	150.18
630	150.33	150.48	150.63	150.78	150.93	151.07	151.22	151.37	151.52	151.67
640	151.81	151.96	152.11	152.26	152.41	152.55	152.70	152.85	153.00	153.15
650	153.30	—	—	—	—	—	—	—	—	—

附表 3-2　WZB 型铂热电阻分度表

$R_0 = 100\Omega$　　规定分度号：BA2

$A = 3.96847 \times 10^{-3}$ 1/℃　　$B = -5.847 \times 10^{-7}$ 1/℃² 　　$C = -4.22 \times 10^{-12}$ 1/℃⁴

温度/℃	0	1	2	3	4	5	6	7	8	9
	电阻值/Ω									
−200	17.28	—	—	—	—	—	—	—	—	—
−190	21.65	21.21	20.78	20.34	19.91	19.47	19.03	18.59	18.16	17.72
−180	25.98	25.55	25.12	24.69	24.25	23.82	23.39	22.95	22.52	22.08
−170	30.29	29.86	29.43	29.00	28.57	28.14	27.71	27.28	26.85	26.42
−160	34.56	34.13	33.71	33.28	32.85	32.43	32.00	31.57	31.14	30.71
−150	38.80	38.38	37.95	37.53	37.11	36.68	36.26	35.83	35.41	34.98
−140	43.02	42.60	42.18	41.76	41.33	40.91	40.49	40.07	39.65	39.22
−130	47.21	46.79	46.37	45.95	45.53	45.12	44.70	44.28	43.86	43.44
−120	51.38	50.96	50.54	50.13	49.71	49.29	48.88	48.46	48.04	47.63
−110	55.52	55.11	54.69	54.28	53.87	53.45	53.04	52.62	52.21	51.79
−100	59.65	59.23	58.82	58.41	58.00	57.59	57.17	56.76	56.35	55.93
−90	63.75	63.24	62.93	62.52	62.11	61.70	61.29	60.88	60.47	60.06
−80	67.84	67.43	67.02	66.61	66.21	65.80	65.39	64.98	64.57	64.16
−70	71.91	71.50	71.10	70.69	70.28	69.88	69.47	69.06	68.65	68.25
−60	75.96	75.56	75.15	74.75	74.34	73.94	73.53	73.13	72.72	72.32
−50	80.00	79.60	79.20	78.79	78.39	77.99	77.58	77.13	76.77	76.37
−40	84.03	83.63	83.22	82.82	82.42	82.02	81.62	81.21	80.81	80.41
−30	88.04	87.64	87.24	86.84	86.44	86.04	85.63	85.23	84.83	84.43
−20	92.04	91.64	91.24	90.84	90.44	90.04	89.64	89.24	88.84	88.44
−10	96.03	95.63	95.23	94.83	94.43	94.03	93.63	93.24	92.84	92.44
−0	100.00	99.60	99.21	98.81	98.41	98.01	97.62	97.22	96.82	96.42
0	100.00	100.40	100.79	101.19	101.59	101.98	102.38	102.78	103.17	103.57
10	103.96	104.36	104.75	105.15	105.54	105.94	106.33	106.78	107.12	107.52
20	107.91	108.31	108.70	109.10	109.49	109.88	110.28	110.67	111.07	111.46
30	111.85	112.25	112.64	113.03	113.43	113.82	114.21	114.60	115.00	115.39
40	115.78	116.17	116.57	116.96	117.35	117.74	118.13	118.52	118.91	119.31
50	119.70	120.09	120.48	120.87	121.26	121.65	122.04	122.43	122.82	123.21
60	123.60	123.99	124.38	124.77	125.16	125.55	125.94	126.33	126.72	127.10
70	127.49	127.88	128.27	128.66	129.05	129.44	129.82	130.21	130.60	130.99
80	131.37	131.76	132.15	132.54	132.92	133.31	133.70	134.08	134.47	134.86
90	135.24	135.63	136.02	136.40	136.79	137.17	137.56	137.94	138.33	138.72
100	139.10	139.49	139.87	140.26	140.64	141.02	141.41	141.79	142.18	142.56

（续）

温度/℃	0	1	2	3	4	5	6	7	8	9
	电阻值/Ω									
110	142.95	143.33	143.71	144.10	144.48	144.86	145.25	145.63	146.01	146.40
120	146.78	147.16	147.55	147.93	148.31	148.69	149.07	149.46	149.84	150.22
130	150.60	150.98	151.37	151.75	152.13	152.51	152.89	153.27	153.65	154.03
140	154.41	154.79	155.17	155.55	155.93	156.31	156.69	157.07	157.45	157.83
150	158.21	158.59	158.97	159.35	159.73	160.11	160.49	160.86	161.24	161.62
160	162.00	162.38	162.76	163.13	163.51	163.89	164.27	164.64	165.02	165.40
170	165.78	166.15	166.53	166.91	167.28	167.66	168.03	168.41	168.78	169.16
180	169.54	169.91	170.29	170.67	171.04	171.42	171.79	172.17	172.54	172.92
190	173.29	173.67	174.04	174.41	174.79	175.16	175.54	175.91	176.28	176.66
200	177.03	177.40	177.78	178.15	178.52	178.90	179.27	179.64	180.02	180.39
210	180.76	181.13	181.51	181.88	182.25	182.62	182.99	183.36	183.74	184.11
220	184.48	184.85	185.22	185.59	185.96	186.33	186.70	187.07	187.44	187.81
230	188.18	188.55	188.92	189.29	189.66	190.03	190.40	190.77	191.14	191.51
240	191.88	192.24	192.61	192.98	193.35	193.72	194.09	194.45	194.82	195.19
250	195.56	195.92	196.29	196.66	197.03	197.39	197.76	198.13	198.50	198.86
260	199.23	199.59	199.96	200.33	200.63	201.06	201.42	201.79	202.16	202.52
270	202.89	203.25	203.62	203.98	204.35	204.71	205.08	205.44	205.80	206.17
280	206.53	206.90	207.26	207.63	207.99	208.35	208.72	209.08	209.44	209.81
290	210.17	210.53	210.89	211.26	211.62	211.98	212.34	212.71	213.07	213.43
300	213.79	214.15	214.51	214.88	215.24	215.60	215.96	216.32	216.68	217.04
310	217.40	217.76	218.12	218.49	218.85	219.21	219.57	219.93	220.29	220.64
320	221.00	221.36	221.72	222.08	222.44	222.80	223.16	223.52	223.88	224.23
330	224.59	224.95	225.31	225.67	226.02	226.38	226.74	227.10	227.45	227.81
340	228.17	228.53	228.88	229.24	229.60	229.95	230.31	230.67	231.02	231.38
350	231.73	232.09	232.45	232.80	232.16	233.51	233.87	234.22	234.58	234.93
360	235.29	235.64	236.00	236.35	236.71	237.06	237.41	237.77	238.12	238.48
370	238.83	239.18	239.54	239.89	240.24	240.60	240.95	241.30	241.65	242.01
380	242.36	242.71	243.06	243.42	243.77	244.12	244.47	244.82	245.17	245.53
390	245.88	246.23	246.58	246.93	247.28	247.63	247.98	248.33	248.68	249.03
400	249.38	249.73	250.08	250.43	250.78	251.13	251.48	251.83	252.18	252.53
410	252.88	253.23	253.56	253.92	254.27	254.62	254.97	255.32	255.67	256.01
420	256.36	256.71	257.06	257.40	257.75	258.10	258.45	258.79	259.14	259.49
430	259.83	260.18	260.53	260.87	261.22	261.57	261.91	262.26	262.60	262.95
440	263.29	263.64	263.98	264.33	264.67	265.02	265.36	265.71	266.05	266.40
450	266.74	267.09	267.43	267.77	268.12	268.46	268.80	269.15	269.49	269.83
460	270.18	270.52	270.86	271.21	271.55	271.89	272.23	272.58	272.92	273.26
470	273.60	273.94	274.29	274.63	274.97	275.31	275.65	275.99	276.33	276.67
480	277.01	277.36	277.70	278.04	278.38	278.72	279.06	279.40	279.74	280.08
490	280.41	280.75	281.08	281.42	281.76	282.10	282.44	282.78	283.12	283.46
500	283.80	284.14	284.48	284.82	285.16	285.50	285.83	286.17	286.51	286.85
510	287.18	287.52	287.86	288.20	288.53	288.87	289.20	289.54	289.88	290.21
520	290.55	290.89	291.22	291.56	291.89	292.23	292.56	292.90	293.23	293.57
530	293.91	294.24	294.57	294.91	295.24	295.58	295.91	296.25	296.58	296.91
540	297.25	297.58	297.92	298.25	298.58	298.91	299.25	299.58	299.91	300.25
550	300.58	300.91	301.24	301.58	301.91	302.24	302.57	302.90	303.23	303.57
560	303.90	304.23	304.56	304.89	305.22	305.55	305.88	306.22	306.55	306.88
570	307.21	307.54	307.87	308.20	308.53	308.86	309.18	309.51	309.84	310.17
580	310.50	310.83	311.16	311.49	311.82	312.15	312.47	312.80	313.13	313.46
590	313.79	314.11	314.44	314.77	315.10	315.42	315.75	316.08	316.41	316.73
600	317.06	317.39	317.71	318.04	318.37	318.69	319.01	319.34	319.67	319.99
610	320.32	320.65	320.97	321.30	321.62	321.95	322.27	322.60	322.92	323.25
620	323.57	323.89	324.22	324.57	324.87	325.19	325.51	325.84	326.16	326.48
630	326.80	327.13	327.45	327.78	328.10	328.42	328.74	329.06	329.39	329.71
640	330.03	33.035	330.68	331.00	331.32	331.64	331.96	332.28	332.60	332.93
650	333.25	—	—	—	—	—	—	—	—	—

附表 3-3　WZB 型铂热电阻分度表

$R_0 = 300\Omega$　　规定分度号：BA3

$A = 3.96847 \times 10^{-3} 1/℃$　　$B = -5.847 \times 10^{-7} 1/℃^2$　　$C = -4.22 \times 10^{-12} 1/℃^4$

温度 /℃	0	1	2	3	4	5	6	7	8	9
	电阻值/Ω									
−100	178.95	—	—	—	—	—	—	—	—	—
−90	191.25	190.02	188.79	187.56	186.33	185.10	183.87	182.64	181.41	180.18
−80	203.52	202.29	201.06	199.83	198.63	197.40	196.17	194.94	193.71	192.48
−70	215.73	214.50	213.30	212.07	210.84	209.64	208.41	207.18	205.95	204.75
−60	227.88	226.69	225.45	224.25	223.02	221.82	220.59	219.39	218.16	216.96
−50	240.00	238.80	237.60	236.37	235.17	233.97	232.74	231.54	230.31	229.11
−40	252.09	250.89	249.66	248.46	247.26	246.06	244.86	243.63	242.43	241.23
−30	264.12	262.92	261.72	260.52	259.32	258.12	256.89	255.69	254.49	253.29
−20	276.12	274.92	273.72	272.52	271.32	270.12	268.92	267.72	266.52	265.32
−10	288.09	286.89	285.69	284.49	283.29	282.09	280.89	279.72	278.52	277.32
−0	300.00	298.80	297.63	296.43	295.23	294.03	292.86	291.66	290.46	289.26
0	300.00	301.20	302.37	303.57	304.77	305.94	307.14	308.34	309.51	310.71
10	311.89	313.07	314.26	315.45	316.63	317.82	319.00	320.19	321.37	322.56
20	323.74	324.92	326.11	327.29	328.47	329.65	330.84	332.02	333.20	334.56
30	335.56	336.74	337.92	339.10	340.28	341.45	342.63	343.81	345.00	346.16
40	347.34	348.52	349.71	350.87	352.04	353.22	354.39	355.57	356.74	357.92
50	359.09	360.26	361.43	362.61	363.78	364.95	366.12	367.29	368.46	369.63
60	370.80	371.97	373.14	374.31	375.48	376.64	377.81	378.98	380.15	381.31
70	382.48	383.64	384.81	385.97	387.14	388.32	389.47	390.63	391.80	392.96
80	394.12	395.28	396.44	397.61	398.77	399.93	401.09	402.25	403.41	404.57
90	405.73	406.89	408.05	409.20	410.36	411.52	412.68	413.83	414.99	416.16
100	417.30	418.46	419.61	420.76	421.92	423.07	424.23	425.38	426.53	427.69
110	428.84	429.99	431.14	432.29	433.44	434.59	435.74	436.89	438.04	439.19
120	440.34	441.49	442.64	443.78	444.93	446.08	447.22	448.37	449.52	450.66
130	451.81	452.95	454.10	455.24	456.38	457.53	458.67	459.81	460.95	462.10
140	463.24	464.38	465.52	466.65	467.80	468.94	470.08	471.22	472.36	473.50
150	474.63	475.77	476.91	478.05	479.18	480.32	481.47	482.59	483.73	484.86
160	486.00	487.13	488.27	489.40	490.53	491.66	492.80	493.93	495.06	496.19
170	497.34	498.45	499.58	500.73	501.84	502.97	504.10	505.23	506.36	507.49
180	508.61	509.74	510.87	512.00	513.12	514.25	515.37	516.50	517.62	518.75
190	519.87	521.01	522.11	523.24	524.36	525.48	526.61	527.73	528.85	529.97
200	531.09	532.21	533.33	534.45	535.57	536.69	537.81	538.93	540.06	541.16
210	542.28	543.40	544.53	545.63	546.74	547.86	548.97	550.09	551.20	552.32
220	553.43	554.54	555.66	556.77	557.88	558.99	560.10	561.21	562.32	563.44
230	564.55	565.66	566.77	567.87	568.98	570.09	571.20	572.31	573.41	574.52
240	575.63	576.73	577.84	578.94	580.05	581.15	582.26	583.36	584.47	585.57
250	586.67	587.76	588.88	589.98	591.08	592.18	593.28	594.38	595.50	596.58
260	597.68	598.78	599.88	600.99	602.05	603.17	604.27	605.37	606.47	607.56
270	608.66	609.75	610.85	611.94	613.04	614.13	615.23	616.32	617.40	618.51
280	619.60	620.69	621.78	622.89	623.96	625.06	626.15	627.24	628.33	629.42
290	630.50	631.59	632.68	633.77	634.86	635.94	637.03	638.12	639.20	640.29
300	641.38	—	—	—	—	—	—	—	—	—

附表 3-4　WZG 型铜热电阻分度表

$R_0 = 53\Omega$　　规定分度号：G

$\alpha = 4.25 \times 10^{-3}$　　$1/℃$

温度 /℃	0	1	2	3	4	5	6	7	8	9
	电阻值/Ω									
−50	41.74	—	—	—	—	—	—	—	—	—
−40	43.99	43.76	43.54	43.31	43.09	42.86	42.64	42.41	42.19	41.96
−30	46.24	46.02	45.79	45.57	45.34	45.12	44.89	44.67	44.44	44.22
−20	48.50	48.27	48.04	47.82	47.59	47.37	47.14	46.92	46.69	46.47
−10	50.75	50.52	50.30	50.07	49.85	49.62	49.41	49.17	48.95	48.72
−0	53.00	52.77	52.55	52.32	52.10	51.87	51.65	51.42	51.20	50.97
0	53.00	53.23	53.45	53.68	53.90	54.13	54.35	54.58	54.80	55.03
10	55.25	55.48	55.70	55.93	56.15	56.38	56.60	56.83	57.05	57.28
20	57.50	57.73	57.96	58.18	58.41	58.63	58.86	59.08	59.31	59.53
30	59.75	59.98	60.21	60.43	60.66	60.88	61.11	61.33	61.56	61.78
40	62.01	62.24	62.46	62.69	62.91	63.14	63.36	63.59	63.81	64.04
50	64.26	64.49	64.71	64.94	65.16	65.39	65.61	65.84	66.06	66.29
60	66.52	66.74	66.97	67.19	67.42	67.64	67.87	68.09	68.32	68.54
70	68.77	68.99	69.22	69.44	69.67	69.89	70.12	70.34	70.57	70.79
80	71.02	71.25	71.47	71.70	71.92	72.15	72.37	72.60	72.82	73.05
90	73.27	73.50	73.72	73.95	74.17	74.40	74.62	74.85	75.07	75.30
100	75.52	75.75	75.98	76.20	76.43	76.65	76.88	77.10	77.33	77.55

（续）

温度/℃	0	1	2	3	4	5	6	7	8	9
	电阻值/Ω									
110	77.78	78.00	78.23	78.45	78.68	78.90	79.13	79.35	79.58	79.80
120	80.03	80.26	80.48	80.71	80.93	81.16	81.38	81.38	81.83	82.06
130	82.28	82.51	82.73	82.96	83.18	83.41	83.63	83.63	84.08	84.31
140	84.54	84.76	84.99	85.21	85.44	85.66	85.89	85.89	86.34	86.56
150	86.79	—	—	—	—	—	—	—	—	—

附表 3-5 Cu100 铜热电阻分度表

$R_0 = 100\Omega$ 规定分度号：G

$\alpha = 4.25 \times 10^{-3}$ 1/℃

温度/℃	0	1	2	3	4	5	6	7	8	9
	电阻值/Ω									
−50	78.49	—	—	—	—	—	—	—	—	—
−40	82.80	82.36	81.94	81.50	81.08	80.64	80.20	79.78	79.34	78.92
−30	87.10	86.68	86.24	85.82	85.38	84.96	84.54	84.10	83.66	83.22
−20	91.40	90.98	90.54	90.12	89.68	89.26	88.82	88.40	87.96	87.54
−10	95.70	95.28	94.84	94.42	93.98	93.56	93.12	92.70	92.26	92.84
−0	100.00	99.56	99.14	98.70	98.28	97.84	97.42	97.00	96.56	96.14
0	100.00	100.42	100.86	101.28	101.72	102.14	102.56	103.00	103.42	103.86
10	104.28	104.72	105.14	105.56	106.00	106.42	106.86	107.28	107.72	108.14
20	108.58	109.00	109.42	109.84	110.28	110.70	111.14	111.56	112.00	112.42
30	112.84	113.28	113.70	114.14	114.56	114.98	115.42	115.84	116.28	116.70
40	117.12	117.56	117.98	118.40	118.84	119.26	119.70	120.12	120.54	120.96
50	121.40	121.84	122.26	122.68	123.12	123.54	123.96	124.40	124.82	125.26
60	125.68	126.10	126.54	126.90	127.40	127.82	128.24	128.68	129.10	129.52
70	129.96	130.38	130.82	131.26	131.66	132.10	132.52	132.06	133.38	133.80
80	134.24	134.66	135.08	135.52	135.94	136.38	136.80	137.24	137.66	138.08
90	138.52	138.94	139.36	139.80	140.22	140.66	141.08	141.52	141.94	142.36
100	142.80	143.22	143.66	144.08	144.50	144.91	145.36	145.80	146.22	146.66
110	147.08	147.50	147.94	148.36	148.80	149.22	149.66	150.08	150.52	150.94
120	151.36	151.80	152.22	152.66	153.08	153.52	153.94	154.38	154.80	155.24
130	155.66	156.10	156.52	156.96	157.38	157.82	158.24	158.68	159.10	159.54
140	159.96	160.40	160.82	161.26	161.68	162.12	162.54	162.98	163.40	163.84
150	164.27	—	—	—	—	—	—	—	—	—

附录4 常见有害物样品分析方法

序号	有害物	样品分析方法	来源
1	二氧化硫 SO_2	甲醛溶液吸收——盐酸副玫瑰苯胺分光光度法	GB/T 16128—1995 HJ 482—2009
2	二氧化氮 NO_2	改进的 Saltzaman 法	GB 12372—1990 GB/T 15435—1995
3	一氧化碳 CO	1. 非分散红外法 2. 不分光红外线气体分析法 气相色谱法 汞置换法	GB 9801—1988 GB/T 18204.23—2014
4	二氧化碳 CO_2	1. 不分光红外线气体分析法 2. 气相色谱法 3. 容量滴定法	GB/T 18204.2—2014
5	氨 NH_3	1. 靛酚蓝分光光度法 纳氏试剂分光光度法 2. 离子选择电极法 3. 次氯酸钠—水杨酸分光光度法	GB/T 18204.2—2014 GB/T 14669—1993 HJ 534—2009
6	甲醛 HCHO	1. AHMT 分光光度法 2. 酚试剂分光光度法 气相色谱法 3. 乙酰丙酮分光光度法	GB/T 16129—1995 GB/T 18204.2—2014 GB/T 15516—1995
7	总挥发性有机化合物 TVOC	气相色谱法	GB/T 18883—2002
8	可吸入颗粒 PM_{10}	撞击式——称重法	GB/T 17095—1997
9	菌落总数	撞击法	GB/T 18883—2002
10	氡 ^{222}Rn	1. 空气中氡浓度的闪烁瓶测量方法 2. 径迹蚀刻法 3. 双滤膜法 4. 活性炭盒法	GB/T 16147—1995 GB/T 14582—1993

附录5　建筑和装饰装修材料中有害物质的检验方法

材料名称	有害物	检验方法	依据和来源
人造板及其制品	甲醛	穿孔萃取法(含量)	GB/T 17657—2013 GB 18580—2017
		干燥器法(释放量)	GB/T 17657—2013 GB 18580—2017
		环境试验舱法(释放量)	GB 18580—2017 卫生部《木质板材中甲醛卫生规范》
内墙涂料	挥发性有机化合物	重量法(扣除水分)	GB 18582—2008 GB/T 6750—2007 GB/T 1725—2007 卫生部《室内用涂料卫生规范》
	甲醛	乙酰丙酮比色法 亚硫酸钠滴定法	GB 18582—2008 卫生部《室内用涂料卫生规范》
壁纸	氯乙烯单体	气相色谱法	GB/T 4615—2013
	甲醛	密封器/乙酰丙酮比色法	GB 18585—2001
土壤	氡	电离室法 静电扩散法 闪烁瓶法	GB 50325—2010
混凝土外加剂	氨	蒸馏后滴定法	GB 18588—2001

附录6　民用建筑室内允许噪声级

[单位：dB（A）]

建筑类别	房间名称	时间	高要求标准	一般标准	低限标准
住宅	一般要求的卧室	昼间 夜间		≤45 ≤37	
	一般要求的起居室(厅)	昼间 夜间		≤45	
	高要求的卧室	昼间 夜间		≤40 ≤30	
	高要求的起居室(厅)	昼间 夜间		≤40	
学校	语言教室、阅览室			≤40	
	普通教室、实验室、计算机房			≤45	
	音乐教室、琴房			≤45	
	舞蹈教室			≤50	
	教师办公室、休息室、会议室			≤45	
	健身房			≤50	
	教学楼中封闭的走廊、楼梯间			≤50	
医院	病房、医护人员休息室	昼间 夜间	≤40 ≤35①		≤45 ≤40
	各类重症监护室	昼间 夜间	≤40 ≤35		≤45 ≤40
	诊室	昼间 夜间	≤40		≤45

（续）

建筑类别	房间名称	时间	高要求标准	一般标准	低限标准
医院	手术室、分娩室	昼间 夜间	≤40		≤45
	洁净手术室	昼间 夜间	—		≤50
	人工生殖中心净化区	昼间 夜间	—		≤40
	听力测听室	昼间 夜间	—		≤25[②]
	化验室、分析实验室	昼间 夜间	—		≤40
	入口大厅、候诊室	昼间 夜间	≤50		≤55
旅馆	客房	昼间 夜间	≤35 ≤30	≤40 ≤35	≤45 ≤40
	办公室、会议室	昼间 夜间	≤40	≤45	≤45
	多用途厅	昼间 夜间	≤40	≤45	≤50
	餐厅、宴会厅	昼间 夜间	≤45	≤50	≤55
办公建筑	单人办公室		≤35		≤40
	多人办公室		≤40		≤45
	电视电话会议室		≤35		≤40
	普通会议室		≤40		≤45
商业建筑	商场、商店、购物中心、会展中心		≤50		≤55
	餐厅		≤45		≤55
	员工休息室		≤40		≤45
	走廊		≤50		≤60

① 对特殊要求的病房，室内允许噪声级应小于或等于30dB。

② 表中听力测听室允许噪声级的数值，适用于采用纯音气导和骨导听阈测听法的听力测听室。采用声场测听法的听力测听室的允许噪声级另有规定。

附录7　各类建筑的室内允许噪声级

[单位：dB（A）]

房间名称	允许噪声声级		
	一类办公建筑	二类办公建筑	三类办公建筑
办公室	≤45	≤50	≤55
设计制图室	≤45	≤50	≤50
会议室	≤40	≤45	≤50
多功能厅	≤45	≤50	≤50

附录8　城市区域环境噪声标准

[单位：dB（A）]

声环境功能区类别		适用区域	昼间	夜间
0类		康复疗养区等特别需要安静的区域	50	40
1类		居住、文教机关为主的区域	55	45
2类		居住、商业、工业混杂区	60	50
3类		工业区	65	55
4类	4a类	交通干线两侧区域	70	55
	4b类		70	60

附录 9　民用建筑隔墙和楼板空气声隔声标准

[单位：dB（A）]

建筑类别	隔墙和楼板的部位	空气声隔声单值评价量+频谱修正值			
		计算依据	高要求标准	一般标准	低限标准
住宅	卧室、起居室与邻户房间之间	计权标准化声压级差+粉红噪声频谱修正量		≥45	
	住宅和非居住用途空间分隔楼板上下的房间之间	计权标准化声压级差+交通噪声频谱修正量		≥51	
	高要求卧室、起居室与邻户房间之间	计权标准化声压级差+粉红噪声频谱修正量		≥50	
	高要求相邻两户的卫生间之间	计权标准化声压级差+粉红噪声频谱修正量		≥45	
学校	语言教室、阅览室的	计权隔声量+粉红噪声频谱修正量		>50	
	普通教室与各种产生噪声的房间之间	计权隔声量+粉红噪声频谱修正量		>50	
	普通教室之间	计权隔声量+粉红噪声频谱修正量		>45	
	音乐教室、琴房之间	计权隔声量+粉红噪声频谱修正量		>45	
医院	病房与产生噪声的房间之间	计权隔声量+交通噪声频谱修正量	>55		>50
	手术室与产生噪声的房间之间	计权隔声量+交通噪声频谱修正量	>50		>45
	病房之间及手术室、病房与普通房间之间	计权隔声量+粉红噪声频谱修正量	>50		>45
	诊室之间	计权隔声量+粉红噪声频谱修正量	>45		>40
	听力测听室的	计权隔声量+粉红噪声频谱修正量	—		>50
	体外震波碎石室、核磁共振室的	计权隔声量+交通噪声频谱修正量	—		>50
旅馆	客房之间	计权隔声量+粉红噪声频谱修正量	>50	>45	>40
	客房与走廊之间	计权隔声量+粉红噪声频谱修正量	>45	>45	>40
	客房外墙	计权隔声量+交通噪声频谱修正量	>40	>35	>30
办公建筑	办公室、会议室与产生噪声的房间之间	计权隔声量+交通噪声频谱修正量	>50		>45
	办公室、会议室与普通房间之间	计权隔声量+粉红噪声频谱修正量	>50		>45
商业建筑	健身中心、娱乐场所等与噪声敏感房间之间		>60		>55
	购物中心、餐厅、会展中心等与噪声敏感房间之间	计权隔声量+交通噪声频谱修正量	>50		>45

附录 10　民用建筑楼板撞击声隔声标准

[单位：dB（A）]

建筑类别	楼板部位	撞击声隔声单值评价量			
		计算依据	高要求标准	一般标准	低限标准
住宅	卧室、起居室	计权规范化撞击声压级（实验室测量）		<75	
		计权标准化撞击声压级（现场测量）		≤75	
	高要求卧室、起居室	计权规范化撞击声压级（实验室测量）		<65	
		计权标准化撞击声压级（现场测量）		≤65	

（续）

建筑类别	楼板部位	撞击声隔声单值评价量			
		计算依据	高要求标准	一般标准	低限标准
学校	语音教室、阅览室与上层房间之间	计权规范化撞击声压级（实验室测量） 计权标准化撞击声压级（现场测量）		<65 ≤65	
	普通教室、实验室、计算机房与上层产生噪声的房间之间	计权规范化撞击声压级（实验室测量） 计权标准化撞击声压级（现场测量）		<65 ≤65	
	琴房、音乐教室之间	计权规范化撞击声压级（实验室测量） 计权标准化撞击声压级（现场测量）		<65 ≤65	
	普通教室之间	计权规范化撞击声压级（实验室测量） 计权标准化撞击声压级（现场测量）		<75 ≤75	
医院	病房、手术室与上层房间之间	计权规范化撞击声压级（实验室测量） 计权标准化撞击声压级（现场测量）	<65 ≤65		<75 ≤75
	听力测听室与上层房间之间	计权标准化撞击声压级（现场测量）	—		≤60
旅馆	客房与上层房间之间	计权规范化撞击声压级（实验室测量） 计权标准化撞击声压级（现场测量）	<55 ≤55	<65 ≤65	<75 ≤75
办公建筑	办公室、会议室顶部的	计权规范化撞击声压级（实验室测量） 计权标准化撞击声压级（现场测量）	<65 ≤65		<75 ≤75
商业建筑	健身中心、娱乐场所等与噪声敏感房间之间	计权规范化撞击声压级（实验室测量） 计权标准化撞击声压级（现场测量）	<45 ≤45		<50 ≤50

附录11　部分地区、省市节能标准

1. 夏热冬暖地区材料、构件性能参数指标

附表 11-1　屋顶和外墙的平均传热系数 K [W/(m²·K)]、热惰性指标 D

屋　顶	外　墙
$0.4 < K \leqslant 0.9, D \geqslant 2.5$	$2.0 < K \leqslant 2.5, D \geqslant 3.0$ 或 $1.5 < K \leqslant 2.0, D \geqslant 2.8$ 或 $0.7 < K \leqslant 1.5, D \geqslant 2.5$
$K \leqslant 0.4$	$K \leqslant 0.7$

注：1. $D < 2.5$ 的轻质屋顶和东、西墙，还应满足现行国家标准《民用建筑热工设计规范》（GB 50176—2016）所规定的隔热要求。

　　2. 外墙传热系数 K 和热惰性指标 D 要求中，$2.0 < K \leqslant 2.5$，$D \geqslant 3.0$ 这一档仅适用于南区。

附表 11-2　北区居住建筑物外窗平均传热系数和平均综合遮阳系数限值

全楼外墙平均指标	外窗平均传热系数 K/[W/(m²·K)]	外窗加权平均综合遮阳系数 S_w			
		平均窗地面积比 $C_{MF} \leqslant 0.25$ 或窗墙面积比 $C_{MW} \leqslant 0.25$	平均窗地面积比 $0.25 < C_{MF} \leqslant 0.3$ 或窗墙面积比 $0.25 < C_{MW} \leqslant 0.30$	平均窗地面积比 $0.3 < C_{MF} \leqslant 0.35$ 或窗墙面积比 $0.30 < C_{MW} \leqslant 0.35$	平均窗地面积比 $0.35 < C_{MF} \leqslant 0.40$ 或窗墙面积比 $0.35 < C_{MW} \leqslant 0.40$
$K \leqslant 2.0$ $D \geqslant 2.8$	4.0	≤0.3	≤0.2	—	—
	3.5	≤0.5	≤0.3	≤0.2	—
	3.0	≤0.7	≤0.5	≤0.4	≤0.3
	2.5	≤0.8	≤0.6	≤0.6	≤0.4
$K \leqslant 1.5$ $D \geqslant 2.5$	6.0	≤0.6	≤0.3	—	—
	5.5	≤0.8	≤0.4	—	—
	5.0	≤0.9	≤0.6	≤0.3	—
	4.5	≤0.9	≤0.7	≤0.5	≤0.2
	4.0	≤0.9	≤0.8	≤0.6	≤0.4
	3.5	≤0.9	≤0.9	≤0.7	≤0.5
	3.0	≤0.9	≤0.9	≤0.8	≤0.6
	2.5	≤0.9	≤0.9	≤0.9	≤0.7

（续）

全楼外墙平均指标	外窗平均传热系数 $K/[\mathrm{W}/(\mathrm{m}^2\cdot\mathrm{K})]$	外窗加权平均综合遮阳系数 S_W			
		平均窗地面积比 $C_\mathrm{MF}\leqslant0.25$ 或窗墙面积比 $C_\mathrm{MW}\leqslant0.25$	平均窗地面积比 $0.25<C_\mathrm{MF}\leqslant0.3$ 或窗墙面积比 $0.25<C_\mathrm{MW}\leqslant0.30$	平均窗地面积比 $0.3<C_\mathrm{MF}\leqslant0.35$ 或窗墙面积比 $0.30<C_\mathrm{MW}\leqslant0.35$	平均窗地面积比 $0.35<C_\mathrm{MF}\leqslant0.40$ 或窗墙面积比 $0.35<C_\mathrm{MW}\leqslant0.40$
$K\leqslant1.0$ $D\geqslant2.5$ 或 $K\leqslant0.7$	6.0	≤0.9	≤0.9	≤0.6	≤0.2
	5.5	≤0.9	≤0.9	≤0.7	≤0.4
	5.0	≤0.9	≤0.9	≤0.8	≤0.6
	4.5	≤0.9	≤0.9	≤0.8	≤0.7
	4.0	≤0.9	≤0.9	≤0.9	≤0.7
	3.5	≤0.9	≤0.9	≤0.9	≤0.8

附表 11-3　南区居住建筑物外窗平均综合遮阳系数限值

外墙平均指标 $(\rho\leqslant0.8)$	外窗的综合遮阳系数 S_W				
	平均窗地面积比 $C_\mathrm{MF}\leqslant0.25$ 或窗墙面积比 $C_\mathrm{MW}\leqslant0.25$	平均窗地面积比 $0.25<C_\mathrm{MF}\leqslant0.3$ 或窗墙面积比 $0.25<C_\mathrm{MW}\leqslant0.30$	平均窗地面积比 $0.3<C_\mathrm{MF}\leqslant0.35$ 或窗墙面积比 $0.30<C_\mathrm{MW}\leqslant0.35$	平均窗地面积比 $0.35<C_\mathrm{MF}\leqslant0.40$ 或窗墙面积比 $0.35<C_\mathrm{MW}\leqslant0.40$	平均窗地面积比 $0.40<C_\mathrm{MF}\leqslant0.45$ 或窗墙面积比 $0.40<C_\mathrm{MW}\leqslant0.45$
$K\leqslant2.5,D\geqslant3.0$	≤0.5	≤0.4	≤0.3	≤0.2	—
$K\leqslant2.0,D\geqslant2.8$	≤0.6	≤0.5	≤0.4	≤0.3	≤0.2
$K\leqslant1.5,D\geqslant2.5$	≤0.8	≤0.7	≤0.5	≤0.5	≤0.4
$K\leqslant1.0,D\geqslant2.5$ 或 $K\leqslant0.7$	≤0.9	≤0.8	≤0.7	≤0.6	≤0.5

注：1. 外窗包括阳台门。
　　2. ρ 为外墙外表面的太阳辐射吸收系数。

附表 11-4　典型形式的建筑外遮阳系数 SD

遮阳形式	SD
可完全遮挡直射阳光的固定百叶、固定挡板、遮阳板	0.5
可基本遮挡直射阳光的固定百叶、固定挡板、遮阳板	0.7
较密的花格	0.7
可完全覆盖窗的不透明活动百叶、金属卷窗	0.5
可完全覆盖窗的织物卷帘	0.7

注：位于窗口上方的上一楼层的阳台也作为遮阳板考虑。

2. 严寒、寒冷地区材料、构件性能参数指标

附表 11-5　严寒地区（A）围护结构热工性能参数限值

围护结构部位		传热系数 $K/[\mathrm{W}/(\mathrm{m}^2\cdot\mathrm{K})]$		
		≤3 层建筑	(4~8) 层的建筑	≥9 层的建筑
屋面		0.2	0.25	0.25
外墙		0.25	0.40	0.50
架空或外挑楼板		0.30	0.40	0.40
非供暖地下室顶板		0.35	0.45	0.45
分隔供暖与非供暖空间的隔墙		1.2	1.2	1.2
分隔供暖与非供暖空间的户门		1.5	1.5	1.5
阳台门下部门芯板		1.2	1.2	1.2
外窗	窗墙面积比≤0.2	2.0	2.5	2.5
	0.2<窗墙面积比≤0.3	1.8	2.0	2.2
	0.3<窗墙面积比≤0.4	1.6	1.8	2.0
	0.4<窗墙面积比≤0.45	1.5	1.6	1.8
围护结构部位		保温材料层热阻 $R/(\mathrm{m}^2\cdot\mathrm{K}/\mathrm{W})$		
周边地面		1.70	1.40	1.10
地下室外墙（与土壤接触的外墙）		1.80	1.50	1.20

附表 11-6 严寒地区 (B) 围护结构热工性能限值

围护结构部位		传热系数 $K/[\text{W}/(\text{m}^2 \cdot \text{K})]$		
		≤3层建筑	(4~8)层的建筑	≥9层的建筑
屋面		0.25	0.30	0.30
外墙		0.30	0.45	0.55
架空或外挑楼板		0.30	0.45	0.45
非供暖地下室顶板		0.35	0.50	0.50
分隔供暖与非供暖空间的隔墙		1.2	1.2	1.2
分隔供暖与非供暖空间的户门		1.5	1.5	1.5
阳台门下部门芯板		1.2	1.2	1.2
外窗	窗墙面积比≤0.2	2.0	2.5	2.5
	0.2<窗墙面积比≤0.3	1.8	2.2	2.2
	0.3<窗墙面积比≤0.4	1.6	1.9	2.0
	0.4<窗墙面积比≤0.45	1.5	1.7	1.8
围护结构部位		保温材料层热阻 $R/(\text{m}^2 \cdot \text{K}/\text{W})$		
周边地面		1.40	1.10	0.83
地下室外墙(与土壤接触的外墙)		1.50	1.20	0.91

附表 11-7 严寒地区 (C) 围护结构热工性能限值

围护结构部位		传热系数 $K/[\text{W}/(\text{m}^2 \cdot \text{K})]$		
		≤3层建筑	(4~8)层的建筑	≥9层的建筑
屋面		0.30	0.40	0.40
外墙		0.35	0.50	0.60
架空或外挑楼板		0.35	0.50	0.50
非供暖地下室顶板		0.50	0.60	0.60
分隔供暖与非供暖空间的隔墙		1.5	3.5	1.5
分隔供暖与非供暖空间的户门		1.5	1.5	1.5
阳台门下部门芯板		1.2	1.2	1.2
外窗	窗墙面积比≤0.2	2.0	2.5	2.5
	0.2<窗墙面积比≤0.3	1.8	2.2	2.2
	0.3<窗墙面积比≤0.4	1.6	2.0	2.0
	0.4<窗墙面积比≤0.45	1.5	1.8	1.8
围护结构部位		保温材料层热阻 $R/(\text{m}^2 \cdot \text{K}/\text{W})$		
周边地面		1.10	0.83	0.56
地下室外墙(与土壤接触的外墙)		1.20	0.91	0.61

附表 11-8 寒冷地区 (A) 围护结构热工性能限值

围护结构部位		传热系数 $K/[\text{W}/(\text{m}^2 \cdot \text{K})]$		
		≤3层建筑	(4~8)层的建筑	≥9层的建筑
屋面		0.35	0.45	0.45
外墙		0.45	0.60	0.70
架空或外挑楼板		0.45	0.60	0.60
非供暖地下室顶板		0.50	0.65	0.65
分隔供暖与非供暖空间的隔墙		1.5	1.5	1.5
分隔供暖与非供暖空间的户门		2.0	2.0	2.0
阳台门下部门芯板		1.7	1.7	1.7
外窗	窗墙面积比≤20%	2.8	3.1	3.1
	20%<窗墙面积比≤30%	2.5	2.8	2.8
	30%<窗墙面积比≤40%	2.0	2.5	2.5
	40%<窗墙面积比≤50%	1.8	2.0	2.3
围护结构部位		保温材料层热阻 $R/(\text{m}^2 \cdot \text{K}/\text{W})$		
周边地面		0.83	0.56	—
地下室外墙(与土壤接触的外墙)		0.91	0.61	—

附表 11-9　寒冷地区（B）围护结构热工性能限值

围护结构部位		传热系数 $K/[\mathrm{W}/(\mathrm{m}^2 \cdot \mathrm{K})]$		
		≤3 层建筑	(4~8) 层的建筑	≥9 层的建筑
屋面		0.35	0.45	0.45
外墙		0.45	0.60	0.70
架空或外挑楼板		0.45	0.60	0.60
非供暖地下室顶板		0.50	0.65	0.65
分隔供暖与非供暖空间的隔墙		1.5	1.5	1.5
分隔供暖与非供暖空间的户门		2.0	2.0	2.0
阳台门下部门芯板		1.7	1.7	1.7
外窗	窗墙面积比≤0.2	2.8	3.1	3.1
	0.2<窗墙面积比≤0.3	2.5	2.8	2.8
	0.3<窗墙面积比≤0.4	2.0	2.5	2.5
	0.4<窗墙面积比≤0.5	1.8	2.0	2.3
围护结构部位		保温材料层热阻 $R/(\mathrm{m}^2 \cdot \mathrm{K}/\mathrm{W})$		
周边地面		0.83	0.56	—
地下室外墙（与土壤接触的外墙）		0.91	0.61	—

注：周边地面和地下室外墙的保温材料层不包括土壤和混凝土地面。

附表 11-10　寒冷地区（B）区外窗综合遮阳系数限值

围护结构部位		遮阳系数 S_c（东、西向/南、北向）		
		≤3 层建筑	(4~8) 层的建筑	≥9 层的建筑
外窗	窗墙面积比≤0.2	—/—	—/—	—/—
	0.2<窗墙面积比≤0.3	—/—	—/—	—/—
	0.3<窗墙面积比≤0.4	0.45/—	0.45/—	0.45/—
	0.4<窗墙面积比≤0.5	0.35/—	0.35/—	0.35/—

3. 湖南省（夏热冬冷地区）材料、构件性能参数指标

附表 11-11　甲类建筑围护结构传热系数和遮阳系数限值

围护结构部位		传热系数 $K/[\mathrm{W}/(\mathrm{m}^2 \cdot \mathrm{K})]$	
屋面		≤0.50	
外墙（包括非透明幕墙）		≤0.70	
底面接触室外空气的架空或外挑楼板		≤1.0	
供暖空调地下室或房间地面、供暖空调地下室外墙（与土壤接触的墙）		≤0.8	
分隔供暖空调与非供暖空调房间的楼板、隔墙		≤1.0	
建筑不透明外门		≤2.5	
外窗（包括透明幕墙和透明外门）		传热系数 $K/$ $[\mathrm{W}/(\mathrm{m}^2 \cdot \mathrm{K})]$	遮阳系数 S_c （东、西向/南、北向）
单一朝向外窗 （包括透明幕墙和透明外门）	窗墙面积比≤0.2	≤3.5	—
	0.2<窗墙面积比≤0.3	≤3.0	夏季≤0.50/—
	0.3<窗墙面积比≤0.4	≤2.8	夏季≤0.45/0.55
	0.4<窗墙面积比≤0.5	≤2.5	夏季≤0.40/0.50
	0.5<窗墙面积比≤0.7	≤2.3	夏季≤0.35/0.45 冬季≥0.80
屋顶透明部分	≤屋顶总面积的20%	≤2.5	夏季≤0.35

附表 11-12　乙类建筑围护结构传热系数、热惰性指标和遮阳系数限值

围护结构部位	热惰性指标 D；传热系数 $K/[\mathrm{W}/(\mathrm{m}^2 \cdot \mathrm{K})]$
屋面	$K \leq 0.70(D \geq 3.0)$；$K \leq 0.5(D < 3.0)$
外墙（包括非透明幕墙）	$K \leq 1.0(D \geq 3.0)$；$K \leq 0.7(D < 3.0)$
底面接触室外空气的架空或外挑楼板	$K \leq 1.0$
供暖空调地下室或房间地面、供暖空调地下室外墙（与土壤接触的墙）	$K \leq 0.8$

（续）

围护结构部位	热惰性指标 D；传热系数 $K/[W/(m^2 \cdot K)]$	
分隔供暖空调与非供暖空调房间的楼板、隔墙	$K \leqslant 1.5$	
建筑不透明外门	$K \leqslant 30$	
外窗（包括透明幕墙和透明外门）	传热系数 $K/$ $[W/(m^2 \cdot K)]$	遮阳系数 S_e （东、西向/南、北向）
单一朝向外窗 （包括透明幕墙和透明外门）	窗墙面积比 $\leqslant 0.2$ ＜4.0	—
	$0.2<$窗墙面积比$\leqslant 0.3$ ＜3.5	夏季$\leqslant 0.55/$—
	$0.3<$窗墙面积比$\leqslant 0.4$ ＜3.0	夏季$\leqslant 0.50/0.60$
	$0.4<$窗墙面积比$\leqslant 0.5$ ＜2.8	夏季$\leqslant 0.45/0.55$
	$0.5<$窗墙面积比$\leqslant 0.7$ ＜2.5	夏季$\leqslant 0.40/0.50$ 冬季$\geqslant 0.80$
屋顶透明部分	$\leqslant$屋顶总面积的 20% ＜3.0	$\leqslant 0.40$

附表 11-13 丙类建筑围护结构传热系数、热惰性指标和遮阳系数限值

围护结构部位	热惰性指标 D；传热系数 $K/[W/(m^2 \cdot K)]$	
屋面	$K \leqslant 1.0(D \geqslant 3.0)$；$K \leqslant 0.7(D<3.0)$	
外墙（包括非透明幕墙）	$K \leqslant 1.5(D \geqslant 3.0)$；$K \leqslant 1.0(D<3.0)$	
底面接触室外空气的架空或外挑楼板	$K \leqslant 1.5$	
建筑不透明外门	$K \leqslant 3.0$	
外窗（包括透明幕墙和透明外门）	传热系数 $K/$ $[W/(m^2 \cdot K)]$	遮阳系数 S_e （东、西向/南、北向）
单一朝向外窗 （包括透明幕墙和 透明外门）	窗墙面积比 $\leqslant 0.2$ ＜4.7	—
	$0.2<$窗墙面积比$\leqslant 0.3$ ＜4.0	夏季$\leqslant 0.55/$—
	$0.3<$窗墙面积比$\leqslant 0.4$ ＜3.5	夏季$\leqslant 0.50/0.60$
	$0.4<$窗墙面积比$\leqslant 0.5$ ＜3.0	夏季$\leqslant 0.45/0.55$
屋顶透明部分	$\leqslant$屋顶总面积的 20% ＜4.0	夏季$\leqslant 0.40$

注：1. 建筑朝向范围的规定："北"为偏东 60°至偏西 60°；"东""西"为东或西偏北 30°至偏南 60°；"南"为偏东 30°至偏西 30°。

2. 表中的窗墙面积比按不同朝向分别计算。

3. 外挑小于 400mm 的凸窗，按窗洞口计算外窗面积；外挑大于 400mm 的凸窗，透明部分按不同朝向外窗计算，非透明部分按外挑楼板计算。

4. 角窗按朝向分别计算窗面积。

5. 表中的遮阳系数系指外窗透明部分的遮阳系数；有外遮阳时，遮阳系数＝玻璃的遮阳系数×外遮阳的遮阳系数；无外遮阳时，遮阳系数＝玻璃的遮阳系数。

6. 太阳能光电（或集热）玻璃（或幕墙），其太阳能板部分可不考虑遮阳系数的限制。

参 考 文 献

[1] 吕崇德. 热工参数测量与处理 [M]. 2版. 北京：清华大学出版社，2001.

[2] 张子慧. 热工测量与自动控制 [M]. 北京：中国建筑工业出版社，1996.

[3] 叶大均. 热力机械测试技术 [M]. 北京：机械工业出版社，1981.

[4] 徐大中，糜振琥. 热工测量与实验数据整理 [M]. 上海：上海交通大学出版社，1991.

[5] 徐大中. 热工与制冷测试技术 [M]. 上海：上海交通大学出版社，1985.

[6] 方修睦. 建筑环境测试技术 [M]. 3版. 北京：中国建筑工业出版社，2016.

[7] 田胜元，萧曰嵘. 实验设计与数据处理 [M]. 北京：中国建筑工业出版社，1988.

[8] 方鸿发，贾继钧. 电器测试技术 [M]. 北京：机械工业出版社，1994.

[9] 严兆大. 热能与动力机械测试技术 [M]. 北京：机械工业出版社，1999.

[10] 林宗虎. 工程测量技术手册 [M]. 北京：化学工业出版社，1997.

[11] 宋文绪，杨帆. 自动检测技术 [M]. 3版. 北京：高等教育出版社，2008.

[12] 叶江祺. 热工测量和控制仪表的安装 [M]. 2版. 北京：中国电力出版社，1998.

[13] 刘耀浩. 建筑环境与设备的自动化 [M]. 天津：天津大学出版社，2000.

[14] 厉玉鸣. 化工仪表及自动化 [M]. 3版. 北京：化学工业出版社，1999.

[15] 梁德沛. 机械参量动态测试技术 [M]. 重庆：重庆大学出版社，1987.

[16] 黄长艺，卢文祥. 机械制造中的测试技术 [M]. 北京：机械工业出版社，1981.

[17] 张国强，喻李葵. 室内装修——谨防人类健康杀手 [M]. 北京：中国建筑工业出版社，2003.

[18] 宋广生. 室内环境质量评价及检测手册 [M]. 北京：机械工业出版社，2002.

[19] 国家质量监督检验检疫总局，卫生部，国家环境保护总局. 室内空气质量标准：GB/T 18883—2002 [S]. 北京：中国标准出版社，2002.

[20] 吴邦灿，费龙. 现代环境监测技术 [M]. 北京：中国环境科学出版社，1999.

[21] 周中平，赵寿堂，朱立，等. 室内污染检测与控制 [M]. 北京：化学工业出版社，2002.

[22] 许钟麟. 空气洁净技术原理 [M]. 上海：同济大学出版社，1998.

[23] 崔九思，朱昌寿，宋瑞金，等. 室内空气污染监测方法 [M]. 北京：化学工业出版社，2002.

[24] 秦佑国，王炳麟. 建筑声环境 [M]. 2版. 北京：清华大学出版社，1999.

[25] 柳孝图. 建筑物理 [M]. 2版. 北京：中国建筑工业出版社，2000.

[26] 吴硕贤. 建筑声学设计原理 [M]. 北京：中国建筑工业出版社，2000.

[27] MCMULLAN. 建筑环境学 [M]. 张振南，李朔，译. 5版. 北京：机械工业出版社，2003.

[28] 陈克安，曾向阳，杨有粮. 声学测量 [M]. 北京：机械工业出版社，2010.

[29] 孙建民. 电气照明技术 [M]. 北京：中国建筑工业出版社，1998.

[30] 詹庆旋. 建筑光环境 [M]. 北京：清华大学出版社，1988.

[31] 郑家祥，路玉新. 电子测量原理 [M]. 北京：国防工业出版社，1980.

[32] 得瓦洛夫斯基. 阳光与建筑 [M]. 金大勤，赵喜伦，余平，等译. 北京：中国建筑工业出版社，1982.

[33] 杨秀. 全球建筑能耗分析及中国建筑节能战略 [R]. 北京：清华大学建筑节能研究中心，2011.

[34] 江亿，杨秀. 我国建筑能耗状况及建筑节能工作中的问题 [J]. 中华建设，2006 (2)：12-28.

[35] 田斌守. 建筑节能检测技术 [M]. 北京：中国建筑工业出版社，2009.

[36] 华虹，陈孚江. 国外建筑节能与节能技术新发展 [J]. 土木工程与管理学报，2006 (S1)：148-152.

[37] 杨秋荣，王同喜，马洪亭. 几种主要建筑节能技术的发展现状和应用前景 [J]. 节能，2006 (7)：52-56.

[38] 李德英. 建筑节能技术 [M]. 2版. 北京：机械工业出版社，2017.

[39] 郭林文. 重庆市公共建筑能耗现状及节能评价分析 [D]. 重庆：重庆大学，2005.

［40］　白润波，孙勇．绿色建筑节能技术与实例［M］．北京：化学工业出版社，2012.

［41］　黄翔．空调工程［M］．3 版．北京：机械工业出版社，2017.

［42］　李峰，姬长发．建筑环境与设备工程实验及测试技术［M］．北京：机械工业出版社，2008.

［43］　陈友明．建筑环境测试技术［M］．北京：机械工业出版社，2009.

［44］　张兴隆，董炳戌，马勇，等．黑球温度对房间热舒适性的影响分析［J］．建筑热能通风空调，2007（5）：79-81.

［45］　李艳红，李海华．传感器原理及其应用［M］．北京：北京理工大学出版社，2010.

［46］　叶湘滨，熊飞丽，张文娜，等．传感器与测试技术［M］．北京：国防工业出版社，2007.

［47］　张华，赵文柱．热工测量仪表［M］．2 版．北京：冶金工业出版社，2013.

［48］　高魁明．热工测量仪表［M］．修订版．北京：冶金工业出版社，1993.

［49］　万金庆，杨晚生．建筑环境测试技术［M］．武汉：华中科技大学出版社，2009.

［50］　刘耀浩．建筑环境与设备测试技术［M］．天津：天津大学出版社，2005.

［51］　李继业．建筑节能工程检测［M］．北京：化学工业出版社，2012.

［52］　郭杨．建筑节能检测与能效测评［M］．北京：中国建筑工业出版社，2013.

［53］　清华大学建筑节能研究中心．中国建筑节能年度发展研究报告［M］．北京：中国建筑工业出版社，2013.

［54］　彭琛，江亿．中国建筑节能路线图［M］．北京：中国建筑工业出版社，2015.

［55］　郑洁．建筑环境测试技术［M］．3 版．重庆：重庆大学出版社，2014.

［56］　金志刚，王启．燃气检测技术手册［M］．北京：中国建筑工业出版社，2011.

［57］　《天然气分析测试技术及其标准化》编写组．天然气分析测试技术及其标准化［M］．北京：石油工业出版社，2000.

［58］　徐文渊，蒋长安．天然气利用手册［M］．2 版．北京：中国石化出版社，2006.

［59］　邓立三．燃气计量［M］．郑州：黄河水利出版社，2011.

［60］　同济大学，重庆大学，哈尔滨工业大学，等．燃气燃烧与应用［M］．4 版．北京：中国建筑工业出版社，2011.